SCHÄFFER
POESCHEL

ANDREAS BAETZGEN (HRSG.)

BRAND DESIGN

STRATEGIEN FÜR DIE DIGITALE WELT

2017
Schäffer-Poeschel Verlag Stuttgart

Gedruckt auf chlorfrei gebleichtem, säurefreiem und alterungsbeständigem Papier

Bibliografische Information der Deutschen Nationalbibliothek
Die Deutsche Nationalbibliothek verzeichnet diese Publikation in der Deutschen Nationalbibliografie; detaillierte bibliografische Daten sind im Internet über <http://dnb.d-nb.de> abrufbar.

Print	ISBN 978-3-7910-3917-6	Bestell-Nr. 10432-0001
ePDF	ISBN 978-3-7910-3918-3	Bestell-Nr. 10432-0150
ePub	ISBN 978-3-7910-4134-6	Bestell-Nr. 10432-0100

www.schaeffer-poeschel.de
service@schaeffer-poeschel.de

Lektorat: Elke Schindler, Spabrücken
Einbandgestaltung: Silke Hörmann
Satz: Johanna Boy, Brennberg

Printed in Germany
November 2017

Schäffer-Poeschel Verlag Stuttgart
Ein Tochterunternehmen der Haufe Gruppe

Vorwort

Brand Design ist der vierte Titel in dieser Reihe nach *Brand Planning* (Baetzgen 2011), *Brand Content* (Baetzgen/Tropp 2013) und *Brand Experience* (Baetzgen 2015b). Dass die Wahl auf das Thema Design fiel, ist kein Zufall. War es in den letzten Jahren in Fachkreisen eher ruhig um dieses Thema, stellt die Digitalisierung das Design von Marken in zentralen Punkten auf den Kopf und verlangt nach einer neuen und grundlegenden Auseinandersetzung: Immer mehr Marken trennen sich im Logo von ihrer Wortmarke, verzichten auf einen Claim, ersetzen ihr Corporate Design Manual durch flexible Designprinzpien oder nutzen ein generatives Design, das sich an seinen Kontext anpasst. Es stellt sich die sehr grundsätzliche Frage: Brauchen Marken in Zeiten von Social Media, Content Marketing, User Generated Content und Influencer Marketing noch ein festes Set an kennzeichnenden Elementen? Welchen Stellenwert haben diese? Und welche Form? Dabei geht es längst nicht nur um die ästhetische Dimension eines Designs, sondern gleichsam um seine strategische, soziale und organisatorische Funktion, aber auch um die vielfältigen methodischen Zugänge, die ein innovatives Designmanagement für Marken bietet.

Der Dreiklang von Marke, Design und Strategie steht im Zentrum dieses Buches, das sich damit gleichsam an Markenstrategen und Designer richtet. Die insgesamt 20 Beiträge liefern keine einfachen Antworten und Anleitungen zu einem guten Design, sondern diskutieren aktuelle Herausforderungen und bieten eine Vielzahl von Denkanstößen für ein zeitgemäßes Design, das sich in einer digitalen Welt vielschichtigen strategischen, sozialen und organisationalen Anforderungen stellen muss.

Mein besonderer Dank gilt allen Autoren für ihre Einblicke in Strategien, Konzepte und Prozesse, die sie den Lesern in diesem Buch ermöglichen. Wie schon in den Vorgängerbänden wurde bei der Auswahl der Autoren und Themen auf ein breites Spektrum an Zugängen und Perspektiven Wert gelegt, um die Vielfalt der Disziplin zu veranschaulichen. Bedanken möchte ich mich an dieser Stelle auch bei den vielen Lesern und Rückmeldungen, die den Schäffer-Poeschel Verlag und mich dazu veranlasst haben, diese Reihe fortzusetzen. Besonders freut mich, dass das *Handbuch für Marken- und Kommunikationsstrategen* gleichermaßen in Universitäten, Hochschulen, Agenturen und Unternehmen gelesen wird und damit zu einem wechselseitigen Austausch und Wissenstransfer beiträgt, den es braucht, um die Diskussion um Marken voranzubringen.

Ich wünsche Ihnen viel Freude bei der Lektüre.

Andreas Baetzgen, Berlin

Inhaltsverzeichnis

Vorwort V

Kapitel 1: Einführung 1
#Brand #Design #Neudenken – eine Einführung
Andreas Baetzgen 3

Kapitel 2: Wesen & Wert 19
Design treibt Innovation
Karel J. Golta 21

Brand Design als Werkzeug der Wertschöpfung
Frank Wagner 42

Kapitel 3: Prozess & Performance 57
Brand Design zwischen Intuition und Strategie
Christine Lischka 59

Die Marke im Spannungsfeld von Gestalt und Gehalt
Armin Angerer 80

Von der strategischen Positionierung zum Design
Simon Betsch und Patrick Märki 103

Kapitel 4: Strategien & Spannungsfelder 117
Nachhaltig dynamisch: Markenführung und Branding
zwischen Konsistenz und Kompatibilität
Matthias Breitschaft und Uli Drömann 119

Sein und Schein der Marke: mit Groove und Haltung
zu mehr Authentizität
Holger Schmidhuber, Rolf Mehnert und Helmut Ness 131

Zwischen globaler Konsistenz und lokaler Relevanz – der schmale Grad internationaler Markenführung
Bastian Lindberg 150

Corporate Branding: das Management der Unternehmensmarke
Norbert Gabrysch 171

Mit System: das Brand Design komplexer Produktportfolios
Andreas Baetzgen 188

Kapitel 5: Design & Digitalisierung 209
Markengestaltung im Wandel: The Interface Becomes the Brand
Jochen Rädeker 211

Corporate Design, der Kugelfisch im digitalen Raum
Julia Ochsenhirt und Jens Schmidt 231

Kapitel 6: Assets & Anwendungen 249
Abschied vom Claim? Bedeutung und Stellenwert des Claims in Zeiten digitaler Kommunikation
Stefanie Kuhnhen und Oliver Waldmann 251

Professionelle Bildwelten profilieren die Marke
Doris Schlieper und Jörg Zimmermann 264

Mikrodesign: von großen Versprechen zu kleinen Gesten
Carsten Totz 290

Über das Markenführen mit Google
Gerald Hensel 305

Die alten Regeln sind nicht mehr: wie Social Media das Brand Design verändert
Nico Astfalk, Simon Umbreit und Eva Reitenbach 318

Kapitel 7: Dokumentation & Engagement 335
Die Kunst der Dokumentation im digitalen Zeitalter
Markus Bode und Christoph Weiss 337

Brand Engagement – organisatorische Implementierung
von Brand-Design-Prozessen
Arne Brekenfeld und Lisa Krick 356

Literaturverzeichnis 377

Stichwortverzeichnis 385

Autorenverzeichnis 391

Bildnachweis 401

Kapitel 1:
Einführung

(4)

#Brand #Design #Neudenken

Eine Einführung

Andreas Baetzgen

Im Rahmen dieser Einführung werden zentrale Begriffe und Handlungsfelder des Brand Design erläutert, beispielhafte Herausforderungen für das Marken- und Designmanagement aufgezeigt und ein Ausblick auf zentrale Inhalte dieses Buches gegeben. Eine digitale Welt verlangt ein neues und erweitertes Designverständnis, das insbesondere die strategische, soziale und organisationale Bedeutung für Marken heraushebt, so das Credo.

Es ist schon erstaunlich: Plötzlich reden alle von Responsivität, Agilität, Variabilität, Heterogenität, Ko-Kreation, Transformation, Partizipation und Prototyping und meinen damit ausgerechnet die Marke, die bislang der Inbegriff für etwas Festes, Begrenztes und Stabiles war. Mit der Digitalisierung verändern Marken ihre Form grundlegend und machen dabei selbst vor elementaren Erkennungszeichen wie Logo und Claim nicht halt. Oft geht es dabei um mehr als ein Aufhübschen der Marke bzw. die Anpassung ihrer Gestalt an den Zeitgeist. Die Ziele sind grundlegender: Sie sind (1) formaler/funktionaler, (2) kommunikativer, (3) sozialer, (4) strategischer und (5) organisationaler/prozessualer Art, wie wir im Rahmen dieser Einführung zeigen werden.

> Die Digitalisierung veranlasst Unternehmen und Marken, ihre kennzeichnenden Elemente (Branding) grundlegend zu überarbeiten.

Brand Design als formgebende Gestalt

Unter ›Brand Design‹ wird hier zunächst die Form bzw. gestalterische Manifestation einer Marke verstanden. Eine Marke besteht demnach aus Zeichen, die eine Leistung am Markt markieren. Mit *Zeichen* sind dabei nicht nur die Kennzeichen einer Marke gemeint (Branding), wie deren Name, Logo oder Claim. Zeichen lassen sich sehr viel umfassender als jede beliebige Manifestation begreifen, von der Bedeutung ausgeht. Darin eingeschlossen ist das Produkt, dessen Verpackung und seine Präsentation am Point of Sale, das Auftreten und Verhalten von Mitarbeitern, die Gespräche von Menschen über eine Marke, die Berichterstattung der Medien sowie das gesamte kommunikationspolitische Instrumentarium. *Markenführung* bedeutet in diesem Sinne das komplexe Management aller Manifestationen, die einer Leistung in der Wahrnehmung der Menschen Bedeutung geben.

> Markenführung ist das Management aller Manifestationen, die einer Leistung in der Wahrnehmung der Menschen Bedeutung geben.

Marken verfügen über ein breites Set an formalen kennzeichnenden Elementen (u.a. Name, Logo, Claim, Farbe, Schrift, Bildwelt, Sound, Interaktionen, Sprache und Formensprache), die im Zentrum dieses Buches stehen. Diese kennzeichnenden Elemente, die auch als *Branding* einer Marke bezeichnet werden, haben insbesondere das Ziel, ...

- ... *Aufmerksamkeit* für die Marke zu erzeugen.
- ... ihre Auffindbarkeit zu erhöhen *(Orientierung)*.
- ... die Marke vom Wettbewerb zu differenzieren *(Erkennbarkeit)*.
- ... *Informationen* über die Marke und das Produkt zu vermitteln.
- ... ein einheitliches Vorstellungsbild *(Image)* von der Marke zu erzeugen.
- ... die Marke positiv mit *Bedeutung* aufzuladen.
- ... die Produktverwendung des Konsumenten zu erleichtern *(Usability, Ergonomie)*.
- ... die *Identifikation* eines Kunden mit der Marke zu steigern.
- ... die soziale Anerkennung des Konsumenten zu erhöhen *(Prestige-/Ausweisfunktion)*.

Folglich bemisst sich die Qualität eines Brand Design nicht an seiner Ästhetik – einer wie auch immer gearteten Kreativität – sondern an seiner *Funktionserfüllung* (vgl. in Kap. 2 den Beitrag von Wagner). Das bekannte Burberry-Karomuster, die parallel gefalzte Aluminiumstruktur der Koffermarke Rimowa, die markige Nivea-Schrift, der schlagfertige Humor, mit dem die Apple-Software Siri zu uns spricht, das Telekom-Magenta oder der mit der Hand geschriebene Vorname auf einem Starbucks-Becher sind Beispiele für *markenprägende* Elemente, die aus einem Produkt eine Marke machen.

> **Ein markantes Brand Design ist die notwendige Voraussetzung für eine erfolgreiche Markenführung.**

Das wichtige gestalterische Prinzip, wonach die Form der Funktion folgt (»form follows function«), bekommt in einer digitalen Welt eine neue Dringlichkeit. Welches Design für eine Marke heute funktioniert, diktieren vor allem Unternehmen wie Google, Facebook, Apple oder Amazon durch ihre je spezifischen Interfaces, Funktionen und Algorithmen (vgl. in Kap. 6 den Beitrag von Hensel). Wenn Apple entscheidet, Adobe Flash nicht mehr zu unterstützen oder YouTube mit seinen Bumper Ads eine neue Werbeform etabliert, die Marken nur sechs Sekunden Zeit gibt, dafür aber vom User nicht übersprungen werden kann, müssen sich Marken in ihrem Design darauf einstellen. Tatsächlich verändert die Digitalisierung unser Verständnis von Design und einer ›guten Form‹ grundlegend. Damit verbunden sind drängende Fragen, die sich Marken heute stellen müssen:

- Welchen Stellenwert hat das Branding einer Marke im Zeitalter des Content Marketing (vgl. Baetzgen/Tropp 2013), das weniger auf die formale Penetration, sondern auf die inhaltliche Relevanz von Kommunikation zielt?
- Wie frei dürfen die kennzeichnenden Elemente einer Marke verwendet werden, z. B. im Kontext von User-generated Content?
- Sind Designregeln wie Logo-Schutzzonen noch zeitgemäß, wenn es immer mehr Medien, Interfaces und Anwendungsmöglichkeiten gibt, die gestalterische Variationen erzwingen?
- Wie variabel kann bzw. muss ein Design sein, damit es in wechselnden Interaktionskontexten und Medienumfeldern funktioniert?
- Verliert der Claim seinen angestammten Platz, weil Displays bzw. Werbemittel immer weniger Raum für inhaltliche Botschaften bieten?
- Was wird aus der Bildsprache einer Marke in Medien wie Instagram oder Snapchat, die stark von einer eigenen Ästhetik bestimmt sind?
- Wie muss ein Brand Design aussehen bzw. welche Funktion hat es, damit eine Marke auf Google auffindbar ist?

Brand Design als Mittel der Kommunikation

Manch ein Leser wird sich an dieser Stelle fragen, worin genau der Unterschied zwischen dem Design und der Kommunikation einer Marke besteht. Unternehmen und Agenturen sehen darin häufig zwei Bereiche bzw. Disziplinen, die organisatorisch voneinander getrennt agieren. Während Designagenturen und -abteilungen mit dem Kennzeichnungssystem einer Marke beschäftigt sind, liegt der Fokus von Kommunikationsagenturen und -abteilungen auf der Kampagnengestaltung. Man könnte auch sagen: Design ist mehr mit der Form und Kommunikation eher mit den Inhalten einer Marke befasst. Tatsächlich sind die Grenzen zwischen Design und Kommunikation aber fließend: Jedes formale Element einer Marke (z. B. Farbe, Schrift) hat immer auch eine inhaltliche Dimension. Umgekehrt braucht jeder Inhalt eine Form, um verstanden zu werden. Ein ganzheitliches Kommunikationsdesign, das Design und Kommunikation als Einheit begreift, trägt diesem Umstand Rechnung.

Da die Kommunikation zwischen Marken und Menschen immer auf einem System von (markenprägenden) Zeichen basiert, ist Design ein notwendiges Mittel für Kommunikation, beispielsweise um Wiederkennung zu schaffen; es bildet dessen Basis. Das heißt aber nicht, dass daraus eine wie auch immer geartete Hierarchie resultiert. Design und Kommunikation sind weder einander über- noch untergeordnet, sondern bilden im Prozess der Wahrnehmung und Informationsverarbeitung eine Einheit.

> Mit ›Brand Design‹ meinen wir das ganzheitliche Kennzeichnungssystem einer Marke.

Ein zentraler Ausgangspunkt dieses Buches ist die Beobachtung, dass die Kennzeichnung von Marken fluider wird. Im Zeitalter von Print, Funk und Fernsehen war die Markierung einer Marke und deren Bedeutungsvermittlung relativ einfach: Ein Unternehmen kreierte für seine Marke eine mehr oder weniger einzigartige Erlebnis- bzw. Zeichenwelt und ließ diese markenrechtlich schützen. Häufig manifestierte und verdichtete sich diese Erlebnis- und Zeichenwelt in einem sogenannten *Schlüsselbild*. Im Grunde genommen transportierte das Schlüsselbild alles, wofür eine Marke stand. Beispiele sind das Marlboro-Country, die Alpenwelt der lila Kuh, das Beck's Schiff, der Krombacher-See oder der Karibikstrand von Raffaello (vgl. Abb. 1). Schlüsselbilder sind ein gutes Beispiel dafür, dass sich formale und inhaltliche Elemente einer Marke kaum voneinander trennen lassen. Sie transportieren eben nicht nur ein inhaltliches Thema, sondern definieren auch einen formalen Bildstil (vgl. in Kap. 6 den Beitrag von Schlieper und Zimmermann).

Abb. 1: Schlüsselbilder manifestieren und verdichten die inhaltliche und formale Zeichenwelt einer Marke (eigene Darstellung; Schlüsselbilder von (links) Krombacher, Weißer Riese, Jever und (rechts) Raffaello, Marlboro, Milka, siehe Bildnachweis S. 401 f.)

Lange standen diese Erlebniswelten losgelöst und ohne Beziehung zu ihrem medialen Umfeld. Auch der Konsument stand außen vor. Die Marke drehte sich einzig um sich selbst. Sie war sich selbst genug. Diese *Selbstreferentialität der Marke,* die im Wesentlichen auf die Wiedererkennung durch den Konsumenten zielte, hatte zur Folge, dass das Markenmanagement in der Vergangenheit vor allem mit dem Aufbau und Verwalten von Zeichen*vorräten* beschäftigt war, die mit der Zeit zu einem Brand Asset wurden. Eine Marke, die ein Zeichen erst einmal in ihrem Besitz hatte, konnte daraus viele Jahre und Jahrzehnte schöpfen.

Für die Markenführung hatten diese Schlüsselbilder das Ziel, eine Marke mit einer bedeutungsvollen und positiv konnotierten Erlebnis- bzw. Zeichenwelt aufzuladen, im Wettbewerb zu differenzieren und ein konsistentes Vorstellungsbild in der Wahrnehmung des Konsumenten zu schaffen. Der Marlboro Man, die vielleicht wichtigste Werbeikone des 20. Jahrhunderts, ist hierfür ein Beispiel. Seit seiner Einführung in den USA im Jahr 1954 wurde er auf der ganzen Welt für Jahrzehnte zum Sinnbild für Freiheit und Abenteuer. »*A timeless land. Where horses still run free. Where some men do what others only dream about*«, so war nur das Marlboro Country. Der Marlboro Man war eine Jahrhundertidee und machte die Marke zur weltweit meistverkauften Zigarette. Er war als Erkennungszeichen unverkennbar, verkörperte Kontinuität, feste Werte und war für viele Menschen auf der Welt eine Identifikationsfigur: in Spanien und Südamerika besonders männlich, in Japan glattrasiert, in Deutschland vor roten Canyons und im Nahen Osten in saftig grünen Weiden (vgl. Richter 1997). Der Marlboro Man war ein Lehrstück für perfektes Marketing.

Seit 2011 ist damit Schluss. Marlboro Man und Marlboro Country sind von Plakaten und Kinoleinwänden verschwunden und mit ihnen die Idee von der Marke als einer fixen Erlebniswelt, die sich in einem Schlüsselbild verdichtet. Statt Wildwest-Romantik geht es in der Marlboro-Werbung seither um das wahre Leben. »*Don't be a maybe*«, »*No more maybe*«, »*Maybe never fell in love*« oder »*You decide*« lauten seither die Einladungen der Marke zum Dialog mit dem Konsumenten.

Eine durchgehend konsistente inhaltliche und formale Gestaltungsklammer, die bis in die 2000er-Jahre für Marken maßgebend war, prägt heute immer weniger die Gestalt globaler Megabrands. Zwar zeichnen sich auch heute erfolgreiche Marken durch ein System von inhaltlichen und formalen Elementen aus, mit denen jedoch sehr viel stärker in Abhängigkeit von Zielgruppe und Kontext variiert wird. So verzichtet Marlboro auf seinen Verpackungen und in der Kommunikation ganz auf den Marlboro-Schriftzug und reduziert sich auf die Bildmarke, das sogenannte Marlboro-Dach, als festes Element. Auch der Umgang mit inhaltlichen Elementen einer Marke wird insgesamt fluider. Wenn die Umfelder, in denen Marken auftreten, immer vielfältiger und damit spezifischer sind, muss der ›Wortschatz‹ einer Marke reicher werden, um sich in diesen adäquat auszudrücken. Marken müssen hierfür ihr Repertoire und Spektrum an Themen, Inhalten und Codes erweitern, sie müssen sich öffnen für vielfältige Anwendungen und Interaktionen mit den Nutzern und sich fortlaufend ins Gespräch der Kunden bringen. Hierfür brauchen sie immer wieder neue inhaltliche Anschlüsse, die nicht länger auf Redundanz, sondern vordringlich auf Relevanz zielen. Die wachsende Bedeutung des Content Marketing für die Markenführung dürfte diese Entwicklung in Zukunft weiter befördern (vgl. Baetzgen/Tropp 2013).

> **Moderne Marken sind weniger mit dem Aufbau von Zeichenvorräten beschäftigt, sondern mit dem Management eines ständigen Zeichenflusses.**

In der Notwendigkeit, immer wieder neue inhaltliche und formale Anschlüsse herzustellen, öffnen sich Marken zunehmend für die Außenwelt. Auch der Abschied der Marke Marlboro von ihrem Schlüsselbild ist vor diesem Hintergrund nachvollziehbar: Der Traum von Freiheit und Abenteuer verliert in einer freien Welt an Relevanz. Zudem ist der Cowboy nicht mehr das gemeinsam geteilte Symbol für Freiheit einer jungen Generation. Mindestens genauso wichtig dürfte für die Entscheidung gewesen sein, dass das Marlboro Country als Erlebniswelt für den Konsumenten nicht anschlussfähig ist und somit für die Kommunikation auf Facebook & Co. ungeeignet. Was soll der Konsument über das Marlboro Country posten, das doch so weit von seiner eigenen Lebenswelt entfernt ist? Auch die Marke Beck's trennte sich aus diesen Gründen in den letzten Jahren sukzessive von ihrer großen Erzählung: Das Schiff – ein Symbol für Entdeckergeist, Freiheit und Abenteuer – wich den Geschichten von jungen Menschen auf Festivals, am Strand und beim Surfen und dem Motto: *»Erst mit dir wird's legendär«*. Beck's wandelte sich damit ähnlich wie Marlboro von einer Projektions- und Sehnsuchtsfläche zu einem Spiegelbild des Konsumenten (vgl. Abb. 2). Viele weitere Marken ließen sich als Beispiel für diesen Wandel in der Markenführung anführen (z. B. Volksbanken).

Die entscheidende Frage ist, ob Marken durch die vorgeschobene Nähe zum Menschen für diesen tatsächlich relevanter und begehrlicher werden. Können Marken auf diese Weise Orientierung und Identifikation bieten, die essenziell für eine Marke sind? Ist es wirklich sinnvoll, den Traum von Freiheit und Abenteuer als Markenwerte aufzugeben, um sich der Beliebigkeit und Ratlosigkeit der ›Generation Maybe‹ anzuschließen? Sehnt sich nicht gerade diese Generation nach Botschaften, die Orientierung geben?

Eine wichtige Stärke von Marken war und ist ihre *Suggestionskraft:* Marken lassen uns vom süßen Leben an tropischen Stränden, von der Natürlichkeit einer heilen Alpenwelt oder der Schwerelosigkeit der Milchstraße kosten. Sie sind kein bloßes Abbild des Alltags, sondern stehen für etwas Außergewöhnliches. Sie haben etwas hoch Romantisches, für das wir gerne bereit sind, einen Euro mehr zu bezahlen. Vielleicht ist die Marke das letzte große Sehnsuchtsmotiv in einer Indi-

Marke früher:
- Erlebniswelt (Schlüsselbild)
- Projektionsfläche (Sehnsucht/Eskapismus)
- Selbstreferentialität

Marke heute:
- Lebenswelt (Spiegelbild)
- Interaktionsplattform (Selbstinszenierung)
- Anschlussfähigkeit

Abb. 2: Marken heute: Vom Schlüsselbild zum Spiegelbild des Konsumenten (eigene Darstellung; Bilder von Marlboro (oben) und Beck's, siehe Bildnachweis S. 401 f.)

vidualgesellschaft, die ansonsten entzaubert ist. Zwar wissen die Konsumenten, dass es ein Leben mit strahlend bunter Wäsche, porentief reiner Haut und lang anhaltender Frische nur in der Werbung gibt, dennoch macht sie dies nicht immun gegen derlei Verheißungen – noch mindert das Wissen deren Faszinationskraft. Für die Ausrichtung einer Marke an den Interaktionsmechanismen von Facebook, Instagram & Co. gibt es kaum Alternativen. Dennoch: Vielleicht werden Marken wie Marlboro oder Beck's schon bald feststellen, dass ihre einstigen Erlebniswelten im bevorstehenden Zeitalter einer ›Virtual Reality‹ eine ganz neue Faszinationskraft entwickeln und plötzlich in Reichweite des Konsumenten sind. Es wird dem Konsumenten möglich sein, vormals unerreichbare Markenwelten virtuell zu betreten – womit die Anschlussfähigkeit dieser Erlebniswelten hergestellt wäre.

> Vielleicht ist die Marke das letzte große Sehnsuchtsmotiv in einer Welt, die zunehmend entzaubert wird.

Bereits im letzten Band dieser Reihe haben wir die Frage gestellt, was von einer Marke bleibt, wenn man ihr ihre angestammten Zeichen und damit die Symbolik nimmt, z. B. ihre Wortmarke, Farbe oder Bildwelt (vgl. Baetzgen 2015b, S. 3ff.). Kritisch wird es dann, wenn eine Marke zu wenig auf die Verstetigung ihrer Zeichen und damit die Verfestigung von Vorstellungsbildern achtet, z. B. auch deshalb, weil sie sich in ihrer Gestaltung zu sehr an die Ästhetik von Instagram und Snapchat angleicht. Sie verliert dann an Symbolkraft und Uniqueness. Achtet das Markenmanagement hingegen zu sehr auf die Vereinheitlichung und Verstetigung des Zeichenvorrats, droht ebenfalls Gefahr: Die Marke verliert dann unter Umständen an lebensweltlicher Relevanz für den Konsumenten.

> Die Verstetigung von Zeichen ist die Voraussetzung für das Verfestigen von Vorstellungsbildern.

Viele Texte in diesem Buch plädieren deshalb für ein ›Dazwischen‹; für eine Markenführung zwischen Tradition und Moderne, zwischen Homogenität und Heterogenität, zwischen Kontinuität und Wandel, zwischen Selbst- und Fremdbild, zwischen Globalität und Regionalität, zwischen Schein und Sein. Damit erhöhen sich die Anforderungen an das Markenmanagement und das Brand Design. Dieses kann sich nicht länger auf starre Regelwerke berufen – ungeachtet von Zielgruppe, Markt und Medium. Gab es früher nur einige wenige Medien, die sich relativ einfach definieren und vermaßen ließen, übersteigt die Flut an möglichen Medien, Kontaktpunkten und Anwendungsfällen in Kombination mit lokalisierten und/oder personalisierten Botschaften das Maß dessen, was sich im Detail noch regeln lässt. Viele Autoren in diesem Buch raten deshalb, Gestaltungsregeln durch Gestaltungsprinzipien zu ersetzen, die kontextspezifisch angewendet werden.

> Das allumfassende Corporate-Design-Regelwerk, das bislang zusammen mit dem Markenleitbild die Metaphysik der Marke bildet, wird durch eine Ontologie der unabsehbaren Möglichkeiten abgelöst.

Brand Design als gesellschaftlicher Entwurf

Im Jahr 2017 ersetzte die Deutsche Bank den Claim *»Leistung aus Leidenschaft«* durch den schlichten Hashtag *#PositiverBeitrag*. Vorstandschef John Cryan forderte die Mitarbeiter in einem internen Schreiben dazu auf, Ideen beizusteuern. In einer internen Kampagne, sollten sich die Mitarbeiter zunächst über ihren Beitrag für die Gesellschaft und das Unternehmen verständigen, bevor Inhalte nach außen in den Markt kommuniziert wurden. Welche genau das sein werden, hielt sich die Bank zunächst offen; ein Prinzip, das viele eher an ein junges Finanztechnologieunternehmen als an einen DAX-Konzern denken lässt: Viel ausprobieren, auch mal scheitern und dann etwas Neues ausprobieren (vgl. Osman 2017). Die Konzernleitung wollte nach Jahren institutioneller und personeller Verfehlungen einen Kulturwandel einleiten und entwickelte ein für das Unternehmen vollkommen neuartiges Kommunikationsdesign.

Vielen Unternehmen geht es wie der Deutschen Bank. Sie befinden sich in einem umfassenden Transformationsprozess. Ein Hashtag ist vor diesem Hintergrund zwar nicht mehr als ein Symbol, wenngleich es vieles von dem verkörpert, was Marken heute ausdrücken möchten: *Diskursivität, Responsivität* und *Agilität*. Pampers ist #betterforbaby und Always #LikeAGirl. Marken wollen sich so für Interaktionen mit Kunden öffnen und im Fall von Pampers und Always nicht weniger als einen digitalen Diskurs anstoßen, in dem es um Größeres und Wichtigeres geht als um Windeln und Hygieneprodukte. Ihre Markenstrategie zielt auf einen gesellschaftlichen Entwurf, eine gemeinsam geteilte Vorstellung des Wünschenswerten, wie das Brechen mit Geschlechterstereotypen oder die Verantwortung für unsere Kinder und die Welt, in der diese aufwachsen. Mit der Kampagne #LikeAGirl hat Always ein beeindruckendes Maß an Brand Engagement erzielt und die Wahrnehmung der Marke nachhaltig verändert. Laut World Value Index 2017 der Markenberatung Enso (2017) konnte die Marke bei Frauen den größten Zugewinn aller Marken gegenüber dem Vorjahr erzielen und wird zwischen Männern und Frauen als besonders stark polarisierend erlebt – ein Indiz für die starke Wahrnehmung und Relevanz der Kampagne. Die Studie misst *»[...] how people rank companies and nonprofits on their perceived mission or purpose – namely the extent to which brands stand for something other than making money, whether they align with what people care about, and if these brands are worth publicly supporting.«* (ebd., S. 10) Always gehört hinter Spotify, Snap und Kickstarter demnach zu den Top Scorer der Millennials, was angesichts der Produktkategorie bemerkenswert ist.

> Design ist die Formatierung einer Strategie – ein Zukunftsentwurf. Es zielt auf die Verbesserung von Produkten, Dienstleistungen, Organisationen, Kommunikationsbeziehungen und Lebensräumen.

Design – egal ob es sich als Kommunikationsdesign, Produktdesign, Corporate Design, Editorial Design oder Experience Design manifestiert – ist immer auch ein Ausdruck von Überzeugungen, Werthaltungen und Lebensformen. Es bildet die Grundlage für die Ausgestaltung sozialer Beziehungen. Dabei geht es nicht vordergründig darum, ob eine Marke rot oder blau ist, sondern was ihr Design für die Existenz und Beziehung von Menschen und Marken bedeutet bzw. leistet. Mitunter geht es im Brand Design heute um die Ausgestaltung ganzer Lebensräume. Damit verbunden ist für das Markenmanagement ein hohes Maß an sozialer und ökologischer Verantwortung.

Brand Design als strategisches Leitbild

Design umfasst nicht nur die Gestaltung von Schriften, Farben, Bildern, Claims oder ganzen Kommunikationskampagnen, sondern kann der Wegbereiter für einen umfassenden Zukunftsentwurf sein – für Unternehmen, Marken und deren Geschäftsmodelle. Es ist im eigentlichen Sinne des Wortes ein *Leitbild* für Unternehmen, auf dem Weg zu einem neuen unternehmerischen Selbstverständnis, der Treiber für Change- und Transformationsprozesse. Denn häufig wird eine Strategie für Management und Mitarbeiter erst in ihrer gestalterischen Übersetzung greifbar und verständlich. Denken Sie etwa an die Positionierung einer Marke, die als Strategiepapier bzw. Positionierungsmodell ein hohes Maß an Abstraktions- und Vorstellungskraft abverlangt (vgl. Baetzgen 2011a). Erst ihre Formatierung in ein ganzheitliches Brand Design verleiht einer Strategie die notwendige Konkretheit, Anschaulichkeit und Emotionalität, die es braucht, um die Mitarbeiter zu erreichen und Change-Prozesse in Organisationen anzustoßen.

> Marken brauchen kein Millimeterpapier, um ihre formale Gestalt zu definieren, sondern zuallererst eine ausdrucksstarke Strategie.

Das Augenmerk dieses Buches liegt folglich auf dem Zusammenspiel von ästhetischer Gestalt und strategischem Gehalt einer Marke. Diesen Dualismus gilt es im Blick zu haben, um Marken erfolgreich in die Zukunft zu führen. Es reicht nicht, attraktiv und verantwortungsvoll im Markt zu erscheinen, vielmehr muss eine Marke ihrem gestalterischen Anspruch in ihrem inneren Wesen gerecht werden. Hierfür muss die gesamte Wertschöpfungskette, Kultur und Identität eines Unternehmens berücksichtigt und in Einklang mit dem äußeren Erscheinungsbild der Marke gebracht werden. Zwar ist ein sogenanntes additives Design, bei dem ein Unternehmen seine Marken, Produkte und Services erst auf strategischer Ebene entwickelt und anschließend Designer hinzuholt, *»um die Sache zu verschönern«* (Aicher 1991, S. 155), noch immer ein in vielen Unternehmen praktizierter Weg. Dieser führt jedoch zu einem reinen Oberflächendesign, das in Zeiten kritischer Öffentlichkeiten und moralisierter Märkte leicht zu durchschauen ist. Aber auch ein Design, das allein aus der Identität bzw. dem Selbstverständnis eines Unternehmens bzw. einer Marke erwächst, eignet sich nicht als Gegenentwurf. Denken Sie beispielsweise an ein Unternehmen wie die HypoVereinsbank, die 1998 aus der Fusion der Bayerischen Hypotheken- und Wechsel-Bank mit der Bayerischen Vereinsbank hervorging und seit 2005 Teil der Unit Credit Group ist. Ein derart ›entwurzeltes‹ Unternehmen, das sich in seinem Leistungsportfolio zudem nicht groß von anderen Banken unterscheidet, ist aus sich heraus kaum in der Lage, eine differenzierende Markenidentität zu entwickeln, die in den Markt strahlt.

Die Markenpositionierung vieler Unternehmen dreht sich um austauschbare Leistungsdimensionen bzw. Begrifflichkeiten wie Innovation, Verantwortung, Partnerschaft und Qualität; ein Dilemma für Designer. Schließlich muss ein Brand Design einzigartig, expressiv und emotional sein, um überhaupt wahrgenommen zu werden. Daneben ist es insbesondere die hohe Wettbewerbsdichte an Produkten und Marken, die zu einer *Ästhetisierung* der Marke führt. Dies gilt selbst für traditionell konservative Organisationen: Ein Beispiel ist Merck. Das älteste Chemie- und Pharmaunternehmen der Welt hüllt sich seit 2015 in ein buntes eklektizistisches Design. *»Hier wurde [...] alles zusammengeworfen, was Trend ist oder irgendwann einmal Trend war«*, reüssiert der Designer Norbert Möller (2015). Auch die FDP setzt seit einigen Jahren auf einen *»radikalen Neustart in der Darreichungsform«*, so Parteichef Christian Lindner bei der Vorstellung des neuen Erscheinungsbildes (Jungholt 2015). *»Die FDP, ein Hoffnungswert in Magenta«*, titelte »Die Welt« passend zum neuen Corporate Design der Partei in blau, gelb und pink. Auch die renommierte Wirtschaftsprüfungsgesellschaft Ernst & Young verpasste sich 2013 ein Facelifting. Seitdem heißt das Unternehmen EY und bewirbt sich in großformatigen Bildern und plakativem Design – Wirtschaftsprüfung als Lifestyle. Die Beispiele zeigen, dass in vielen Organisationen – auch in jenen, die sich bislang weniger als Marke verstanden haben – ein starker Wunsch, aber eben auch die marktliche Notwendigkeit besteht, etwas Besonderes nach außen darzustellen. Dieses allgemeine Bestreben, als modern und attraktiv zu erscheinen, schlägt, so der Philosoph Wolfgang Welsch, in eine *»gigantische Anästhetisierung«* um, bei der *»am Ende […] bei aller chicen Aufgeregtheit und gekonnten Inszenierung doch wieder nur Eintönigkeit«* entsteht (Welsch 1995, S. 13). Dies muss freilich nicht sein, aber die Gefahr ist groß (vgl. Abb. 3).

Abb. 3: Ästhetisierung von Traditionsmarken am Beispiel von EY (links) (vgl. Morgenstern & Kaes o. J.) , FDP (rechts oben) (vgl. Design Tagebuch 2015a) und Merck (rechts unten) (vgl. Design Tagebuch 2015b)

In einer digitalen Welt lässt sich ein ausdrucksstarkes und differenzierendes Brand Design immer weniger inhaltsfrei auf rein formalen Elementen wie Farbbalken, Textfeldern oder Logo-Schutzzonen aufbauen. Entscheidend ist, dass jedes formgebende Element und kennzeichnende Gestaltungsprinzip einer strategisch-konzeptionellen Leitidee folgt. Nur so lässt sich eine überzeugende Brand Experience schaffen, bei der Schein und Sein einer Marke im Einklang stehen.

Brand Design als organisationaler Prozess

Unter Design versteht man nicht nur ein gestalterisches Resultat, sondern gleichsam die *»Wege, die zur Gestalt (bzw. zur Form) führen«* (Klee 1921/1922, zit. nach Schweppenhäuser 2016, S. 8). Design ist damit auch immer eine Denkschule, ein Mindset. Es gibt zahlreiche Methoden, Verfahren, Tools und Prozesse, die aus der Design- und Innovationsforschung stammen und im Marken-Management – z. B. im Produkt-, Service- und User Experience Design – zunehmend Beachtung finden (vgl. Kap. 3). Häufig werden diese unter dem Sammelbegriff *Design Thinking* zusammengefasst. Design Thinking ist ein Prozess bzw. eine Problemlösungskompetenz, die darauf zielt, *»neue und überraschende Formen der kreativen Zusammenarbeit zu ermöglichen«* (Hasso-Plattner-Institut 2017). Dabei wird eine Reihe von gestalterischen Prinzipien genutzt. Hierzu zählen eine konsequente Orientierung an Kundenbedürfnissen, kollaborative Kreativität, Ideation und Prototyping. Design Thinking hat die Arbeitsweise von vielen Agenturen und Unternehmen nachhaltig verändert und zu einer Reorganisation von Arbeitsprozessen und Kompetenzen geführt, die im Wesentlichen auf mehr Vernetzung und Interdisziplinarität zielen. Design Thinking findet dabei nicht nur im Kontext des Innovationsmanagements statt, sondern überall da, wo neuartige Lösungen und Zukunftsentwürfe für ein Unternehmen bzw. eine Marke gefragt sind. An dieser Stelle sei insbesondere auch auf den Band *Brand Experience* in dieser Reihe verwiesen, in dem einige dieser Methoden und Prozesse ebenfalls vorgestellt werden (vgl. Baetzgen 2015b).

Erneut ist es die *Digitalisierung,* die dazu führt, dass allerorts von Design Thinking gesprochen wird. Diese verlangt von Unternehmen Schnelligkeit, Flexibilität und Problemlösungskompetenz. Mit ihr einher geht die Notwendigkeit, sich als Unternehmen bzw. Marke kontinuierlich zu verbessern, wenn nicht gar die Bereitschaft, sich neu zu erfinden. *»Wenn das 20. Jahrhundert das Jahrhundert von Design und Kommunikation war, so ist das 21. Jahrhundert das der immateriellen Vernetzung«*, schreibt der Designwissenschaftler Gerhard Schweppenhäuser (2016, S. X). *»Aber auch diese ist selbst wiederum im weitesten Sinne ein Designprodukt. Denn sie ist durch dingliche Trägermedien vermittelt und dient der Kommunikation«*, so Schweppenhäuser weiter. Die Folge ist eine zunehmende Integration von Technologie und Design. Neue Technologien verändern den Rahmen für menschliche Kreativität, was in einer Reorganisation des Wesens von Kreativität bzw. des Charakters gestalterischer Arbeit resultiert. Dies zeigt sich beispielsweise in neuen Stellenprofilen (»Creative Technologist«) und einer Verschiebung von organisationalen bzw. strukturellen Grenzen. Die jüngsten Übernahmen von Kreativ-Agenturen wie SinnerSchrader oder Aperto durch die Technologieunternehmen Accenture bzw. IBM stehen hierfür beispielhaft. Innovative Technologien sind vor allem für das Designmanagement von zentraler Bedeutung, etwa bei der personalisierten Aussteuerung von Werbemitteln oder einer effizienten Bereitstellung von Kommunikationsmedien mithilfe eines Brand-Management-Systems (vgl. in Kap. 7 den Beitrag von Brekenfeld und Krick).

Ohne ein Mindestmaß an technologischem Know-how kann ein Brand Design heute nicht mehr gedacht werden – umgekehrt reicht das Beherrschen von Technologien alleine nicht aus, um die inspirierende Kraft eines gestalterischen Entwurfs bzw. eines großen Gedankens (vgl. Veken 2011) zu ersetzen. Erst wenn Big Data und Big Ideas zusammenkommen, lassen sich Marken in einer digitalen Welt erfolgreich formen – mit strategischem Verstand, sozialer Verantwortung und organisationalem Veränderungswillen.

Kapitel 2:
Wesen & Wert

Design treibt Innovation

Karel J. Golta

Design ist nicht nur Formgebung, sondern ein umfassender strategischer Prozess, der auf Innovation zielt und zur Wertschöpfung beiträgt. Unternehmen und Marken, die Design als Managementaufgabe und Führungsphilosophie in ihre Geschäftsmodelle integrieren, werden die »wahre« Gestaltungskraft von Design erkennen und nachhaltig am Markt profitieren, so der Innovationsexperte Karel Golta.

Die Bedeutung von Design hat sich in den letzten 20 Jahren grundlegend verändert – sowohl das Verständnis des Wortes selbst und die damit verknüpften Aktivitäten als aber auch seine kulturelle, gesellschaftliche und vor allen Dingen wirtschaftliche Relevanz. Im letzten Jahrhundert wurde Design ganz nahe der Kunst verortet. ›Designed‹ diente als Zusatz, um etwas schöner oder gefälliger wirken zu lassen. Natürlich gab es auch damals schon Ausnahmen: So hat Raymond Loewy bereits in den 30er-Jahren des letzten Jahrhunderts die Ganzheitlichkeit von Design und das Wechselspiel zwischen der Marke, dem Anwender und dem Produkterlebnis in seinen Projekten für Coca-Cola, Shell oder Greyhound gelebt.

Aber was ist ein modernes Verständnis von Design im 21. Jahrhundert? Für die amerikanische Grafikdesign-Legende Milton Glaser zum Beispiel ist die Essenz: »*Design is the process of going from an existing condition to a preferred one.*« Und er sagt in dem Zusammenhang weiter: »*Observe that there's no relationship to art.*« (Quito 2016) Keine Frage, auch heute ist Design *Formgebung* und gestaltet. Design muss aber auch als *Prozess* verstanden werden. Es gibt Struktur und Richtlinien, plant Ziel und Ergebnis. Es ist somit wiederholbar. Und weiter: Design ist *Strategie*. Es kultiviert Wandel und Wandlungsfähigkeit. Denn Design hat mit Vorstellungskraft zu tun, ja, auch mit experimentellem Verhalten und dem beständigen Willen, zu verändern.

> Design ist ein Prozess der Formgebung und eine Strategie,
> die Wandel und Wandlungsfähigkeit kultiviert.

Design heute ermöglicht die folgenden drei essenziellen Werte, die aus dem marktwirtschaftlichen Kontext nicht mehr wegzudenken sind:

1. *Design differenziert.* Es grenzt ab durch Individualität und Persönlichkeit. Denken Sie einfach an einen Mini.
2. *Design spricht an und weckt das Kaufbedürfnis.* Denn es bietet Erlebnisse, stimuliert die Sinne und weckt Verlangen. Dies wiederum fördert Absatz und Umsatz. Wie war das doch gleich mit dem Autopiloten und dem impliziten Kaufverhalten?
3. *Design steigert den Markenwert.* Unternehmen, die seit vielen Jahren Design als Prozess und Strategie verstehen, schaffen überproportional Markenwahrnehmung, Markenvertrauen sowie Markenbeliebtheit. Oder was denken Sie, warum BMW, Apple oder 3M für ihre Produkte einen Premiumpreis einfordern können?

Design manifestiert sich damit als *Managementaufgabe.* Denn keine Führungsetage kann auf diese drei Werte verzichten. Und wer mehr von diesen Werten will, muss Design einen Führungsanspruch zugestehen. Gleichzeitig stehen diese drei Werte ebenfalls als Treiber für Innovationen. Denn wenn etwas neu ist, differenziert es auch. Nur wenn Kundenbedürfnisse geweckt oder erfüllt werden, werden Produkte und Dienstleistungen gekauft. Und nur wenn dies kontinuierlich wiederholt werden kann, bildet sich Vertrauen, werden starke Marken aufgebaut.

Ist also Design der stärkste Treiber für Innovationen? Wovon lässt sich dies ableiten und erkennen? Und viel wichtiger: Welche Methoden und Strategien helfen in der eigenen Organisation, Innovationen voranzubringen und Design als übergeordneten Treiber zu verankern? Auf diese Fragen möchte der folgende Beitrag Antworten geben.

Was Innovationen ausmacht – das WAS

Wie prägen Innovationen die Wirtschaft?

Unbestritten, Innovation ist ein wichtiger Erfolgstreiber. Je innovativer ein Unternehmen ist, desto positiver sind seine Wachstumsaussichten.

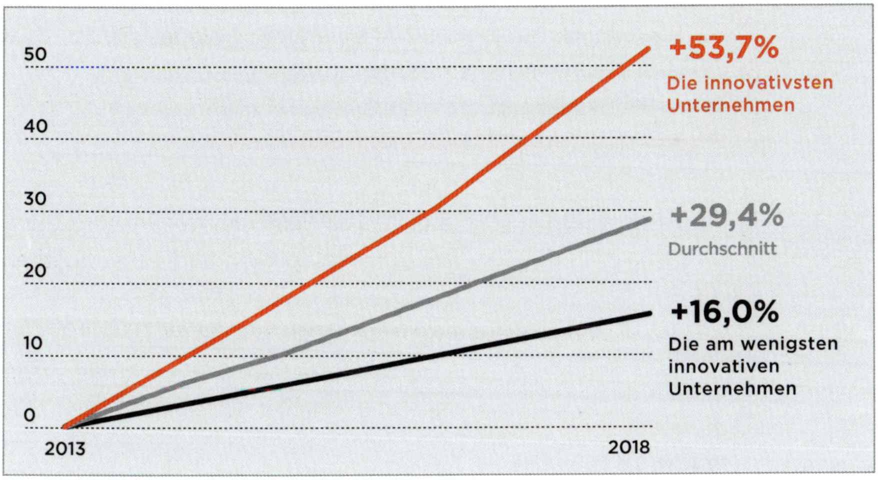

Abb. 1: Wachstumserwartungen deutscher Unternehmen bis 2018 (vgl. PWC 2015)

Nach Ansicht der meisten Unternehmenslenker leistet organisches Wachstum durch Innovationen den größten Beitrag zum Umsatzwachstum. Das Potenzial wird weltweit erkannt. Doch leider sinkt gerade in Deutschland die Innovationsleistung gegenüber anderen europäischen Ländern wie Dänemark (vgl. Abb. 2), wie auch im weltweiten Vergleich die Europäische Union insgesamt gegenüber den USA oder Südkorea schlechter abschneidet (vgl. Abb. 3).

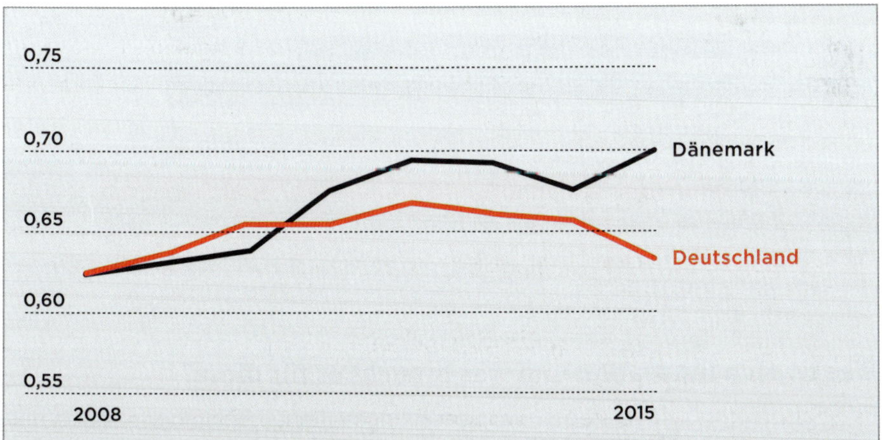

Die Leistung des EU-weiten Innovationssystems wird durch den Summary Innovation Index abgebildet. Er ist der Mittelwert aus 25 verschiedenen Indikatoren.

Abb. 2: Europäische Innovationsleistung (vgl. European Commission 2016)

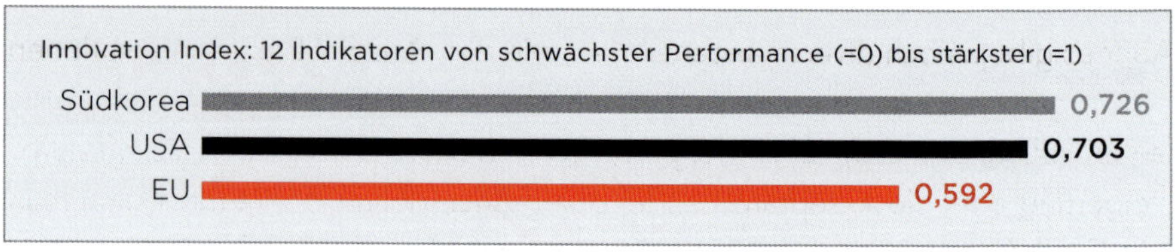

Abb. 3: Globale Innovationsleistung (vgl. European Commission 2015)

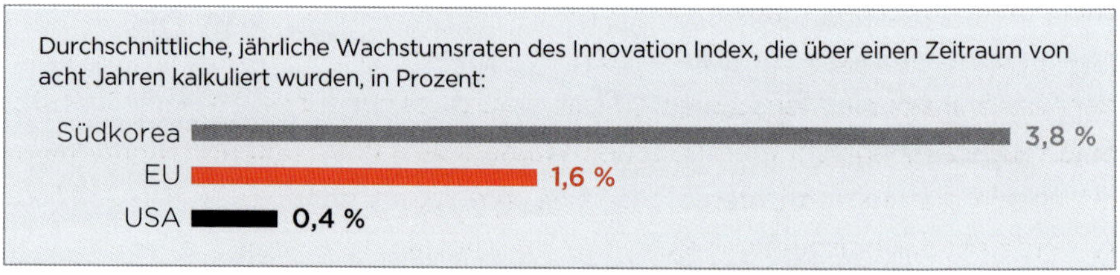

Abb. 4: Globales Innovationswachstum (vgl. European Commission 2015)

Dies ist auch darauf zurückzuführen, dass vor allem in kleinen und mittleren Unternehmen die wesentlichen Innovationsfaktoren sinken. Dort versteht man oftmals nicht, dass Innovation nicht nur auf Produktebene zu suchen ist, sondern auch in der Organisation, in Prozessen und im Marketing.

Abb. 5: Anteil innovativer Unternehmen nach ihrem Innovationsschwerpunkt (vgl. Eurostat 2017)

Was ist eine Innovation und was braucht es für diese?

Es ist also wichtig zu verstehen, wo überall Innovationen entstehen können und was es braucht, um zu einer Innovation zu kommen. Einfach ausgedrückt: *Eine Innovation ist etwas Neues, das erfolgreich ist.* Reden wir von einem Produkt, so muss es zumindest für die Kategorie oder den Markt neu sein, und es ist dann erfolgreich, wenn es einen positiven Return on Investment (ROI) erwirtschaftet.

Aber es gibt ja noch diverse andere Arten, wie zum Beispiel Prozessinnovationen oder organisatorische Innovationen. Diese müssen nur für das System, in dem sie laufen sollen, neu sein. Der Erfolg wird dann beispielsweise über die Effizienzsteigerung oder die Akzeptanz bei der Belegschaft definiert. Natürlich kann man den Grad der Innovation und ihren Geltungsbereich oder auch ihre Marktauswirkung sehr fein differenzieren. Viel wichtiger erscheint mir jedoch die eindeutige Differenzierung zwischen einer Idee oder Erfindung und einer Innovation. Michael Schrage (2004), Innovations-Guru und Fellow am MIT sagt: *»Innovation is not what inventors do but what customers adopt.«* Innovation handelt also von der Akzeptanz durch Menschen. Und was braucht es nun für eine Innovation? Die einen sagen, einen sehr methodischen Wasserfall-Prozess, und sehr wahrscheinlich haben die meisten Unternehmen und ihre F&E-Abteilungen einen solchen. Anders sieht das beispielsweise Ulf Pillkahn, Innovationsmanager bei Siemens. Er hat ein Buch mit dem Titel *Die Weisheit der Roulettekugel. Innovation durch Irritation* (Pillkahn 2013) geschrieben. Die Quintessenz: Innovation hat vor allem auch mit Zufall zu tun.

Dies führt uns zu der Frage, ob es ein Geheimrezept oder einen roten Faden gibt, der kontinuierlich Innovationen ermöglicht. Ist, wie so oft im Leben, weniger die Methode entscheidend als vielmehr der Wille, Worten Taten folgen zu lassen? Meiner Erfahrung nach braucht es ein Ökosystem, in dem Technologie-Push und Markt-Pull aufeinandertreffen und die unterschiedlichsten Disziplinen mit ihrem Know-how ein gemeinsames Ziel verfolgen können. So ist es heute durchaus Usus, dass Technologiehersteller wie Bayer oder Bosch mit ihren Erfindungen auf die Design Community zugehen, um gemeinsam relevante Anwendungen für die Märkte zu entwickeln. Und andersherum recherchieren Markenunternehmen relevante Bedürfnisse ihrer Zielgruppen, um dann ko-kreativ geeignete Produktvisionen zu erarbeiten. Erst danach werden die benötigten Technologien gescoutet oder entwickelt. Welchen Weg man auch einschlägt: Aller Anfang ist schwer und so beschreibt der Begriff *Fuzzy Front End* als Fachbegriff leider nur zu gut, dass zu Beginn eines jeden Innovationsunterfangens wenig Klarheit besteht. Um überhaupt einen Anfang zu finden, stellt Google zum Beispiel folgende Frage: *»Was wäre, wenn…?«* Und viele der erfolgreichsten Start-ups aus dem Silicon Valley haben mit dieser Frage ihr Imperium aufgebaut. Was wäre, wenn ich mehr Übernachtungsmöglichkeiten verkaufen könnte, ohne ein einziges Hotel zu besitzen? (Airbnb) Was wäre wenn ich zu jeder Zeit und überall ein Auto fahren könnte, ohne selbst eins zu haben? (Car2Go)

1. Eine Innovation ist etwas Neues, das erfolgreich ist.
2. Innovation ist nicht punktgenau planbar. Erst ein entsprechendes Ökosystem macht Innovationen wahrscheinlich.
3. Innovation fängt mit der Frage an: »Was wäre, wenn...«

Warum Design tatsächlich Innovationen treibt – das WARUM

Die Macht des Erlebens

Wir Menschen glauben mit unseren Augen. Wir können uns zwar vieles anhören und vorstellen, aber immer dann, wenn wir etwas mit eigenen Augen sehen, verarbeitet unser Hirn diese Information sofort und unweigerlich. Eine der grundlegendsten Fähigkeiten im Design ist folglich die Visualisierung von Ideen. Sei es mittels Handskizzen, 3-D-Computervisualisierungen, Storyboards und unendlich vielen weiteren Mitteln. Sie haben alle gemeinsam, dass sie eine Idee prototypisieren und somit mindestens visuell erlebbar machen.

> Designer können die Zukunft nicht vorhersagen, aber sie können sie sich vorstellen und entsprechend anschaulich machen.

Jeder Science-Fiction-Film ermöglicht uns, ein Szenario der Zukunft zu erleben und zu bewerten. Einige der futuristisch-utopischen Ideen von Star Trek Enterprise aus den 1960er-Jahren sind in den letzten Jahrzehnten zu Innovationen umgesetzt worden. Denken Sie an Smartphones, Tablets, VR-Brillen und vieles mehr. Alle wurden angeregt und inspiriert durch eine erlebbar gemachte Idee – die Essenz von designerischem Denken und Handeln. Ohne Zweifel: Design treibt Innovation, indem es zukünftig Mögliches schon heute erlebbar macht. Wenn es »Wow« macht, war es Design.

> Design treibt Innovation, indem es zukünftig Mögliches schon heute erlebbar macht.

Wertschöpfung von Design für Innovationen

Dass Design Sichtbarkeit und Differenzierung schafft, liegt auf der Hand: Die Gestaltung von Markenauftritten unterscheidet sich schon allein im Logo-Design enorm, nehmen wir zum Beispiel Wettbewerbsunternehmen wie Shell und BP. Auch die Kaufbereitschaft wird maßgeblich über die visuelle Kraft von Design gesteuert – kein Premium-Automobilkonzern der Welt könnte ohne Design ein Verlangen für seine Produkte auslösen.

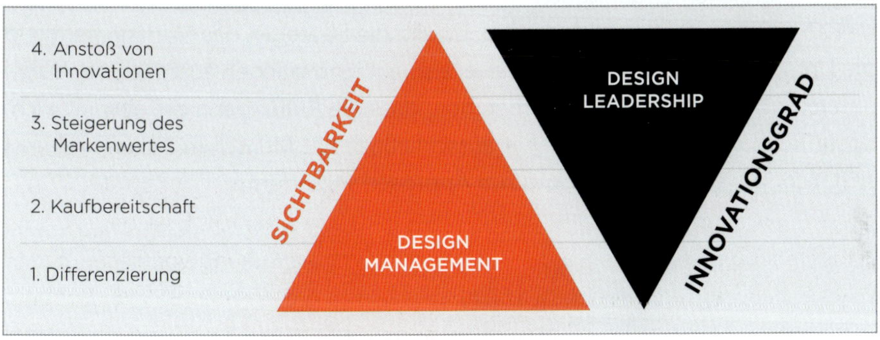

Abb. 6: Wertschöpfung durch Design (Quelle: Indeed Innovation GmbH)

Betrachten wir aber den Innovationsgrad, dann verhält sich dieses System genau umgekehrt: Während ein Logo zweifelsfrei differenzierend, aber nicht zwingend innovativ sein muss, kann Design – verstanden als Prozess, Strategie und Managementaufgabe – für den Innovationsgrad eines Unternehmens bzw. einer Marke der größte Treiber sein. Denken Sie nur an Apple oder Google. Aber auch IBM, SAP, Deutsche Telekom, 3M und viele mehr nutzen Design längst mit all seinen oben besprochenen Qualitäten als Treiber für Innovation. Es ist dabei sinnvoll, zwischen Design Management und Design Leadership zu unterscheiden (vgl. Abb. 6). Wichtig dabei: Es lässt sich nicht beides in derselben Person vereinen. Bei Apple z. B. ist Jonathan Ive eindeutig ein Design Leader. Er hat die Aufgabe, Neues zu denken und die Marke nach vorne zu bringen. Für die strategische Umsetzung auf Projektebene unterhält das Unternehmen außerdem viele Design Manager.

Design verändert die Innovationskultur von Organisationen

Für die erfolgreiche Ausrichtung eines jeden Unternehmens brauchen Sie eine Unternehmensstrategie, die die Ziele beschreibt, ein Management, das diese methodisch verfolgt und eine Unternehmenskultur, die all das fördert und unterstützt. Ein modernes und innovatives Unternehmen unterscheidet nicht zwischen Innovationsstrategie und Unternehmensstrategie oder Innovationsmanagement und allgemeinem Management. Das Geheimnis des Erfolges einer innovativen und erfolgreichen Organisation ist die konsequente Ausrichtung aller Unternehmensbereiche am Thema Innovation. Es gilt, die Strategie, das Management und die Unternehmenskultur auf das Neue, also auf Innovationen auszurichten. Dabei unterschätzen die meisten Unternehmen, dass die Kultur darin die absolut wichtigste Rolle spielt. Und: Kultur hat ausschließlich mit Menschen zu tun und lässt sich nicht per Dekret oder Top-down Approach verändern.

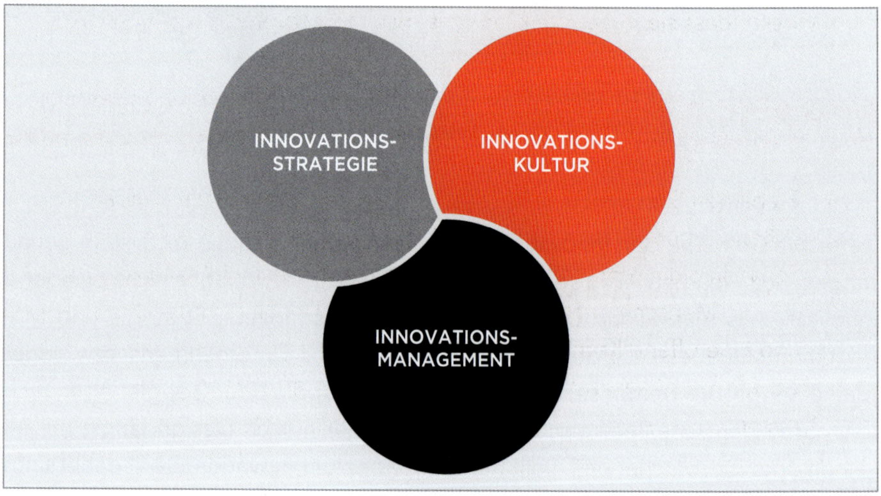

Abb. 7: Innovationskultur, Innovationsmanagement, Innovationsstrategie (Quelle: Indeed Innovation GmbH)

Genau das hat Philip Morris Anfang dieses Jahrtausends innerhalb seines F&E-Zentrums in der Schweiz erfahren. Das Unternehmen wollte nicht mehr weiter erforschen, wie Tabak weniger schädlich für die Raucher sein könnte, sondern was es mit der Pflanze Gutes schaffen könnte. Eine Umkehr, in deren Folge einige hundert Forscher ihren Mindset völlig ändern mussten. Solch ein Wandel kostet Zeit oder verlangt neue Mitarbeiter. In jedem Fall ist er schmerzlich. Erfolgreicher zeigte sich die Vorgehensweise von Alan G. Lafley, der als CEO von P&G Anfang der 2000er eine eigenständige Designorganisation auf Augenhöhe zum Marketing etablierte. Diese Designorganisation hat die Kultur der gesamten Organisation von innen heraus verändert – angefangen mit der Architektur der Büros und Arbeitsplätze bis hin zu den Prozessen, mit denen man neue Produkte für die Massen entwickelt.

Wie schafft Design Veränderung?

Die Antwort liegt in der Attitude von Designern. Designer sind menschzentriert und empathisch und sie haben den konstanten Willen, zu verändern. Die Arbeit von Designern ist, um ihre Ideen mitteilen zu können, immer auf Kommunikation ausgerichtet. Designer gestalten ihre Umwelt, denn nur in einem angenehmen Umfeld können sie gute Arbeit leisten. Gute Designer denken nicht in Silos, sondern wissen, dass sie nur gemeinsam mit anderen erfolgreich sein können.

Der einfache Weg zu einer erfolgreichen Innovationskultur

1. Etablieren Sie eine Designorganisation, die horizontal und vertikal ins Unternehmen wirkt.
2. Schaffen Sie ein physisches Arbeitsumfeld, das nach Innovation schreit, Menschen unterschiedlichster Disziplinen zusammenbringt und eine offene Kommunikation forciert.
3. Stellen Sie sicher, dass Innovation in allen Unternehmensbereichen passieren kann. Innovation als Silo funktioniert nicht!

Drei konkrete Design Tools die Innovationen treiben – das WIE

Im Folgenden möchte ich Ihnen drei wichtige *Tools* ans Herz legen, mit denen Sie Design sofort als Treiber von Innovationen anwenden können. Das erste Tool, die Design Value Scorecard, hilft Ihnen, den Wert von Design bei sich und in Ihrer

Organisation zu verorten oder Ihr Ziel zu bestimmen. Ohne Start oder ohne Ziel ist keine Bewegung möglich. Das zweite Tool, Design Thinking, dürfte bekannt sein, doch wenden Sie es auch schon an? Das dritte Tool, Innovation Framework, ist speziell für Markenunternehmen ausgelegt, die Produkt- oder Serviceinnovationen strategisch planen wollen.

1. Design Value Scorecard

Wann nutze ich das Tool?

Um Design als Treiber von Innovationen in einem markenorientierten Unternehmen zu etablieren, müssen Sie zuerst ergründen, welchen Stellenwert Design in Ihrer Organisation hat. Sie müssen sich also die elementare Frage stellen: Welchen Wert hat Design für mein Unternehmen bzw. meine Marke heute? Und welchen Wert soll Design zukünftig einnehmen? Erst dann können ein Soll-Wert und ein Ziel definiert und entsprechende Maßnahmen hergeleitet werden. Für dieses strategische Assessment gibt es ein hervorragendes Tool, das vom Design Management Institut (DMI) in Boston in Zusammenarbeit mit Microsoft entwickelt wurde: die *Design Value Scorecard* (vgl. Abb. 8).

Tool-Beschreibung

Das Tool basiert, wie viele Design Tools, auf einem einfachen und verständlichen System. In diesem Fall sind es zwei grundlegende Achsen, die die Entwicklungsstufe bzw. das Designverständnis eines Unternehmens beschreiben. Die horizontale *X-Achse* beschreibt die Nutzung von Design im Unternehmen. Wird Design als taktischer, organisatorischer oder strategischer Treiber genutzt? Auf der ersten Stufe (Entwicklung & Umsetzung) steht die Ästhetik und Funktionalität von Design im Mittelpunkt. Ein Unternehmen nutzt Design, um seine Produkte, Stores, Marken etc. ansprechender (Ästhetik) oder funktionaler (Funktionalität) zu gestalten. Die zweite Entwicklungsstufe bezieht sich auf die Organisation. Design wird genutzt, um innerhalb des Unternehmens Silos abzubauen und Disziplinen zu vernetzen. Hierfür werden Methoden und Tools verwendet, die aus dem Design bzw. der Designentwicklung stammen (z. B. Design Thinking). Design kann dabei als ›Verbinder‹ und ›Integrator‹ fungieren. Dies ist z. B. dann gegeben, wenn ein Unternehmen eine Design-Management-Abteilung betreibt, die zwischen den eigentlichen Designern und den anderen Organisationsebenen vermittelt. Die dritte Entwicklungsstufe schließlich bezieht sich auf das strategische Potenzial von Design. Design wird im Unternehmen als Geschäftsstrategie eingesetzt, um neue Märkte und Geschäftsmodelle zu entwickeln. Dies manifestiert sich z. B. bei internationalen Konzernen, in denen Design Thinking in vielen Unternehmensbereichen als Methode zur Lösung komplexer Fragestellungen geschult wird. So findet Design plötzlich auch auf Vorstandsebene statt. Die vertikale *Y-Achse* beschreibt die Ernsthaftigkeit oder Professionalität, mit der Design innerhalb eines Unternehmens eingesetzt wird. Auch diese Achse unterscheidet fünf Stufen: In Stufe 1 wird die Designaktivität als eine einmalige und spontane Aktivität betrieben. In Stufe 5 steckt hinter jeder Designaktivität ein detaillierter Prozess, der kontinuierlich und proaktiv optimiert und angepasst wird. Zusammen ergeben beide Achsen eine einfache Matrix, in der Sie Ihr Unternehmen heute oder in der gewünschten Zukunft verorten können. Ein daraus resultierendes Delta zeigt Ihnen effektiv, welchen Weg Sie gehen sollten.

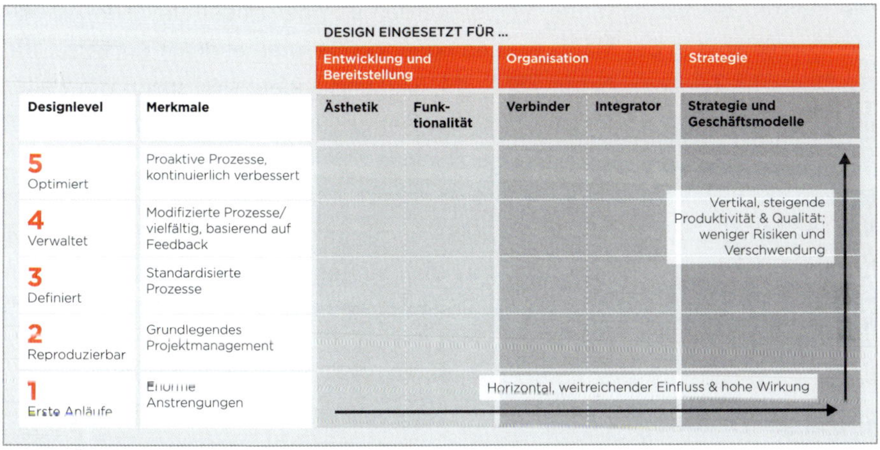

Abb. 8: Design Value Scorecard (vgl. Westcott et al. 2013, S. 14)

Wie nutze ich das Tool?

Die Analyse besteht aus zwei Schritten. Im ersten Schritt wird der Ist-Zustand im Unternehmen erfasst. Dies kann durch einige wenige qualitative Interviews mit Schlüsselpersonen erfolgen oder im Rahmen einer umfangreichen quantitativen Studie. Sogar im Selbsttest funktioniert es hervorragend – probieren Sie es einfach aus! Fragen Sie zunächst: Wo und wozu wird Design heute im Unternehmen eingesetzt (X-Achse)? Danach überlegen Sie, ob dieser Einsatz eher einer Hauruckaktion gleichkommt oder systematisch innerhalb der Unternehmensorganisation verankert ist, etwa durch fest definierte Prozesse (Y-Achse). Die Verortung wird Ihnen einfach aber effektiv aufzeigen, wie Design in Ihrem Unternehmen verstanden wird. Je weiter rechts die Position angesiedelt ist, desto mehr Einfluss und Wirkung hat Design auf Ihr Unternehmen, die Marke und somit den Unternehmenserfolg. Je höher Sie auf der X-Achse stehen, desto produktiver, nachhaltiger und kulturell integrierter wird Design genutzt. Bestimmen Sie anschließend, wo Ihre Organisation eigentlich stehen müsste (Soll-Zustand) – auch im Vergleich zum Wettbewerb. Diskutieren Sie mit den relevanten Schlüsselpersonen/-abteilungen, wie man vom Status quo zum gewünschten Ziel kommt.

Was ist das Ergebnis?

Die meisten deutschen Mittelständler werden sich bei einem ehrlichen Assessment unten links in der Matrix wiederfinden. Große internationale Konzerne wie die Deutsche Telekom, Airbus, IBM, 3M, SAP und andere sind schon viel weiter und nutzen mittels gemanagter Prozesse Design, um Organisationen effizienter zu machen, zum Beispiel mit Design-Thinking-Schulungen. Insbesondere große Marken wie Pepsico sowie auch viele erfolgreiche Start-ups nutzen Design ganzheitlich, um Geschäftsmodelle und Märkte der Zukunft zu erschließen. Sie alle haben dadurch gemein, dass sie über den strategischen und übergeordneten Nutzen von Design die Innovationen von morgen treiben.

2. Design Thinking

Wann nutze ich das Tool?

Wann immer Sie eine komplexe Problemstellung haben, können Sie mittels *Design Thinking* Ergebnisse erarbeiten, die die Macht von Design als Innovationstreiber aufs Einfachste unter Beweis stellen. Darüber hinaus eignet sich Design Thinking hervorragend, um eine Unternehmenskultur Bottom-up für Veränderungen und Erneuerungen vorzubereiten.

Tool-Beschreibung

Design Thinking ist eigentlich mehr als ein Tool. Es ist eine systematische Herangehens- und Denkweise, um Antworten auf komplexe Frage- oder Problemstellungen zu erarbeiten. Dabei stehen die Bedürfnisse aller im System beteiligten Nutzer im Fokus. Die Empathie, das Sich-Hineinversetzen in den Nutzer, ist dabei elementar. Design Thinking folgt grundsätzlich einem iterativen Prozess aus Erkenntnisgewinnung, Ideenentwicklung und Testen. Ziel ist, am Ende eine Lösung zu erhalten, die die Machbarkeit (aufgrund von Technologie), die Wirtschaftlichkeit (weil vermarktbar) und den Menschen (weil für ihn wünschenswert) miteinander in Einklang bringt. Und tatsächlich lassen sich viele sehr erfolgreiche Innovationen der letzten Jahrzehnte auf diese Formel zurückführen. Wohingegen ein rein auf Technologie basiertes Innovationsbestreben oft im Patentarchiv versauert.

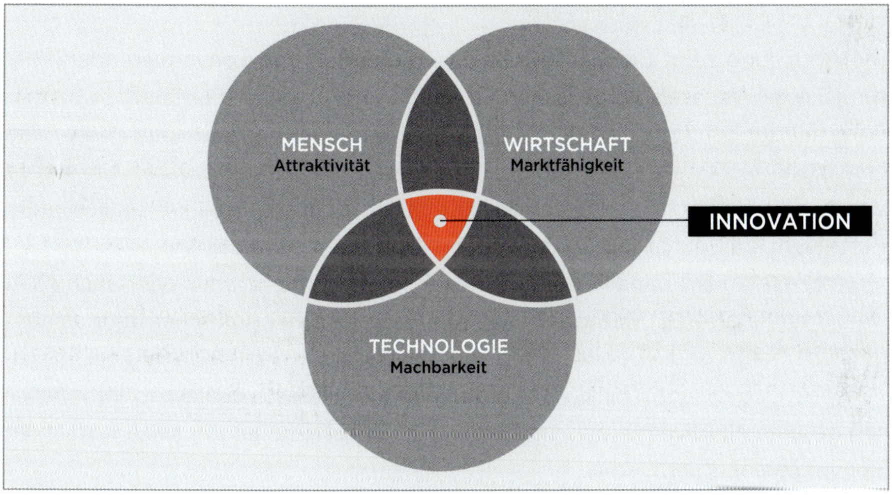

Abb. 9: Die drei Innovationsaspekte von Design Thinking (Quelle: Indeed Innovation GmbH)

Wie nutzen Sie das Tool?

Design Thinking folgt einem Prozess: Es gibt viele unterschiedliche Ansätze, wie man Design Thinking genau nutzt und entsprechend viele Abwandlungen eines immer ähnlichen Prozesses. Ich empfehle für Neu-Interessierte folgenden Prozess mit vier einfachen iterativen Phasen, die im Grunde immer wieder aufs Neue wichtige Fragen stellen.

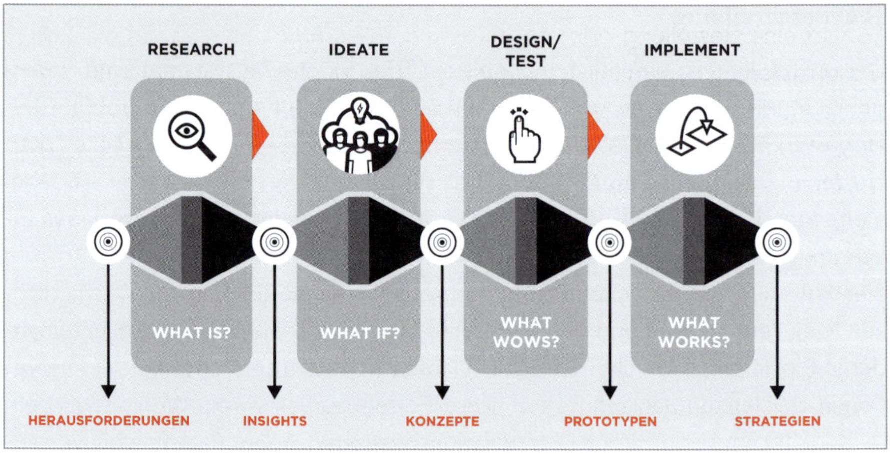

Abb. 10: Der Design-Thinking-Prozess (Quelle: Indeed Innovation GmbH)

Die Abbildung zeigt die vier jeweils divergierenden und konvergierenden Phasen. Dieses Wechselspiel zwischen Quantität und Qualität (Pulsieren) in Verbindung mit der Iteration, also dem Zurück-Loopen zur vorhergehenden Phase, sind essenzielle Merkmale eines erfolgreichen Design-Thinking-Prozesses. Sie stellen sicher, dass nicht die erstbeste Idee – egal ob politisch oder persönlich motiviert – zum Ziel ›durchgeprügelt‹ wird, um dort dann zu versagen.

In *Phase 1* wird danach gefragt, was man im Moment weiß oder auch nicht weiß. Mittels diverser Methoden, wie zum Beispiel ethnografischer Beobachtungen (überhaupt ist die Beobachtung von Anwendern im realen Umfeld ein Schlüsselaspekt von Design Thinking), werden alle möglichen Signale und Informationen gesammelt (divergieren), um sie dann in konkrete Erkenntnisse zu verdichten (konvergieren).

In *Phase 2* stellt sich die Frage: Was wäre wenn? Wie wir schon früher erfahren haben, eine sehr mächtige Frage. Hier geht es darum, anhand der zuvor gewonnenen Erkenntnisse möglichst viele unterschiedliche Ideen zu generieren (divergieren) und daraus Konzepte zu entwickeln (konvergieren).

In *Phase 3* gilt es herauszufinden, welches Konzept ein wirkliches ›Wow-Gefühl‹ auslöst. Aus den vielversprechendsten Konzepten werden jetzt erlebbare Prototypen. Diese sollen dann mit realen Anwendern getestet werden. Wichtig: Ein Prototyp kann sehr vieles sein, er ist hier nicht mit einem technischen Funktionsprototypen zu verwechseln. Zappos.com, das Original des heutigen Zalando, hatte 1999 zum Testen der Idee nur eine Website, auf der Fotos von Schuhen gezeigt wurden, die vorab im stationären Handel fotografiert worden waren.

Sobald eine Bestellung erfolgte, musste ein Mitarbeiter in den Laden gehen, diese kaufen, um sie dann dem Online-Kunden zu senden. Ziel am Ende dieser Phase ist, diverse Konzepte zu prüfen und mittels dieser Erkenntnisse zu entscheiden, ob der Weg zurück in eine vorhergehende Phase notwendig ist oder ob man mit Phase 4 weitermachen kann.

In *Phase 4* sollten nur Konzepte ankommen, die aufgrund des ›Wow-Faktors‹ wirklich attraktiv für die Nutzer sind. Denn jetzt gilt es, auch die technische und wirtschaftliche Machbarkeit miteinzubeziehen. Dieser Teil ist meistens der intensivste, da Teillösungen oftmals nur durch abermaliges Durchlaufen des Prozesses erarbeitet werden können, gleichzeitig zeigt genau er aber die Stärke von Design Thinking: Genau so werden gute Ideen nicht einfach verworfen, sondern ihre Schwächen eliminiert und eine ideale Lösung geschaffen.

Sie brauchen ein multidisziplinäres Team

Wenn Sie nur einen Hammer als Werkzeug haben, sieht jedes Problem wie ein Nagel aus. Logisch ist also: Eine komplexe Herausforderung bedarf Menschen mit unterschiedlichen Fähigkeiten und Sichtweisen. Deshalb bietet sich Design Thinking perfekt an, um innerhalb einer Firma abteilungsübergreifend zu arbeiten. Ein Projekt, das mittels Design Thinking und unter Teilnahme aller zum Projekterfolg relevanten Abteilungen durchgeführt wird, ist schneller und erfolgreicher. Im Übrigen führt Design Thinking so zum Abbau von Silos und hilft, die Kommunikation und das Wohlbefinden im Unternehmen zu fördern.

Schaffen Sie Raum

Die konkrete Arbeit im Design-Thinking-Prozess braucht Raum, da mehrere Teams mit vielen Menschen aus unterschiedlichen Bereichen zusammenarbeiten und die angewandten Methoden sehr viel Platz benötigen. Viele Firmen, wie Google oder die spanische Bank BBVA, haben ihre gesamten Büroräume in Erlebniswelten umgestaltet, die Design Thinking ermöglichen und fördern. Nebenbei wird damit die Unternehmensmarke auch als attraktiver Arbeitgeber gestärkt und die Wertschätzung der Mitarbeiter gefördert.

Packen Sie einen Methodenkoffer

Wie gesagt, Design Thinking ist weniger ein Tool als eine Herangehensweise, um die Fähigkeiten und Potenziale von Menschen zu entfalten und damit wirklich relevante (auch gesellschaftliche) Innovationen zu erarbeiten. Dabei gilt: Viele Herausforderungen bedürfen spezifischer Methoden und Tools. Zum Beispiel kann das Tool *Prescriptive Value Net* helfen, den Wertefluss eines Dienstleistungsprodukts zu konzipieren. Dabei werden in einem zukünftigen wirtschaftlichen Ökosystem die Akteure, ihre Dienstleistung, die Vernetzungen unter den Akteuren und die daraus resultierenden Geldströme visualisiert. Oder mithilfe einer *Customer Journey Map* können Potenziale für den Kunden beim Kauf einer neuen Matratze identifiziert werden (vgl. Stöckle 2015). Versuchen Sie, für sich einen Methodenkoffer zu packen, der auf Ihr Unternehmen und Ihre Herausforderungen maßgeschneidert ist.

Was ist das Ergebnis?

Richtig angewandt, kann Design Thinking zu folgenden Ergebnissen führen:

1. Unternehmen gelangen schneller zu relevanten Innovationen.
2. Unternehmen stärken automatisch den Fokus auf Ihre Kunden und Anwender. Gerade große Marken können so eine Brücke von ihren Mitarbeitern zu ihrer Kundschaft schlagen.
3. Die Zukunftsfähigkeit eines Unternehmens wird gesteigert. Denn wenn das Personal geschult und der Prozess bekannt ist, dann ist selbst ein umfangreicher Change einfach nur noch ein weiteres Projekt.

3. Innovation Framework

Das dritte Design Tool, um Innovationen voranzutreiben, heißt *Innovation Framework*. Es unterstützt Marken bei der strategischen und markenorientierten Ausrichtung ihrer Innovationsinitiativen. Zum einen dient es der Entwicklung einer Innovationsvision, zum anderen der Definition von Suchräumen, Suchfeldern und Anwendungsfeldern, damit die daraus entstehenden Innovationsprojekte auf die Marke einzahlen und sie nicht stören.

Wann nutze ich das Tool?

Womit startet man den Innovationsprozess – mit einer Idee oder mit einem Problem? Wenn Sie eine starke Marke sind, weder mit dem einen noch mit dem anderen. Denn der Unterschied zu einem Start-up oder No-Name ist, dass eine starke Marke gewisse Assets hat. Ihre Markenidentität und Positionierung beziehungsweise die Markenwahrnehmung beim Kunden geben ein Gerüst vor, innerhalb dessen Sie sich bewegen können und müssen. Dieses Korsett ist die Stärke einer Marke und gleichzeitig auch eine Hürde für Disruptionen. Denn stellen Sie sich vor, Coca-Cola würde im Rahmen seiner lebensmittelwissenschaftlichen Arbeit zufällig einen neuen und radikal effizienten Treibstoff entwickeln. Würde man diesen dann unter Coca-Cola vermarkten? Würde man also zukünftig Flugzeuge anstatt mit Kerosin mit ›Coca-Cola Fuel X‹ betanken?

Tool-Beschreibung

Der Innovation Framework (vgl. Abb. 11) besteht aus zwei dynamischen Leitplanken und einem strategischen Kern. Die linke Leitplanke beschreibt die Stärken und Fähigkeiten des Unternehmens bzw. der Marke, die rechte die Opportunitäten, die von außen gesteuert und beeinflusst werden. In der Mitte dieser beiden Kraftfelder liegt der Suchraum für opportune Innovationen. Dieser besteht aus einzelnen Suchfeldern, die wiederum einzelne Anwendungsfelder für Markeninnovationen beinhalten. Das Tool ist somit einerseits Arbeitswerkzeug und hilft in der strategischen Definition der Suchfelder. Gleichzeitig ist es aber als Bild auch ein Kommunikationsmittel, mit dem innerhalb des Unternehmens allen die Herleitung verständlich dargelegt werden kann. Dies ist ein wichtiger Aspekt und entspringt einer Designphilosophie, weil die Mitarbeiter die wichtigsten Treiber für Innovationen innerhalb eines Unternehmens sind.

	Suchraum	Suchfeld	Anwendungsfeld
Definition	beschreibt den größtmöglichen Raum für neue Produkte oder Sortimente. Was außerhalb liegt, ist nicht relevant für die Marke.	beschreibt ein konkretes Feld, innerhalb dessen neue Produkte entwickelt werden können.	beschreibt innerhalb eines Suchfelds konkrete Aktivitätsbereiche, in denen nach neuen Features und Funktionen eines Produktes gesucht werden kann.
Beispiel	Einfamilienhaus	Küche	Abwaschen

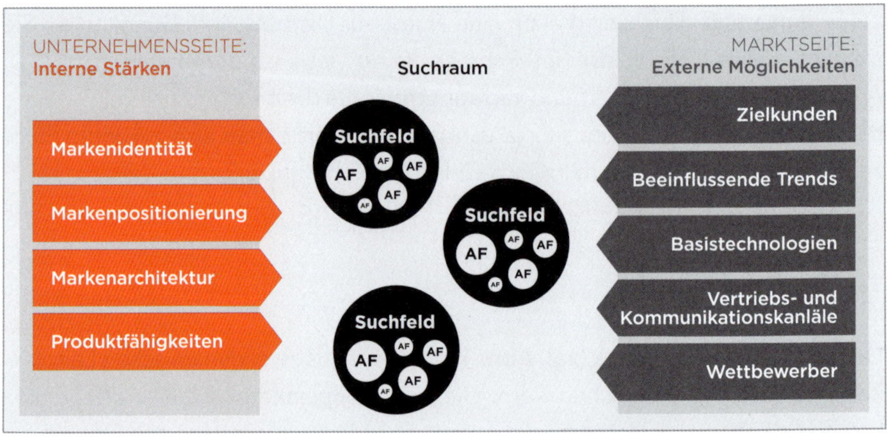

Abb. 11: Innovation Framework (Quelle: Indeed Innovation GmbH)

Wie nutze ich das Tool?

In der Regel durchläuft die Erstellung des Frameworks zwei Schritte:

- *Schritt 1:* Im ersten Schritt wird der Status quo für die beiden Leitplanken (Unternehmens- und Marktseite) ermittelt. Für jeden der einzelnen Faktoren (Markenidentität, Markenpositionierung etc.) müssen entsprechende Inhalte recherchiert, bestimmt oder erarbeitet werden. Auf Basis der Ergebnisse können dann, z. B. im Rahmen eines unternehmensinternen Co-Creation Workshops, der Suchraum und die Suchfelder für die unmittelbare und kurzfristige Produktentwicklung erarbeitet werden.
- *Schritt 2:* Auf Basis der Ergebnisse aus Schritt 1 gilt es nun, in die Zukunft zu blicken. Ein Ausblick von 10 bis 15 Jahren reicht erfahrungsgemäß völlig aus. Für weitere Horizonte gibt es andere Tools. Für die einzelnen internen und externen Faktoren wird eine Zukunftsperspektive entwickelt: Welche Markenidentität oder Positionierung soll das Unternehmen zukünftig haben und vor

allem, welche Fähigkeiten müssen das Unternehmen und seine Produkte besitzen, um Opportunitäten kapitalisieren zu können? Auf welche globalen Trends muss das Unternehmen setzen, und welche sind die treibenden Technologien der Zukunft, die für ein bestimmtes Geschäftsfeld relevant sind? Diese Faktoren beeinflussen den Suchraum sowie die darin enthaltenen Such- und Anwendungsfelder. Durch diese Zukunftsprojektion erkennen Sie schon frühzeitig, ob die anvisierte Richtung nachvollziehbar und sinnvoll ist. Der Prozess zur Beantwortung dieser Fragen und die Definition der Felder müssen einem Design-Thinking-Prozess gemäß iterativ stattfinden, denn die Wechselwirkungen zwischen den einzelnen Faktoren sind enorm. Planen Sie daher multiple Co-Creation Workshops mit allen im Unternehmen relevanten Stakeholdern und gehen Sie davon aus, dass Sie mindestens drei Monate für diesen Prozess brauchen. Vor allem die externen Faktoren sollten jährlich überprüft und angepasst werden. Dies wird sich möglicherweise auf die Suchfelder auswirken.

Was ist das Ergebnis?

Durch die Definition dieser zukünftigen Leitplanken und der daraus resultierenden Suchfelder erheben Sie einen kontrollierten und strategischen Führungsanspruch. Sie zeichnen einen visionären Horizont ab und geben gleichzeitig ganz konkrete Handlungsräume vor. Darüber hinaus werden Sie, wenn Sie die Erarbeitung des Innovation Framework möglichst breit im Unternehmen einsetzen, danach eine Mannschaft haben, die motiviert und fokussiert Innovationen nach vorne treibt.

Die Herausforderungen der Zukunft

Auch in Zeiten größter politischer und kultureller Veränderung wird eines wohl beständig bleiben: Unternehmen werden unermüdlich versuchen, uns Dinge zu verkaufen – und sie werden immer neue Wege finden, dies zu tun. Die ganzheitliche Digitalisierung hat in den 90er-Jahren des letzten Jahrhunderts begonnen. Den Zenit haben wir noch nicht erlebt – er steht uns noch bevor. Die Frage wird sein, welche Rolle dabei in Zukunft Design spielt: Wird Design weiter die Bestrebungen nach Innovationen unterstützen oder haben wir in den vergangenen Jahren nur ein Strohfeuer erlebt? Und was bedeutet dies in Bezug auf das Brand Design? Authentizität ist für Innovationen und Marken von großer Bedeutung (vgl. in Kap. 4 den Beitrag von Schmidhuber, Mehnert und Ness). Sie ist Schlüsselstein der Relevanz, und diese kann immer nur im Auge des Betrachters entstehen und entscheidet über Erfolg oder Misserfolg eines jeden Unterfangens. Bei folgenden drei epochalen Herausforderungen wird Design meiner Überzeugung nach der wichtigste Treiber für Markeninnovationen sein:

Internet of Things (IoT)

Kein Zweifel, IoT ist eine große technologische Herausforderung und bietet zugleich eine völlig neue Welt, in der sich Marken etablieren und neue Produkte anbieten können. Marken werden im IoT nur dann erfolgreich sein, wenn man deren ganzheitliches Ökosystem betrachtet, in dem sie funktionieren. Und dabei spreche ich von den Räumen zwischen den Netzwerken – nicht von den Netzwerken als solchen. Design wird hier mit seinem Mensch-orientierten Wertesystem für Authentizität und Relevanz sorgen und somit Marken Bedeutung verschaffen.

Service Economy

Jedes Produkt ist eine Dienstleistung und jede Dienstleistung ein Produkt. Was werden wir zukünftig noch besitzen und welche Auswirkung wird dies und die Dienstleistungsgesellschaft auf Marken haben? Technologie wird zur Commodity – was zählt, sind das Erlebnis und der Wert, den Technologie vermittelt oder schafft. Service Design im Kontext der Marke wird als Disziplin essenzieller Bestandteil einer modernen Marketing- und Produktmanagementabteilung sein (vgl. Werner/Birkhölzer/Peters 2015).

Künstliche Intelligenz (KI) & Robotik

Ob autonomes Fahren, Roboter oder künstliche Intelligenz, hier entsteht ein gigantisches neues Spielfeld für Marken. Werden ganze Berufsgruppen vernichtet, oder ist dies der Anfang des Paradieses, weil wir nicht mehr selbst arbeiten gehen müssen? Sicher ist: Technologie muss sich immer dem Menschen unterordnen und ihm dienen, nicht umgekehrt. Die Menschzentriertheit ist elementarer

Bestandteil der Designphilosophie. Deshalb muss die Design Community hier ihre Verantwortung wahrnehmen und die Führung bei der Entwicklung ethischer Grundregeln bezüglich KI übernehmen. Design hat sich über seine ursprünglichen Eigenschaften der Differenzierung, des Weckens von Kaufbedürfnissen und der Steigerung von Markenwerten zum Innovationstreiber etabliert. Jetzt ist es an der Zeit, dass Design Führung beansprucht. Zum Wohle von Unternehmen und der Gesellschaft.

Brand Design als Werkzeug der Wertschöpfung

Frank Wagner

Brand Design hat einen Wert, der sich zwar kaum beziffern lässt, aber harten ökonomischen Kennzahlen wie Absatz und Gewinn immanent ist. Ein starkes Branding zahlt positiv auf die Erkennbarkeit einer Marke, deren Erlebnisqualität, Bedeutung und Akzeptanz ein. Dies gilt insbesondere in Zeiten der Digitalisierung, in denen die Anforderungen an und die Notwendigkeit für ein starkes Brand Design steigen. Der Schlüssel, so Frank Wagner, liegt in einem ganzheitlichen Markenstil, der ein additives Gestaltungsprinzip ablöst.

Brand Design und seine Funktion

Der Begriff *Markenführung* enthält als Aktivum das Verb *führen.* Gemeint ist damit weniger das hierarchische, autoritäre Führen, sondern vielmehr *führen* im Sinn von herbeiführen, aufführen und ausführen. Markenführung schafft in den Köpfen einer Zielgruppe eine beabsichtigte Wahrnehmung. Das heißt: Wir führen etwas herbei – analog zu einer Wirkung. Wir führen etwas auf – analog zu einer Inszenierung. Wir führen etwas aus – analog einem Werk. Markenführung erweist sich somit als Begriff, der treffend gewählt ist.

Zentrum der Markenführung ist die *Positionierung,* mit der sich eine Marke im Markt verortet, abgrenzt und profiliert. Diese bildet die gemeinsame Basis für Inhalt und Form der Marke. Während sich der Inhalt auf sämtliche Mitteilungen einer Marke bezieht, umfasst die Form alle Zeichen, die den Konsumenten im sinnlichen Erkennen und Erleben einer Marke beeinflussen. Positionierung, Inhalt und Form sind die drei zentralen Hebel bzw. Stellschrauben der Markenführung.

Die Form ist es, die uns hier beschäftigt, das Brand Design. Sie bildet eine wichtige Konstante der Markenführung. Das Spektrum umfasst verbale, visuelle, auditive, haptische und olfaktorische Erkennungszeichen. Die *verbalen Konstanten* beispielsweise bestehen aus Claim, Corporate Wording und an erster Stelle dem Namen. Wir taufen eine Marke wie ein Kind oder ein Schiff. Daneben gibt es die bekannten *visuellen Konstanten* wie Logo, Farben und Typografie. Daneben? Eigentlich nicht. Denn verbale und visuelle Konstanten verhalten sich wie Name und Gesicht. Sie durchdringen sich und kommen in der Wahrnehmung zur Deckung. Daran sehen wir schon, dass die Form, die wir der Marke geben, mehr ist als eine Formel, mehr als eine Kennung, eine Identifizierung oder ein Fingerabdruck. Wir geben der Marke über die Form eine Gestalt. Wir machen sie zum Individuum, zur Persönlichkeit, zu einem lebendigen Wesen. Als Konstante hat das Brand Design eine wichtige Funktion für die Marke. Wichtiger aber noch ist, was die Form für den Konsumenten leistet: Sie sorgt für (1) Erkennbarkeit bzw. Wiedererkennung, (2) Erlebnisqualität, (3) Bedeutungsaufladung und (4) Akzeptanz.

> Brand Design sorgt für Erkennung, Erlebnisqualität, Bedeutungsaufladung und Akzeptanz beim Konsumenten.

1. Erkennbarkeit

Ein Fingerabdruck mag ein präzises Unterscheidungsmerkmal sein, aber er ist in seiner Einmaligkeit für einen Menschen nicht erkennbar und schon gar nicht wiedererkennbar. Deshalb liefert er kein Vorbild für das Branding. Ein sinnvolles Vorbild für das Brand Design ist das menschliche Gesicht. Es ist geschaffen für Begegnung und Wiedererkennung. Genau wie eine Person lebt auch eine Marke von ihrer Beziehungsfähigkeit. Damit der Konsument auf eine Marke reagiert und eventuell sogar mit dieser interagiert, möchte er wissen, mit wem er es zu tun hat. Ohne erkennbares Gegenüber wird jede Aktion gegenstandslos. Deshalb ist die erste Funktion des Branding, eine Schnittstelle herzustellen, damit die Marke mit ihrer Zielgruppe eine Verbindung aufnehmen kann. Hierfür ist es erforderlich, dass die visuellen, verbalen und auditiven Zeichen einer Marke für den Konsumenten *Erkennungszeichen* sind, also eindeutig und unmissverständlich auf ein Produkt oder Unternehmen bezogen werden. Vor allem der Name und die visuelle Erscheinung der Marke spielen hierfür eine wichtige Rolle. Je merkfähiger und klarer sie sind, umso leichter lassen sie sich durch den Konsumenten zuordnen. Informationen und Erfahrungen, die einer Marke hingegen nicht zugeordnet werden können, gehen verloren, so positiv sie sein mögen. Brand Design ist mit anderen Worten der Anker, der Meeting Point und führt Mensch und Marke zusammen. Beispiele dafür sind uns allen geläufig. Die Marke eines deutschen Automobilherstellers ist an der vielfältigen Modellpalette nur schwer zu erkennen, viel leichter hingegen am Zeichen des dreizackigen Sterns. Die Marke eines amerikanischen Erfrischungsgetränks erschließt sich noch nicht aus der braunen Flüssigkeit selbst, wohl aber aus dem traditionsreichen geschwungenen Schriftzug und aus der unvergleichlichen Form der Flasche. Und was die Marke Apple betrifft, so kommen hier Name und Bildzeichen zu einer Deckung. Die Wortmarke ruft unweigerlich das Bildzeichen und das Bildzeichen spontan den Namen im Konsumenten wach. Dem haben die Apple-Wettbewerber nichts entgegenzusetzen.

2. Erlebnisqualität

Neben der Erkennbarkeit soll das Brand Design ein positives Erlebnis für den Konsumenten schaffen. Form und Inhalt bilden dabei in der Wahrnehmung des Konsumenten eine Einheit. Durch das Zusammenspiel unterschiedlicher Sinnesreize lässt sich eine markenspezifische Anmutungsqualität erzielen. Dies wird vor allem bei einer multisensorischen Markenführung deutlich, bei der das Markenerleben durch sämtliche Sinnesreize stimuliert wird, etwa im Rahmen eines Messebesuchs oder Events. Wir erleben eine eigene Einkaufswelt bei Alnatura oder bei Ikea, eine eigene Hotelwelt bei Ibis oder bei Ramada, eine eigene Gastronomiewelt bei McDonald's oder Subway.

3. Bedeutungsaufladung

Eine weitere zentrale Funktion des Brand Design ist es, eine Marke durch eine spezifische Symbolik mit Assoziationen und Konnotationen auszustatten. Denn eine Marke soll von der Zielgruppe nicht nur erkannt, sondern auch gelesen und interpretiert werden. Bereits durch die Wahl einer bestimmten Farbe oder Schrift transportiert die Marke kulturell und sozial bedeutsame Codes, die von den Zielgruppen oder Kulturkreisen unterschiedlich eingeordnet werden. Auch Klangfarben von Sprechern – man denke an Seitenbacher Müsli – oder ein Bildzeichen wie die Sirene im Starbucks-Logo sind bedeutungsvoll für die Interpretation einer Marke und wecken spezifische Assoziationen im Konsumenten. Jedes Zeichen ist immer auch ein Symbol, das Menschen etwas zu verstehen gibt, und daher wichtig für das Verhältnis zwischen Marke und Mensch. Wie steht ein Mensch zu einer Marke? Was geht sie ihn an? Was bringt sie ihm? All das wird bereits allein durch die Form einer Marke angezeigt.

4. Akzeptanz

Eng mit der Bedeutung einer Marke verbunden ist deren Akzeptanz. Der Konsument fragt sich bewusst oder (meist) unbewusst: Entspricht die Marke meinen Bedürfnissen, löst sie meine Probleme und hilft in meiner Situation? Entspricht die Marke meinen Erwartungen, meinen Wünschen und Vorlieben? Entspricht die Marke meinem Budget und meiner Investitionsbereitschaft? Entspricht die Marke meinem Profil, meiner Eitelkeit, meinem Bedürfnis nach sozialer Anerkennung? Entspricht die Marke meinem Geschmack, meinem Design- und Qualitätsanspruch? Das heißt in der Summe: Akzeptieren der Konsument und dessen soziales Umfeld die Marke? Design spielt für die Akzeptanz einer Marke eine wichtige Rolle. Nicht allein das Produkt und seine Qualität, sondern auch die Marke und ihr Design führen dazu, dass Konsumenten Red Bull als cool, Gucci als chic, Maredo als einladend, Milka als lecker und Elmex als gesund bewerten.

Die Erkennbarkeit, Erlebnisqualität, Aufladung und Akzeptanz einer Marke sind freilich nicht allein einem guten Brand Design zuzuschreiben, sondern werden auch von der Positionierung und den Inhalten einer Marke wesentlich bestimmt.

Funktion des Brand Design in Zeiten der Digitalisierung

Erkennbarkeit, Erlebnisqualität, Aufladung und Akzeptanz sind Grundvoraussetzungen für eine erfolgreiche Markenführung. Die Digitalisierung stellt jedoch neue Anforderungen an das Markenmanagement und dessen formale Gestaltungselemente: Sie betrifft zunächst die *Erkennbarkeit* der Marke. Diese ist heute umso mehr ein erfolgskritischer Faktor, weil immer mehr Informationen um die Aufmerksamkeit des Konsumenten konkurrieren – nicht nur auf digitalen Benutzeroberflächen, sondern auch im Wildwuchs des öffentlichen Raums, der Verkaufsregale und Zeitungsseiten mit ihren vielen ablenkenden Angeboten. Zudem sind wichtige formale Erkennungszeichen einer Marke in den digitalen Medien nur bedingt einsetzbar, etwa im Bereich Social Media. Gestaltungsrahmen und Interaktionsformen werden hier von der Plattform vielfach vorgegeben und sind nur zu einem kleinen Teil von der Marke gestaltbar. Medien wie Instagram oder Snapchat haben ihre eigene Ästhetik, der sich Marken vielfach unterordnen müssen. Damit aber wird die Erkennbarkeit einer Marke für den User erschwert. Um *Uniqueness* zu erreichen, sind Marken deshalb darauf angewiesen, Erkennbarkeit auf andere Art und Weise herzustellen, beispielsweise durch ein spezifisches Wording oder inhaltliche Themen. Insgesamt verlagert sich die Erkennbarkeit einer Marke in den digitalen Medien vermehrt auf die Ebene der Inhalte. Dieser Trend wird durch das *Content Marketing* weiter verstärkt. Denn im Content Marketing sollten formale Erkennungszeichen wie Markenlogo oder Schlüsselbilder auf ein Minimum reduziert werden, um jeden werblichen Anschein zu vermeiden.

Auch die *Erlebnisqualität* einer Marke verändert sich mit der Digitalisierung bzw. verlagert sich mit dieser immer mehr in ein virtuelles oder immersives Erleben. Sie umfasst unter anderem die Usability der Website, die wesentlich von formalen Elementen wie der Seitenstruktur und dem formalen inhaltlichen Aufbau (Informationsdesign) abhängt. Letztlich ist aber die gesamte Customer Experience von der Form des Erlebens bestimmt. Gegensätzliche Beispiele liefern hier die Web-Auftritte von Amazon einerseits und Edeka andererseits.

Zudem verändert sich die Aufladung einer Marke mit *Bedeutung:* Die digitalen und interaktiven Medien schaffen neue Gestaltungsmöglichkeiten und bieten viel Potenzial für eine noch wirkungsvollere Aufladung der Marke. Die Marke tritt vor allem in den sozialen Medien mit immer mehr Personen, Symbolen und Themen in Beziehung, weil sie immer neue Inhalte braucht, um die Aufmerksamkeit des Users zu wecken. Zudem steuern die User selbst Inhalte über die Marke bei und laden diese dadurch wesentlich mit Bedeutung auf. Darüber hinaus nehmen Marken immer häufiger auf aktuelle Ereignisse in Politik, Gesellschaft und Sport Bezug und machen diese zum Thema der Marke. Dadurch weitet sich die Marke auch formal. Auch die Tatsache, dass das Gestaltungsmittel der Bewegung nicht mehr auf das Medium Film beschränkt ist, sondern sämtliche Gestaltungselemente im Markenauftritt beweglich sein können, gibt dem Markenmanagement die Möglichkeit, neue Register im Brand Design zu ziehen, um eine Marke mit Bedeutung aufzuladen. Ein Beispiel hierfür sind die vier beweglichen Google Dots in den Farben rot, blau, gelb und grün, die bestimmte Funktionen oder Momente der Medienanwendung wie z. B. Zuhören, Sprechen, Denken durch unterschiedliche Anordnungen und Bewegungen visuell unterstützen.

Auch die *Akzeptanz* der Marke verändert sich durch die Digitalisierung. Die interaktive Praxis, vor allem die sozialen Netzwerke, geben dem Nutzer die Möglichkeit, freier und distanzloser mit einer Marke umzugehen und sie emotional schneller und stärker zu ›seiner‹ Marke zu machen. Der User ist nicht mehr der Zuschauer der Marke, sondern wird zum Akteur, der mit der Marke und ihrem Design spielt.

> Brand Design gewinnt für eine digitale Markenführung weiter an Gewicht. Dabei werden die Aufgaben und Anforderungen an das Design mit der Weiterentwicklung der Medienlandschaft komplexer.

Die vier Funktionen des Brand Design

- *Erkennbarkeit:* Der Konsument kann die Marke aus der Informationsflut herausfiltern.
- *Erlebnisqualität:* Die Form der Marke bewirkt eine positive sinnliche Erfahrung.
- *Bedeutungsaufladung:* Die formalen Elemente einer Marke sind für den Konsumenten (kulturell, sozial, persönlich) bedeutsam und interpretierbar.
- *Akzeptanz:* Der Konsument kann sich mit der Marke, so wie sie formal erscheint, anfreunden.

> Brand Design gestaltet nicht nur das Erscheinungsbild einer Marke, sondern stellt darüber hinaus die Weichen für Bedeutung, Lebenszyklus und wirtschaftlichen Erfolg einer Marke.

Brand Design und sein kommunikativer Wert

Worin besteht der *Mehrwert* eines starken Branding? Gerade diese Frage halte ich für relevant, denn sie öffnet dem Markenmanagement die Augen für Sinn und Zweck eines wirksamen Brand Design. Zudem rechtfertigt erst eine überzeugende Beantwortung dieser Frage den Aufwand für ein Brand Design mit hohem Qualitätsanspruch. Die Vorstellung von einem starken Branding hat sich gewandelt. Noch vor dreißig Jahren hätte man gesagt, ein starkes Branding sei ein Inventar von gut gewählten und kompetent gestalteten Konstanten, die durchgängig angewendet werden. Diese Beschreibung trifft auch heute noch auf die Realität in vielen Unternehmen weitgehend zu. Die meisten Markenbilder sind nichts anderes als brauchbare Konstanten in konsequenter Anwendung. So lebt der Markenauftritt von Aral vor allem von der Farbe Blau in Verbindung mit Weiß. Das Zeichen kommt als weitere Konstante hinzu. Damit klafft eine Lücke zwischen der Realität in vielen Unternehmen und den Anforderungen, die sich durch die Digitalisierung an ein zeitgemäßes Brand Design ergeben. Der Anspruch an ein Brand Design ist heute *substanziell* anders. Es reicht nicht, den Anspruch an einzelne Konstanten wie Logo oder Schrift einfach graduell höherzuschrauben oder diese für die Anwendung brauchbarer zu machen. Es braucht ein grundsätzliches Umdenken, das Brand Design von vornherein mit anderen Kriterien misst.

> **Der Anspruch an ein Brand Design ist heute substanziell anders. Es reicht nicht, den Anspruch an einzelne Konstanten wie Logo oder Schrift einfach graduell höherzuschrauben oder diese für die Anwendung brauchbarer zu machen.**

Für die *Entwicklung* eines Brand Design heißt das: Wir beginnen nicht mit der Gestaltung von einzelnen Konstanten (additives Gestaltungsprinzip), sondern entwickeln einen ganzheitlichen Stil (integratives Prinzip). Das *additive Prinzip* basiert auf Basiskonstanten und deren Anwendung wie Namen, Claim, ein Zeichen samt Standardgrößen und Schutzräumen, Hausschrift samt typografischer Aufbereitung, Raster samt formatbezogener Ableitungen, Hausfarbe samt ergänzendem Farbklima, Bildsprache samt Anwendungsbeispielen. Darüber hinaus gibt es Regeln für die Anwendung in verschiedenen Kommunikationsmitteln vor: für Diagramme, Beschilderungen, Fahrzeuge, Bekleidung, Produkte und Verpackungen. Die Basiskonstanten werden hier nach sinnvollen Kriterien gestaltet. Doch sie werden nicht aufeinander bezogen. Sie mögen inhalts- und wahrnehmungsgerecht sein, sind deshalb aber noch nicht ensemblegerecht. Sie mögen aus sich selbst heraus überzeugen, aber sie überzeugen nicht als ganzheitlicher Markenstil. Sie mögen durch intuitive Designentscheidungen miteinander harmonieren und damit eine Tendenz zur Stilbildung beinhalten, aber sie sind kaum von a priori getroffenen Stilentscheidungen abgeleitet.

Integratives Design folgt den Gestaltungsprinzipien der Mutation

Brand Design ist nach unserem heutigen Verständnis das Synonym für *Markenstil*. Aus einem solchen Stil ergeben sich als Ableitung das Logo, die Farben, die Schrift und die Anwendungsregeln. Eine Verlagerung hat stattgefunden: Wir denken nicht mehr in den Konstanten von Logo, Schrift und Farbe, sondern in konstanten Designprinzipien *(integratives Prinzip)*. Wir schaffen Korrelationen durch Kontraste, Harmonien, Rhythmen und wiederkehrende Formanwendungen (vgl. in Kap. 5 den Beitrag von Rädecker). Ein Markenstil ist wie eine Sprache, die Inhalte transportiert. Das zeigt das Brand Design der Siemens-Tochter next47, mit der das Unternehmen Start-ups fördert. Das Design von next47 basiert auf dem *Gestaltungsprinzip der Mutation*, der allmählich fortschreitenden Veränderung, die Start-ups von der Idee zu einer erfolgreichen Unternehmung durchlaufen – immer wieder neu und anders. Das mutierende Key Visual, das seine Form verändert, steht als Sinnbild für den individuellen Weg einer Partnerschaft mit seinen Höhen und Tiefen. Es symbolisiert Offenheit gegenüber Start-ups, die Vielfalt des Portfolios und die Überzeugung, dass beide Seiten von der Kooperation profitieren werden. Dabei agiert next47 nicht wie ein Investor, der erwartet, dass sich ein Start-up vorgegebenen Strukturen unterordnet. Vielmehr verändert sich next47. Dies zeigt auch die mutierende Farbe des Key Visuals, die sich an die individuelle Kooperation anpasst. Der Übergang vom Siemens-Petrol zur jeweiligen Hausfarbe des Start-ups erscheint nicht nur innerhalb des Key Visuals, sondern auch in den flächigen Hintergründen von Titelseiten. Diese Durchgängigkeit der Mutation als integratives Designprinzip bildet den konsistenten Markenstil. Am sinnfälligsten entfaltet sich das Prinzip der Mutation im Web-Auftritt. Veränderung konkretisiert sich hier durch Bewegung, nicht durch abrupte Wechsel, sondern durch allmähliche Verschiebungen und Verlagerungen in einer eigendynamischen Lebendigkeit.

Ein integrativer Designstil lässt sich mit einer Sprache vergleichen, die sich nicht primär aus Worten zusammensetzt, sondern sich in Tonalität und Sprachduktus definiert und so ihre Eigenständigkeit gewinnt, die ganz von selbst zu Worten findet. In diesem Sinn entwickeln wir aus Stilmerkmalen die notwendigen Stilkomponenten. Das heißt, wir denken abstrakter, vernetzter, prozessorientierter. Das Ergebnis sind nicht Designlösungen, die sich den digitalen Medien anpassen, sondern die durchgängig funktionieren – in der Produktrealität, in der Printkommunikation und in der digitalen Interaktion.

> Ein Markenstil ist wie eine Sprache, die Inhalte transportiert.

Zwar wissen wir jetzt, was ein starkes Brand Design heute ausmacht. Nicht beantwortet ist jedoch die Frage nach seinem *Wert*. Die Werthaltigkeit einer Marke bemisst sich an der Stärke und Reichweite der Zustimmung, die diese findet. Brand Design wirkt dann wertsteigernd, wenn es zur Erkennbarkeit einer Marke beiträgt, das Markenerlebnis intensiviert und durch seine Bedeutungsaufladung die Markenakzeptanz stärkt. Dies gelingt, wenn das Design als Markenstil konzipiert und auch als solcher wahrgenommen wird.

Integrierter Markenstil – Markenerkennung in jedem Detail

Bei einem additiven Brand Design wird die Marke selbstverständlich durch das Logo erlebt, nicht aber zwingend durch eine Farbanwendung, durch ein Diagramm oder durch einen Text. Erst wenn die jeweilige Konstante kombiniert mit dem Logo erscheint, das Logo mit einem Namensschild, das Logo mit einem Verkaufsprodukt, das Logo mit einer Internet-Startseite, stellt sich das Markenerlebnis ein. Dabei ist es nicht die Wirkung der Kombination, die das Markenerlebnis herstellt, sondern nur der eine Teil der Kombination: das Logo. Anders ist das bei einem *integrierten Markenstil*. Hier wird das Logo nicht überall gebraucht, insbesondere dann nicht, wenn das herkömmliche Markenzeichen durch ein Designprinzip mit Zeichenfunktion ersetzt wird. Die ganzheitliche Qualität des Markenstils bewirkt, dass Brand Design auch in Ausschnitten erkannt und erlebt wird. Wenn wir es semiotisch betrachten, wird jedes Fragment des visuellen Auftritts zu einem Zeichen für die Präsenz der Marke und damit zu einem Markenzeichen. Die Funktion des Markenzeichens wird damit in extremer Weise dezentralisiert. Nehmen wir einen Internet-User, der einen Spaziergang auf einer Unternehmensseite im Internet unternimmt. Die Marke ist dann sein ständiger Begleiter. Denn alles, was er berührt, jeder Button, jedes Drop-down-Menü, jeder Text-Link, ist im besten Fall Bestandteil des Markenstils. Somit ist er nicht allein unterwegs, er sieht sich aufgehoben durch ›seine‹ Marke. Diese Begleiterfunktion erhöht die Akzeptanz der Marke – sofern die User Experience positiv und kohärent zum Markenstil erlebt wird.

Nehmen wir hingegen den User eines sozialen Netzwerks, der sich auf der Benutzeroberfläche von Facebook oder Instagram aufhält. Das Markenerlebnis unterliegt hier anderen Bedingungen. Er betritt nicht die Domäne einer Marke, sondern umgekehrt, die Marke begegnet ihm auf einer Plattform, die er sich zu seiner eigenen gemacht hat. Die Marke tritt damit in einer anderen Rolle auf. Sie empfängt nicht, sie wird empfangen. Im Fußball würde man sagen, sie spielt nicht vor heimischer Kulisse. Die Markenpräsenz beruht hier weniger auf ihrer Erscheinung, sondern auf ihrer Aktion. Unter diesen Bedingungen Wiederkennung und eine spezifische Erlebnisqualität zu schaffen, ist sehr viel anspruchsvoller und bedarf eines durchgängigen Markenstils. Gerade in der Beschränkung der Bühne bewährt sich das stilgebundene Branding. Die Plattformen der sozialen Netzwerke haben ihr eigenes Design, das durch eine Marke nur sehr begrenzt beeinflusst werden kann. Ein Hausgast kann nicht die Wohnungseinrichtung des Gastgebers ändern. Das führt dazu, dass nur ein Bruchteil der Benutzeroberfläche visuell für eine Marke nutzbar ist. Ein durchgehender Markenstil, der sämtliche Gestaltungsformen – auch zwischen den Zeilen – integriert, ist deshalb besonders hier so wichtig. Denn der Benutzer empfindet die Oberfläche einer Plattform nicht als Design. Dazu ist sie ihm zu sehr vertraut. Sein Augenmerk gilt dem Content, nicht der Form. Obwohl die Benutzeroberflächen Designergebnisse sind, werden sie subjektiv als neutral, als Nicht-Design wahrgenommen. Hinzu kommt, dass die meisten Netzwerke, vor allem solche amerikanischer Provenienz, recht anspruchslos gestaltet sind. Das hat strategische Gründe. Man möchte alle erreichen und der Allgemeinheit gerecht werden. Man möchte nicht ausgrenzen und auf keinen Fall elitär erscheinen. Designqualität ist somit nicht gefragt. In diese Öde weht die Marke herein wie ein frischer Wind, die durch einen unverkennbaren Markenstil für ein nachhaltiges Markenerleben sorgen kann.

> Obwohl die Benutzeroberflächen von Facebook, Instagram & Co. Designergebnisse sind, werden sie subjektiv als neutral, als Nicht-Design wahrgenommen. In diese Öde weht die Marke herein wie ein frischer Wind.

Jede Marke kann ihren eigenen Markenstil entwickeln: eine Produktmarke wie Nutella, ein Unternehmen wie Siemens, eine Institution wie die Bundesversicherungsanstalt, Parteien wie die FDP, Anstalten, Organisationen, Veranstaltungen, gemeinnützige Einrichtungen, Bewegungen oder Ideen. Alle Marken gewinnen Präsenz und Lebendigkeit durch einen integrierten Markenstil. Das verstärkt aufseiten der Zielgruppe die Wahrnehmung und vertieft das Erlebnis. Darin liegt der Wert eines starken Branding für die Marke.

Brand Design und seine monetäre Messbarkeit

Wenn wir den Wert, der durch Branding geschaffen wird, mit einer Verstärkung der Markenwahrnehmung und einer Vertiefung des Markenerlebnisses erklären, zucken Controller und Analysten mit den Achseln. Sie haben eine andere Vorstellung von Wert. Sie möchten ihn sehen, sie möchten ihn greifen und zählen. Folglich müssen auch wir Designer die Frage nach dem *monetären Wert* eines Brand Design beantworten. Um die Antwort kurz vorauszuschicken: Ja, ein starkes Branding hat einen monetären Wert. Aber – jetzt müssen wir eine längere Einschränkung folgen lassen – der monetäre Wert lässt sich nicht beziffern. Wir stellen zum Beispiel fest, dass sich der Markenwert von Google in den Marken-Rankings von Interbrand und von MillwardBrown um etwa 100 Mrd. Dollar unterscheidet. Von einem bezifferbaren Wert kann hier keine Rede mehr sein. Das Handelsgesetzbuch (HGB) rechnet Markenwerte ebenso wie Patente zu den immateriellen Werten. Norton und Kaplan (2004), die Erfinder der Balanced Scorecard, haben über die Bewertungsmöglichkeiten von immateriellen Vermögenswerten gesagt: »*Wer den Nutzen immaterieller Werte messen kann, hat den heiligen Gral des Rechnungswesens gefunden.*«

Immaterielle Werte sind *›weiche‹ Werte*. Besser als an Produktmarken kann ich das an Unternehmensmarken veranschaulichen. Denn hier geht es um Rentabilität, um Arbeitsplätze, um Anteilseigner, um wirtschaftliches Überleben. Kurz: Es geht um bilanzierbare Werte. Doch vor allem die harten Werte tauchen in den Bilanzen auf: Grundkapital, Liegenschaften, Ausrüstung, erwirtschafteter Gewinn. In einem Unternehmen steckt jedoch noch sehr viel mehr. Das kreative Potenzial in Forschung und Entwicklung, die Ressourcen und Kompetenzen der Experten, die Intelligenz einer effizienten Organisation, das Unternehmensklima und die Mitarbeitermotivation. Solche Werte lassen sich von einer Bilanz kaum erfassen. Sie sind jedoch für ein Unternehmen von elementarer Bedeutung. Ein starkes Branding und seine Wirkung gehören in diese Reihe der weichen Werte. Wohin es führen kann, wenn weiche Werte nicht nur vernachlässigt, sondern geradezu missachtet werden, zeigt der Fall Schlecker. Die weichen Werte, die hier in Rede stehen, fließen in harte Werte ein und werden damit zu monetären Wertschöpfern. Der Gewinn, den ein Unternehmen erwirtschaftet, gründet nicht allein im Absatz, sondern auch in dessen Voraussetzungen. Was in der Bilanz als Unternehmensgewinn ausgewiesen wird, enthält somit auch die weichen Werte. Sie sind diesem harten Wert immanent. Das heißt, sie existieren als monetäre Werte, lassen sich aber nicht prozentual aufgliedern, sind also nicht fassbar.

Eine starke Marke ist ein weicher Wert par excellence

Harte und weiche Werte unterscheiden sich nicht zuletzt in ihrer *Nachhaltigkeit.* Harte Werte stellen nur Momentaufnahmen dar. Sie ändern sich von Berichts- zu Berichtszeitraum. Selbst so dauerhaft scheinende Vermögenswerte wie Grundstücke unterliegen den Schwankungen des Immobilienmarktes. Weiche Werte hingegen lassen sich mit dem Beharrungsvermögen eines Tankers vergleichen. Es braucht Zeit, Geduld und Mühe, sie zu bauen. Doch wenn sie einmal vom Stapel gelaufen sind, halten sie Wind und Wetter stand. Eine starke Marke ist ein weicher Wert par excellence. Design hat daran einen entscheidenden und unverzichtbaren Anteil. Ohne ein Design ist eine Marke überhaupt nicht denkbar. Hans Domizlaff (1939), der Pionier der Markentechnik, hat das Prinzip und den Ursprung der Marke am Beispiel von Brötchen beschrieben. Wenn die Brötchen von Bäcker A der Kundschaft besser schmecken als die Brötchen von Bäcker B, bildet sich eine Vorliebe für A-Brötchen. Wenn irgendwann die Qualität der A-Brötchen vorübergehend nachlässt, leben die Brötchen der Marke A dennoch weiterhin vom etablierten Vertrauen in die Marke. In dieser rudimentären Form des Markenwettbewerbs besteht die Kommunikation ausschließlich in Mund-zu-Mund-Propaganda. Für Brand Design ist hier noch kein Bedarf. Sobald aber Marken über Medien kommunizieren, kommt Design ins Spiel – und sei es auch nur über eine Bäckertüte. Zudem steigt die Notwendigkeit, zu vertrauen. Denn alles, was ein Mensch nicht mit eigenen Augen sehen, mit eigenen Händen anfassen und mit eigenem Verstand und Wissen vollständig durchdringen kann, erfordert Vertrauen. Vertrauen beschreibt das Wesen und ist zugleich das Synonym für Marke. Zwar erhöht das Internet die Transparenz und stärkt unsere Urteilsfähigkeit. Allerdings handelt es sich hierbei um Erkenntnisse aus zweiter Hand. Auch wenn wir durch das Internet immer mehr zu wissen glauben, ist das Vertrauen in Quellen und Aussagen hierfür die Voraussetzung. Dass in der heutigen Gesellschaft das Misstrauen so stark um sich greift, ist eine fast logische Gegenbewegung.

Der Wert einer Marke liegt in ihrem *Vertrauensvorschuss,* den diese bei den Konsumenten genießt. Dieser Wert wird durch ein erkennbares, erlebnisreiches und bedeutungsvolles Brand Design geschaffen, gepflegt und gestützt. Design hat damit einen wesentlichen Anteil an der Werthaltigkeit einer Marke und stellt einen Wert an sich dar, auch wenn dieser monetär nicht fassbar ist.

> Markenwerte sind weiche Werte, die harten Werten wie Umsatz und Gewinn immanent sind.

Brand Design und Return on Investment

Beim Investieren in weiche Werte stellt sich, wie bei jeder anderen Investition, die Frage nach dem *Return on Investment* (ROI). Der Return muss sich lohnen. Das ist selbstverständlich. Bei einem weichen Wert lässt sich dieser Return jedoch nicht beziffern, nur beschreiben. Eine Investition in Brand Design ist zugleich eine Investition in das, was Brand Design an Werten generiert. Sie zahlt sich aus in der Erkennbarkeit und Erlebnisqualität einer Marke. Diese können Ziele an sich sein. Zugleich sind sie die Voraussetzung für die Erreichung ökonomischer Ziele, wie Absatz und Gewinn. Sie bereiten den Boden, um Angebote zu lancieren, Produktneuheiten oder Treue-Aktionen auf den Markt zu bringen. Zugleich zahlen sie auf das Vertrauen des Konsumenten ein und wirken im Krisenfall als Vertrauensvorschuss. Die Marketingabteilung eines Unternehmens denkt oft nur an den Markt, an die Abnehmer der Produkte, vielleicht noch an die Vertriebskanäle und die Multiplikatoren. Tatsächlich aber gibt es ein sehr viel weiteres Wirkungsfeld der Marke, das sich positiv auf das gesamte Unternehmen auswirkt. Die Marke hat Einfluss auf die Lieferanten, mit denen ein Unternehmen um Konditionen ringt, auf Behörden, die wichtige Genehmigungen erteilen, auf die Politik, die Gesetze macht, auf Banken und deren Kredite, auf Analysten, die eine Beteiligung empfehlen oder nicht, auf die Medien, die über das Unternehmen berichten, auf die Mitarbeiterinnen und Mitarbeiter, auf deren Engagement und Solidarität ein Unternehmen setzt, auf das soziale Umfeld, aus dem die Mitarbeiterschaft eine Rückkopplung und Bestätigung erfährt und auf viele weitere Gruppen. Die Frage also, ob sich das Investieren in Branding lohnt, lässt sich klar mit »Ja« beantworten. Return on Investment und Benefits sind unübersehbar und kaum zu überschätzen.

Wie sehr sich das Investieren in Brand Design lohnt, zeigt sich auch, wenn wir den Blick nach innen richten, ins eigene Haus. Ob Unternehmen, Institution oder Veranstaltung, jeder Markengeber steigert durch Synergieeffekte die Durchschlagskraft seiner Kommunikation. Die Kommunikationsarbeit selbst, in jedem Fall ein Kostenfaktor, lässt sich effektiver gestalten. Das einzelne Kommunikationsmittel muss nicht von Grund auf gestaltet werden. Es ist schon a priori gestaltet durch den bestehenden Markenstil, der hier bewährt zur Anwendung kommt. Der kritische Investor mag nun einwenden, dass Marke und Gestaltung, Brand und Brand Design in diesen Gedanken nicht sauber getrennt sind. Dem möchte ich entgegnen, dass die beiden Begriffe oder Bereiche zwar unterschiedlich sein mögen, aber mehrere gemeinsame Nenner haben und sich wechselseitig bedingen. Wer in Branding investiert, fördert automatisch die Marke. Umgekehrt gilt: Wer in die Marke, wie etwa deren Positionierung, investiert, schafft damit die Grundlagen für eine erkennbare Form und für Stil. Zudem bleibt die beste Positionierung wirkungslos, wenn diese gestalterisch keinen Ausdruck findet. Brand Design ist hier der entscheidende Hebel.

Kapitel 3:
Prozess & Performance

Brand Design zwischen Intuition und Strategie

Christine Lischka

Ein wirkungsvolles Design basiert auf einem Prozess, bei dem Erkenntnisse aus der Wahrnehmungspsychologie in die Gestaltung übertragen werden. Je mehr ein Designer demnach über die Regeln der psychologischen Wirkung von Design versteht und in seine Arbeit mit einbezieht, desto gezielter kann er gestalten und die ihm zur Verfügung stehenden Gestaltungsmittel einsetzen. Christine Lischka erläutert den Weg zu einem wirkungsvollen Brand Design. Sie zeigt, dass durch ein systematisches Vorgehen und den Einsatz von analytischen Tools Designprozesse weniger anfällig für geschmäcklerische Einflüsse sind und für Entscheider nachvollziehbarer werden.

Erst gestalten, dann analysieren. Vielfach verlaufen so Gestaltungsprozesse. Brand Design ist dann das Ergebnis einer kreativen Idee, es wird etwas Neues gestaltet. Später wird diese kreative Neuentwicklung dann in der Marktforschung überprüft und analysiert. Unser Ansatz kehrt diesen Prozess ein Stück weit um. Schon im Gestaltungsprozess wird auf Erkenntnisse aus der Wahrnehmungspsychologie zurückgegriffen. Damit startet der Kreationsprozess bereits mit einem tieferen Gespür des Designers für den Konsumenten und verspricht somit eine höhere Effizienz und Erfolgsquote im Markt. Dementsprechend haben wir einen Prozess und Tools entwickelt, die sich an den täglichen Anforderungen einer Designagentur orientieren. Der Prozess ist agil, praxisbezogen und integriert Erkenntnisse aus der Wahrnehmungspsychologie in dem Maße, wie sie für die Designarbeit benötigt werden. Die Tools umfassen Handlungsimplikationen für Designer und eine Plattform, an der das Design kreativ anknüpfen kann, um die gewünschte Wirkung im Markt zu erzielen. In einem systematischen Prozess aus Analyse, Designstrategie und Design sollen Uniqueness, Impact, Brand Message, Wow-Faktor und Desirability systematisch gesteigert werden.

- *Uniqueness* → Abgrenzung der Marke zum Wettbewerb
- *Impact* → schnelles Auffinden der Marke am Point of Sale (PoS)
- *Brand message* → Aussage, wofür die Marke steht
- *Wow-Faktor* → überraschend sein und positiv stimulieren
- *Desirability* → emotionale Bindung herstellen und im Idealfall eine Love Brand werden

Wahrnehmung von Design

Wie müssen Gestaltungmittel eingesetzt werden, um Bedürfnisse vieler Konsumenten zu wecken und Kaufentscheidungen zugunsten einer Marke hervorzurufen? Die reine Intuition oder Erfahrung von Marketing-Verantwortlichen oder das kreative Genie eines Designers reichen heute als Bewertungsinstanz nicht mehr aus, um im Verdrängungswettbewerb eine Punktlandung zu erzielen. Nicht wenige Flops, die schon nach wenigen Monaten wieder aus dem Regal geräumt werden müssen, oder rückläufige Umsatzzahlen könnten durch mehr Sorgfalt und Systematik im Branding-Prozess vermieden werden – insbesondere bei Fast Moving Consumer Goods (FMCGs). Ein Design muss am POS zunächst die Aufmerksamkeit der Konsumenten erregen, weiter muss es als positiv und anregend wahrgenommen werden. Erst dann löst es den Reiz des ›Haben-Wollens‹ aus. Der POS ist damit besonders erfolgskritisch. Hier entscheidet der Konsument in wenigen oder sogar Bruchteilen einer Sekunde – dem ›*Moment of Purchase*‹ – ob er zu einem Produkt oder einer Marke greift. Meistens ist dies keine bewusste Entscheidung, blitzschnell entstehen aufgrund eines bestimmten Designs unterschiedlichste Assoziationen im Kopf des Verbrauchers. Diese Assoziationen sind es, die ihn das Urteil über ein Design fällen lassen und damit dazu beitragen, ob das Produkt im Einkaufswagen landet oder nicht. Auch wenn die Wahrnehmung von Design und die damit verbundenen Assoziationen des Konsumenten immer subjektiv sind, lassen sich generelle Aussagen über die psychologischen Wirkungen von bestimmten Farben, Formen, Bildern und Zeichen beim Menschen treffen.

> Die reine Intuition oder Erfahrung des Marketings oder das kreative Genie eines Designers reichen heute als Bewertungsinstanz nicht mehr aus, um im Verdrängungswettbewerb eine Punktlandung zu erzielen.

Wahrnehmung ist individuell

Ein Bild von einem Nivea-Logo kann beispielsweise folgende Assoziationskette auslösen, die auf persönlichen Erfahrungen des Konsumenten gründet: Es erinnert den Konsumenten an einen schönen, blauen Wasserball. Der wiederum erinnert an die glückliche Kindheit, und Bilder eines wunderbaren Sommertags am Meer tauchen auf. Das Gefühl, von der Mutter mit Sonnenmilch eingecremt zu werden und sogar die Erinnerung an den Duft der Sonnenmilch sind wieder da. Dieses Beispiel belegt anschaulich: Die Marke ist positiv bei diesem Verbraucher konnotiert. Glück und Geborgenheit sind die beiden Grundgefühle, die er mit Nivea verbindet. Genauso gut kann Brand Design Unwohlsein oder Ängste auslösen, wenn Konsumenten damit unangenehme Situationen assoziieren. Die individuellen Erfahrungen sind der entscheidende Faktor in der Wahrnehmung eines Designs oder einer Marke. Wahrnehmung ist mit anderen Worten immer individuell. Entsprechend brauchen Designer ›Zugang‹ in das subjektive Wahrnehmungssystem des Konsumenten, um zu wissen, welche Gestaltungsmittel die Aufmerksamkeit des Konsumenten wecken und positive Assoziationen bei ihm hervorrufen.

> Individuelle Wahrnehmung basiert auf persönlichen Erfahrungen.

Wahrnehmung ist kulturell geprägt

Auch wenn Wahrnehmung immer individuell ist, so ist sie doch stets kulturell geprägt. Wenn wir in unserem Kulturraum eine Apfelsaftflasche sehen mit einem Etikett, auf dem eine grüne Wiese mit Apfelbäumen sowie ein Obstkorb, gefüllt mit Äpfeln, und ein Holzschild mit der Schrift »Heimische Früchte, frisch aus der Region« abgebildet sind, ruft dies in uns positive Assoziationen von Heimat hervor. Dies können Assoziationen von einem sonnigen Herbsttag, der Duft einer Obstwiese und sogar das Nachempfinden einer bestimmten warmen Temperatur sein. Ein multisensorischer Assoziationsraum tut sich auf. Es ist zu bezweifeln, dass dieses Apfelsaft-Etikett bei einem Asiaten oder Afrikaner die gleichen Assoziationen auslösen würde. Wahrscheinlich gibt es in seinem Lebensraum keine äquivalenten Erfahrungen, auf die er bei diesem Bild zurückgreifen kann. Daher muss im Gestaltungsprozess das Wissen über die kulturell geprägte Wahrnehmung der Zielgruppe miteinbezogen werden, um kulturübergreifend möglichst positiv assoziierte Vorstellungsbilder im Kopf des Verbrauchers zu evozieren, die diesen persönlich ansprechen und berühren. Designer müssen daher die Wirkung von Bildern, Farben, Formen und Zeichen für den jeweiligen Kulturraum kennen und umsetzen, um nicht an der Lebenswelt des Konsumenten vorbei zu gestalten.

Wahrnehmung ist abhängig von Situation und Stimmung

Weiterhin wird die Wahrnehmung eines Menschen von der jeweiligen Situation und Stimmung beeinflusst, in der sich der Konsument befindet. Das Bild einer sprudelnden Apfelsaftschorle wird von einem durstigen Menschen, der im Supermarkt vor dem Regal steht, wahrscheinlich positiv bewertet werden. Es deckt sich mit seinem Bedürfnis nach Erfrischung. Darüber hinaus haben auch übergeordnete Handlungsmotive des Konsumenten, wie etwa das Motiv nach sozialer Wertschätzung und Selbstverwirklichung, Einfluss auf die Wahrnehmung eines Brand Design am POS. Der Kontaktpunkt ist damit entscheidend für die Wahrnehmung von Design. Allein an diesem kurzen Exkurs zur Wahrnehmung von Menschen kann man ermessen, wie komplex die Aufgabe für Designer ist. Gleichwohl sollten sich diese nicht in Psychologie verlieren, sondern sich stattdessen psychologische Erkenntnisse nutzbar machen.

Drei Steps im Design-Prozess

Unser Design-Prozess, der im Folgenden erläutert wird, erleichtert die Designentwicklung und dient als Sprungbrett für die *Creative Idea* und deren Ausgestaltung. Der Prozess besteht aus drei Schritten:

1. *Analyse:* Gewinnung von Erkenntnissen zu Konsument, Marke und Markt
2. *Designstrategie:* Verknüpfung der Erkenntnisse und Festlegung der visuellen Brand Codes
3. *Design:* Entwicklung der Creative Idea

1. Analyse

Für die Gestaltung eines erfolgreichen Brand Design ist es notwendig, den Konsumenten und seine Wahrnehmung, Bedürfnisse und Erwartungen umfassend zu verstehen. Zudem muss Klarheit über die Ist- und Soll-Positionierung einer Marke bestehen bzw. ihre derzeitige und angestrebte Marktposition. Außerdem ist es wichtig, alle markenprägenden Merkmale zu analysieren und zu wissen, wie tief diese in der Wahrnehmung der Konsumenten verankert und welche Assoziationen mit ihnen verbunden sind. Und natürlich sind umfassende Kenntnisse über die Märkte erforderlich, in denen eine Marke agiert. Zu wissen, wie Wettbewerber national und international unterwegs sind, was die nächsten Megatrends sein werden, wie diese sich auf das Empfinden und Entscheiden des Konsumenten auswirken und wie das eigene Produktangebot im direkten Wettbewerbsumfeld aussieht, ist notwendig, um das richtige Design zu gestalten.

Konsument

Vor einigen Jahren bekamen wir von einem Unternehmen aus dem Waschmittelbereich das Briefing, auf Basis einer neuen Positionierung einen globalen Relaunch des Packaging zu entwickeln. Das Unternehmen war global aufgestellt und ein Team von internationalen Marketingmanagern hatte die neue Positionierung »Liquid Pleasure« erarbeitet. Bevor wir mit einem Gestaltungsprozess beginnen, klären wir zunächst, welche unterschiedlichen Assoziationen Konsumenten mit einer Positionierung verbinden. Den Startpunkt unserer semiotischen Analyse bildet eine sogenannte *Map of Meaning* – ein mithilfe von Mind Mapping gewonnener verbaler Assoziationsraum, der geclustert und in Oberbegriffen zusammengefasst wird (vgl. Abb. 1). Die ermittelten Begriffe werden anschließend mit Style Plots visualisiert (vgl. Abb. 4). Hierfür werden Farben, Formen, Zeichen und Typografien herangezogen, um die assoziierten Begriffe des Konsumenten visuell erlebbar zu machen. In diesem Falle hatten wir am Ende acht unterschiedliche Oberbegriffe (z. B. Pflege, Flüssigkeit, Freude, Stimulation) und damit acht verschiedene Interpretationen bzw. Wahrnehmungen der Positionierung von »Liquid Pleasure«. In einem anschließenden gemeinsamen Meeting mit dem Auftraggeber ließ sich mithilfe der Map of Meaning und der Style Plots sehr schnell eingrenzen, welche gewünschte Wirkung mit der Positionierung »Liquid Pleasure« beim Konsumenten erzielt werden sollte und welches Spektrum an Farben, Formen, Typografie und Zeichen für den Gestaltungsprozess dafür zur Verfügung steht.

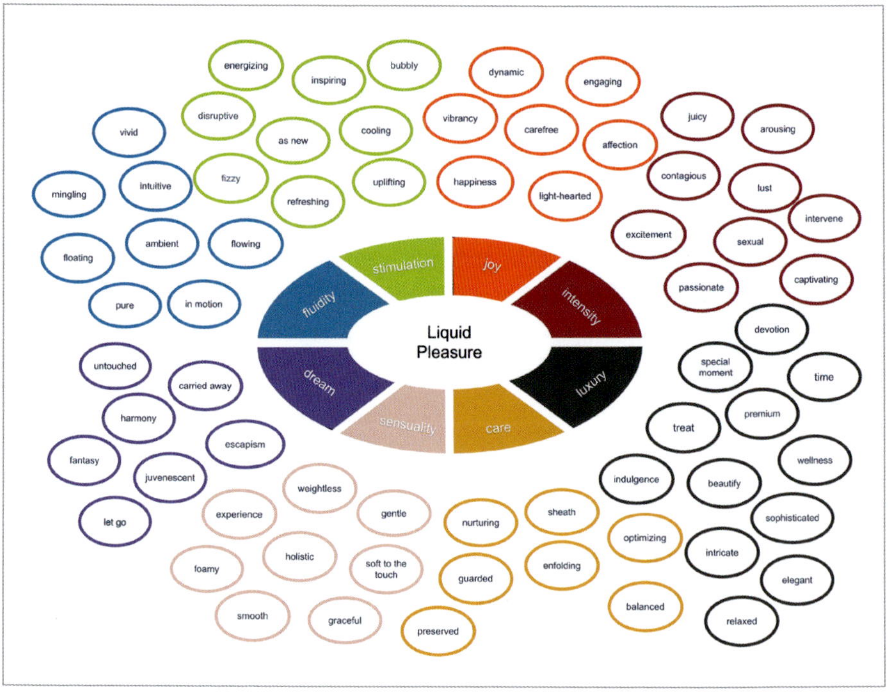

Abb. 1: Map of Meaning am Beispiel der Waschmittel-Positionierung »Liquid Pleasure« (eigene Darstellung)

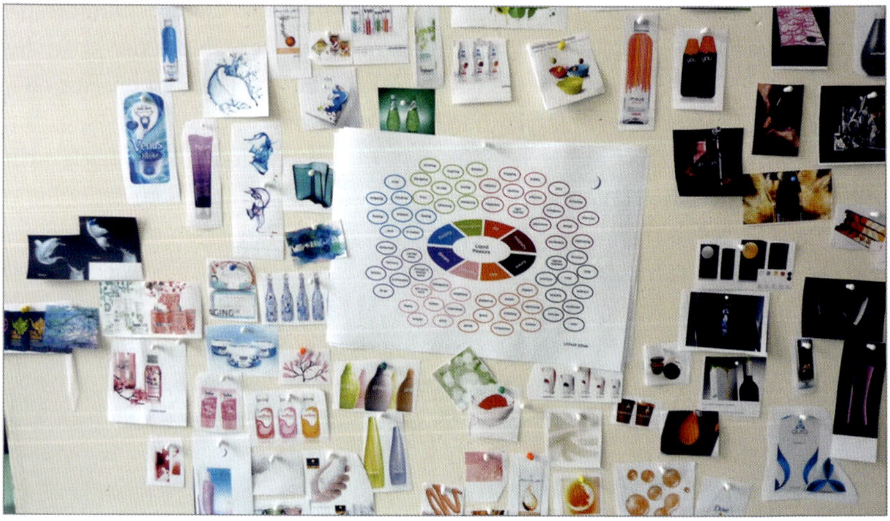

Abb. 2: Style-Plot-Entwicklung: Übersetzung der Assoziationen in erste Designelemente (eigene Darstellung)

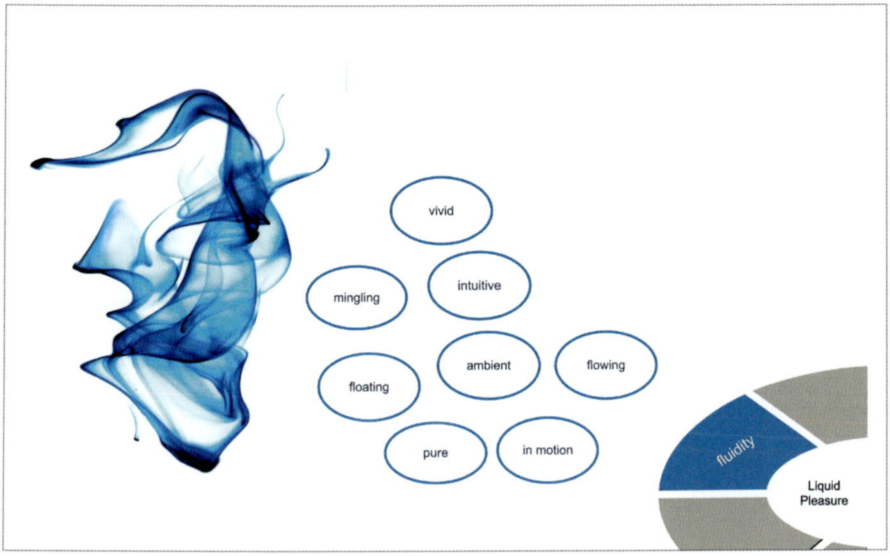

Abb. 3: Detailansicht des Oberbegriffs »fluidity« (eigene Darstellung)

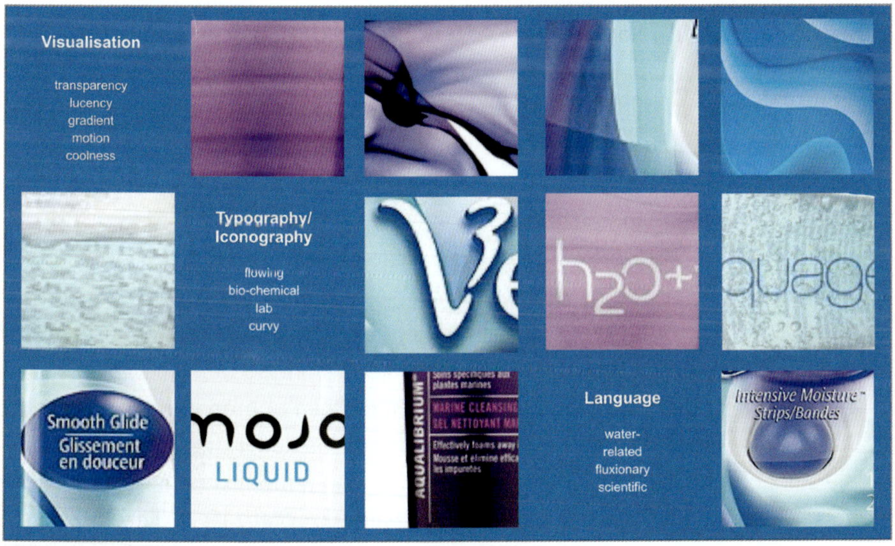

Abb. 4: Fertiger Style Plot für die Markenassoziation »fluidity«: Beschreibung der Stilelemente (eigene Darstellung)

Für ein anderes internationales Unternehmen haben wir diese semiotische Analyse mittels Map of Meaning und Style Plots angewendet, um den Begriff »care« visuell zu klären. Die Assoziationen der Konsumenten und die daraus abgeleiteten visuellen Codes ergaben ein spannendes Ergebnis. In europäischen Ländern wurde »care« mit Liebe und typischen Symbolen wie einem Herz assoziiert. Ein gutes Beispiel hierfür ist die Margarinemarke Sanella, die ein Herz als Symbol auf der Verpackung und in der Kommunikation die Botschaft »Backen mit Liebe« nutzt. In afrikanischen Ländern hingegen war die Bedeutung eine gänzlich andere: »Care« ist hier der Inbegriff für gute Ernährung, wie etwa das Vermögen, Kinder mit allem zum Leben Notwendigen versorgen zu können. Funktionale Symbole zu Wirkstoffen – etwa zum Calcium-, Vitamin- und Eisengehalt eines Produktes – sind in diesem Kulturraum besser geeignet, um das Markenversprechen »care« zu visualisieren.

Motive Matrix

Waren es in der Vergangenheit materielle und funktionale Beweggründe, die Konsumenten zum Kauf von Marken bzw. Produkten bewegten, sind es heute vor allem Sehnsüchte und Emotionen. Um deren motivationale Treiber zu verstehen, nutzen wir eine *Motive Matrix,* die auf dem Semiometrie Modell von TNS Infratest basiert. Wir zoomen so an unseren Konsumenten heran und erhalten wichtige *Consumer Insights,* also Erkenntnisse, was Menschen im Zusammenhang mit Produkten oder Marken bewegt (vgl. Baumann 2011).

Die Motive Matrix basiert auf vier psychologischen Treibern, die als Achsen dargestellt werden: bewahren versus entdecken sowie extrinsisch versus intrinsisch. Auf diese Weise entsteht ein Koordinatensystem, in dem sich Marken verorten lassen. Die Marke Nespresso beispielsweise besetzt als Pionier und Premiummarke den rechten oberen Bereich in der Motive Matrix. Menschen fühlen sich zu dieser Marke hingezogen, wenn sie selbst die ersten bei einem Trend sein wollen (entdecken) und ihnen sozialer Status wichtig ist (extrinsisch). Soziale Akzeptanz ist in diesem Zusammenhang essenziell. Eine Kapselmaschine von Tchibo wäre ganz klar links unten. Diese Konsumenten sind eher Bewahrer (bewahren) und suchen eine vertraute Marke wie Tchibo. Außerdem ist diesen Verbrauchern der persönliche Genussmoment wichtiger als der große Showeffekt bei der Kaffeezubereitung (intrinsisch). Mithilfe der Motive Matrix lässt sich

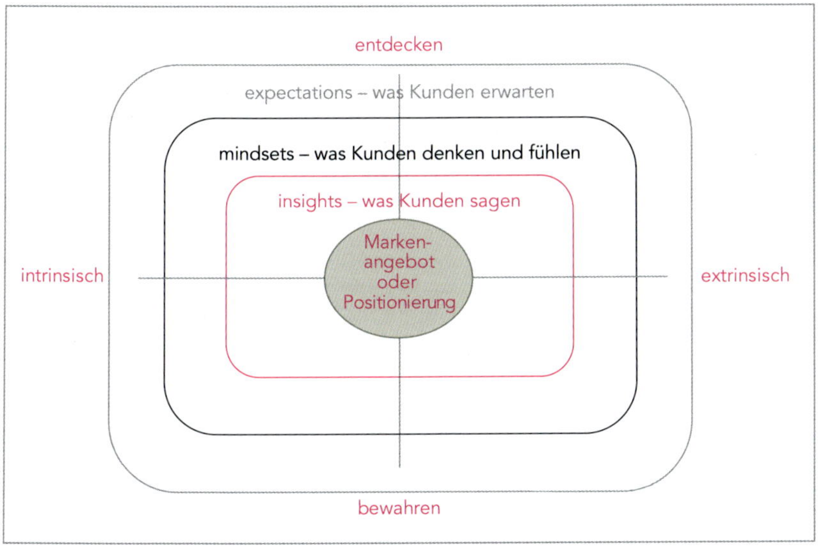

Abb. 5: Motive Matrix (eigene Darstellung)

leicht identifizieren, in welche Richtung sich eine Marke bewegen sollte und ob gesteckte Ziele und Positionierungen vor dem Hintergrund der Konsumentenmotive erreichbar sind. Die Motive Matrix zeigt Grenzen auf, die nicht mal eben mithilfe eines neuen Designs zu verändern sind. Bei Nespresso ist es natürlich die Innovation, die die Marke für ihre Zielgruppe begehrlich macht. Und das Produkt muss diesem Anspruch gerecht werden. Ein Dyson Staubsauger gehört übrigens ebenso in den oberen rechten Quadranten wie ein Tesla oder die Marke Innocent.

Marke

Eng mit der Analyse des Konsumenten ist die Analyse der Marke verbunden. Wichtige Fragen im Hinblick auf das Brand Design sind hier: Was macht die visuelle Markenidentität aus? Gibt es etwas ›Uniques‹, was die Marke besitzt? Um diese Fragen beantworten zu können, zerteilen wir die Marke in ihre gestalterischen Bestandteile und ermitteln deren Status quo. Besonders relevant sind Farbe, Ikonografie, Bilder, Typografie, Form und Sprache der Marke, die zusammen die Markenidentität prägen. Besonders wichtig ist dabei, zu klären, ob und inwieweit einzelne gestalterische Elemente vom Konsumenten als zur Marke gehörend erlebt werden bzw. geeignet sind, eine Marke eindeutig zu identifizieren. Hierfür haben wir entsprechende Fragestellungen entwickelt, die auf der sogenannten *Brand Identity Card* (vgl. Abb. 6) beantwortet werden.

Farbe Ist unsere Marke aus der Ferne und in unterschiedlichen Medien wiedererkennbar? Gibt es eine einzigartige Farbe oder mehrere Farben, die wir besitzen?	Ikonografie Wenn man den Namen verdeckt, kann man die Marke noch erkennen? Gibt es eine einzigartige Ikonografie, die Sie benutzen oder in der Vergangenheit benutzt haben?	Bildwelt Ist die Bildwelt Ihrer Marke differenziert und wiedererkennbar? Gibt es ein klares Verständnis dafür, wie Menschen, Orte und Dinge gezeigt werden sollen?
Typografie Wenn ein anderer Name in Ihrer Typografie geschrieben stünde, würden Sie diesen mit Ihrer Marke verwechseln? Gibt es ein Element in der Typografie, das der Marke eigen ist?	Form Wenn Sie Ihre Augen schließen und Ihre Marke in der Hand halten, würden Sie diese erkennen? Gibt es eine besondere Form oder Eigenschaft, die Ihre Marke einzigartig macht?	Sprache Wenn jemand die Verpackung vorliest, würden Sie Ihre Marke erkennen? Gibt es eine klare Tonalität, die sich durch alles durchzieht, was Sie sagen?

Abb. 6: Brand Identity Card (eigene Darstellung)

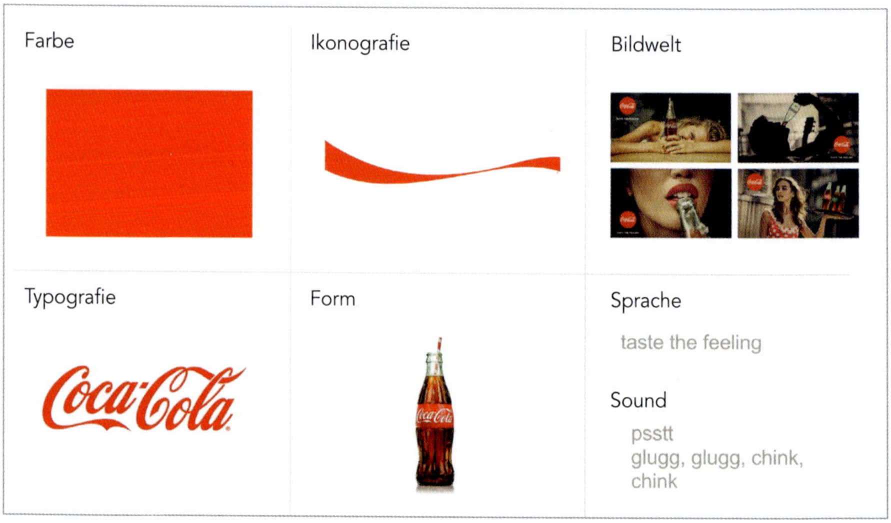

Abb. 7: Darstellung der Brand Identity Card am Beispiel der Marke Coca-Cola (eigene Darstellung, siehe Bildnachweis, S. 401 f.)

Wir wollen die Systematik der Brand Identity Card hier am Beispiel der Marke Coca-Cola vereinfacht darstellen. Die erste Frage bezieht sich auf eine Farbe, die die Marke besitzt bzw. diese für den Konsumenten eindeutig und unverwechselbar erkennbar macht. Bei Coca-Cola ist dies die Farbe Rot. Natürlich verwendet die Marke in ihrem Design auch andere Farben: Es gibt eine silberne Coke light und eine grüne Coca-Cola life, deren Farben aber nicht primär mit der Marke assoziiert werden. Andere eindeutige Beispiele für fest zugeschriebene Farbmarken sind Nivea, Veuve Cliquot oder auch Ikea. Bei Ikea ist dies eine Farbkombination von blau und gelb. Eine Marke, der es gelingt, eine Farbe so zu besetzen, dass Konsumenten weltweit allein anhand der Farbe oder in Kombination mit einem Schriftzug die Marke eindeutig erkennen, gehört zum begehrten Kreis der *Iconic Brands.* Abb. 7 zeigt weitere identitätsstiftende Elemente der Marke Coca-Cola, wie die Coca-Cola-Welle (Ikonografie), den Coca-Cola-Schriftzug (Typografie) oder die markante Konturflasche (Formensprache). Längst nicht alle Marken verfügen über eine derart eigenständige visuelle Identität. Zudem sind viele Marken bzw. ist deren Markenarchitektur (vgl. in Kap. 4 den Beitrag von Baetzgen) weitaus komplexer als Coca-Cola.

Nachdem die identitätsstiftenden visuellen Elemente auf Basis der Brand Identity Card identifiziert wurden, müssen sie validiert werden. Das geschieht anhand von zwei Parametern: Jedes visuelle Element der Marke wird von unserem Team dahingehend bewertet, inwieweit es für die Kategorie relevant ist und zur Wiedererkennbarkeit der Marke beiträgt *(Uniqueness).*

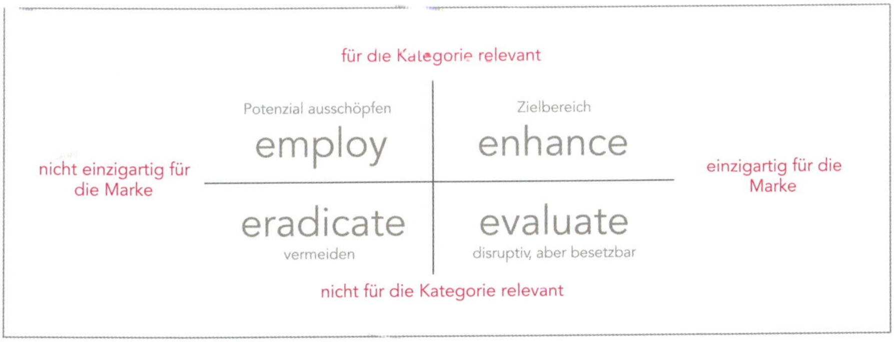

Abb. 8: Bewertung der visuellen Gestaltungsparameter nach Relevanz und Uniqueness (eigene Darstellung)

Wir ermitteln damit, was für die Marke der visuelle *Brand Equity* ist. Je mehr gestalterische Elemente einer Marke sich im oberen rechten Quadranten befinden (vgl. Abb. 8), also relevant und unique sind, desto stärker ist der visuelle Brand Equity einer Marke. Es ist erstaunlich, wie eindeutig man auf Basis dieser Matrix Stärken und Schwächen einer Marke aufdecken und veranschaulichen kann. Weiterhin ist es überraschend zu sehen, welche Diskussionen in Unternehmen die Zuordnung der Elemente in die Quadranten auslösen. Dieses Tool wirkt einfach, braucht aber doch viel Übung und Erfahrung eines Designers oder eines visuell denkenden Strategen, um es richtig anzuwenden und die richtigen Schlüsse zu ziehen.

Gestalterische Elemente, die einem der beiden linken Quadranten zugeordnet wurden, sollten zügig auf die rechte Seite bewegt werden. Das kann natürlich keine rein grafische Lösung sein, sondern muss aus einer ganzheitlichen Markenstrategie resultieren. Als Beispiel kann man an dieser Stelle McDonald's anführen. Das M von McDonald's ist ikonografisch unique. Die Farbe Rot in Kombination mit Gelb war absolut relevant für die Kategorie Burger und Fleisch. Die Farben stehen für Assoziationen wie »warm«, »sättigend« und Rot als Farbe steht in der Ernährung sowieso für Fleisch und Blut. Also, eigentlich perfekt. Die neue Strategie von McDonald's war aber, das Unternehmen so auszurichten, dass es zukünftig auch für moderne Ernährungstrends steht, weg von Fleisch, hin zu gesunder Ernährung. Daher passte die Farbe Rot nicht mehr zu dem gewünschten Image, und McDonald's wagte den riesigen Schritt, die bis dato markenprägende Farbe Rot in Grün zu verändern. Zudem hat die Marke damit auch einen Schritt zu mehr Uniqueness getan – weg von KFC und Burger King, deren Farbklang von Rot dominiert wird.

Markt

Damit sind wir im Prinzip schon mitten im nächsten Themenfeld, den *Category Codes*. Ob eine Marke als unique wahrgenommen wird, hängt natürlich vor allem mit dem Wettbewerbsumfeld zusammen. Daher ermitteln wir die Codes der Wettbewerber und tragen sie in eine *Category Code Card* ein: Farben, Ikonografie, Produktformat, Sprache und Formensprache. Als wir vor einigen Jahren den weltweiten Relaunch der Spülmittelmarke finish aus dem Hause Reckitt Benckiser betreut haben, untersuchten wir weltweit die Category Codes im Bereich Geschirrspültabs. Dabei kam heraus, dass es nicht die eine Farbe für die Kategorie gibt, sondern dass der Markt von verschiedenen Marken dominiert wird, die in verschiedenen Regionen der Welt beinahe eine Monopolstellung haben (vgl. Abb. 9). Cascade von P&G ist Marktführer in den USA und besetzt ein frisches Grün. Sun von Unilever ist führend in Frankreich und ist Türkis. In Deutschland ist sowohl finish mit Blau als auch Somat mit Rot vertreten. Es gibt also keine globale, für die Kategorie typische Farbe. Es ist aber wichtig für eine globale Marke, zu wissen, dass lokal jeweils eine andere Farbe für die Kategorie steht und diese Farbe jeweils auch die Positionierungen widerspiegelt. Cascade (frisches Grün) ist eine sympathische, positive Marke. Sun (Türkis) steht für ein optimistisches Lebensgefühl, während Somat (Rot) für Dominanz und finish (Dunkelblau) für Performance steht. Diese Wahrnehmung wurde in unzähligen Marktforschungsstudien bestätigt. Für den globalen Relaunch der Marke finish sprach nichts dagegen, mit dem bewährten Farbklang Dunkelblau zu arbeiten, da die Positionierung »perfection« beibehalten werden sollte; Tugenden: Mut, Leistung.

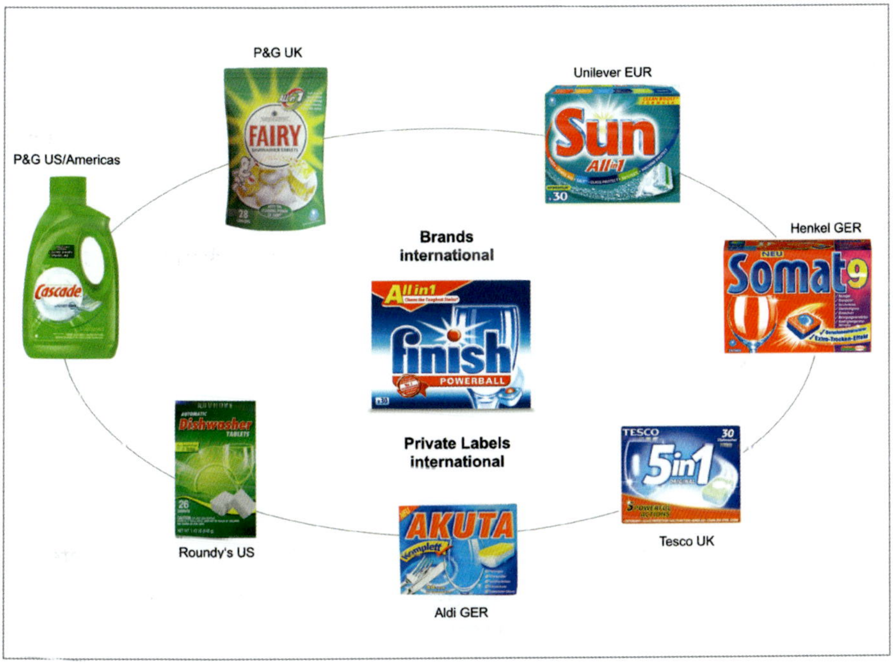

Abb. 9: Globales Wettbewerbsumfeld (eigene Darstellung)

Einspruch kam vom lokalen japanischen Marketingteam von Reckitt Benckiser. Dem sind wir nachgegangen. Denn erfolgreiches Brand Design ist nicht möglich, ohne den Konsumenten zu verstehen, und die Consumer Insights der japanischen Verbraucher waren immens wichtig. Was wir gelernt haben: In Japan ist

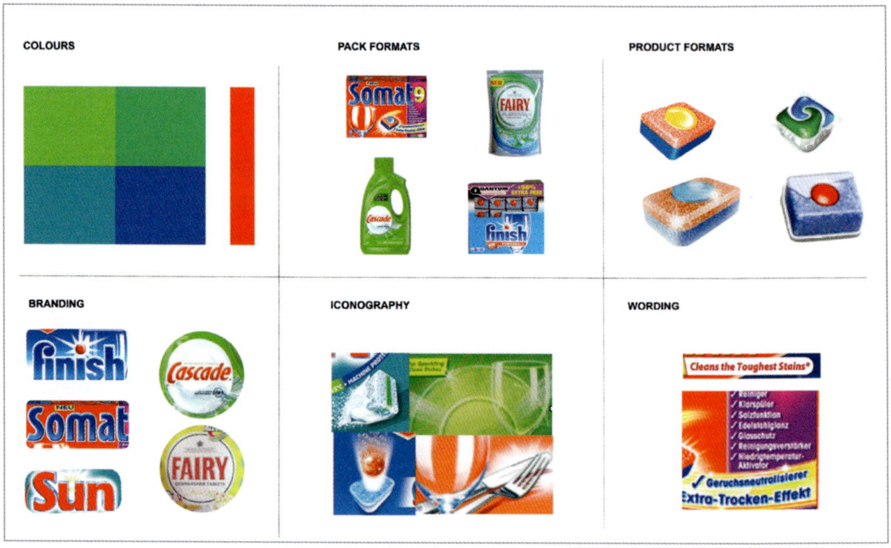

Abb. 10: Globale Codes für Geschirrspültabs (eigene Darstellung)

alles anders. Zum einen sind japanische Küchen winzig, die Geschirrspülmaschinen sehr schmal, und Geschirrspültabs werden direkt neben dem Spülbecken verstaut, daher benötigt man kleine Packungen. Zum anderen ist der ›goldene Standard‹ in diesem Land immer noch das Handspülen. Eine Geschirrspülmaschine zu besitzen, ist ein Luxus. Die Codes dieser Produktkategorie sind aus der Premium-Kosmetik-Kategorie übernommen und daher im Handel auch in diesem Wettbewerbsumfeld platziert. Die Farbcodes für diese Produkte entsprechen japanischen Premium-Farben: dominantes Weiß mit Silber oder Gold. Auch das globale Key Visual von finish – das glänzende Weinglas – funktionierte in Japan nicht. Diese Glasform ist in Japan unüblich, außerdem ist der Beweis für ein leistungsstarkes Produkt nicht ein glänzendes Glas, das gegen das Sonnenlicht gehalten wird, sondern das Zeigen eines sauberen Tellers. In Japan kämpfen die Hausfrauen mit Klebreis. Die Stärke klebt wie der Teufel am Geschirr, und ein leistungsstarkes Produkt muss in der Lage sein, dieser Stärke Herr zu werden. Die Problemstellung ist also eine ganz andere. Damit mussten auch Benefit und Key Visual überdacht werden.

Folglich musste das Brand Design auf allen Ebenen nachjustiert werden, um die gewünschte Wahrnehmung auch bei japanischen Verbrauchern zu erreichen. Zudem galt es, eine Balance zu finden zwischen dem Wunsch des globalen Marketingteams in London nach einem weltweit konsistenten Design einerseits und

Abb. 11: Japanisches Wettbewerbsumfeld für Geschirrspültabs (eigene Darstellung)

der Notwendigkeit lokaler Adaptionen andererseits. Das Ergebnis ist die Umdrehung des Farbcodes: Weiß als dominante Farbe, die Auslobung des Benefits in Gold, außerdem die Abbildung eines sauberen Tellers als Zusatz zum Weinglas als Key Visual. Auch in diesem Beispiel sind die kulturelle Herkunft und Lebensumstände des Konsumenten ausschlaggebend für eine andere Wahrnehmung.

2. Designstrategie

Nach der Analyse von Konsument, Marke und Wettbewerbsumfeld liegen wichtige Erkenntnisse auf dem Tisch. Mit diesen kann der Designer jedoch noch nichts anfangen. Erkenntnisse müssen in Handlungsoptionen umgewandelt werden. Hierzu nutzen wir ein Tool mit Namen *Brand Navigator.* Mithilfe des Brand Navigator lassen sich die in der Brand Identity Card ermittelten Bestandteile der Marke mit ihrer neuen Positionierung abgleichen. Der Brand Navigator lässt sich also nur dann anwenden, wenn eine Positionierung der Marke vorliegt. Dabei wird für jedes Element entschieden, ob es so, wie es gerade ist, zur Markenpositionierung passt oder nicht. Vier Handlungsoptionen können daraus resultieren (vgl. Abb. 12): (1) das Element wird behalten, (2) das Element wird verbessert, (3) dem Element wird etwas hinzu addiert oder (4) das Element wird in Zukunft ganz weggelassen. Letzteres kann notwendig sein, weil ein einzelnes Gestaltungselement nicht mehr zu einer neuen Positionierung passt. Manchmal schleppen Marken mit der Zeit auch so viele visuelle Elemente mit sich herum, dass eine Bereinigung den eigentlichen visuellen Kern einer Marke wieder klarer erstrahlen lässt und die Positionierung deutlicher wird. In der Mitte des Modells werden sämtliche möglichen gestalterischen Basiselemente, die zur Verfügung stehen, eingetragen. Gibt es eine Marke, bei der z.B. Nahbarkeit addiert werden soll, können Bildwelt, Farbe und Typografie wichtige zu verändernde Basiselemente sein. Mithilfe des Brand Navigators wird die inhaltliche Grundlage bzw. eine fundierte Absprungbasis für das neu zu entwickelnde Design geschaffen.

Abb. 12: Matrix zur Erstellung des Brand Navigators (eigene Darstellung)

3. Kreation

Aufbauend auf den gewonnenen Erkenntnissen aus Analyse und Strategie, beginnt die Entwicklung der kreativen Idee und deren Umsetzung. Grundlage hierfür bilden Bilder, Farben, Formen, Zeichen und Typografie, die als Basiselemente in Bezug zueinander gesetzt werden, sodass eine Komposition entsteht, die den gewünschten neuen Gesamteindruck (Approach) vermittelt. Dabei kann ein für den Konsumenten stimmiger Gesamteindruck geschaffen werden, der allen Regeln folgt oder aber auch bewusst mit diesen Regeln bricht. Da wir uns heute in einem starken Verdrängungswettbewerb befinden, in dem unzählige Marken und Eigenmarken des Handels präsent sind, reicht es nicht mehr aus, alles korrekt nach der reinen Lehre zu machen, um ein Design erfolgreich zu gestalten. Damit wäre ein Design allenfalls Commodity.

> In einem starken Verdrängungswettbewerb, in dem unzählige Marken und Eigenmarken des Handels präsent sind, reicht es nicht mehr aus, alles korrekt nach der reinen Lehre zu machen, um ein Design erfolgreich zu gestalten.

Farben

Produktkategorien haben oft gelernte stereotype Farbcodes, so ist Blau und Weiß ein gelernter Farbcode für Molkereiprodukte und Milch. Auch in der Farblehre steht Blau-Weiß für Kühle und Frische, dazu etwas Grün für eine saftige Wiese – fertig ist das Design für eine Milchverpackung. Ein Designer würde also alles richtig machen, wenn er diese gelernte und abgespeicherte Farbkombination für ein neues Milchprodukt verwendet. Auch der Konsument würde dieses

Abb. 13: Typischer Farbcode für Milchprodukte (vgl. Arla Foods Deutschland GmbH 2014)

Design mit Sicherheit als stimmig und zur Kategorie passend empfinden. Allerdings wird es so im blau-weißen Wettbewerbsumfeld nicht das Interesse und die Aufmerksamkeit des Konsumenten finden. Es sei denn, es würden andere Codes als die der Farbgebung gebrochen.

Ein schönes Beispiel, wie dieser Farbcode bewusst gebrochen wird, ist Hemme Milch (vgl. Abb. 14). Der kleine Molkereibetrieb hat ein differenzierendes und impactstarkes Design ins Milchregal gebracht, das sofort die Aufmerksamkeit auf sich zieht.

Abb. 14: Hemme Milch: bewusster Bruch mit Kategorie-Codes (vgl. Hemme Milch o. J.)

Form

Das Regalbild der Kategorie Milch ist geprägt von Tetra Paks. Hier und da ein paar Glasflaschen ergänzen das ansonsten gleichförmige Gesamtbild. Hemme Milch ist auch in Bezug auf das Packaging einen anderen Weg gegangen. Der Schlauchbeutel der Hemme Milch zieht im Regal sofort die Aufmerksamkeit auf sich. Er hat eine merkwürdige Form, er ist nicht rechteckig, sondern besitzt die Form eines abstrahierten Milchkrugs. Der Griff an der Seite ist aus dem gleichen Material, aber mit Luft gefüllt. Überhaupt ist das Material besonders: Aufgrund des 40%igen Kreideanteils im Material fühlt sich die Packung angenehm soft in der Hand an. Ein neues haptisches Erlebnis. Nebenbei erfährt man noch, dass dieses innovative Material zur Herstellung weniger Wasser und Energie verbraucht. Außerdem reduziert sich das Abfallvolumen im Vergleich zu anderen Milchkartons um 66 Prozent. Die Standfestigkeit, an der man vielleicht beim ersten Eindruck zweifeln könnte, ist auch gegeben. Haptik als sensuelles Erlebnis ist im Marketing immer noch stark unterschätzt. Dabei liegt gerade in diesem Bereich ein großes Differenzierungspotenzial für Marken. Als Kontrapunkt zur Digitalisierung möchte der Konsument sinnliche Erlebnisse spüren, wenn er Produkte in die Hand nimmt. Das ist eine Dimension des Markenerlebens, die er online nicht bekommt. Designer regen deshalb seit Jahren Marketingleiter an, ihr Augenmerk auf die Haptik zu lenken. Maschinenstraßen und Margen lassen Marketingverantwortliche jedoch oft noch davor zurückschrecken, in diesem Bereich neue Wege zu gehen.

Zeichen

Kühe, grüne Wiesen und blauen Himmel sucht man auf der Hemme Milch vergeblich. Wodurch wird dennoch die Wahrnehmung eines Milchproduktes erzeugt? Die Packung enthält drei Zeichen: die ikonografische Darstellung eines Kuhkopfes, ein Herz und die grafische Umsetzung von Gras. Die Darstellung des Kuhkopfes ist sehr abstrahiert und weit entfernt von einer realistischen Abbildung. Der Designer hat es aber geschafft, den Abstraktionsgrad so zu wählen, dass dennoch sofort der Eindruck eines realen Kuhkopfes entsteht. Er hat mithilfe von Linien und Flächen eine Strukturähnlichkeit erzielt, die vom Konsumenten sofort decodiert werden kann. Der Verbrauer sieht nicht die Linien und Flächen, sondern zuerst einen Kuhkopf und danach das Herz im Kopf. Gleiches gilt für das Gras. Die Strukturähnlichkeit der Darstellung ermöglicht die sofortige Decodierung. Das Herz darüber ist ein Symbol, das einfach decodierbar ist und für Liebe steht.

Typografie

Eine Schrift kann nicht nur Inhalt transportieren, sondern diesen durch die Wahl der Schriftart auch verstärken. Um eine bestimmte Wahrnehmung zu erzeugen, ist die Schrift also ein wichtiges Mittel. Eine Schrift kann weich, hart, futuristisch oder altmodisch wirken. Bei Hemme Milch wurde eine kursive Antiqua gewählt. Antiqua ist eine Serifenschrift, die also eher für Tradition steht. Sie ist kursiv gesetzt und wirkt dadurch weicher. Die handgeschriebene Typo wirkt individuell, handgemacht und nahbar und transportiert damit einen wichtigen Trend in unserer Gesellschaft. In den vergangenen Jahren ist dieses Stilmittel in fast jeder Kategorie zu finden. Wie schon beim Thema Haptik angesprochen, sehnt sich der Verbraucher in der digitalen Welt nach etwas Menschlichem und persönlicher Ansprache. Mittels Handschrift wird diese emotionale Sehnsucht befriedigt.

Ordnungsstruktur

Wie ein Design wirkt, hat auch mit der Ordnungsstruktur zu tun. Ordnung ist ein wichtiger Parameter der menschlichen Wahrnehmung. Auf Basis der Anordnung bzw. Beziehung von Gestaltungselementen kann ein Eindruck von Chaos, Dynamik, Ruhe, Unruhe etc. vermittelt werden. Grundsätzlich empfinden Konsumenten eine geordnete Information positiver als eine wirre Anordnung von Elementen. Auf Verpackungen sprechen wir von Packungsarchitektur und der Packungshierarchie. Die Struktur entscheidet über die Reihenfolge der Wahrnehmung von Informationen, unabhängig davon, ob sie bildlicher oder textlicher Natur sind. Der Designer sollte vor der Gestaltungsarbeit ein sogenanntes *Schematic* entwickeln, bei dem er die gewünschte Hierarchie festlegt. Nicht alle Packungen sind dabei so einfach im Aufbau wie die von Hemme Milch. In anderen Produktkategorien muss eine Vielzahl von Informationen untergebracht werden, z. B. unterschiedliche technische Spezifikationen, Benefits und exemplarische Anwendungen des Gerätes – etwa bei einer Bohrmaschine. Ein *Entscheidungsbaum,* der die für den Verbraucher wichtigsten Aspekte der Kaufentscheidung umfasst, kann bei der Gestaltung der Verpackungshierarchie hilfreich sein. Gerade bei einer Vielzahl von Informationen muss die Verpackung dem Verbraucher Orientierung bieten und diesen ›navigieren‹, damit die entscheidenden Informationen wahrgenommen werden. In der Marktforschung kann man sehr gut durch *Eye Tracking* überprüfen, ob die Hierarchie der Informationen auf einer Packung richtig umgesetzt ist oder nicht. Die Packung von Hemme-Milch ermöglicht eine einfache Navigation. Das Auge erfasst sofort die Produktaussage. Die Informationen sind in einen logischen Ablauf gebracht. Und es gibt nicht zu viele Botschaften auf der Packung.

Ein wirkungsvolles Design, so können wir abschließend festhalten, basiert auf einem Prozess, bei dem Erkenntnisse aus der Wahrnehmungspsychologie und der kreativen Arbeit im ständigen Austausch stehen. Es ist mehr als die Summe einzelner Gestaltungselemente und gelernter Gesetzmäßigkeiten über Farben,

Formen, Bilder, Zeichen und Typografie. Jede Produktkategorie hat ihre eigenen Gesetzmäßigkeiten, die je nach Marke, Markt und Konsument zu einem gewissen Grad befolgt oder aber bewusst gebrochen werden können. Den Spielraum zu erkennen und die im Sinne eines wirkungsvollen Designs ›richtigen‹ Entscheidungen zu treffen, ermöglicht der hier vorgestellte Prozess mit seinen Tools. Durch das systematische und analytische Vorgehen ist der Prozess weniger anfällig für geschmäcklerische Einflüsse, die Designprozesse oft mitbestimmen. Dem Brand Design eröffnen sich dadurch definierte Dimensionen für die Umsetzung einer kreativen Idee. Das Design kann hergeleitet und nachvollziehbar gemacht werden – auch ein wichtiger Faktor für die Entscheidung der Marketingverantwortlichen. Dank der Kenntnisse über das Wettbewerbsumfeld, die gängigen Kategorie-Codes sowie die Wünsche und Bedürfnisse der Konsumenten lässt sich ein Brand Design entwickeln, das beim Konsumenten im Sinne der Markenbotschaft wirkt.

Die Marke im Spannungsfeld von Gestalt und Gehalt

Armin Angerer

Form (Gestalt) und Inhalt (Gehalt) einer Marke prägen das Vorstellungsbild des Konsumenten von einer Marke. Nicht immer passen diese jedoch zusammen. Armin Angerer zeigt, wie Gestalt und Gehalt einer Marke zu einer stimmigen Einheit werden. Die Grundlage für diesen systematischen Prozess bildet ein neurowissenschaftliches Modell.

Gestalt und Gehalt großer Marken

Große und erfolgreiche Marken wie Coca-Cola, Mercedes-Benz, Marlboro oder auch Google zeichnen sich durch ein einzigartiges Brand Design aus. So hat sich Coca-Cola mit einem seit über einhundert Jahren nahezu unveränderten Logo, der geschützten Form seiner Glasflasche und der charakteristischen rot-weißen Farbkombination in unser Gedächtnis gebrannt. Ein kleiner Ausschnitt des Logos reicht uns mittlerweile aus, um die Marke zu erkennen, und die Glasflasche braucht nicht einmal ein Etikett, um von uns eindeutig zugeordnet zu werden (vgl. in Kap. 7 den Beitrag von Brekenfeld und Krick). Ähnlich ist es bei Marlboro: Jahrelang hat uns die Zigarettenmarke in ihrer Werbung Bilder reitender Cowboys gezeigt. So oft und so lange, dass diese von vielen Menschen immer noch mit Marlboro assoziiert werden – obwohl sie schon längst nicht mehr zum visuellen Auftritt der Marke gehören. Dieser wird mittlerweile vom charakteristischen Zeichen, dem roten Chevron, dominiert: Es ist fast egal, welche Schrift in der Werbung verwendet wird – solange der Chevron daneben platziert wird, erkennen wir Marlboro als Absender. Das System funktioniert derart gut, dass Marlboro es sich leisten kann, selbst auf den Packungen auf den schwarz gedruckten Markennamen zu verzichten. Dieser wird nur noch blind in den Karton geprägt. Es ist demnach die äußere Form einer Marke – ihre *Gestalt* – die eine Marke unverkennbar macht und damit von Wettbewerbern differenziert.

Erfolgreichen Marken ist jedoch gemein, dass wir nicht nur ihre Gestalt erkennen, sondern mit ihnen auch vielfältige Themen und Inhalte assoziieren – ihren *Gehalt*. Mit Coca-Cola verbinden viele Menschen weit mehr als eine koffeinhaltige Limonade. Sie verbinden mit der Marke Gefühle wie Happiness, einen spezifischen Lifestyle, Symbole wie den Weihnachtsmann oder persönliche Markenerlebnisse. Marlboro hingegen steht in der Vorstellung vieler Konsumenten für Werte wie Freiheit und Abenteuer – und neuerdings für Menschen, die entschlossen ihren eigenen Weg im Leben gehen. Wenn wir einen dreizackigen Stern, gefasst in einem Kreis, sehen, denken wir an Mercedes-Benz als Erfinder des Automobils, an Qualität oder Komfort. Und bei einem bunten Schriftzug fragen wir uns, wie wir eigentlich irgendetwas suchten und fanden, bevor es Google gab. Große Marken sind also nicht nur deshalb groß, weil sie ein einprägsames Design haben, sondern weil sie mit Werten aufgeladen sind und einzigartige Geschichten erzählen können. Erfolgreiche Marken brauchen Gestalt *und* Gehalt. Doch in welcher Beziehung stehen beide zueinander? Welche Funktionen haben sie für eine Marke – und wie verändern sich Gestalt und Gehalt einer Marke im Zuge der Digitalisierung?

> Die Gestalt einer Marke sollte immer Spiegel ihres Gehalts sein.

Das Wechselspiel von Gestalt und Gehalt

Prinzipiell gilt: Die Gestalt einer Marke sollte immer Spiegel ihres Gehalts sein. Die Form darf nicht etwas anderes versprechen, als der Inhalt zu liefern vermag. Ansonsten entsteht ein Bruch, der die Marke unglaubwürdig wirken lässt. In der Wissenschaft wird diese Überzeugung auch als identitätsorientiertes Markenverständnis bezeichnet (vgl. z. B. Meffert/Burmann/Koers 2005; Burmann et. al. 2015; Esch 2016), das auch in der Praxis zunehmend Verbreitung findet. Aber es ist keinesfalls die Regel. Noch immer verfolgen viele Marken einen Image-orientierten Ansatz, bei dem sämtliche Maßnahmen auf ein idealisiertes – und nicht selten realitätsfremdes – Soll-Image zielen. Dies gilt insbesondere im Packaging Design, das stark mit aktivierenden und emotionalen Reizen arbeitet. Nicht selten kommt es dabei zu einer starken Überhöhung des eigentlichen Produktes. In Bezug auf Packaging Design werde ich oft gefragt, wie viel die Verpackung versprechen darf. Meine Antwort ist dann stets: *»Sie darf verführen, aber niemals täuschen.«* Denn ist der Konsument einmal getäuscht, ist er als nächstes enttäuscht und baut kein positives Verhältnis zum Produkt auf. Bei Markenauftritten ist es streng genommen nicht anders: Ein Unternehmen, das für Fortschritt stehen will, darf nicht altmodisch aussehen. Eines, das exklusive Produkte anbietet, sollte keine Farben verwenden, die preiswert wirken. Und eine Marke, die dampfend heißes Essen vertreibt, sollte keine Assoziationen mit arktischen Meeren wecken. Als Designer stehen wir also immer vor der Aufgabe, Werte in Gestaltungselemente zu übersetzen. Dabei gilt es, sich vom Produkt oder dessen Benefits zu lösen und vielmehr nach der *Haltung einer Marke* zu fragen. Diese Aufgabe gewinnt an Relevanz, weil in immer mehr Märkten Produktunterschiede verwischen und für Konsumenten oft kaum noch wahrnehmbar sind. Oft besitzen Marken auch nicht ausreichend Gehalt, um daraus eine unverwechselbare Gestalt zu entwickeln. Oder besser gesagt: Häufig haben es Marken versäumt, ihre Positionierung hinreichend zu klären. Viele Markenpositionierungen bzw. Markenleitbilder sind austauschbar und bestehen aus Allgemeinplätzen oder leeren Worthülsen wie »Wir sind der führende Anbieter von...« oder »Wir verstehen uns als vertrauensvoller Partner unserer Kunden...« (vgl. Baetzgen 2011a). Zudem fehlt vielen Markenleitbildern eine gehaltvolle und inspirierende Idee, die als Ausgangspunkt der Gestaltung dienen kann. Es ist dann für einen Designer schwer, einer Marke eine ausdrucksstarke Gestalt zu geben.

> Um einer Marke eine wirkungsvolle und glaubwürdige formale Gestalt zu geben, muss deren innere Haltung geklärt werden.

Während Marken in der Vergangenheit ein Sinnbild für Kontinuität waren und *Markenmanagement* vor allem mit Traditionspflege beschäftigt war, ist die Herausforderung für Marken heute ein fortwährendes Management der Veränderung und Weiterentwicklung. Ein Markenleitbild ist immer seltener für die Ewigkeit – sei es, weil sich der Gehalt der Marke, die Marktsituation, die Technologien oder der Zeitgeist wandeln und eine Überarbeitung der Gestalt erfordern. Lassen Sie uns beispielsweise über ein fiktives Unternehmen nachdenken, das als Energieanbieter tätig ist und sich mit einem zukunftsweisenden Angebot positionieren möchte. Noch in den 1960er-Jahren hätten wir wahrscheinlich das Bild einer technisierten Marke gezeichnet, getrieben von der Faszination für die Möglichkeiten sauberen Atomstroms. Heute hingegen wäre unsere Marke ungleich grüner und würde visuell den Bezug zu regenerativen Energien suchen. Ähnlich ergeht es vielen anderen Branchen und Marken: In den 1980er-Jahren assoziierten Menschen beispielsweise die Kombination aus Schwarz und Gold sowie Motive wie Yachten und Diamanten mit Luxus – die typische Ästhetik aus Fernsehserien der ›Reichen und Schönen‹ also. Heute interpretieren wir den Luxusbegriff anders: Der Luxus unserer Zeit liegt im Handgemachten, der Kleinserie aus einer Manufaktur oder dem Sich-Zeit-Nehmen. Auch unser Blick auf Ernährung hat sich gewandelt: Die ›gute Butter‹ als Begriff der 1950er-Jahre hat ebenso ausgedient wie der Wunsch nach Vereinfachung und Convenience-Food, der die 1970er-Jahre prägte. In unserer heutigen Zeit ist »Bio« zum Mainstream geworden, und wir unterhalten uns über nachhaltige, regionale Produkte, vegetarische oder vegane Alternativen oder die Slow-Food-Bewegung.

Vor dem Hintergrund fortwährender Veränderungen müssen Marken von Zeit zu Zeit untersuchen, ob die visuelle Übersetzung ihrer Werte noch von ihrer Zielgruppe verstanden wird oder ob leichte Modifikationen erforderlich sind. Neben der Gestalt müssen dabei auch die Positionierung einer Marke und deren Geschäftsmodell auf den Prüfstand gestellt werden. Bei nahezu jedem Automobilhersteller erleben wir derzeit, wie das Fundament der eigenen Marke erweitert wird: vom Automobilproduzenten zum Mobilitätsdienstleister, der nicht nur Autos verkauft, sondern beispielsweise auch Carsharing-Dienste anbietet. Beispiele dafür, dass sich der Gehalt einer Marke radikal verändert und die Gestalt nachziehen muss, finden sich in allen Branchen. Ein Beispiel ist der Corporate Design Relaunch von Heidelberger Druckmaschinen im Jahr 2015:

Praxisbeispiel: Heidelberger Druckmaschinen

Jeder aus der Branche kennt den ikonischen Schriftzug des Unternehmens, der einen subtilen Bezug zum Druckprozess suchte: Vorne kommt das Blatt in die Druckstraße, dann wandert es durch die einzelnen Druckstufen und verlässt es am Ende wieder (vgl. Abb. 1). Jedoch hat sich Heidelberger Druckmaschinen in den vergangenen Jahren inhaltlich gewandelt: Das Unternehmen ist längst nicht mehr nur ein Hersteller von Druckmaschinen, sondern hat die Bereiche Service und Verbrauchsmaterialen deutlich ausgebaut. Kurzum: Die inhaltliche Idee des Unternehmens, der Gehalt, hat sich weiterentwickelt – die altbekannte Gestalt passte nicht mehr. Ein Unternehmen, das kommunizieren möchte »We are more than machines« kann nicht den

Bezug zur Maschine plakativ im Logo tragen. Also haben wir das Logo modifiziert. Das neue Zeichen wirkt im Vergleich zum Vorgänger nicht nur typografisch geschliffen, sondern auch deutlich offener und nahbarer. Die bekannte dunkelblaue Hausfarbe wird um weitere Farben ergänzt, die die Unternehmensbereiche Equipment, Consumables und Services repräsentieren. Als neues Element haben wir ein Brand Icon geschaffen, das sich aus dem Initial »H« des Logos ableitet. Es funktioniert als starkes visuelles Element auch auf kleinformatigen Anwendungen, beispielsweise als App-Icon oder als Profilbild in sozialen Kanälen.

Abb. 1: Logo-Überarbeitung der Marke Heidelberger Druckmaschinen (Peter Schmidt Group 2017)

Auch McDonald's ist ein Beispiel dafür, wie sich die Gestalt einer Marke mit ihrer inhaltlichen Neuausrichtung radikal verändert. Als McDonald's sich neu positionierte und verstärkt Salate und vegetarische Angebote für neue Zielgruppen ins Programm nahm, wurde das Rot in der Marke durch ein dunkles Grün ersetzt. Nicht weniger radikal war der Schritt der Marke Marlboro: Sie hat sich vom Cowboy als Schlüsselbild verabschiedet, weil dieser nicht mehr das weltweit geteilte Symbol für Freiheit und Abenteuer war und diese Werte in einer freien Welt auch an gesellschaftlicher Relevanz verloren haben. Und als unser Kunde Osram das Lampengeschäft aus dem Unternehmen herauslöste, um sich auf Technologiethemen im Bereich B2B zu fokussieren, machte die Glühbirne im Logo keinen Sinn mehr und musste weichen. Wie diese Beispiele zeigen, können die Veränderungen bzw. Weiterentwicklungen im Brand Design mehr oder weniger offensichtlich und bedeutungsschwer für Marke und Verbraucher sein – je nachdem, inwieweit eine Marke ihren Wandel nach außen zu erkennen geben möchte. In jedem Fall sollte jeder formalen und inhaltlichen Weiterentwicklung einer Marke eine umfassende Analyse vorausgehen (vgl. in Kap. 3 den Beitrag von Lischka).

Die Analyse von Gestalt und Gehalt einer Marke

Marken haben für uns nicht nur eine individuelle, sondern auch eine soziale und *kulturelle Bedeutung*. Diese Bedeutung ist tief in uns allen verankert – im Unterbewusstsein eines jeden Einzelnen, im kollektiven Gedächtnis der Gesellschaft. Das ist gut und hilfreich. Weil wir in Sekundenbruchteilen und ohne langes Nachdenken die Entscheidung treffen können: »Ja, das ist gut für mich, das ist mir sympathisch, das passt zu mir«. Oder eben: »Nein, das ist nicht so ganz mein Fall, darauf lege ich keinen besonderen Wert«. Unser komplexes Leben wird einfacher, weil das Unterbewusstsein uns schneller, besser und effektiver steuert als ein aufwendiges Abwägen von Für und Wider. Das Spannende: Wir treffen Kaufentscheidungen fast ausnahmslos auf die gleiche Art und Weise, und das sowohl im Bereich B2C als auch im Bereich B2B. Ob eine Marke relevant ist entscheiden wir emotional. Erst danach kommt der Verstand ins Spiel und prüft – was mit steigendem Preis oder bei neuartigen Marken und Produkten ja durchaus Sinn macht.

Natürlich sind die über die Zeit gelernten, tief verankerten Bilder und Codes nicht in Stein gemeißelt. So, wie wir uns kontinuierlich verändern, verändert sich auch die Bedeutung von Gestalt und Gehalt einer Marke. Die legendäre Goldkante versprach Luxus und Gediegenheit – sei es am Saum einer Gardine oder auf feinem Porzellangeschirr. Wenn Marken heute noch solche Codes verwenden, laufen sie Gefahr, missverstanden zu werden oder aus der Zeit zu fallen – mit entsprechend gravierenden Folgen für die Relevanz ihrer Produkte: Sie sterben aus, weil sie junge Menschen schlicht nicht mehr erreichen. Um solchen Veränderungen in der Bedeutung von Codes – und deren veränderter Relevanz und geänderten Werten – Rechnung zu tragen, müssen Positionierung und Auftritt einer Marke regelmäßig auf den Prüfstand gestellt und ganz gezielt aktualisiert werden: Brand Manager können ihre Marke nur dann erfolgreich steuern, wenn sie früher und genauer als andere auf solche Veränderungen reagieren.

Doch wie misst man ein intangibles und vor allem emotional wirksames Phänomen wie die *Idee einer Marke?* Wie kann man zuverlässig herausfinden, ob diese Idee wirklich bedeutsam ist für ihre Zielgruppen? Wie findet man eindeutig heraus, ob sie sich mit den Werten, die über die Markencodes zum Ausdruck kommen, identifizieren können? Wie kann man zweifelsfrei sicherstellen, dass Marken in ihrem Gehalt und ihrer Gestalt einzigartig sind und einer bestimmten Emotionswelt zugeschrieben werden – und nicht etwa ihrem Mitbewerber? Die Antwort lautet: mit neurowissenschaftlichen Methoden. Es gibt unterschiedlichste Analyseverfahren und Erklärungsmodelle, die der neurowissenschaftlichen Erkenntnis Rechnung tragen, dass Entscheidungen für oder gegen eine Marke emotional und damit unbewusst getroffen werden. Aus meiner Sicht hat Daniel Kahneman in seinem Buch *Thinking, Fast and Slow* (2012) den besten Ansatz vorgelegt. Seinen Überlegungen zufolge ist das limbische System der zentrale Dreh- und Angelpunkt unserer Entscheidungen. Hier, im sogenannten Belohnungszentrum des menschlichen Gehirns, werden Emotionen reguliert und damit das menschliche Handeln motiviert. Hier werden implizit, also vorbewusst, Präferenzen gebildet und Entscheidungen getroffen, die dann ausgeführt und explizit – im wortwörtlichen Sinne einer Postrationalisierung – begründet werden.

Exkurs: Der neurowissenschaftliche Ansatz zur Abbildung der Funktionsweise von Marken

Marken entstehen in unserer Wahrnehmung durch *Assoziationen,* die sich aus Kommunikation und allen Formen der Gestalt einer Marke, aber auch durch eigenes Produkterleben oder indirekte Erfahrung entwickeln. Geprägt werden diese Assoziationen durch unterschiedliche Codes und Signale, die eine Marke sendet: Farben, Bildwelten, Sprachstile, Botschaften, Geschichten, aber auch Gerüche, Texturen oder Klänge. Diese Assoziationen aktivieren bestimmte Bereiche im limbischen, genauer im *impliziten System,* lösen dort eine bestimmte Emotion aus und sagen uns so in Sekundenbruchteilen, für welche Belohnung die Marke innerhalb unseres unmittelbaren kulturellen und individuellen Kontextes steht. Kurz gesagt: Sehen wir eine Marke, deren Codes positiv besetzt sind, wird durch die mit ihr gespeicherten Assoziationen das entsprechende Belohnungszentrum aktiviert, und die implizite Entscheidung ist getroffen, noch bevor das *explizite System,* unser Verstand, diese bewusst überprüfen und relativieren kann. Beide Systeme, implizit und explizit, ergänzen einander, wobei das implizite System führt.

Das limbische System kennt, vereinfacht gesagt, sechs grundsätzliche Dimensionen mit untergeordneten Emotionen und Werten, die eine Entscheidung intuitiv lenken. Davon können Marken und das Marketing stark profitieren, insbesondere in situativ-emotionalen Kontexten oder bei Entscheidungen, in denen eine kognitive Überprüfung nicht unverzichtbar ist. Wir unterscheiden sechs gleichwertige Dimensionen entsprechend ihrer emotionalen Ausrichtung: Harmonie, Stimulanz, Disziplin, Exploration, Offenheit und Dominanz (vgl. auch Schneider/Scarabis 2011; Schmidlin 2011)

Auf Branche und Zielgruppe abgestimmte Deskriptoren liefern passgenaue Aussagen

Wir haben ein Modell entwickelt, das auf den sechs Dimensionen des limbischen Systems aufbaut, aber noch einen Schritt weiter geht. Jede der Dimensionen lässt sich über ein Set an Assoziationen beschreiben – so wie auch jede Marke aus im impliziten System verankerten Assoziationen besteht. Wir nennen diese Assoziationen »*Deskriptoren*«. Um Aussagen über einen spezifischen Markt treffen und für einen Markenartikler tatsächlich passgenaue Antworten liefern zu können, interpretieren wir die Dimensionen nicht mittels eines Standardsets an Assoziationen (einfacher One-Fits-All-Approach), sondern legen je nach Branchen und Segmenten spezifische Assoziations-Sets fest (erweiterter *One-per-Market-Approach,* der auf Branche und Zielgruppe abgestimmte Deskriptoren liefert). So können wir den individuellen, sozialen und kulturellen Kontext berücksichtigen, über den die Marke letztendlich ihre Bedeutung erhält. Die Deskriptoren werden von uns zunächst analytisch erfasst und dann den *Belohnungsdimensionen* zugeordnet. Dies kann in Abstimmung mit dem Kunden, durch Expertenteams qualitativ und/oder tiefenpsychologisch untermauert oder durch ein implizites Vorab-Testing statistisch validiert werden. Im Bereich Food würde so beispielsweise die Dimension »Harmonie« mit Deskriptoren wie regional, traditionell, ehrlich, verantwortungsbewusst oder auch liebevoll charakterisiert werden. Durch die kontextspezifische Interpretation der einzelnen Dimensionen wird das bisweilen abstrakte Modell der neuropsychologischen Motive menschlichen Handelns einfacher lesbar und für die Markenführung konkret anwendbar.

Wir fassen eine Marke dabei zunächst immer als Gesamtbild ihres inhaltlichen Gehalts und ihrer ästhetischen Gestalt auf – und machen dabei deutlich, ob und wie gut beides zusammenpasst (z. B. Werte, Versprechen, Botschaften und Bildwelten, Farben und andere visuelle Codes) und ob dieser Zusammenklang für die Zielgruppe relevant ist. Das Modell lässt sich aber auch auf die beiden Bereiche getrennt anwenden, um so im Vergleich mögliche *Dissonanzen* aufzudecken zwischen der Wahrnehmung der expliziten Kommunikation des Gehalts und der impliziten Wirkung von Gestaltung. Solche Dissonanzen können zu Indifferenzen bei der Zielgruppe führen und damit der Entfaltung der Wirkungskraft einer Marke entgegenstehen. Mehr noch: Ist kein klares, passgenaues implizites Profil vorhanden, wird das implizite System als wichtiger Vor- oder gar Hauptentscheider schlichtweg ausgehebelt, die emotionale Präferenz und Bindung erschwert. Unser Modell setzt genau an dieser Stelle an: beim Adressieren und Nutzen der richtigen Codes, um Marken fest in Herz und Hirn der Menschen zu verankern. Es liefert nicht nur tiefe Insights, sondern auch handfeste Handlungsanweisungen, die zu kompetitiven Positionierungen, zu klarer Kommunikation und so zu Produkt- und Serviceinnovationen führen, die von Anfang an erfolgreich sind. Dies, weil Gehalt und Gestalt, perfekt verzahnt, den Konsumenten und seine wahren Wünsche und Bedürfnisse adressieren. Wünsche und Bedürfnisse, die im Verborgenen seines Unbewussten wirken, und die er oftmals gar nicht kennt. Sie aber sind es, die Marken relevant, einzigartig und dauerhaft stark machen.

Anwendungsbeispiel »Happy Food«

Zum Verständnis des Modells wollen wir eine implizite Analyse der fiktiven Lebensmittelmarke »Happy Food« skizzieren. Diese Marke vertreibt Pralinen und Brownies, hergestellt aus veganen Zutaten in Bioqualität und das möglichst aus der Region. Sie positioniert sich unter dem Motto »Süßes Naschen mit Genuss und gutem Gewissen.« Anhand dieses Beispiels zeigen wir fünf mögliche Erkenntnisebenen des Modells auf – rund um das Zusammenspiel von Gehalt und Gestalt einer Marke.

Erkenntnisebene 1: Die Marke im Kontext verstehen. Welche konkreten Assoziationen verbergen sich hinter den Belohnungsdimensionen?

Die Zuschreibung von Deskriptoren zu den sechs Dimensionen in Form von Assoziationen kann – je nach Umfang, Budget und Zeitrahmen – in Form einer Expertenbewertung durch Markenstrategen oder Psychologen oder aber durch eine direkte Zielgruppenbefragung erfolgen. In unserem Fall würden wir eine repräsentative, implizite Studie durchführen, bei der umfangreiche Sets an Deskriptoren aus Branchen-, Verbraucher- und Trendstudien zum Thema Food gesammelt und anschließend vom Zielgruppen-Panel den Dimensionen zugeordnet werden. Dadurch entsteht eine präzise Interpretation der Dimensionen aus Konsumentenperspektive (vgl. Abb. 2), auf der wir im weiteren Verlauf der Analyse aufbauen können – exakt abgestimmt auf den Lebensmittelmarkt und das Segment Süßwaren, in dem Happy Food ja erfolgreich sein möchte.

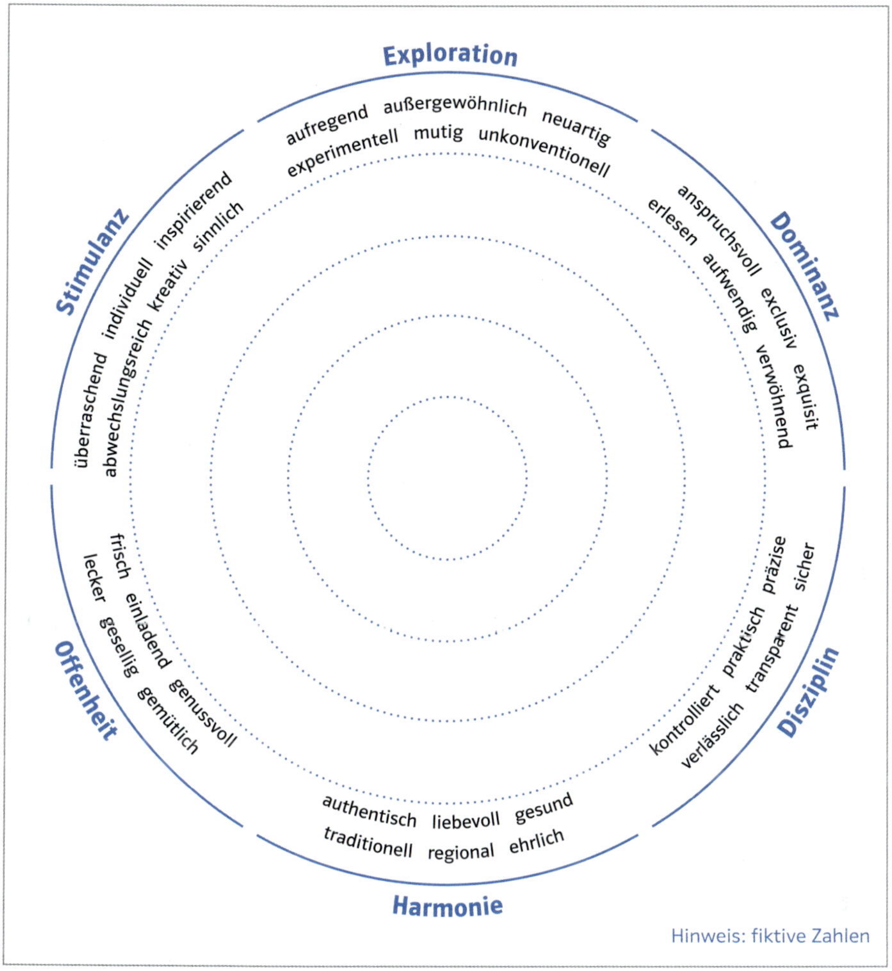

Abb. 2: Die empirisch validierte Interpretation der Dimensionen für den Bereich Food (Quelle: Peter Schmidt Group)

Erkenntnisebene 2: Die Relevanz einer Marke sicherstellen. Welche Dimensionen haben einen besonderen Einfluss auf die Markenpräferenz?

Wir wollen verstehen, welche Belohnungsdimensionen eine Marke in der Gesamtwahrnehmung – also im Zusammenspiel von Gehalt und Gestalt – ansprechen sollte, um für die Konsumenten im Bereich Food relevant zu sein. Darum befragen wir erstens die Zielgruppe mithilfe eines impliziten Testverfahrens (dem sogenannten *Implicit Value Mapping*), welche Dimensionen mit ihren dahinterliegenden Deskriptoren für sie beim Lebensmitteleinkauf wichtig sind: Was sind die *Leitdimensionen*, die eine Marke bedienen muss, um erfolgreich zu sein, und welches sind eventuelle Zusatzdimensionen, die ihr dabei helfen? Und zweitens prüfen wir im Anschluss an die implizite Erhebung über eine kurze klassische Befragung, wie gut die Wertewahrnehmung von Happy Food mit der Selbstwahrnehmung der Zielgruppe übereinstimmt – oder ob es dort noch Potenzial gibt, relevanter und damit attraktiver zu werden: Konsumenten bevorzugen schließlich diejenigen Marken, die ihnen und ihren persönlichen Werten und Motiven ähnlich sind. Bei Happy Food können wir bereits an dieser Stelle erkennen, dass die Marke zwar im Hinblick auf ihre Kategorie gut aufgestellt ist: Bei Süßigkeiten sind vegane Zutaten aus der Region interessant und befördern die Dimension »Harmonie«. In der relevanten Belohnungsdimension »Stimulanz« hat die Marke jedoch noch deutliches Verbesserungspotenzial (vgl. Abb. 3).

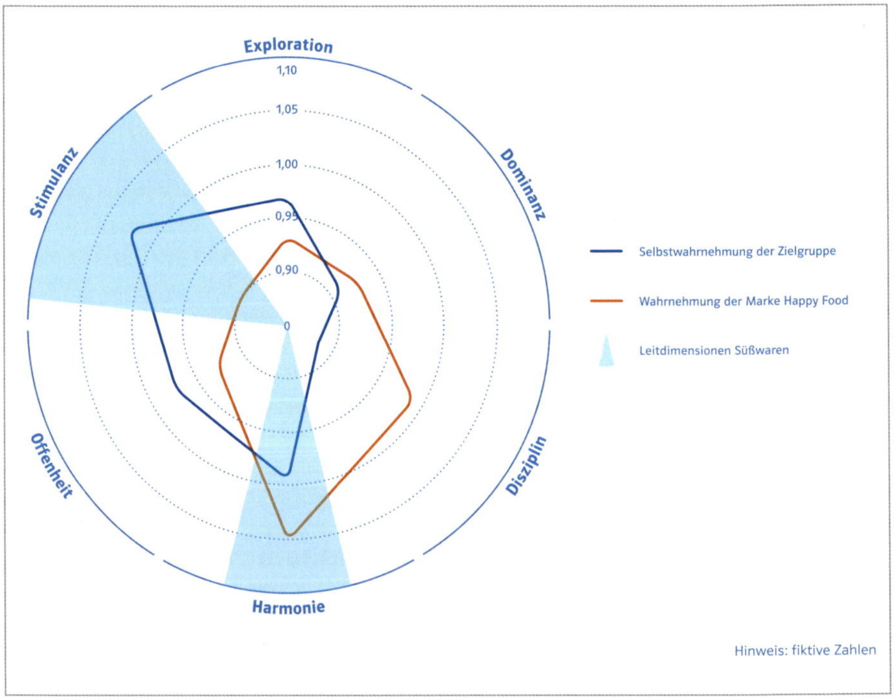

Abb. 3: Die Wahrnehmung der Marke Happy Food weist deutliche Deltas zur Selbstwahrnehmung der Zielgruppe auf, was die Marke wenig sympathisch macht. Zudem wird die im Süßwarenbereich präferenztreibende Belohnungsdimension »Stimulanz« von Happy Food nicht adressiert. (Quelle: Peter Schmidt Group)

Erkenntnisebene 3: Die Funktionsweise des Markts verstehen. Welche Dimensionen der Markenwahrnehmung bedienen Mitbewerber?

Eine Aussage über die Stellung einer Marke innerhalb des Marktes erhält man naturgemäß dann, wenn man sie in ihrem Umfeld betrachtet. Dazu sehen wir uns bei Happy Food an, wie die Zielgruppe Mitbewerber und deren Gesamtwirkung beurteilt. Das dafür entwickelte Testszenario *(Implicit Brand Mapping)* verbindet die Vorteile einer quantitativ angelegten Befragung mit den Methoden eines impliziten Verfahrens – genau wie das Implicit Value Mapping. Den Testpersonen werden nach dem Zufallsprinzip vorab festgelegte Deskriptoren zu einzelnen Dimensionen vorgeschlagen. Sie müssen dann intuitiv bewerten, ob und wie gut diese zu der einen oder anderen Marke passen. Bei der Computerauswertung wird auch die Reaktionszeit berücksichtigt, die bis zur Entscheidungsfindung vergeht. Je impulsiver, sprich schneller, diese Zuordnung erfolgt, desto mehr ist sie im Unterbewusstsein der Entscheider mit dem Profil einer Marke verankert. So ergibt sich ein genaues Bild über die Positionen aller Marken. Wir erkennen, was Konsumenten mit jeder einzelnen Marke assoziieren und lernen, wo Chancen oder auch Herausforderungen für Happy Food liegen (vgl. Abb. 4).

1. Die für die Markenpräferenz relevante Dimension »Stimulanz« ist nur von wenigen Marktteilnehmern besetzt. Hier liegt eine Chance – zumal die Kaufentscheider die Dimension als für sich persönlich relevant ansehen.
2. »Harmonie« ist nur durchschnittlich wichtig für die Markenentscheidung, da die Dimension für Süßwaren nur in Teilen gilt. Da sich hier überraschend viele andere Marken tummeln, bietet diese Dimension nur eingeschränktes Potenzial zur Markenprofilierung.
3. Die Dimension »Disziplin« ist im Bereich Süßigkeiten nicht wirklich relevant.
4. Der Wettbewerber Sweet Teeth spricht vor allem die Belohnungsdimensionen »Exploration« und »Offenheit« an. Damit bedient er zum einen die aus Entscheidersicht präferenzbildende Wahrnehmungsfacette »Sinnlichkeit«, zum anderen mit »Exploration« einen ganz eigenen, profilierenden Aspekt.
5. Für Happy Food wäre damit eine mögliche Belohnungsdimension gefunden: »Stimulanz« könnte als Erfolgstreiber genutzt werden.

Erkenntnisse dieser Art geben uns wertvolle Hinweise bei der Re- oder Neupositionierung einer Marke. Sie können ein Sprungbrett sein für die Entwicklung einer wertebasierten Haltung oder auch die Richtung weisen für die Entwicklung einer inspirierenden Markenidee als Leitbild für die Kommunikation und Gestaltung einer Marke.

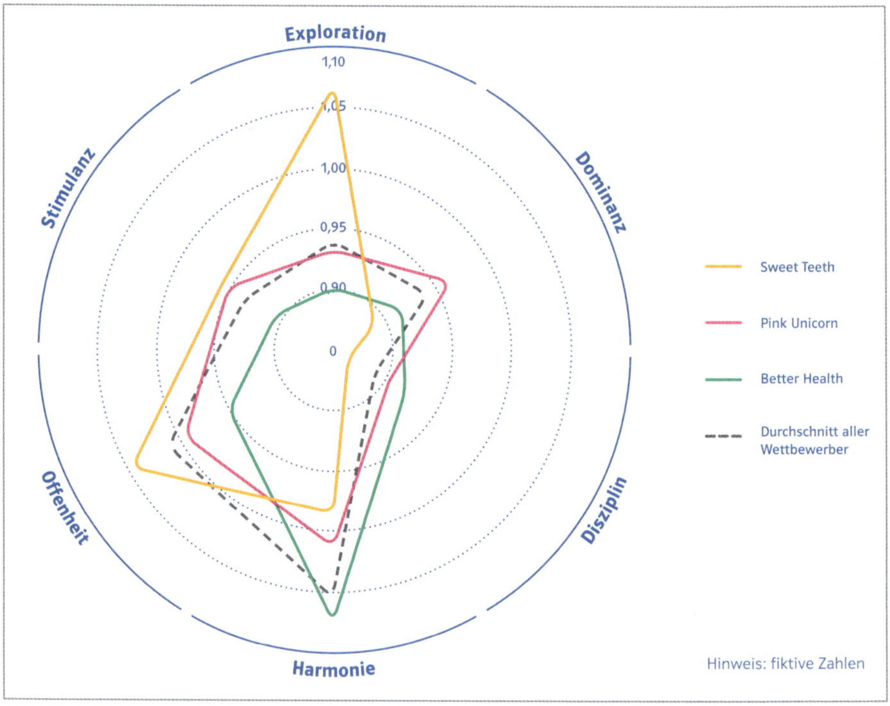

Abb. 4: Die Hauptwettbewerber von Happy Food und der Durchschnitt aller untersuchten Food-Marken. (Quelle: Peter Schmidt Group)

Erkenntnisebene 4: Die Stärken und Schwächen der eigenen Marke aufdecken. Welche Belohnungsdimensionen bestimmen die Wahrnehmung meiner Marke?

Wie beim Implicit Brand Mapping der Wettbewerber, wird auch die Marke Happy Food von der Zielgruppe dadurch beurteilt, wie deutlich sich ihr einzelne Dimensionen und Deskriptoren zuschreiben lassen. Im Fall der Marke Happy Food (vgl. Abb. 5) bedeutet das:

- Die Marke hat sich kommunikativ über das »gute Gewissen« positioniert und wird deshalb stark mit dem Bereich »Disziplin« assoziiert, obwohl dieser in der Kategorie kaum relevant ist.

- Die Ausprägung in der Belohnungsdimension »Stimulanz« ist zwar erkennbar, hat im Vergleich zum Wettbewerb aber noch deutliches Potenzial. Da »Stimulanz« ein relevantes Belohnungsmotiv der Zielgruppe ist, liegt hier ein Territorium, das die Marke weiter erobern und für sich besetzen sollte.
- Den unterdurchschnittlich schwachen Ausschlag in der Wahrnehmung von »Offenheit« bewerten wir als nachteilig. Diese Dimension ist entscheidend für die Markenpräferenz und sollte somit zumindest im Bereich des Wettbewerbsdurchschnitts liegen.

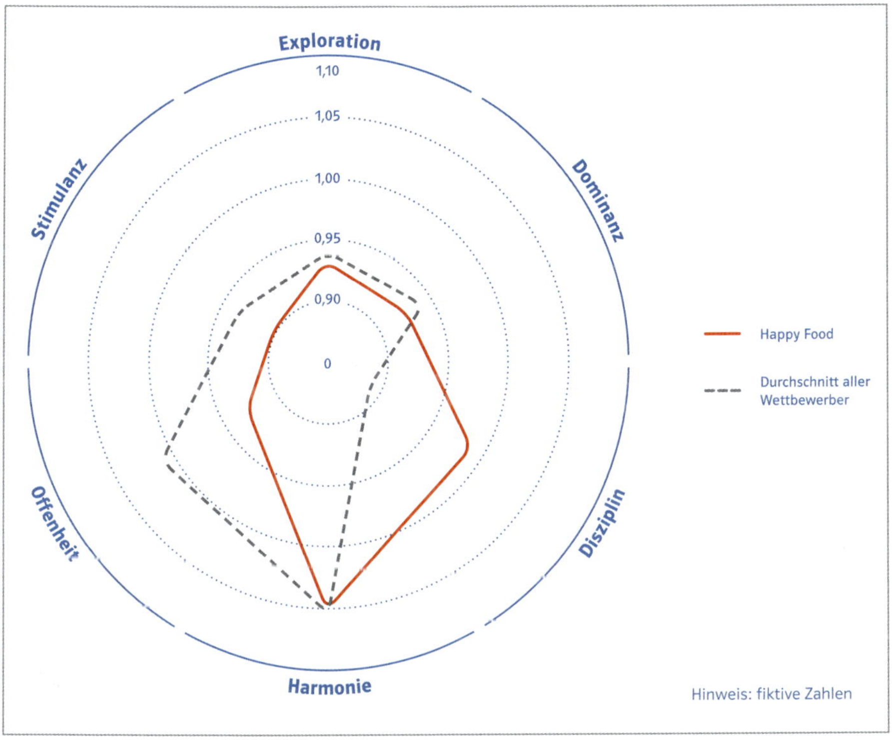

Abb. 5: Die Wahrnehmung der Marke Happy Food speist sich hauptsächlich aus den Dimensionen »Disziplin« und »Harmonie«, liegt aber in der Leitdimension »Stimulanz« deutlich unterhalb der Wahrnehmungsstärke des Wettbewerbs. (Quelle: Peter Schmidt Group)

Erkenntnisebene 5: Dissonanzen erkennen und beseitigen. Wo liegen Ursachen für eine nicht gewollte Wahrnehmung der Marke?

Das Gesamtbild einer Marke setzt sich in der Wahrnehmung für den Konsumenten nur dann schlüssig und überzeugend zusammen, wenn alle ihre Gestaltungselemente konsequent auf die eine Markenidee, also ihren inhaltlichen Gehalt einzahlen. Zugleich muss dieser Inhalt relevant sein – es darf also kaum Diskrepanzen zwischen gewollter und tatsächlicher Markenwahrnehmung geben –, und die Marke muss gut zum Werte- und Bedürfniskanon der Konsumenten passen. Andernfalls entstehen Dissonanzen.

Um Diskrepanzen zu beheben und Dissonanzen zu vermeiden, müssen wir einen Blick hinter die Wahrnehmung der Marke werfen und verstehen, aus welchen Bausteinen sich die jeweilige Belohnungsdimension aufbaut und wie gut die einzelnen Deskriptoren performen. Mithilfe der impliziten Analysemethodik können wir erheben, welche *Brand Codes* (verbalen und visuellen Elemente) einer Marke welche Assoziationen unterstützen und wo im Detail mögliche Schwächen liegen. Für Happy Food können wir zunächst bestimmen, dass die Dimension »Disziplin« überproportional stark durch die Assoziationen »präzise« und »kontrolliert« geprägt ist, während »gesellig« und »genussvoll« (= »Offenheit«) kaum wahrgenommen werden (vgl. Abb. 6). Und in der Belohnungsdimension »Stimulanz« wird deutlich, dass »abwechslungsreich«, »inspirierend« und »kreativ« noch zu wenig ausgeprägt sind, um den Aspekt zu betonen und die Marke darüber zu positionieren.

Mit demselben Modell und den gleichen Testverfahren lassen sich die einzelnen Bestandteile der Marke und das Zusammenspiel von Gehalt und Gestalt untersuchen. Hierfür werden einzelne Basiselemente analysiert und in Relation zu den sechs Dimensionen gesetzt – üblicherweise sind dies:

- Logo
- Farbwelt
- Bildwelt
- Typografie
- Icons
- Sound
- Tonalität
- Botschaften
- Claim

Abb. 6: Die Wahrnehmung aller Deskriptoren der Belohnungsdimension »Stimulanz«, »Offenheit« und »Disziplin« im Detail (Quelle: Peter Schmidt Group)

Für die Marke Happy Food wollen wir wissen, welches Gestaltungselement der Marke die Wahrnehmung im Bereich »Disziplin« entscheidend prägt und sich mit »präzise« und »kontrolliert« assoziieren lässt. Unsere Analyse der genannten Basiselemente ergibt, dass es vor allem das Markenlogo und seine Farben sind, die die Wahrnehmung der Marke so stark in den Bereich »Disziplin« verschieben (vgl. Abb. 7). In diesem Fall würden wir dem Kunden eine Überarbeitung des Logos und natürlich eine Schärfung der Markenidee empfehlen, um Happy Food stärker in Richtung der hochrelevanten »Stimulanz« zu bewegen, ohne den regionalen oder veganen Aspekt auszuschließen: »Happy Food: Süßes Naschen, überraschender Genuss.«

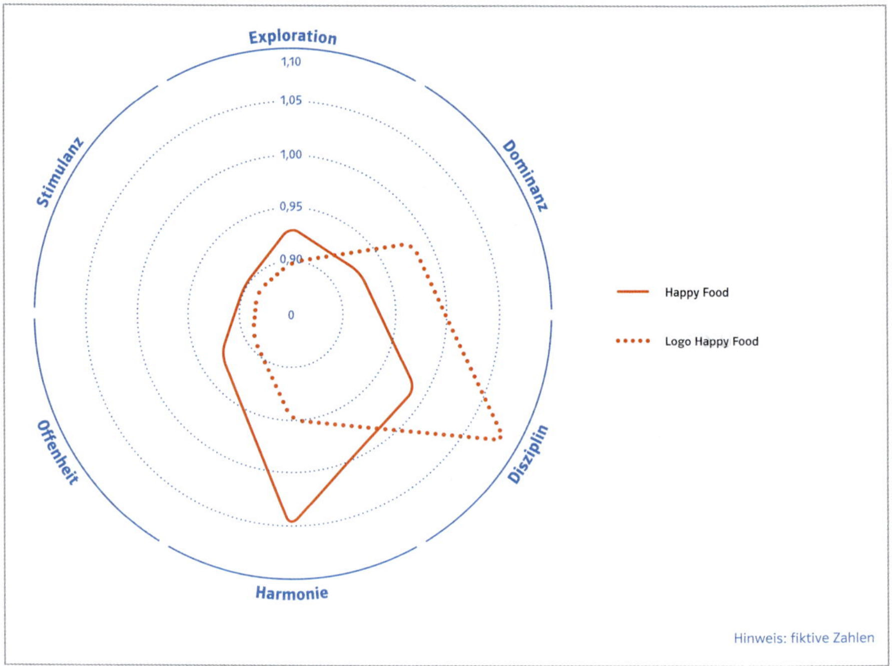

Abb. 7: Die Wahrnehmung der Marke Happy Food und die Verortung des Marken-Logos (Quelle: Peter Schmidt Group)

Nicht nur für die Design- und Markenstrategie liefert das Modell wertvolle Ansatzpunkte, sondern auch für die *Marketingstrategie:* So wie sich Gehalt und Gestalt der Marke verorten lassen, können wir Gesellschafts- und Branchentrends, Verwendungsanlässe oder Geschmackserlebnisse den Dimensionen zuordnen und damit ein reiches Repertoire an Themenfeldern zum Beispiel für eine Content-Strategie erschließen.

Anpassung versus Abgrenzung

Die bisherigen Betrachtungen erwecken nun vielleicht den Eindruck, dass die Justierung einer Marke anhand des Implicit-Brand-Map-Modells ganz einfach sei: Sozusagen wissenschaftlich fundiert werden Gestalt und Gehalt zur Deckung gebracht – und der Erfolg ist vorprogrammiert. Ganz so einfach ist es jedoch nicht. Und jede Regel hat bekanntlich Ausnahmen. Würde man beispielsweise nach einer passenden Farbe für eine Bank suchen, wäre man schnell bei Blau. Nicht umsonst wählen Banken und Versicherungen eher blaue Unternehmensfarben. Blau ist die Lieblingsfarbe der meisten Menschen und steht für Harmonie, Zufriedenheit und Unendlichkeit. Aber es gibt eben auch rote, gelbe oder grüne Erscheinungsbilder in der Branche. Viele von ihnen sind historisch bedingt, aber oft werden Farbcodierungen eben auch bewusst eingesetzt, um eine Unterscheidung im Wettbewerbsumfeld oder die nötige Aufmerksamkeit durch eine *nonkonforme Visualität* zu schaffen.

Der FC St. Pauli beispielsweise benutzt Braun als Hausfarbe. Dies lässt sich inhaltlich nicht aus seinem Wesen als Fußballverein ableiten, denn Braun assoziieren wir gemeinhin nicht mit sportlichen Werten. Auch andere Herleitungen laufen ins Leere – und obendrein kultiviert der Verein eine gewisse Nähe zur alternativen, bisweilen links-autonomen Szene, was eigentlich einen krassen Widerspruch zur ›braunen Uniform‹ darstellt. Und dennoch: Die außergewöhnliche Positionierung des Vereins ermöglicht es, zu unkonventionellen Erscheinungsbildern zu greifen, die der Norm völlig widersprechen. Was nicht Mainstream sein will, muss auch nicht dem Mainstream gefallen. Genauso wenig Sinn macht, streng genommen, das Lila der Schokoladenmarke Milka. Historisch steht die Farbe eher für Macht, Klerus und Widersprüchlichkeit – aber eben nicht für zartschmelzenden Schokoladengenuss. Aber: Sie differenziert die Produkte gegenüber allen Mitbewerbern. Und die Macht der Werbung lässt sogar Kinder, die in der Stadt aufgewachsen sind, glauben, dass alle Kühe auf dem Land lila sind. Die beiden Beispiele zeigen, dass das gezielte Abweichen von Erwartungs- und Bewertungsmustern des Konsumenten ein wichtiges Gestaltungsprinzip sein kann, um Aufmerksamkeit oder Differenzierung im Markt zu schaffen. Dabei gilt: Je progressiver und nonkonformistischer eine Marke positioniert und wahrgenommen wird, desto größere Freiheiten besitzt sie, ihre Gestaltungselemente zu interpretieren und Regeln ganz bewusst zu brechen. Ein systematischer und fundierter Untersuchungsansatz bildet folglich die Entscheidungsbasis, er liefert aber nicht zwingend auch die Lösung.

Liegen die Ergebnisse der Analyse vor, folgt als nächstes die Auseinandersetzung mit der Frage, wie konform oder nonkonform die Marke auftreten will. Und je weiter sich der Gehalt der Marke aus gewohnten Mustern entfernt, desto unkonventioneller darf auch ihre Gestalt sein.

Gestalt und Gehalt im Kontext mit Drittanbietern

Das Bestreben einer Marke, sich eine Gestalt zu erschaffen, die ihren Gehalt widerspiegelt, stößt oft an Grenzen – nämlich immer dann, wenn sie es nicht alleine in der Hand hat, ihre Gestalt zu definieren. Wenn man genauer darüber nachdenkt, ist dies häufiger der Fall, als man spontan denkt. Im Print müssen sich Marken der Ästhetik des jeweiligen Mediums ebenso unterordnen wie online. Instagram zelebriert klassischerweise ein quadratisches Bildformat – ob dies dem Styleguide der dort präsenten Marken entspricht oder nicht. Und auch am Point of Sale lauern Schwierigkeiten: Immer wieder entwickeln Marken Displaywerbungen und Aufsteller mit der Absicht, eine eigene Welt für ihre Produkte zu kreieren – und immer wieder müssen sie feststellen, dass sie mit allen anderen Aufstellern zu einer Masse an Werbegerümpel zusammengerückt werden. Eine ähnliche Herausforderung ergibt sich für Marken auch bei Kooperationen, Partnerschaften und allen Formen des Co-Brandings: Immer häufiger kommt es vor, dass zwei Unternehmen unterschiedlicher Bereiche zusammenarbeiten und ihre Marken auf einem gemeinsamen Produkt bestmöglich kommunizieren möchten. Zwei Beispiele: Die Jacke eines Outdoor-Ausrüsters, die darauf hinweist, dass sie aus dem Stoff Gore-Tex gearbeitet ist; oder das Kaffeepadsystem Senseo, für das Philips die Maschine liefert und Jacobs Douwe Egberts den Kaffee. In all diesen Fällen geht es nicht ohne Regeln: Marken müssen definieren, in welchem Kontext sie auftreten wollen – und sie müssen prüfen können, ob eine Plattform, eine Kooperation oder ein Umfeld zu ihnen passt. Auch hier hilft die Analyse mit impliziten Methoden. Diese kann auch die Analyse von Plattformen wie Facebook, Twitter oder Snapchat umfassen. So lässt sich feststellen, ob das Umfeld tatsächlich zur Marke passt – denn nur dann macht es Sinn, hier Präsenz zu zeigen.

Andererseits ist eine solche Analyse sehr aufwendig und macht eine schnelle Bewertung im Tagesgeschäft kaum möglich. Ein Beispiel aus der Praxis: Zu unseren Kunden gehört die Region Südtirol, deren Markenlogo von unterschiedlichsten Anbietern genutzt wird – es taucht in den Prospekten von Urlaubsorten auf, klebt aber ebenso auf Äpfeln, die in Südtirol angebaut werden, und wird von einzelnen Tourismusangeboten verwendet. Allerdings zeigte sich schnell, dass es hierfür klarer Kriterien bedarf: Dass Urlaubsziele wie Bozen oder das Grödnertal mit der Marke Südtirol werben können, steht sicher außer Frage – aber darf dies auch jedes einzelne Hotel? Und wenn das Logo auf Äpfeln kleben darf, warum nicht auch auf Birnen? Damit die Auswahl nicht willkürlich ist, bedarf es einer einfachen Checkliste, die bei jeder Anfrage ein schnelles, zuverlässiges und nachvollziehbares Ergebnis liefert. Für die Markenverantwortlichen der Region haben wir daher den *Marken-Profiler* entwickelt (vgl. Abb. 8): Bei diesem werden mögliche Kooperationspartner bezüglich der Qualität und Relevanz ihrer Themen untersucht und geprüft, ob diese zu der Positionierung der Marke Südtirol passen. Je nach Ergebnis ergeben sich unterschiedliche Möglichkeiten für die Partner, mit der Region Südtirol zu werben – von der Nutzung des Logos bis hin zur Erlaubnis, die im Corporate Design definierten Schriften und Farben zu nutzen. Die Auswertung erfolgt nach einem einfachen Punktesystem und ermöglicht es den Marketingverantwortlichen der Region, jede Anfrage fundiert zu beantworten – und zwar ohne jedes Mal eine externe Agentur einbeziehen zu müssen.

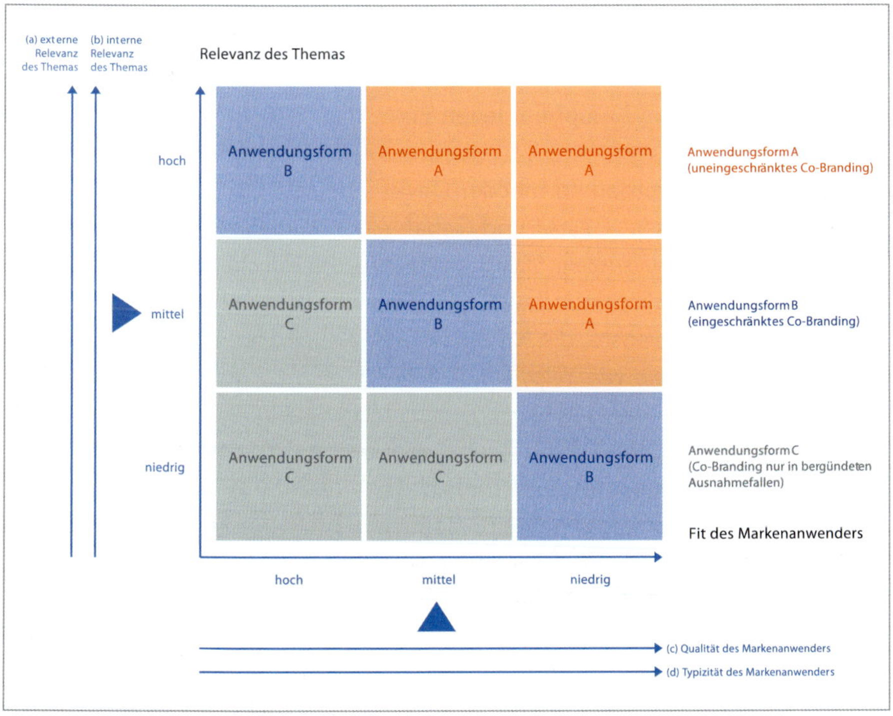

Abb. 8: Marken-Profiler zur Evaluierung von Co-Branding-Partnern (Quelle: Peter Schmidt Group)

Gestalt und Gehalt in digitalen Kontexten

Die Gestalt einer Marke muss nicht nur mit den Bewertungen des Konsumenten und den strategischen Zielen der Marke in Abgleich gebracht werden, sondern auch mit den funktionalen Anforderungen, die sich durch die Interaktion an unterschiedlichen Kontaktpunkten (Touchpoints) ergeben. Wie lässt sich auch auf einer Smartwatch ein Markenerlebnis erreichen? Und wie gehen wir mit Devices um, bei denen die Interaktion nicht mehr visuell, sondern zum Beispiel über eine Sprachsteuerung erfolgt? Vielleicht wird uns in Zukunft sogar der beschränkte Platz eines heutigen Smartphone-Screens luxuriös vorkommen.

Der mobile Screen stellt besondere Anforderungen an die Gestalt einer Marke: Brand Assets, Navigation und Inhalte liefern sich hier einen Kampf um jeden Pixel (vgl. in Kap. 5 den Beitrag von Ochsenhirt und Schmidt). Das Markenmanagement muss vor diesem Hintergrund beantworten, welche Elemente die Marke als Minimalkennzeichnung zwingend benötigt, um eigenständig erkennbar zu sein. Müssen Marke und Claim genannt werden oder reichen das Logo und die Farbwelt aus? Um die Grenzen der Erkennbarkeit auszuloten, ist es sinnvoll, unterschiedliche Designansätze im Rahmen von User-Testings zu verifizieren.

> Brand Assets, Navigation und Inhalte der Marke liefern sich in Zukunft einen Kampf um jeden Pixel.

Eine weitere Herausforderung mobiler Devices besteht für Markenverantwortliche und Designer darin, Gestalt und Gehalt einer Marke in Beziehung zu ihrem Interaktionskontext zu setzen. Das Smartphone ermöglicht uns ja gerade, die Marke um einen räumlichen und zeitlichen Kontext zu erweitern. Ein Beispiel hierfür sind Navigationsdienste, die Nutzer minutenaktuell über die Verkehrslage informieren oder Portale wie Yelp, die sich durch eine ausgefeilte Umkreissuche und ortsabhängige Services auszeichnen (Location Based Services). Auch die Gestalt tritt – inhaltlich getrieben oder funktional bedingt – vermehrt in Relation zur Interaktion beziehungsweise zum Umfeld. Dies reicht von einem responsiven bzw. adaptiven Design – das heute in digitalen Umfeldern die Regel ist – bis hin zu sehr fluiden Gestaltungsformen, bei denen selbst mit Basiselementen wie dem Logo variabel und abhängig vom Kontext umgegangen wird. Beispiele hierfür sind Swisscom, Oi und Weitere.

Die Marke ohne Interface

Sprechen wir von Marken, so haben wir schnell Bilder vor Augen. Die einzelnen *Brand Assets* sind ebenso visueller Natur wie der Begriff »Gestalt«, um den es in diesem Beitrag geht. Was passiert jedoch, wenn es vielleicht gar keine Möglichkeit mehr gibt, den Gehalt einer Marke tatsächlich gestalterisch abzubilden? (vgl. Heinrich 2015) Wie werden Marken unverwechselbar, wenn wir nicht mehr über ein Interface mit ihnen in Kontakt treten, sondern über Technologien wie Amazon Echo oder Chatbots kommunizieren? Es liest sich vielleicht ungewohnt, aber dennoch: Wenn mein Kühlschrank mir in Zukunft sagt, dass die Milch alle ist, und mir anbietet, mich an einen Supermarkt weiterzuleiten – wie begrüßt mich der Supermarkt? Mit einem jovialen »Hi Armin!« – oder doch eher mit »Guten Tag, Herr Angerer!«? Säuselt er verständnisvoll oder spricht er entschlossen und tough als mein Lebensretter in schwerer Stunde? Oder bleiben wir im Hier und Heute: Jeder von uns hat schon einmal mit einer automatisierten Servicehotline telefoniert, bei der uns eine Stimme freundlich darum bittet, einzelne Stichwörter klar und deutlich zu wiederholen. Wie wäre es, wenn wir mit dem computergenerierten Gegenüber ganz locker über unsere Anliegen plaudern könnten, anstatt übertrieben betont »Kun-den-ser-vice« ins Telefon zu sprechen? Wenn wir diesen Kontext betrachten, wird deutlich, wie wichtig es ist, die Brand Assets »Sprache« und »Sound« zu definieren. Diese Gestaltungselemente, die uns heute im Vergleich zu Logo und Farben oft noch nebensächlich erscheinen, werden bei Abwesenheit eines Interface zu den zentralen Faktoren der Markenwahrnehmung. Ob es jemals Marken geben wird, die gar kein visuelles Gesicht mehr besitzen, lässt sich nur schwer voraussagen. Vorstellen kann ich es mir aktuell noch nicht, denn der Mensch ist und bleibt ein Lebewesen, das ganz wesentlich von der visuellen Wahrnehmung seines Umfeldes abhängt. Eine Marke oder ein Produkt mit visueller Präsenz wird uns folglich emotional stets stärker ansprechen als mögliche nur akustische Konkurrenten. Gleichsam führt uns die Überlegung, visuelle Faktoren bewusst auszublenden, zur Essenz einer Marke: dem Gehalt. Je präziser Marken auf den Punkt bringen, wofür sie stehen und was sie von ihren Mitbewerbern unterscheidet, desto gezielter können sie ihr Wesen auf unterschiedlichste Gestaltungselemente übertragen. Eben nicht nur auf ein Logo und die Farbwelt, sondern auch auf die Tonalität ihrer Kommunikation, sodass am Ende die Marke zu einer ganzheitlichen Gestalt in der Vorstellung der Konsumenten wird.

> Für eine Marke ohne – oder mit immer weniger – Interface wird deren inhaltlicher Gehalt immer entscheidender.

Sie braucht neben einer starken Haltung attraktive Inhalte und eine an allen Touchpoints überzeugende Funktionalität. Die Gestalt von Marken könnte damit in Zukunft noch mehr von deren Funktionalität bestimmt sein – eine nahtlose Brand Experience *(Seamless Experience)* entlang sämtlicher Kontaktpunkte wird zum bestimmenden Faktor der Marke. Es ist damit vielleicht weniger eine spezifische Typografie oder Bildwelt, die eine Marke unverkennbar in der digitalen Welt macht, sondern spezifische Interaktionsformen. Dies können markenspezifische Mikrointeraktionen sein – wie etwa die Navigation durch Wischen über den Bildschirm oder das Entsperren des Smartphones – die unsere Wahrnehmung von einer Marke prägen (vgl. in Kap. 6 den Beitrag von Totz). Für den User-Experience-Experten Dan Saffer sind diese Details keine Details, sondern machen das Produkt und bestimmen das Design der Zukunft (vgl. Saffer 2013).

Von der strategischen Positionierung zum Design

Simon Betsch und Patrick Märki

Eine gute Markengestaltung ist nicht zufällig. Sie leitet sich aus der strategischen Positionierung, der Identität einer Marke und den Erwartungen der Kunden ab. Simon Betsch und Patrick Märki zeigen, worauf es bei der Übersetzung einer Strategie in Design ankommt: auf eine übergreifende Gestaltungsidee und Gestaltungsprinzipien, die das Wesen der Marke prägnant, faszinierend und langfristig relevant ausdrücken. Gutes und richtiges Design muss nicht bis ins letzte Detail festgelegt sein, sondern lebt von Kreativität und ständiger Weiterentwicklung, so die Autoren.

Gesellschaftliche Veränderungen, wie die vierte industrielle Revolution, erfordern immer eine Überprüfung und Justierung der strategischen und operativen Handlungsfelder von Unternehmen. Die Marke steht in diesem Zusammenhang an zentraler Stelle. Denn sie bündelt die langfristigen Ziele und jeweils aktuellen Wertversprechen eines Unternehmens für Kunden, Mitarbeiter und Geschäftspartner. In diesem Sinne ist es die Aufgabe von Marken, das Unternehmen nach innen und außen ganzheitlich zu beschreiben und darzustellen oder wie es Erwin Geldmacher bereits 1983 beschrieb: *»Die Marke ist eine durch besondere Produkt-, Angebots-, Preis- und Kommunikations-Faszination gekennzeichnete und wiedererkennbare Ganzheit«* (Geldmacher 1983). Die Lösung dieser Aufgabe wird mithilfe eines ganzheitlichen Prozesses erzielt, der die Marke von der Definition bis zum Kundenerlebnis bestimmt – von der Strategie oder der strategischen Positionierung, der Identität, über das Design bis zum Markenauftritt beziehungsweise den Markenerlebnissen. *Markendesign* übernimmt dabei die Rolle eines übergreifenden Gestaltungssystems der Marke. Es definiert einzelne Elemente wie z.B. das Logo, Farbschema oder auch interaktive grafische Elemente. Es fasst die Elemente zu einem visuellen Vokabular des Markenauftritts zusammen und verbindet die Elemente, kontextabhängig, zu faszinierenden Markenerlebnissen.

Der Übersichtlichkeit halber soll in diesem Text von *Unternehmensmarken* die Rede sein. Marken, die für das Unternehmen in seiner Ganzheit, also auch für dessen Produkte und Dienstleistungen stehen. Dementsprechend beziehen sich die hier erläuterten Themen der strategischen Positionierung und Markenidentität auf Unternehmensmarken. Reine Produkt- oder Servicemarken oder andere in der reichhaltigen Nomenklatur des Markenkosmos beschriebene Konzepte folgen ähnlichen Mustern, werden im Detail aber an anderer Stelle aufgezeigt.

Um eine Marke zu führen, muss sich ein Unternehmen über die langfristigen Ziele (Strategie) und die eigene Identität (Unternehmensidentität) im Klaren sein. Damit die Marke zu einem Kompass für Mitarbeiter und Kunden werden kann, ist es darüber hinaus entscheidend, dass die Markenpositionierung adäquat vermittelt bzw. für Mitarbeiter und Kunden erlebbar wird. Design ist dabei neben Sprache ein Leitmedium, das die Ansprüche aus Strategie und Identität in visuelle, haptische und interaktive Erlebnisse transferiert – kurzum: die Marke sichtbar und begreifbar macht. Den Weg von der Strategie zur Gestaltung für Marken zeigt dieses Kapitel.

Strategie und Identität

Design repräsentiert die Unternehmensmarke nach innen und außen. Um gut, richtig und vor allem nachhaltig zu gestalten, muss klar sein, wie das Unternehmen beschaffen ist, wofür es steht und welche Veränderungen auf es zukommen. Es muss definiert werden, was durch das Design vermittelt werden soll. Dabei sind zwei Koordinaten von Bedeutung: die strategische Positionierung und die Markenidentität. Beide haben einen zielsetzenden, visionären Charakter und sind Grundlage für die Relevanz und Differenzierung der Marke im Markt.

Strategie – was soll erreicht werden und was ist zu tun?

Die *strategische Positionierung* beschreibt das langfristige Zielbild des Unternehmens und der Unternehmensmarke, gewissermaßen eine positive Utopie. Sie klärt das zukünftige Marktumfeld, positioniert die Marke in diesem Umfeld und beschreibt notwendige Zielgrößen, um diese Situation zu erreichen. Im Zuge der strategischen Positionierung müssen deshalb alle relevanten unternehmerischen Stellhebel bedacht werden – etwa die Produkt- und Preispolitik, die Vertriebswege oder die Kommunikationspolitik. Je nach Unternehmenszweck, Branche und Kontext ergeben sich individuelle Schwerpunkte, die in der strategischen Markenpositionierung berücksichtigt werden müssen. So steht für manche Unternehmen und Branchen beispielsweise die Vertriebskompetenz im Vordergrund, für andere die Forschung und Entwicklung. Die strategische Positionierung der Marke ist ein zentraler Baustein der langfristigen Unternehmens- und damit der Markenführung (vgl. Abb. 1). Erfolgreiche Positionierungsstrategien, die in Markt und Unternehmen akzeptiert werden, zeichnen sich vor allem durch Klarheit, Eindeutigkeit und Nachvollziehbarkeit aus und schaffen die Basis für eine starke Marke.

Abb. 1: Strategische Positionierung (Quelle: KMS TEAM GmbH)

Identität – die Art und Weise des Handelns

Während die strategische Positionierung das langfristige Zielszenario des Unternehmens anhand faktischer Zielgrößen skizziert, vervollständigt die Identität die Markendefinition durch ein auf die Positionierung abgestimmtes inhaltliches Leitbild. Sie definiert den Charakter der Marke oder wie Hans Domizlaff bereits Mitte des 20. Jahrhunderts feststellte: die *»erhöhte psychologische Zweckerfüllung«* (Domizlaff 1939). Beide Bestandteile der Markendefinition interagieren und bedingen sich gegenseitig. Beispielhaft: Ein hochwertiges, komplexes Manufakturprodukt braucht und hat eine andere Markenidentität als Massenprodukte.

Die *Markenidentität* definiert Idee, Haltung und Werte der Marke. Sie charakterisiert die Marke auf Basis der Strategie und der Glaubwürdigkeit der Unternehmensaktivitäten. Sie verknüpft zielsetzende mit glaubwürdigen Eigenschaften zu einem langfristig gültigen inhaltlichen Leitbild. So schafft sie die Grundlage für die Art und Weise des Handelns und leitet an, im Sinne der Marke zu entscheiden. Die *Idee* beschreibt dabei die Einzigartigkeit des Unternehmens und ein Versprechen an den Kunden gleichermaßen. Für die Mitarbeiter zeigt die Idee den Nutzen ihres Handelns auf und stiftet Sinn und Zugehörigkeit. Ein prägnantes und bekanntes Beispiel für eine Markenidee ist »Freude« der Marke BMW.

Haltung und Werte übernehmen die Aufgabe der konkreteren Handlungsanweisung und beantworten die Frage nach dem »Wie«, der Art und Weise des Handelns. In Entscheidungssituationen, auch im Tagesgeschäft, erzeugen Haltung und Werte *Markenkonformität* und sorgen für einen nachvollziehbaren, selbstähnlichen Auftritt der Marke. Bei ŠKODA sind dies beispielsweise die drei Markenwerte ›simplifying‹, ›human‹, ›surprising‹.

Eine relevante, differenzierende und inspirierend formulierte Markenidentität ist ein entscheidender Baustein für die Entwicklung eines glaubwürdigen und wettbewerbsfähigen Markenauftritts. Es ist sinnvoll, hierfür ein interdisziplinäres Team zu bilden und die Ergebnisse mit verschiedenen Organisationsbereichen abzugleichen. Das Resultat ist nicht nur eine in sich schlüssige, sondern insbesondere in allen Dimensionen für den Kunden und die Mitarbeiter umsetzbare Markenidentität. Die Gütekriterien einer Markenidentität als Grundlage für Design sind:

- *relevant:* Ist die Markenidentität für die Anspruchsgruppen relevant?
- *differenzierend:* Stellt sie eine Einzigartigkeit heraus?
- *glaubwürdig:* Ist die Markenidentität vor dem Hintergrund der zugeschriebenen Kompetenzen glaubwürdig?
- *vorstellbar:* Liefert die Markenidentität vorstellbare Handlungskorridore?
- *inspirierend:* Inspiriert die Markenidentität das Markenmanagement im Handeln?
- *anwendbar: Lässt* sich die Markenidentität für das Markenmanagement und die Mitarbeiter eines Unternehmens in konkrete Handlungen und Entscheidungen übersetzen?

> Die interdisziplinäre Entwicklung der Markenidentität vereinfacht die Schnittstelle zum Design und dessen übergreifender Umsetzung.

Von der Strategie zum Design, vom Design zum Markenerlebnis

Markendesign drückt einerseits die in der Strategie und der Identität formulierten Ziele und Ansprüche einer Marke aus. Andererseits prägt es das *Markenerlebnis* entlang sämtlicher Touchpoints zu Kunden, Vertriebspartnern oder Lieferanten (vgl. Abb. 2). Jedes Designkonzept sollte also eine spezifische Erlebnisqualität ermöglichen und gleichzeitig zur Wiederkennung der Marke beitragen (vgl. in Kap. 4 den Beitrag von Breitschaft und Drömann). Damit dies gelingt, müssen Strategie, Markenidentität und Design nahtlos ineinandergreifen. Eine besondere Herausforderung stellt dabei die Übersetzung der Markenidentität in das Design dar. Relevante Fragen in diesem Prozessschritt sind: Inwieweit sind die strategische Positionierung und Identität einer Marke für einen Designer verständlich? Wie lassen sich Positionierung und Identität in gestalterische Ausdrucksformen bringen, die die gewünschten Inhalte transportieren bzw. Assoziationen im Kunden wecken? Aus strategischer Sicht mögen Markenwerte, wie beispielsweise Vertrauen, Innovation und Qualität, richtig sein, gestalterisch sind diese aber unter Umständen zu wenig greifbar und müssen umschrieben werden. Es geht also darum, Sprache und Anspruch von Strategie und Design zu synchronisieren, Gestaltungsräume zu öffnen und gleichzeitig strategische Grenzen aufzuzeigen. Auch muss in dieser wichtigen Übergangsphase geklärt werden, welche Bestandteile aus Strategie und Identität eher inhaltlich, formal und/oder funktional in das Design eingehen können. Unabhängig von den erarbeiteten Inhalten muss in dieser Phase ein enger Austausch zwischen Strategie und Design stattfinden.

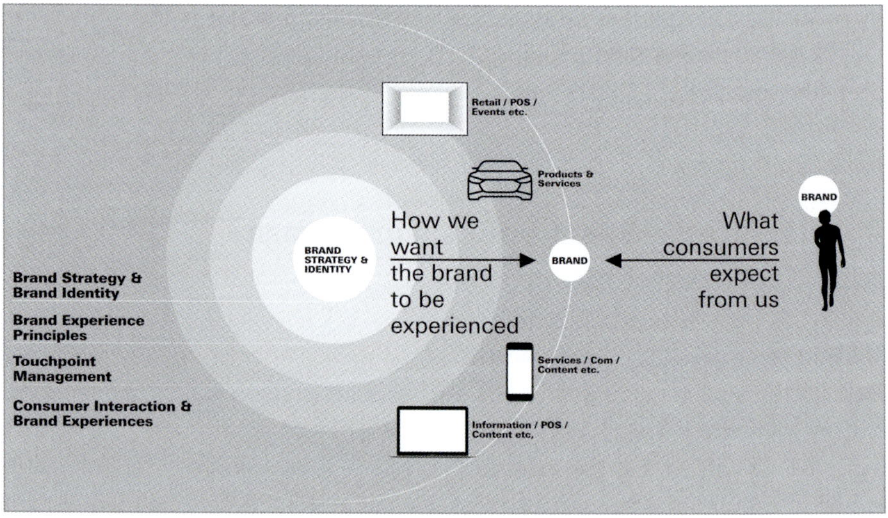

Abb. 2: Markenerlebnisse verknüpfen Strategie und Identität einer Marke mit den Erwartungen der Kunden (Quelle: KMS TEAM GmbH)

Gestaltungsidee als Ausgangspunkt

Design für Marken darf nicht zufällig sein. Es steht immer in direkter Beziehung mit der Strategie und Identität einer Marke. Um eine nahtlose Übersetzung ins Design zu gewährleisten, sollte eine *zentrale Gestaltungsidee* der Ausgangspunkt für das Design sein. Diese Grundidee basiert auf der Markenidentität und ist Grundlage des visuellen Vokabulars der Marke. Sie ist Ausgangspunkt für die Definition von Formen, Farben, Bildern etc. Im Idealfall eignet sich die Markenidentität bereits als zentrale Gestaltungsidee. Häufig ist diese jedoch zu abstrakt bzw. es fehlt ihr an Bildhaftigkeit, um als Gestaltungsgrundlage zu dienen. Sie muss dann in einen inspirierenden Gedanken oder ein Bild transferiert werden. Alternativ müssen Identität und Gestaltung simultan gedacht werden, um die Abhängigkeit bereits während der Entwicklung zu festigen.

Prinzipien als Grundlage des Gestaltens

Aus der Markenidentität und der Gestaltungsidee werden nun die gestalterischen Prinzipien der Marke abgeleitet. Es sind hierfür ganz konkrete Fragen zu beantworten: Was bedeuten Haltung und Werte für die verschiedenen Ausdrucksformen wie Typografie oder Fotografie? Was sind die Sehgewohnheiten der Kunden? Gibt es gelernte Branchencodes? Jedes Detail muss zur Stimmigkeit des Designs beitragen.

> Gestaltungsprinzipien dienen der Stringenz und sind Garant für den Zusammenhang des Entwurfs.

Getaltungsprinzipien beschreiben das Konzept und verknüpfen es mit der Markenidentität. Gerade bei komplexen Projekten mit verschiedenen Teams ist die Gestaltung auf der Basis von Prinzipien ein wesentlicher Erfolgsfaktor und hilft bei der Entscheidungsfindung. Aber auch für die interne Vermittlung und das Marken- und Designmanagement sind die Prinzipien von großer Bedeutung. Der Mannheimer Energieversorger MVV beispielsweise wollte auf der Grundlage einer neuen Positionierung und dem daraus abgeleiteten Claim »*Wir begeistern mit Energie*« sein Erscheinungsbild verändern. Der Claim verspricht ein energetisches, offenes, selbstbewusstes und zuverlässiges Unternehmen – ohne jede Spur von Langeweile. Exakt diese Aspekte hatte das neue Design zu verkörpern. Aufbauend auf der Positionierung wurde die Idee für das Design weiter spezifiziert (vgl. Abb. 3): Energetisches Design ist beweglich; Offenheit bedeutet, dass etwas leicht zugänglich und verständlich ist; selbstbewusst steht für kraftvoll und präsent; Zuverlässigkeit wiederum heißt, dass etwas gewissen Regeln folgt. Auf diese Weise verdichten sich Prinzipien aus der Identität der Marke und sorgen schlussendlich für einen selbstähnlichen und kohärenten Markenauftritt.

Abb. 3: Neues Design der MVV (Foto: KMS Team GmbH)

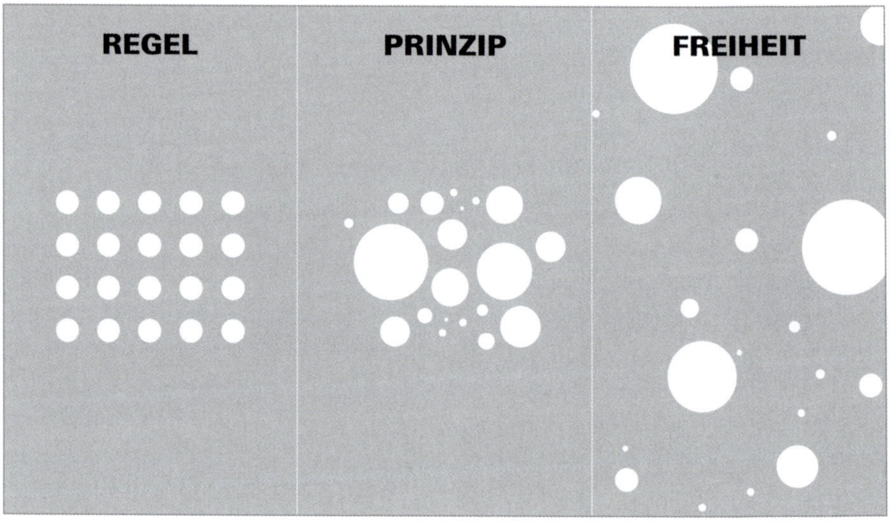

Abb. 4: Regel vs. Freiheit = Prinzip (Quelle: KMS TEAM GmbH)

Trotz Markenidentität und Gestaltungsprinzipien sollte die Ideenfindung nicht zu stark von Rahmenbedingungen eingeschränkt sein (vgl. Abb. 4). Ein Neugestaltungsprozess ist nicht selten eine Herausforderung für Organisationen, vergleichbar mit einer Operation am offenen Herzen. Unternehmen wünschen sich ein neues Design, wollen aber gleichzeitig, dass die Typografie gleich bleibt, die Farbe und das Logo am besten auch. Das ist zwar verständlich, aber zu viele Einschränkungen sind nicht zielführend. Man muss die Chance nutzen, alles zu hinterfragen. Passt das bisherige Design zum Unternehmen? Wenn nein, warum? Steht das Logo wirklich für das Kerngeschäft? Unterscheidet es sich genug von der Konkurrenz? Funktioniert es digital? Entscheidend ist, dass es nicht um Geschmacksfragen geht. Ein Design wird nicht verändert, weil es ›schöner‹ werden soll. Man muss mit objektiven Argumenten und einer klaren Zielsetzung arbeiten, die aus der Strategie und Identität der Marke abgeleitet sind. Je stärker sich eine Gestaltungsidee an den Werten und der Haltung eines Unternehmens orientiert, umso höher wird deren Akzeptanz in der Umsetzung sein.

Beispiel Škoda

Der tschechische Automobilhersteller ŠKODA verfolgte bis vor wenigen Jahren eine eher pragmatische Strategie: Autofahrer sollten sich für die Marke entscheiden, weil die Autos praktisch sind. Es ging nicht darum, ein aufsehenerregendes Auto zu haben. Es gab keinerlei emotionale Komponenten. Genau das wollte das Unternehmen ändern. Dafür war es notwendig, das Erscheinungsbild vollständig zu überarbeiten. Das Traditionsunternehmen besann sich auf seinen böhmischen Ursprung und zog eine Parallele zur böhmischen Kristallglaskunst. Die neue Gestaltungsidee lautete »Kaleidoscope of Life« – eine sehr bildhafte Gestaltungsidee, die sich gut in Designprinzipien übersetzen lässt. ŠKODA sollte für die Vielfalt des Lebens und die verschiedenen Anforderungen an ein Automobil stehen, die unterschiedliche Kundengruppen haben. Der Facettenreichtum des Autos sollte dem Blick in ein Kaleidoskop gleichen. Am Ende des Gestaltungsprozesses hat niemand gesagt: »Das gefällt mir« oder »Das gefällt mir nicht«. Alle waren sich vielmehr einig: »Ja, dieser Ansatz passt 100-prozentig zu ŠKODA«. Ein gutes Zeichen.

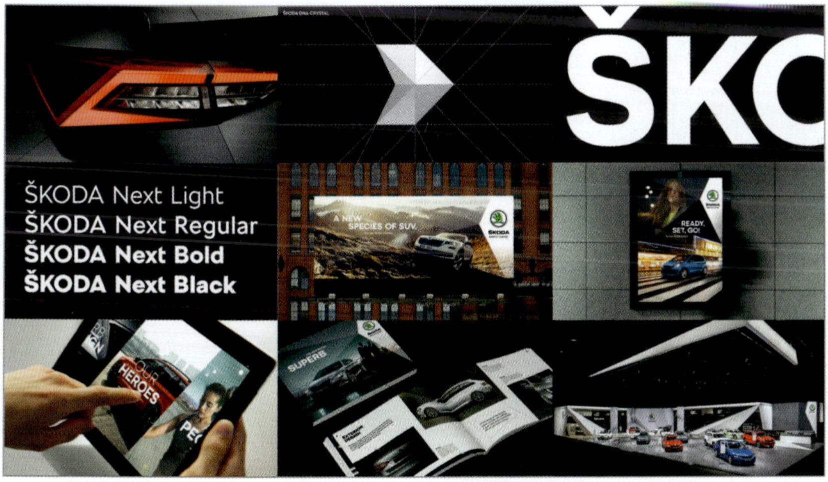

Abb. 5: ŠKODA Markenauftritt (Quelle: KMS TEAM GmbH)

Je nach Situation und verfügbaren Kapazitäten entsteht bei der Design-Entwicklung ein Wechselspiel zwischen Designern, Textern, Technikern und weiteren Spezialisten. Eine mögliche Vorgehensweise, um den Übergang von der Strategie ins Design zu bewerkstelligen und den weiteren kreativen Prozess zu strukturieren, ist die Arbeit mit *Moodboards.* Man bildet hierfür zunächst Assoziationsnetze aus der Markenidentität. Woran denkt man als Erstes bei der Marke? Was fühlt man? Was hört man? Die Ideen werden anschließend bebildert, um Textfragmente ergänzt und so weiter. Dadurch entsteht nach und nach eine neue Markenwelt, eine Szenerie oder ein Film, der die Marke durch und durch verkörpert (vgl. Abb. 6). Gewöhnlich werden während dieses Entwicklungsprozesses nicht nur eine, sondern mehrere Gestaltungsrouten entwickelt. Prinzipiell ist es wichtig, dass die relevanten Entscheidungsträger früh in den kreativen Prozess mit einbezogen werden – so kann man eine möglichst große Akzeptanz erreichen. Bei regelmäßigen Schulterblicken kann eruiert werden, ob die Ideen funktionieren, welche Entwürfe präferiert werden und ob alle notwendigen Parameter bedacht werden.

Abb. 6: Beispiel für ein Moodboard (Foto: KMS TEAM GmbH)

Markendesign im digitalen Zeitalter

Sobald bezüglich der Gestaltungsidee und -prinzipien Klarheit besteht, geht es darum, diese gestalterisch umzusetzen. Früher konnten sich Designer mit der Gestaltung eines Logos begnügen. Für die analoge Welt war dies meist völlig ausreichend. Das Logo wurde für die Briefköpfe verwendet, für Verpackungen und etwaige Geschäfte oder Gebäude. Heute ist das nicht mehr vorstellbar – man muss bei der Gestaltung von Anfang an die *digitalen Interfaces* mit den Kunden bedenken (vgl. in Kap. 5 den Beitrag von Ochsenhirt und Schmidt). Digital denken heißt, über das Alte hinauszugehen. Man muss sich überlegen, wie der Kunde heutzutage mit der Marke in Berührung tritt. Wie und wo wird das Logo sichtbar? Wie kann ein Logo digital funktionieren?

Ein Beispiel ist die Süddeutsche Zeitung, die seit Jahrzenten dasselbe Logo hat. Der schlichte, prägnante Schriftzug funktioniert im Print-Bereich wunderbar, digital aber nicht. Er ist zu lang, als dass man ihn für ein kleines App-Icon verwenden könnte. Aus »Süddeutsche Zeitung« wurde also »SZ« – allerdings ausschließlich im Rahmen des App-Icons. An diesem Beispiel werden die Entscheidungskonflikte und -spielräume des Markendesigns deutlich. Wann ist eine Anforderung kontextbezogen einzigartig und wann betrifft sie den übergreifenden Zusammenhang und Ausdruck des Markendesigns? Am Beispiel der SZ-App wäre es durchaus denkbar, über eine Veränderung des Schriftzugs grundsätzlich nachzudenken, da leicht vorstellbar ist, dass die Mehrheit der Markenerlebnisse mit der Süddeutschen Zeitung in Zukunft über das Smartphone und nicht mehr über die gedruckte Ausgabe stattfindet. Es wäre hier besser, kontrolliert eine Lösung zu finden, als einfach nur auf Veränderungen der Seh- und Mediennutzungsgewohnheiten zu reagieren. Darüber hinaus ist diese Kurzform schon seit jeher umgangssprachlich geläufig.

Die Digitalisierung stellt aber nicht nur neue Anforderungen an das Logo, sondern an den gesamten Auftritt einer Marke: Sind Farbveränderungen sinnvoll? Oder Bewegung? Braucht das Unternehmen eine App? Wenn ja, wie wird diese gestaltet? Wie lassen sich die Anwendungen für das Smartphone optimieren? Diese Überlegungen können weitreichende Folgen für das Design der Marke haben, denn die digitale Präsenz eines Unternehmens macht mindestens die Hälfte einer Marke aus. Trotzdem vergessen das Designer immer noch oft. Die Gründe sind vielfältig: Zum einen spielt der Zeitfaktor eine große Rolle. Drucktechniken gab es schon vor einhundert Jahren – jeder weiß, wie sie funktionieren. Das Smartphone hingegen gibt es erst seit zehn Jahren. In dieser kurzen Zeit hat diese Technik tief greifende gesamtgesellschaftliche Veränderungen nach sich gezogen. Designer müssen sich diesen Veränderungen anpassen, sich in den

Nutzer hineinversetzen und neue Strategien entwickeln. Zum anderen bietet die digitale Welt unendlich viele Möglichkeiten. Während Designer früher nur eine Handvoll Medien und Anwendungen hatten, müssen sie jetzt viel mehr bedenken: Logo, Homepage, E-Mail, App, Social Media, neue Werbeformen, Sprachinterfaces, Augmented Reality und verschiedene Endgeräte.

Konstanten und Variablen des Markenauftritts

Sobald die Entscheidung für eine bestimmte Gestaltungsidee und ihre Gestaltungsprinzipien gefallen ist, muss deren Anwendbarkeit anhand von *Prototypen* getestet werden. Selbst wenn zum Beispiel die Grundfarbe schon definiert wurde, bleibt noch ein enormer Gestaltungsspielraum: Welcher Farbton soll verwendet werden? Welche Gewichtung soll die Farbe bei der Gestaltung erfahren? Kommen weitere Farben hinzu? Wo soll welche Farbe eingesetzt werden? Eine feste Reihenfolge, in der die einzelnen Gestaltungselemente entstehen, gibt es nicht. Die Entscheidung darüber hängt von der Positionierung und dem Kundenerlebnis der Marke ab. Hat ein Unternehmen zum Beispiel besonders viel Kundenkontakt über eine App, werden deren Gestaltungselemente wohl im Zentrum der gestalterischen Überlegungen stehen. Am Wichtigsten sind dann das Icon der App und die Benutzeroberfläche. Sobald diese gestaltet sind, werden daraus die weiteren Elemente abgeleitet. Bei einem Traditionsunternehmen aus der Modebranche dürften hingegen das Logo und die Gestaltung der Verkaufsflächen im Fokus stehen. Prinzipiell muss an dieser Stelle an alle sinnlichen Fähigkeiten des Menschen gedacht werden – also auch an das Gehör, den Tast- und Geruchssinn. Nur so lässt sich die Erlebnisqualität einer Marke umfassend gestalten.

> Designer und Unternehmen sollten sich davor in Acht nehmen, allzu viele Aspekte der Markengestaltung strikt und vollständig zu planen.

Am Ende des Gestaltungsprozesses sollte jedoch keine seitenlange Aufzählung von Regeln und Vorschriften stehen (vgl. in Kap. 7 den Beitrag von Bode und Weiss). Nicht jeder Aspekt der Markengestaltung muss bis ins kleinste Detail festgelegt sein. Gutes Design definiert die notwendigen Konstanten, lässt in Form von gegebenen Variablen aber auch Spielraum für Kreativität und künftige Weiterentwicklung (vgl. Abb. 7). Es ist konsequent in der Anwendung und trotzdem

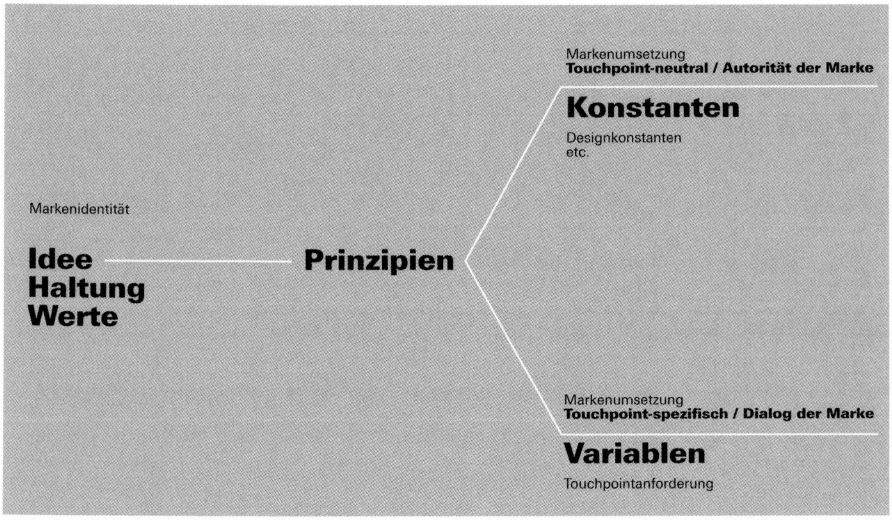

Abb. 7: Konstanten und Variablen des Designs (Quelle: KMS Team GmbH)

offen. Welche Aspekte definiert und welche frei variabel sind, hängt vom jeweiligen Auftrag ab (vgl. in Kap. 5 den Beitrag von Rädeker).

Konstanten sind alle übergreifenden Merkmale des Markenauftritts, die entweder detailliert festgelegt oder mit Handlungsspielräumen definiert werden. Dies gilt sowohl für visuelle als auch für andere Ausdrucksformen der Marke, wie etwa die digitale oder persönliche Interaktion, die Sprache oder die Haptik. Wie offen diese Anwendungsprinzipien sind, hängt vom Unternehmen ab. Start-ups etwa müssen auf einen konsequenten Markenauftritt achten, weil es ihnen an Bekanntheit fehlt. Unternehmen, die bereits etabliert sind, können offener und kreativer werden. Die Konstanten sorgen dafür, dass die Identität der Marke stets eindeutig und spürbar bleibt. Sie stellen die Besonderheiten der Marke in den Fokus.

Variablen hingegen sind kontextabhängige Parameter des Markenauftritts, die an einzelnen Touchpoints zum Einsatz kommen und nur dort relevant sind. Sie werden selten im Rahmen eines stringenten Designkonzepts vorgedacht, sondern eher kontextspezifisch, manchmal auch zeitlich befristet, definiert. Auch für diese bilden Gestaltungsidee und -prinzipien die Grundlage. Ein höherer Anteil an Variablen am Designsystem erhöht die Flexibilität des Markenauftritts. Eine Marke kann so schnell auf sich wandelnde Umfelder und veränderte Erwartungshaltungen der Anspruchsgruppen reagieren. Es ist die Aufgabe des Markenmanagements auf Basis der Strategie und Identität auszuloten, welches Maß an Konstanz und Variabilität für eine Marke und ihr Design am geeignetsten ist. An dieser Stelle sei auch angemerkt, dass die Markengestaltung und das Festlegen der Konstanten und Variablen kein linearer Prozess mit in sich abgeschlossenen Arbeitsschritten ist. Es gilt stets zu prüfen, ob Gestaltungsidee, -prinzipien und -entwurf noch das Zielszenario der Marke widerspiegeln und von den Anspruchsgruppen verstanden werden.

Implementierung

Sobald das Designkonzept, die Grundelemente und das Gestaltungssystem entwickelt und abgestimmt sind, folgt die *Implementierung* (vgl. in Kap. 7 den Beitrag von Brekenfeld und Krick). Die Marke muss zum Leben erweckt werden. Wie bereits erläutert, ist die Neugestaltung einer Marke ein massiver Veränderungsprozess, der sowohl bei Führungskräften als auch bei den Mitarbeitern oder Vertriebspartnern zu jedweder Art von Reaktion führen kann – von Begeisterung und Akzeptanz bis hin zu Unverständnis, Ignoranz oder gar Widerstand. Die Einhaltung einiger Grundregeln erleichtert die Umsetzung.

Je logischer und nachvollziehbarer erklärt werden kann, warum ein neues Design notwendig ist, desto mehr Akzeptanz erfährt das Projekt. Argumentiert wird nicht mit Ästhetik, sondern mit der Zielsetzung der Strategie und dem Wirkungsziel des Designs. Des Weiteren muss man bei der Implementierung einen Mittelweg zwischen stupiden Vorschriften und kreativen Auswüchsen finden. Kreative, engagierte Mitarbeiter sollen die Möglichkeit haben, Neues auszuprobieren. Gleichzeitig bedarf es klarer Grundregeln. Diese schaffen notwendige Grenzen, erleichtern den täglichen Umgang und fördern markenkonformes Verhalten. Eine ratsame Maßnahme zu Beginn der Implementierung sind Schulungen. Denn ohne zusätzliche Erklärungen, Motivation und Unterstützung verschwinden schriftliche Guidelines allzu oft ungelesen in der Schublade oder im Intranet. Die Schulungen sollten so anwenderorientiert wie möglich sein: leicht verständlich, klar strukturiert und kurz. Zu beachten ist auch, dass je nach Anwender ganz unterschiedliche Arten von Informationen in einer Dokumentation bereitgestellt werden müssen. Vertriebspartner, die eher selten mit der Markenanwendung konfrontiert werden, benötigen andere Hilfestellungen als Marketing-Mitarbeiter des eigenen Unternehmens, Agenturen andere als das Management. Je nach Zielgruppe können sich Art und Menge der Informationen stark unterscheiden.

Kapitel 4:
Strategien & Spannungsfelder

Nachhaltig dynamisch: Markenführung und Branding zwischen Konsistenz und Kompatibilität

Matthias Breitschaft und Uli Drömann

Die Selbstähnlichkeit (Konsistenz) einer Marke war viele Jahre die bestimmende Gestaltungsprämisse im Brand Design und wurde in Stein bzw. Guidelines gemeißelt. Diese Zeit ist vorbei: In einer digitalen Welt brauchen Marken die Flexibilität und die Fähigkeit, mit unterschiedlichen Umfeldern inhaltlich und technisch kompatibel zu sein. Andernfalls droht eine kommunikative Schockstarre, so die beiden Markenstrategen Matthias Breitschaft und Uli Drömann.

Wer bin ich und wenn ja, wie viele?

Ob wir es glauben oder nicht: Menschen passen ihr Verhalten ihrem Umfeld an – bewusst oder unbewusst. Sei es der Kontakt zu Kunden, unter Kollegen im Büro, bei einem Kaltgetränk mit Freunden oder mit dem Lebenspartner am Telefon: Jeden von ihnen sprechen wir anders an, mit jedem gehen wir anders um. Und trotzdem sind wir immer wir selbst. Wir sind uns treu, aber wir passen uns an, an den einzelnen Zeitpunkt und die Rolle, die wir in dieser Situation einnehmen (z. B. Freundin, Ehemann, Kollegin). Gleiches gilt für die Anpassung über einen Zeitraum. Menschen, mit denen wir zu tun haben, erkennen uns als dieselbe Person wieder, auch nach Jahrzehnten. Man kann das sogar noch zuspitzen: Menschen, die in ihrem Verhalten nicht auf die Situation und ihr Gegenüber eingehen, erscheinen uns sozial unausgereift. Wir haben Schwierigkeiten, einen Zugang zu finden oder gar eine Freundschaft zu ihnen aufzubauen.

Und jetzt denken Sie an Marken. Das Ziel von Markenverantwortlichen und Markenführenden in Agenturen und Unternehmen ist, dass die Marke eine echte, relevante und stabile Beziehung zu ihrer Zielgruppe aufbaut. Genauso, wie wir es uns als Menschen wünschen. Und genauso wie wir Menschen in unterschiedlichen Situationen mit unterschiedlichen ›Zielgruppen‹ zu tun haben, haben auch Marken unterschiedliche Zielgruppen.

Grundsätzlich haben Marken heute dank digitaler Kanäle und dialogischer Beziehung zur Zielgruppe mehr denn je die Chance, quasi ein menschliches Verhalten zu übernehmen und eine echte, relevante Beziehung zur Zielgruppe aufzubauen. Alles, was es dazu braucht, ist ein gewisses Maß an Kompatibilität. Aber genau da fängt das Problem an: Was heißt Kompatibilität? Und was macht diese mit der Konsistenz und Kontinuität einer Marke, die bislang im Zentrum der Markenführung standen? Hier lohnt ein genauer Blick.

Konsistenz und Kompatibilität sind zwei zentrale Zielgrößen der Markenführung und des Brand Design, die in einem Spannungsverhältnis zueinander stehen. *Konsistenz* meint die *innere* Passung einer Marke, ihre inhaltliche und formale Selbstähnlichkeit über verschiedene Kanäle und Touchpoints hinweg. *Kompatibilität* hingegen meint die *äußere* Passung einer Marke zum Konsumenten und zum Interaktionskontext. Erhöht man die Konsistenz einer Marke, geht dies meist zulasten ihrer Kompatibilität. Umgekehrt führt ein erhöhtes Maß an Kompatibilität zu weniger Konsistenz. Letzteres passiert beispielsweise dann, wenn eine Marke ihre Bildwelt bzw. -sprache stark an der unterschiedlichen Ästhetik von Instagram und Snapchat anpasst, um so für den jeweiligen User und Kanal relevanter zu sein, dadurch gleichzeitig aber an Wiedererkennung und Einzigartigkeit einbüßt (vgl. in Kap. 6 den Beitrag von Schlieper und Zimmermann).

Bei der Ausgestaltung dieses schwierigen Spannungsverhältnisses spielt die *Identität* der Marke eine zentrale Rolle. Die Analogie einer Marke zur menschlichen Identität ist verlockend einfach und hat sich in Form der Markenidentität als äußerst hilfreich erwiesen (vgl. Nitschke 2011). Das lateinische Wort »idem« gilt als Ursprung des Begriffs und meint soviel wie »dasselbe« (vgl. Henseler 2008, S. 115; Haußer 1995, S. 3). Oft wird auch von einer sinngemäßen Bedeutung als »völlige Gleichheit« oder »Wesenseinheit« ausgegangen (vgl. Welling 2003, S. 13). In den Sozialwissenschaften wird der Begriff zur Beschreibung des Selbstkonzeptes von Personen oder Gruppen verwendet (vgl. Hogg/Cox/Keeling 2000). Durch seine Identität grenzt sich ein Mensch von anderen Personen ab und wird sich seiner selbst bewusst. Zugleich fungiert die Identität eines Menschen als Orientierungsrahmen für dessen Verhalten (vgl. Müller 1987, S. 1098). Es handelt sich folglich um ein relatives Konstrukt, das auf den jeweiligen Kontext Bezug nimmt.

> Identität ist ein relatives Konstrukt, das auf den jeweiligen Kontext Bezug nimmt.

Oft wird in Theorie und Praxis von einer *Markenidentität* gesprochen. Entsprechend wird dann die Marke in Analogie zum Menschen als Persönlichkeit mit spezifischen Werten dargestellt und beschrieben. Die Beschreibung der Identität geschieht dabei allerdings viel zu oft aus einer Momentaufnahme der Innensicht. Die dynamische Betrachtung ihrer Entwicklung und ihre situative Einordnung in heterogene Umfelder werden hingegen häufig vernachlässigt. Doch genau darin liegt die Chance: Marken, die auch in Zukunft relevant sein wollen, sollten sich für Veränderung von außen öffnen und gleichzeitig präzise die unumstößlichen Eigenschaften ihrer Identität identifizieren, festschreiben und schützen.

> Marken, die auch in Zukunft relevant sein wollen, sollten sich für Veränderung von außen öffnen.

So schön und anschaulich die Analogie zur menschlichen Identität auch sein mag, das Konzept der Markenidentität ist immer nur ein Baustein eines erfolgreichen und zeitgemäßen Markenmanagements. Während der Mensch ganz selbstverständlich und ohne darüber bewusst nachdenken zu müssen, unterschiedlichste Rollen im Alltag ausfüllt und sein Interaktionsverhalten an wechselnde Gesprächspartner und Interaktionssituationen mit Leichtigkeit in Sekundenschnelle anpasst, ist dieser *Automatismus* einer Marke (noch) nicht gegeben – auch wenn mit Hochdruck an deren künstlicher Intelligenz gearbeitet wird. Ebensowenig besitzt eine Marke die menschliche Fähigkeit zur kontinuierlichen Selbst-Reflexivität. Eine Marke ist sich also – anders als ein Mensch – nicht ihrer selbst bewusst. Zwar kann das Markenmanagement permanent die Außenwahrnehmung einer Marke im Markt tracken und daraus Rückschlüsse für die Strategie ziehen. Dies verlangt jedoch erhebliche Anstrengungen und eine fortwährende ›Identitätsarbeit‹. In der Unternehmenspraxis findet dieser permanente, sich selbst steuernde Rückkopplungs- und Aushandlungsprozess nur mit Einschränkung und Verzögerung statt. Eine ausschließlich identitätsorientierte Markenführung ist damit zunächst eher ein theoretisches Konstrukt als ein handfestes Managementkonzept.

Markenmanagement heute

Die Zeiten, in denen Marken vergleichsweise einfach, linear und statisch unter dem obersten Gebot der Konsistenz geführt werden konnten, sind vorüber (vgl. Strerath/Pohl 2011). Das Internet, Smartphones und soziale Netzwerke haben in den letzten zehn Jahren die Art, wie Menschen und Marken kommunizieren, grundlegend verändert. Eine Marke muss heute an verschiedenen Touchpoints verschiedene Zielgruppen zum Kauf unterschiedlicher Produkte überzeugen und daher mehr denn je auf den Kontext der Kommunikation eingehen (vgl. Baetzgen 2015a). Marken müssen ihren Auftritt technisch wie inhaltlich kompatibel gestalten, um crossmedial alle Formate und Plattformen bedienen zu können – von der Website über die zahlreichen Social Media Plattformen, Eventformate bis hin zur klassischen Kommunikation.

> Marken müssen ihren Auftritt technisch wie inhaltlich kompatibel gestalten, um crossmedial alle Formate und Plattformen bedienen zu können.

Zugleich wird es immer schwieriger, die Aufmerksamkeit der Zielgruppe zu wecken. Auch deshalb gewinnt die *Kompatibilität* einer Marke immer mehr an Bedeutung: In sozialen Netzwerken müssen Marken mit jedem neuen Beitrag zuallererst zum *Thumbstopper* in der ewigen Scrollbewegung des Userdaumens werden, bevor Marke, Text und inhaltliche Botschaft vermittelt werden können. Die Versuchung, kurzfristige Aufmerksamkeit durch reine Effekthascherei zu schaffen, ist groß und kann schnell zulasten der Konsistenz einer Marke gehen. Eine Marke beispielsweise, die für Werte wie Vertrauen, Solidität und Seriosität steht, sollte auf humoristische oder provokante Posts verzichten, auch wenn diese mehr ins Auge stechen. Die Frage nach dem geeigneten Maß an Kompatibilität und Konsistenz gewinnt auch deshalb an Bedeutung, weil das Markenimage heute durch zahlreiche Faktoren beeinflusst wird, die nicht direkt durch das Brand Management gesteuert werden können. Der Markennutzer wird durch soziale Medien zu einem künstlich verstärkten Markenbotschafter, der das Image einer Marke maßgeblich – positiv wie negativ – beeinflussen kann und damit auch über die Konsistenz bzw. das widerspruchsfreie Erscheinungsbild einer Marke nach außen mit entscheidet. In den letzten Jahren zeichnete sich ein Paradigmenwechsel ab, der die Kontrollbalance darüber, wofür eine Marke steht, zugunsten des Konsumenten verschoben hat. Der Konsument wird mehr und mehr zum ›*Prosumenten*‹, der selbst Content, Produkte und Angebote produziert und im Internet mit beeindruckender Reichweite und Wirkung distribuiert (vgl. Bruce/Jeromin 2016, S. 37). Der Markennutzer erlangt so eine immer größere Wirkung darauf, wie und in welchem Kontext die Marke wahrgenommen wird.

Der wachsende Einfluss des Konsumenten auf das Erscheinungsbild einer Marke führt häufig zu einer Überreaktion der Markenlenker, die wiederum dazu führt, dass die eigentlichen Stärken einer Marke (Orientierungs-, Entlastungs-, Vertrauensfunktion) ausgehöhlt werden. Wir meinen damit, dass einige Marken ihre Identität vernachlässigen, indem sie sich wandelnden Umfeldern, Medien und Kundenbedürfnissen zu sehr anpassen oder dem hingeben, was gerade ›in‹ ist. Eine übertriebene Assimilation und Anbiederung endet in Austauschbarkeit und Beliebigkeit. Im schlimmsten Fall kann sie sogar zum Verlust der Identität einer Marke, ihrer Authentizität und Glaubwürdigkeit führen. Die Marke wird dann zum reaktiven *Shape Shifter* – ohne Sinnstiftung und Relevanz. Sie verliert nicht nur ihre Bedeutungsstärke, sondern auch ihre Deutungshoheit. Aber auch das Gegenteil birgt Gefahren: Unter der einseitigen Prämisse von *Konsistenz* droht Marken heute schnell ein Schicksal der kommunikativen Schockstarre. So hat Mercedes-Benz jahrelang eine tradierte Interpretation von Status repräsentiert und kommuniziert. Erst als die fehlende Relevanz gegenüber v. a. den jüngeren Zielgruppen zur essenziellen Bedrohung wurde, fand eine Modernisierung und Neuaufladung über die Themen Faszination, Qualität und einen modernem, zeitgemäßen Status statt. Natürlich muss eine Marke auch heute und in Zukunft eindeutig wiedererkennbar sein und konsistent vermitteln, wofür sie im Kern steht. Konsistenz und Wiedererkennbarkeit bleiben weiterhin wichtig, dürfen aber nicht zu Langeweile und Irrelevanz führen. Es ist, wie so oft, nicht so einfach. Markenführung verlangt heute eine differenzierte Betrachtung und Aussteuerung der Marke. Dabei muss die Marke ihrer Identität treu bleiben und diese im Kontext der Zielgruppe und ihrer Kanäle mit der entsprechenden Bedeutung aufladen.

> Unter der Prämisse von Konsistenz droht Marken heute schnell ein Schicksal der kommunikativen Schockstarre.

Vom Diktat zur Interpretation

In der wissenschaftlichen Betrachtung von Marken finden sich bereits entsprechende Ansätze, nach denen sich die Identität von Marken aus festen (essenziellen) und flüssigen (akzidentiellen) Bestandteilen zusammensetzt (vgl. Radtke 2014, S. 9; Blinda 2007, S. 181; Aaker 1996, S. 86ff.). Beispielsweise steht die Marke Volvo bereits seit Jahrzehnten für Sicherheit. Trotz verschiedener Eigentümer konnte sich Volvo immer wieder neu an den sich wandelnden Sicherheitsbegriff und die wachsenden Ansprüche der Zielgruppen gegenüber einer Premium-Marke anpassen. Der essenzielle Kern der Marke »Sicherheit« wurde jüngst in dem Versprechen *»Nobody will be killed or injured whilst driving a new Volvo by 2020«* manifestiert, das vor allem durch Fahrassistenzsysteme und autonomes Fahren erfüllt werden soll. Akzidentielle Markenelemente wie das Design, eingesetzte Technologien und das Produktangebot konnten sich behutsam weiterentwickeln, ohne die Marke zu verwässern.

> Die Identität einer Marke setzt sich aus festen (essenziellen) und flüssigen (akzidentiellen) Bestandteilen zusammen.

Markenführung entwickelt sich damit vom statischen Diktat zur laufenden Interpretation der Marke in ihrem individuellen Umfeld. Zentraler Ausgangspunkt jeder unternehmenspolitischen Entscheidung bleibt dabei auch in Zukunft ein über die Zeit stabiler *Markenkern*, um die Konsistenz einer Marke sicherzustellen. Marken sind dabei gut beraten, diesen Kern einerseits präzise und differenzierend, aber andererseits auch auf einer hohen Abstraktionsebene zu definieren. Dieses Maß an Abstraktion ist notwendig, um den Markenkern für unterschiedliche Handlungsfelder anwendbar zu machen. Nivea aus dem Hause Beiersdorf ist beispielsweise um den Markenkern der »Pflege« aufgestellt und definiert damit seit Jahrzehnten ein konkretes Marktumfeld, in dem die Marke sich mit einer hohen Glaubwürdigkeit behaupten kann. Die Bemühungen des Mutterkonzerns, mit einer Dehnung der Marke auch in den Bereich der dekorativen Kosmetik vorzudringen, waren jedoch aufgrund mangelnder Glaubwürdigkeit von geringem Erfolg gezeichnet und wurden nach kurzer Zeit wieder eingestellt (vgl. Bruce/Jeromin 2016, S. 102f.).

Die Vielfalt der Zielgruppen und Kanäle erlaubt und erfordert es jedoch, kontextbezogen die jeweils relevanten Aspekte der Markenidentität zu betonen und zu interpretieren (vgl. Baetzgen 2015a). So können beispielsweise Elemente aus dem Brand Design im Rahmen eines fluiden Designs adaptiv konzipiert werden.

Ein Beispiel ist das visuelle Erscheinungsbild der norwegischen Region Nordkyn, deren Logo sich in Echtzeit dem dortigen Klima (Windstärke, Windrichtung, Temperatur) anpasst. Auch das Logo der Stimmklinik Hamburg kann auf Basis eines Algorithmus, der die Stimme des jeweiligen Patienten in ein optisches System übersetzt, individualisiert werden (vgl. Abb. 1). Das individuelle Logo jedes Patienten wird in seiner Patientenakte gespeichert. Die Kunst einer fluiden oder adaptiven Markenführung liegt darin, präzise zu definieren, welche Elemente der Marke essenziell bzw. fest und welche akzidentiell bzw. flüssig sind. Hier kommen auch organische, dynamische Ansätze zur Anwendung, die jedoch ebenfalls einem klaren Regelwerk unterliegen, das seinerseits kontinuierlich an neue mediale Umfelder angepasst wird. Das klassische, gedruckte Brand Design Manual hat ausgedient (vgl. in Kap. 7 den Beitrag von Bode und Weiss).

Abb. 1: Fluides Logo-Design der Region Nordkyn (Quelle: visitnordkyn.com) und der Deutschen Stimmklinik in Hamburg (Quelle: stimmklinik.de)

Marken müssen aber nicht nur formal, sondern auch *inhaltlich* an veränderte Kommunikationsumfelder und Marktbedingungen angepasst werden, um diese zu ihrem Vorteil nutzen können. Einige Beispiele sollen dies deutlich machen:

Praxisbeispiele für inhaltliche Markenanpassung

Hinter der Vorwerk-Marke Thermomix verbirgt sich ein besonders hochpreisiges, erklärungsbedürftiges Küchengerät, das ausschließlich im Direktvertrieb über sogenannte Thermomix-Partys distribuiert wird. Doch mit dem Verkauf hat die Marke ihr Ziel noch lange nicht erreicht. Die Käufer sollen das Produkt nutzen und lieben lernen – und ihre Liebe weitergeben. Das Kommunikationsangebot richtet sich daher an haushaltsführende Personen jeden Alters. Im Kern der Marke steht dabei die Einzigartigkeit des Produktes sowie die Einfachheit und Vielfalt der Rezepte. Diese werden jedoch auf den verschiedenen Plattformen (z. B. Website, Social Media, Thermomix-Magazin) unterschiedlich interpretiert und inszeniert. Beispielsweise publizieren unabhängige Influencer ihre Rezepte, Kochkünste und Ideen in YouTube-Videos und gestalten damit Touchpoints der Marke in Eigenregie.

Auch Edeka verfolgt seit einigen Jahren eine nach Zielgruppen und deren Mediennutzungsverhalten ausgesteuerte Kommunikationsstrategie. Der Lebensmittelhändler setzt bei jungen Zielgruppen auf virale Videos, die sich vor allem in sozialen Netzwerken verbreiten und die Marke jugendlich und cool wirken lassen, während ältere Zielgruppen im linearen Fernsehen weiterhin die ihnen vertraute Kampagnenmechanik zu sehen bekommen. Im Kern jedoch zahlt alles auf die Liebe zum Lebensmittel ein – die Marke bleibt sich trotz unterschiedlicher Ausdrucksformen, Kanäle und Inhalte treu.

Noch einen Schritt weiter geht Moleskine: Die Marke bietet im Kern ikonografische Design-Organizer und -Notebooks – also weit mehr als einfache Papier-Notizbücher. Darauf aufbauend, entstehen immer neue Produkte und Services, die im Nutzen für den Kunden variieren, den Markenkern aber fortwährend transportieren. Ein Beispiel ist die Timepage-App, die Todos und Kalender mit einem atemberaubenden User Experience (UX-) Design vereint.

Auch im Bereich der physischen Markenerlebnisse erfordern multiple Zielgruppen adaptive Ansätze von Kommunikation und Markenerlebnis. Mit dem urbanen Store-Konzept »Mercedes Me« reagiert Mercedes-Benz auf die bereits erwähnten veränderten Bedürfnisse junger Zielgruppen – als Ergänzung zum klassischen Autohaus für ältere Zielgruppen und Stammkunden auf der grünen Wiese bzw. im

Industriegebiet. Dabei ist das neue Storekonzept vor allem als ein Kommunikationsmittel und eine Event-Plattform zu verstehen, die Menschen mit der Marke in Berührung bringt.

Drei Erfolgsfaktoren zeitgemäßer Markenführung

Die angeführten Beispiele zeigen, dass die Balance aus Konsistenz und Kompatibilität für eine moderne Markenführung unerlässlich ist. Es gibt drei Erfolgsfaktoren, die Unternehmen helfen, diese Balance für ihre Marken zu finden.

1. Kenne die 5 Prozent Deiner Marke – und die anderen 95

Bei der Suche nach dem Markenkern hilft ein erneuter Vergleich mit dem Menschen und der menschlichen DNA. Sie ist zeitlich stabil und macht das Individuum einzigartig. Und dennoch sind 95 Prozent der menschlichen DNA deckungsgleich mit dem Rest der Weltbevölkerung, nur 5 Prozent sind unterschiedlich. Sie sind es, die einen Menschen bzw. eine Marke vom Umfeld differenzieren (vgl. Jowitt/Lury 2012, S. 101). Für das Markenmanagement gilt es, diese 5 Prozent an Differenzierung und Einzigartigkeit herauszuarbeiten.

2. Kenne Deine Zielgruppe – und antizipiere, wie sie sich verändert

Marken haben es heute nicht nur mit einer Zielgruppe zu tun, sondern mit *multiplen und dynamischen Zielgruppen*. Es ist daher wichtig, die Zielgruppen einer Marke und ihre Treiber und Barrieren bis ins kleinste Detail zu analysieren und zu kennen. Dabei können nach wie vor bewährte Tools wie Interviews, Fokusgruppen und Marktmediastudien herangezogen werden. Aber auch Social Listening, Facebook Audience Insights und Google gehören zu den Standard-Tools einer fundierten Zielgruppenanalyse. Es gilt: fluide Zielgruppen verlangen eine umfassende Zielgruppenanalyse, die neben soziodemografischen und psychografischen auch geografische, anlassbezogene und verhaltens- bzw. motivbezogene Aspekte einbezieht. Ein gutes Beispiel hierfür ist erneut Vorwerk. Das mittelständische Unternehmen veröffentlichte über Jahre eine Studie, die sich mit der alltäglichen Lebensrealität von Familien in deutschen Haushalten beschäftigte; zum Beispiel, mit welchen Problemen sich Familien im Haushalt auseinandersetzen müssen, wie sie diesen begegnen und ihren Kaufentscheidungsprozess gestalten. Für einen Hersteller von Haushaltsgeräten wie Vorwerk können die Erkenntnisse entscheidende Hinweise für die Weiterentwicklung der Markenführung, Markenkommunikation und Produktinnovation liefern.

3. Mache Dein Markenmodell dynamisch

Für die strategische und operative Markenführung werden häufig Positionierungsmodelle bzw. Markenleitbilder bemüht, die das Markenmanagement und die Mitarbeiter unterstützen sollen, den Kern, die Vision und die Werte der Marke intern und extern konsistent zu kommunizieren (vgl. Baetzgen 2011a). Beinahe jede Marke, Agentur und Beratung verfügt über ein eigenes Positionierungsmodell. Meist unterscheiden sich diese nur marginal. Ein Großteil bezieht sich lediglich auf die Konsistenz der Marke und vernachlässigt deren Kompatibilität zu Märkten, Zielgruppen, Technologien und Wettbewerbern. In der Regel werden diese auf Konsistenz getrimmten Markenmodelle in einem Abstand von ca. sieben bis zwölf Jahren auf ihre Aktualität und Richtigkeit hin überprüft. Doch in dieser Zeit können sich ganze Märkte transformieren, Marktteilnehmer verschwinden und neue Märkte entstehen. Das erste iPad wurde beispielsweise vor etwa sieben Jahren verkauft, das erste iPhone vor zehn. Derartige Entwicklungen als Marke nicht zu berücksichtigen, ist grob fahrlässig. Denn mit iPhone und iPad hat sich die gesamte Art und Weise verändert, wie Menschen heute mit Marken in Kontakt treten. Mobile Apps, Icons und Interfaces stellen die Maxime der Konsistenz infrage. Kompatibilität und User Experience haben heute einen deutlich höheren Stellenwert in der Gestaltung von Touchpoints. Zahlreiche Autoren betonen deshalb die Notwendigkeit, dass eine Positionierung nicht rein statisch sein sollte, sondern auf Veränderungen eingehen können muss (vgl. Bruce/Jeromin 2016, S. 55ff.; Jowitt/Lury 2012, S. 100; Schmidlin 2011, S. 81; Jones 2012, S. 78; Theobald 2011, S. 105).

Statt das Umfeld als Teil der Marke zu begreifen, wird aus wissenschaftlicher Perspektive oft der Unterschied von Umfeld, Positionierung und Identität betont (vgl. Esch 2014, S. 92; Esch 2016, S. 56). Zahlreiche theoretische Modelle behandeln daher nur eine dieser Dimensionen und vernachlässigen, dass die Wirkung einer Marke nur bei der ganzheitlichen Betrachtung aller Dimensionen entfaltet werden kann. Das *Brand-Holosphere-Modell* (vgl. Abb. 2) greift diesen Umstand auf und setzt sich aus drei Ebenen zusammen: der *Market Sphere* (Consumer Trends, Market Trends, Target Groups, Key Competitors), *Positioning Sphere* (Insights, Brand Story, Brand Design) und der *Identity-Sphere* (Benefits, Brand Personality, Key Values, Brand Purpose). Letzteres stellt den Kern der Marke dar, den essenziellen Teil.

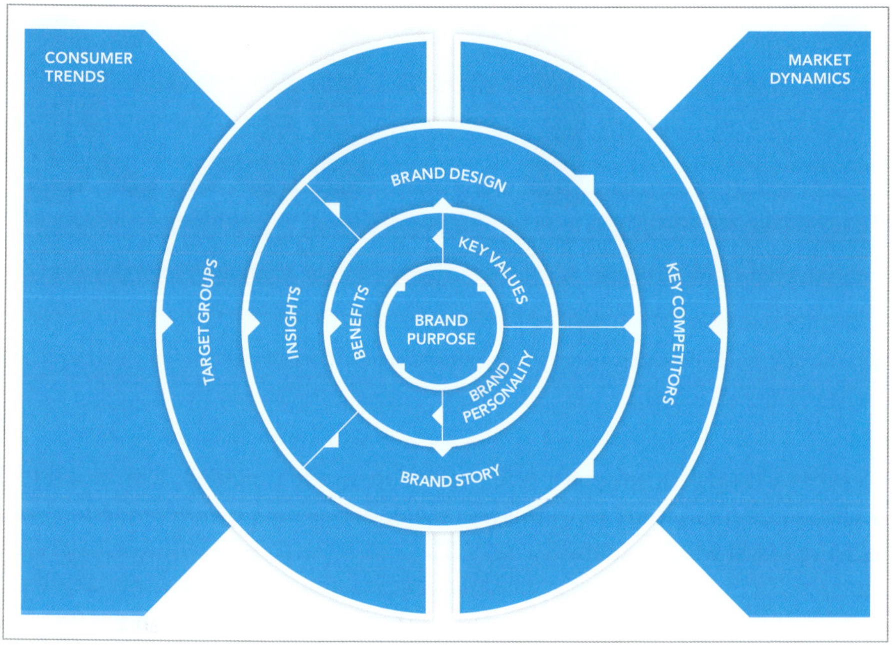

Abb. 2: Brand-Holosphere-Modell (eigene Darstellung)

Doch auch ein solches Modell ist nur Mittel zum Zweck: Markenführung lässt sich heute nur eingeschränkt mithilfe eines theoretischen Modells bewerkstelligen, sondern ist vielmehr als Prozess zu begreifen. So braucht es heute viel kürzere Kontrollintervalle in Bezug auf die Aktualität und Relevanz der Positionierung einer Marke. Dennoch ist gleichermaßen davor zu warnen, die Marke durch eine zu hohe Frequenz von Anpassungen zu verwässern. Empfehlenswert ist ein Vorgehen, das die Einflussfaktoren kontinuierlich analysiert und dabei immer auch die Bedingungen definiert, die erfüllt sein müssen, bevor eine Anpassung des Markenmodells in Erwägung gezogen wird. Ausgehend davon ergibt sich ein dreistufiger Prozess, der in beliebig kurzen Intervallen wiederholt werden kann, ohne die Konsistenz und Vertrautheit der Marke zu erschüttern (vgl. Abb. 3).

Im ersten Schritt wird dabei das Marktumfeld auf zielgruppen- und wettbewerbsrelevante Entwicklungen analysiert. Haben die Entwicklungen einen hinreichenden Einfluss auf das Verhalten, den Bedarf oder das Mindset der Zielgruppen bzw. das Verhalten der Hauptwettbewerber, wird im zweiten Schritt überprüft,

Abb. 3: Dreistufige Dynamisierung des Markenmodells (eigene Darstellung)

ob diese aktualisiert, erweitert oder verändert werden müssen. Erst im dritten Schritt würde geprüft werden, inwieweit die Positionierung dem veränderten Umfeld angepasst werden sollte.

Fazit: Sei kompatibel, bleibe konsistent

Ein zeitgemäßes Branding bzw. eine zeitgemäße Markenführung kann vom Menschen lernen, auch wenn es am Ende eine Analogie bleibt. Auch Marken besitzen eine Identität, die sie vom Wettbewerb differenziert und ihre Kommunikation und Interaktion mit den Kunden prägt. Diese Identität, die Orientierung und Wiedererkennung schafft, braucht auch in Zukunft ein Mindestmaß an Konsistenz, keine Frage. Zugleich aber muss eine Marke heute dynamisch geführt und interpretiert werden. Denn nur so kann eine Marke in einer agilen Welt positive Erlebnisse und Relevanz schaffen und damit eine stabile und einzigartige Beziehung zu ihrer Zielgruppe etablieren. Hierfür muss sie auch ihre Positionierung immer wieder überprüfen, ohne den Markenkern zu verwässern. Zusätzlich muss die Marke ihre formale und inhaltliche Gestalt situationsbedingt anpassen. All das erfordert ein grundsätzliches Überdenken der bisherigen Markenführungsmaxime. Es braucht ein neues Modell, mehr Flexibilität und Mut in der Markenführung – und ein neues Denken der Markenführenden.

Sein und Schein der Marke: mit Groove und Haltung zu mehr Authentizität

Holger Schmidhuber, Rolf Mehnert und Helmut Ness

Ein authentisches Brand Design hat nicht nur ein Auge für den Kunden (Schein), sondern auch für die Organisation und ihre spezifische Kultur und Kompetenz (Sein). Das Autorentrio zeigt, wie man mit Musik Unternehmen beschreiben und Designprozesse inspirieren kann. Das Beispiel der Erfolgsmarke Weber beweist, dass Marken heute innovative und kreative Entwicklungsprozesse brauchen, die weit mehr sind als nur ein Experiment.

Mit dem Voranschreiten der Digitalisierung und Virtualisierung unserer Lebenswirklichkeit scheint unsere Sehnsucht nach dem Echten und Wahren zu wachsen. Authentizität wird damit zu einem vieldiskutierten Thema der Markenentwicklung und -führung (vgl. Bornschein 2013). Zugegeben: Die öffentlichen Diskussionen um die ›Werbelügen‹ multinationaler Konzerne, die Diskrepanz zwischen dem schönen Logo-Schein und dem kapitalistischen Sein, werden längst nicht mehr so hitzig geführt, wie das um die Jahrtausendwende noch der Fall war, als die kanadische Journalistin und Aktivistin Naomi Klein ihren Bestseller *No Logo!* (2001) veröffentlichte. Dennoch: die Sehnsucht nach Echtheit und Wahrheit ist stärker denn je, und Marken, die echt und glaubwürdig erscheinen, werden vor diesem Hintergrund als attraktiver wahrgenommen, weil sie diese Sehnsucht bedienen. Im Bereich des Brand Design ist das alles natürlich nichts Neues – umso mehr erstaunt der Blick auf die allgemeine Markenlandschaft. Wirklich authentische Markenauftritte sind nach wie vor eher die Ausnahme.

Authentizität beginnt im Entwicklungsprozess der Marke

Authentizität hat sehr viel mit Ganzheitlichkeit und einer Haltung zu tun. Wir empfinden eine Person als authentisch, wenn die Gesamtheit ihrer Eigenschaften kohärent ist, d. h. ihre Einstellungen, Überzeugungen und Handlungen, aber auch ihr Äußeres und ihre Sprache nicht im Gegensatz zueinander stehen. Natürlich ist dabei der Selbstwiderspruch bis zu einem gewissen Grad ein ganz natürlicher menschlicher Zug – aber möglicherweise gerade typisch für eine bestimmte Person und dann eben auch echt und glaubwürdig. So kann ein liebevoller und großzügiger Familienvater zugleich ein tyrannischer und kleinlicher Arbeitgeber sein. Ebenso kann eine hochgebildete und genialische Wissenschaftlerin in allen anderen Lebensbereichen eher simpel gestrickt und oberflächlich sein. Solche Diskrepanzen lassen sich aus der Entwicklung der Persönlichkeit erklären und stellen keinen Widerspruch zwischen Sein und Schein dar. Natürlich sind Marken keine Personen, doch das Denkmodell erweist sich als überaus fruchtbare Metapher für das Brand Design.

Der gängige *Markenentwicklungsprozess* ist oft die Ursache für eine eher dysfunktionale und wenig authentische Markenpersönlichkeit. Er verläuft nicht selten so: Die Führungsspitze eines Unternehmens setzt sich mit externen Markenexperten zusammen und erarbeitet im Hinterzimmer ein Markenkonstrukt, das oftmals eher dem Wunschdenken entspringt als der Realität – weshalb die Begriffe »innovativ« und »nachhaltig« heute so unangenehm allgegenwärtig sind. Dabei wird die Gesamtheit der Unternehmensidentität nur selten vollständig in Betracht gezogen – das vermeintliche ›Big Picture‹ weist oft tote Winkel und schwarze Löcher auf. Die Ergebnisse werden dann in eine Markenstrategie überführt, die meist in vereinfachter und reduzierter Form Top-down an die Mitarbeiter verschiedener Fachabteilungen wie Marketing und Vertrieb oder die Unternehmenskommunikation weitergegeben werden. Um die Markenstrategie sinnvoll umsetzen zu können, müssten die Mitarbeiter sich aber mit dieser identifizieren können, was häufig nicht oder nicht hinreichend gelingt, weil unter Umständen ihr fachspezifischer Fokus und ihre alltäglichen Bedürfnisse nicht abgebildet sind. Schließlich kommen die ›Kreativen‹ ins Spiel. Sie werden von den Mitarbeitern, die selbst mit dem Strategiepapier nicht viel anzufangen wissen, gebrieft – oftmals bereits mit den entschuldigenden Argumenten, dass das eben von der Unternehmensführung so gewünscht sei. Auf dieser Basis werden dann Claims entwickelt, visuelle Elemente gestaltet etc. und in Richtlinien festgehalten. Diese Richtlinien wiederum wandern zurück ins Unternehmen und eventuell zu anderen spezialisierten Dienstleistern, wo sie einen konsistenten Markenauftritt gewährleisten sollen.

Dass dies nur bedingt funktionieren kann und dabei viele Potenziale auf der Strecke bleiben – allen voran die Authentizität – liegt auf der Hand. Die Reibungsverluste zwischen den beteiligten Parteien mit ihren jeweiligen isolierten Fachkompetenzen sind zwangsläufig hoch und die Ergebnisse von Kompromissen geprägt statt von Konsens. Strategie und Marke werden aus dem jeweiligen Blickwinkel als Fremdkörper wahrgenommen. Weil kein gemeinsamer Strang definiert wurde, neigen alle dazu, an ihrem jeweils eigenen zu ziehen.

> Nur selten wird die Gesamtheit der Unternehmensidentität vollständig in Betracht gezogen – das vermeintliche ›Big Picture‹ weist oft tote Winkel und schwarze Löcher auf.

Für einen zeitgemäßen und zielführenden Markenentwicklungsprozess muss ein Wandel stattfinden. Mit der Digitalisierung hat sich der Fokus bereits vom Corporate Design auf die *User Experience* verlagert, also von der Selbstschau und Selbstdarstellung des Absenders auf den Erlebensblickwinkel des Empfängers. Durch neue Technologien wird die Kommunikation zwischen Marken und Menschen zudem unmittelbarer und individueller. Das Individuum und seine tatsächlichen Bedürfnisse rücken damit noch stärker in den Mittelpunkt. Durch *Mixed Reality* kann eine Marke zum permanenten integralen Bestandteil der Lebenswirklichkeit des Konsumenten werden, wenn sie glaubwürdig, authentisch und nutzbringend ist – ansonsten wird auf die eine oder andere Weise abgeschaltet. Brand Designer müssen deshalb noch besser die Bedürfnisse des Konsumenten verstehen und nach dem »Warum« seines Handelns fragen.

> Mit der Digitalisierung hat sich der Fokus vom Corporate Design auf die User Experience verlagert, von der Selbstschau und Selbstdarstellung des Absenders auf den Erlebensblickwinkel des Empfängers.

Eine Marke, die jedoch ausschließlich aus dem Konsumentenfokus heraus entwickelt und geführt wird, bringt aus externer Sicht zwangsläufig eine gewisse Uniformität und Austauschbarkeit mit sich – und einen ausgeprägten Mangel an Authentizität. In der vollkommenen Anpassung an die Vorstellungen und Erwartungen des Konsumenten und an konventionelle Reiz-Reaktions-Muster in der Markenkommunikation büßt sie ihren Eigencharakter – ihre tatsächliche Identität – und ihre Fähigkeit ein, eine glaubhafte Haltung zu vertreten oder auch mal zu überraschen. Es mangelt der Marke dann häufig an Identifikationsmöglichkeiten und an echter Markenbindung. Deshalb muss Markenentwicklung immer auch von innen, aus dem Unternehmen heraus geschehen. Dazu ist es notwendig, möglichst alle relevanten internen Stakeholder von Anfang an mit einzubinden. Es muss gelingen, die Marke von innen zu erkennen und zu beleben, um sie nach außen glaubhaft kommunizieren zu können. Hierfür braucht es eine tief greifende und ganzheitliche, in Teilen auch kreative Auseinandersetzung mit Organisationskulturen, Geschäftsmodellen, Produkten und Dienstleistungen eines Unternehmens. Zudem müssen die Mitarbeiter befähigt werden, als Markenbotschafter zu fungieren oder Change-Prozesse voranzutreiben. Die Marke ist vom visuellen Erkennungszeichen zum universellen strategischen Führungs-Tool geworden. Dieses muss in allen Bereichen eines Unternehmens verwurzelt sein, um wertvolle (emotionale) Kräfte zu mobilisieren und eine ganzheitliche und authentische Außenwirkung entstehen zu lassen. Damit dies gelingt, braucht es eine konsensorientierte kommunikative Basis, die fachsprachliche Barrieren in einem Unternehmen überwindet.

> Die Marke ist von einem visuellen Erkennungszeichen zum universellen strategischen Führungs-Tool geworden, das in allen Bereichen eines Unternehmens verwurzelt ist.

Über etwas anderes reden, um auf den Punkt zu kommen

Formalisierte Arbeitsabläufe und Strukturen, konventionelle Erwartungs- und Ablehnungshaltungen und fachsprachliche Denkmuster bestimmen in weiten Teilen das Verhältnis und die Kommunikation zwischen den Projektbeteiligten im Entwicklungsprozess eines Brand Design. Das übliche Briefing, in dem allgemeine Hintergründe zu Markt und Unternehmen, Stärken und Schwächen, Zielen und Zielgruppen etc. beschrieben werden, erweist sich als ein nicht hinreichendes Mittel für komplexere Aufgabenstellungen wie die Entwicklung und strategische Führung einer Marke. Hierzu ist ein *tief greifendes Verständnis* von der Branche, dem Kerngeschäft, den Stakeholdern, der Unternehmensidentität und insbesondere der Unternehmenskultur notwendig. Neben abstrakten Unternehmenswerten und Positionierungsmodellen sind vor allem auch intuitive und emotionale Aspekte von Bedeutung. Denn weite Teile der Unternehmenskultur, gerade bei mittleren und kleineren Unternehmen, sind eher natürlich gewachsen und wirken implizit. Wir haben die spannende Erfahrung gemacht, dass *musikalische Mittel* im Analyse- und Briefing-Prozess maßgeblich dazu beitragen können, solche Strukturen aufzubrechen. Ludes und Schmidhuber (2005) haben Studierende Musikstücke analysieren und auf dieser Basis Corporate Designs für fiktive Organisationen oder Marken entwickeln lassen. In dem gemeinsamen Forschungsprojekt *MICC – Music, Innovation, Corporate Culture* mit der Universität Duisburg Essen und weiteren Projektpartnern erforschten wir zudem die Möglichkeiten, Musik und musikalische Praktiken für das systematische Design fruchtbar zu machen (vgl. Stark et al. 2017). Die Fragestellung »Wie klingt unsere Organisation?« oder »Wie sollte unsere Marke klingen?« und der zunächst eher spielerische Austausch über Musikstücke oder musikalische Sequenzen in gemeinsamen Workshops können, ähnlich wie die Methode des Design Thinking, eine kreative, offene Atmosphäre erzeugen. Dies kann den sonst rein fachsprachlich geprägten Diskurs auf eine neue Ebene heben, in der die gewohnten Denkmuster überwunden werden und unerwartete Intuitionen und implizite Wissensinhalte zutage treten. Der auf den ersten Blick ungewöhnliche methodische Ansatz, sich mithilfe akustischer Phänomene über visuell-kommunikative Sachverhalte und strategische Zielsetzungen zu verständigen, sorgt zunächst für Verwirrung und Unsicherheit. Doch bereits nach einer kurzen Phase des Sich-Einlassens eröffnet er neue Gesprächsräume. Es ist von Vorteil, in der Markenentwicklung zunächst nicht primär über die konventionellen Kategorien einer Marke nachzudenken und zu sprechen. Denn zum einen entstehen so oft völlig neue Erkenntnisse. Zum anderen dient dies einem ganzheitlicheren Verständnis vom Unternehmen, seinen Produkten und Zielgruppen.

> Das Aufdecken von implizitem und intuitivem Wissen durch experimentelles und spielerisches Handeln kann zu einer zentralen Grundlage für Innovation und eine authentische Marke werden.

Musikbasierte Workshops bildeten auch eine Grundlage für die ganzheitliche Weiterentwicklung der Grillmarke Weber für den europäischen Markt. In diese waren – neben Fuenfwerken Design AG als Lead-Agentur – unterschiedlichste Unternehmensabteilungen sowie ausführende Agenturen und Dienstleister integriert. Die Workshops schufen über die musikbasierte Methode (vgl. Abb. 1) die Basis, die Marke von Anfang an ganzheitlich und authentisch zu denken. Im Folgenden geben wir einen Einblick in das Projekt und seine Erfolgsgeschichte.

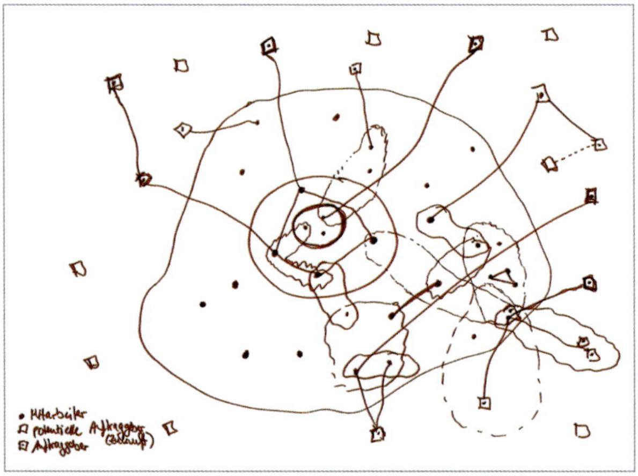

a) ›Partitur‹, die von einer Mitarbeiterin zur Verbildlichung der Kultur und Struktur ihres Unternehmens erstellt wurde.

b) Die ›Partitur‹ wird von der Jazzband DRA, unter der Leitung von Christopher Dell, interpretiert und gespielt.

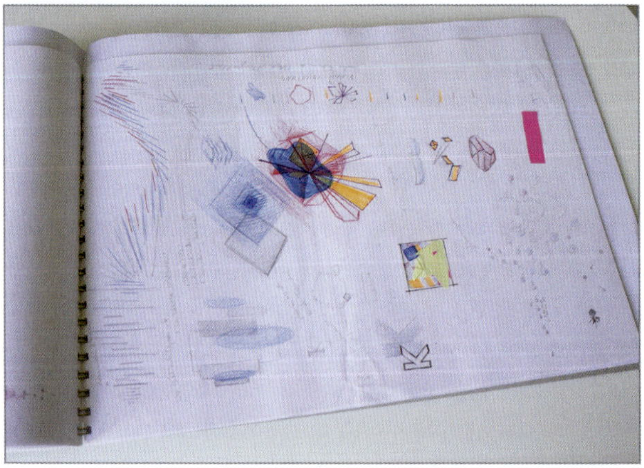

c) Die entstandene musikalische Interpretation des Jazz Trios dient wiederum als Basis für den gestalterischen Prozess zur Entwicklung des Erscheinungsbildes (erste Scribbles).

Abb. 1: Von der Organisationskultur – über die Musik – zum visuellen Code der Marke (Quelle: Fuenfwerken Design AG)

Best Case: Die Marke Weber

Grillen hat in Deutschland eine große Tradition: Sobald die ersten Sonnenstrahlen durchbrechen, beginnen sich Terrassen, Gärten und Parkflächen mit Menschen (vor allem Männern) zu füllen. Mit einer Flasche Bier bewaffnet, scharen sie sich um den Grill, kommentieren fachmännisch die Bemühungen um das Feuermachen und Grillgutauflegen oder sind selbst am Grill tätig. Teil dieser kulturellen Praxis war traditionell die wenig emotionale Haltung der Konsumenten gegenüber dem Mittelpunkt des Geschehens: dem Grill. Im Durchschnitt für 29,90 Euro an der Tankstelle oder im Baumarkt erworben, war er reines Mittel zum Zweck. Bei diesen Preisen lohnte es sich noch nicht einmal, ihn nach Gebrauch zu reinigen – man kaufte einfach einen neuen. Diese Einweggesinnung stand im Gegensatz zum Angebot des Grillherstellers Weber-Stephen aus Chicago/USA, dem Mutterland des BBQ. Weber-Stephen, mit seinen deutlich teureren Produkten (von 60,- bis 5.000,- Euro), hatte den deutschen Markt daher bereits abgeschrieben. Während Weber-Grills in ihrer Heimat seit Jahrzehnten quasi zur Grundausstattung von Garten oder Terrasse gehörten, war es der Marke in Deutschland nicht gelungen, in nennenswerter Weise Fuß zu fassen. Gemeinsam mit dem engagierten Team von Weber-Stephen Central Europe konnte Fuenfwerken die Marke Weber aus dem Einheitsbrei der Grillmarken ziehen, die »Entwicklungsländer Deutschland, Österreich, Schweiz« zum Primus der weltweiten Weber-Märkte machen und damit den Grundstein für ein weltweites Re-branding des Unternehmens legen.

Was ermöglichte diese Entwicklung? Wie konnte sich eine unbekannte Marke zum Nr. 1 der Grillhersteller und zur führenden Marke im Bereich Fachhandel, Bau- und Heimwerkermärkte (vgl. Industrieverband Garten 2012) entwickeln? Welche Voraussetzungen mussten geschaffen werden, um der Marke ihre einzigartige Authentizität und Glaubwürdigkeit zu verleihen? Welche Schritte wurden in nur sieben Jahren durchgeführt? Nach ersten Kontakten mit dem Unternehmen und einer intensiven Auseinandersetzung mit dem Thema Grillen wurde klar, dass die Marke Weber-Stephen ein ungeschliffener Diamant war: Das Unternehmen war bis zu diesem Zeitpunkt eher vertriebsorientiert, nicht markenorientiert. Motiviert durch diese Erkenntnis, wurde der Grundstein für einen tief greifenden und ganzheitlichen *Re-branding-Prozess* gelegt, der die extrem austauschbare Marke innerhalb weniger Jahre komplett auf den Kopf stellte. Dabei stand nicht ein lineares Denken im Fokus, sondern das vernetze Betrachten der Dinge als Basis für einen strategischen und kreativen Rundumschlag. Im Zentrum des Prozesses standen fünf Analyse- und Aktionsfelder mit den folgenden Fragen: (1) Was wollen die Menschen? (2) Was ist wirtschaftlich? (3) Was ist machbar? (4) Welche Verantwortung geht damit einher? (5) Was passiert in Zukunft? Gemeinsam bilden diese fünf Fragen das *Modell der 5 Handlungsräume*, die uns iterativ über den gesamten Zeitraum des Re-branding-Prozesses begleiteten – im Research, bei wiederkehrenden Innovations-Workshops, bei der Erstellung von Strategiepapieren und während der finalen Roll-outs.

Modell der 5 Handlungsräume

Das Modell, das gemeinsam mit Carl Frech weiterentwickelt wurde, basiert inhaltlich auf einem Ansatz des englischen Mathematikers und Philosophen John Venn (1834–1923). In den 1970er-Jahren wurde es von der Dublin Group und seit den 1990er-Jahren von IDEO eingesetzt. Man kann also sagen, dass es bereits Zeit hatte, sich zu bewähren und dabei nicht an Aktualität verloren hat.

1. Was wollen die MENSCHEN?
Im ersten Handlungsraum geht es um die Frage, was Menschen wollen, wie sie ihr Leben, ihre Arbeit gestalten. Aber auch darum, wie sie ihr Unternehmen mit Engagement, Talent und Leidenschaft voranbringen. Die ganze Aufmerksamkeit im Brand-Design-Prozess muss folglich auf dem Menschen liegen. Es geht darum, mit Empathie zu verstehen, was Menschen sich wirklich wünschen, was ihnen nutzt, was sie bewegt, berührt und damit wirkliche Bedeutung hat. Die konsequente Ausrichtung am Menschen, die in den letzten Jahren insbesondere im Konzept des Design Thinking einen wahren Hype erfahren hat, sollte aber nicht dazu führen, dass die Frage nach der Profitabilität in Vergessenheit gerät.

2. Was ist WIRTSCHAFTLICH?
Was kann und will ich mir als Unternehmen leisten? Auch diese Frage gilt es zu klären. Denn nicht alles, was sich Konsumenten wünschen, ist wirtschaftlich darstellbar. Für die Beantwortung dieser Fragen braucht es ein präzises Verständnis von Wettbewerb und Marktumfeld, aus dem neue Mitbewerber entstehen können. Dabei sollten insbesondere auch die langfristigen Potenziale berücksichtigt werden. Dies wiederum führt zu der nächsten Frage.

3. Was ist MACHBAR?
Was ist heute für ein Unternehmen machbar, und was wird in den nächsten Jahren für ein Unternehmen möglich sein? Jede Produkt-, Service-

oder Markenstrategie sollte eine marktorientierte Balance zwischen dem heute Machbaren und den absehbaren zukünftigen Marktbedürfnissen verfolgen. Es ist wichtig, die damit verbundenen technischen Entwicklungen heute schon zu erkennen und in zukünftige Handlungsoptionen zu verwandeln. Zudem ist es wichtig, nicht etwas nach außen zu versprechen, was das Unternehmen faktisch nicht halten kann. Die Glaubwürdigkeit und Authentizität einer Marke stehen dann auf dem Spiel.

4. Welche VERANTWORTUNG geht damit einher?
Um nachhaltig erfolgreich zu sein, brauchen Unternehmen die Kompetenz und die Einsicht, größere bzw. globale Zusammenhänge verantwortungsvoll zu managen. Dies betrifft ökologische, soziale und kulturelle Themen einerseits und wirtschaftliche Potenziale andererseits, die es in einer medial zunehmend transparenten Welt zu integrieren gilt. Darum ist es ratsam, mit Sensibilität einen weiten Blick nach vorne zu wagen.

5. Was passiert in ZUKUNFT?
Unternehmen nehmen bei der Entwicklung neuer Produkte und Services oft eine relativ enge Perspektive ein. Es fehlt die Wahrnehmung dessen, was sich im Umfeld verändert. Dabei geht es um relevante Trends und neue technische Lösungen. Doch auch gesellschaftliche, politische, kulturelle und ökologische Veränderungen sind wichtige Impulsgeber für die Zukunft einer Marke. Was müssen wir heute erkennen, um uns morgen darauf einstellen zu können, lautet dabei die relevante Frage.

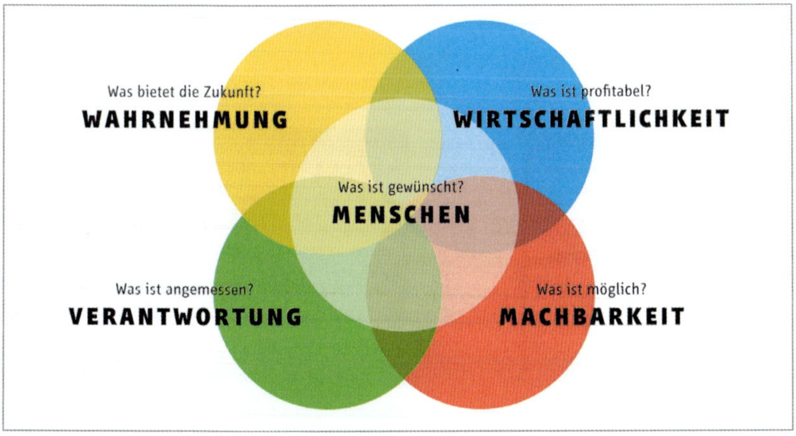

Abb. 2: Das Modell der 5 Handlungsräume – Das große Bild vernetzt betrachten (Quelle: Fuenfwerken Design AG)

1. Authentische Potenziale in der bestehenden Identität heben

Die ersten Aufgaben bestanden darin, die Unternehmensidentität von Weber-Stephen zu analysieren, das Potenzial der Brand Story zu erkennen und aus dem Dornröschenschlaf zu reißen. Hierfür galt es vor allem, das Unternehmen mit seinen grillbegeisterten Mitarbeitern und Händlern in den Markenentwicklungsprozess zu involvieren. So entstand in einer ersten Version ein komplett neuer Markenauftritt, der medienübergreifend die einzigartige Geschichte des Weber-Grills authentisch erzählte: Als erster mobiler Kleingrill mit Deckel war der Weber-Grill in den 1950er-Jahren aus einer stählernen Schiffsboje entstanden, dem damaligen Kerngeschäft des Familienunternehmens Weber-Stephen. Durch den Deckel entsteht im Grill ein Backofen-Effekt, der es nicht nur ermöglicht, das konventionelle Grillgut optimal zu garen, sondern auch Brot, Pizza, Kuchen, Aufläufe und ganze Menüs auf dem Grill zuzubereiten. So wurde der vergleichsweise preiswerte, leicht zu handhabende und vielseitige Weber-Grill schnell zum Must-have für die BBQ-Nation. Im deutschen Markt wurden diese einzigartige Brand Story und ihr Heritage bis dahin nur marginal kommuniziert. Doch nun war »Das Original« geboren und wurde visuell mit Originalbildern aus den frühen Jahren trans-

Abb. 3: Vom Original zur Ikone (Fuenfwerken 2016, S. 12f.)

portiert. Besonderen Wert wurde darauf gelegt, den Ursprung des Unternehmens – den sogenannten Kettle – als ikonisches Superzeichen zum Leben zu erwecken (vgl. Abb. 3). Zwar existierte auch dieses visuelle Element seit Jahren, wurde aber niemals kontinuierlich und deutlich eingesetzt.

2. Präzise Methoden und ein empathisches Kundenverständnis

Nur wer weiß, mit wem er spricht, kann einem Menschen auf Augenhöhe und zugleich ›echt‹ begegnen. Deshalb war es eine der Hauptaufgaben, die Zielgruppe so genau wie möglich zu ergründen. Wir führten dazu strukturierte, qualitative Interviews durch, um daraus *›Ethnografien‹* und *›Empathy Maps‹* zu erstellen. Davon wurden idealtypische *Personas* abgeleitet und via Storytelling zum Leben erweckt. Diese fünf unterschiedlichen Typen – mit realistischer und gut nachvollziehbarer Lebenswirklichkeit – stellen die Essenz der Weber-Zielgruppe dar (vgl. Abb. 4). Sie wurden bewusst leicht überzeichnet, um einprägsam zu sein und so eine stets konkret greifbare Grundlage für alle Entscheidungen zu bieten.

Abb. 4: Eine von insgesamt fünf unterschiedlichen Personas (Fuenfwerken 2016, S. 27)

3. Vom ›Brandmark‹ zum ›Patchmark‹

Schon im ersten Schritt wurde der Markenauftritt ganzheitlich konzipiert, als sogenannte *Patchmark:* ein flexibles Branding-System, das an jedem einzelnen Touchpoint den Markenkern medienadäquat und visuell markant transportiert. Die Marke sollte stets erkennbar bleiben, aber immer wieder neu entdeckt werden. Es galt, an jedem Touchpoint den richtigen Ton zu treffen, um eine erfolgreiche Kommunikation mit der vielschichtigen Zielgruppe zu gewährleisten. Hierfür genügt es nicht, einfach nur ›Bookmarks‹ im Markt zu setzen. Vielmehr geht es darum, die unterschiedlichen Facetten der Marke zu einem harmonischen Gesamtbild, einem inspirierenden ›Patchmark‹ zusammenzufügen. Neben Originalität und Authentizität (der Botschaft) hat das ›Patchmark‹ immer eine klare Funktion (Wert) für das Unternehmen und seine Kunden zu erfüllen. Eine Marke ist kein Zustand, sondern ein Prozess, und der Begriff des ›Patchmark‹ steht für dieses individuell-stimmige Zwischenergebnis aus der Sicht des Menschen, der sich für eine Marke begeistert.

> Eine Marke ist kein Zustand, sondern ein Prozess.

4. Vom Tool zum ›Lifestyle‹

Nach diesem ersten Schritt in eine völlig neue Richtung folgte der zweite große Schub in der Markenentwicklung: vom reinen Produkt (Tool) zur *Lifestyle-Kommunikation.* Folgendes galt es vorab zu klären: Was kennzeichnet den Lifestyle? Welcher Lifestyle ist relevant für die identifizierten Zielgruppen? Was bewegt und motiviert die Personas? Welche Anknüpfungspunkte ergeben sich dadurch für Weber? Die Finanzkrise ließ die Menschen damals ihren Lebensstil und ihre Konsumgewohnheiten grundsätzlich auf den Prüfstand stellen. Lebensqualität, Selfness, Work-Life-Balance, Wertewandel, Urban Farming, Neo-Citys, Fair Trade, Social Networks, neue Business-Moral, Bio-Boom, Eigenverantwortung, Health Style, Wissensgesellschaft und Flashmob-Konsum bildeten die Knotenpunkte, an denen sich zwei oder mehr Megatrends überschnitten, die für Weber relevant waren. Ein wichtiger Insight war, dass immer mehr Konsumenten nach dem Sinn im Leben und nach dem Sinn einer Marke fragen. Zugleich streben sie nach körperlichem und psychischem Wohlergehen. Weber musste eine Botschaft bzw. Bewegung starten, die diese Bedürfnisse nachhaltig und authentisch befriedigt.

5. Spin the Wheel and Show Attitude

Mit diesem umfangreichen Wissen über Unternehmen, Menschen und Entwicklungen in der Gesellschaft konnte nun das strategische Ziel für die Marke definiert werden: den Abstand zum Durchschnitt konsequent zu halten und, wenn möglich, zu erhöhen. Außerdem wurde die strategische Basis für das Brand Design etabliert und gelebt, eine Haltung, die zu einer eigenen Bewegung im Unternehmen wurde: »Joyability« (eine Mischung aus Freude und Befähigung). Weber möchte ein Teil des ›Green Shift‹ werden und dabei authentisch und selbstbewusst auftreten und handeln. Aufbauend auf dieser Positionierung und Haltung entstand in verschiedenen Workshops ein maskuliner, progressiver und überaus authentischer Bildstil für die meist männliche Zielgruppe – er sollte sich als stilprägend für weite Teile der Food-Kommunikation der kommenden Jahre in Deutschland erweisen. Ergänzt durch die Kreidetafeloptik und einen eigens entwickelten Brand

Abb. 5: Authentisch-provokanter Bildstil und Kampagnenmotiv: Vom Biedermann zum Brandstifter (Quelle: Fuenfwerken Design AG)

Type vermittelte Weber eine radikale *Authentizität*, die sich später auch im Umgang mit den Testimonials fortsetzte. Johann Lafer, Weber-Endorser und langjähriger Partner, war von Anfang an gesetzt. Er wurde jedoch in der Markenkommunikation bei Weber von seinem konservativen TV-Koch-Image befreit und sehr viel privater und persönlicher inszeniert. Auch Thomas Müller erschien nicht als Fußballer, sondern als ganz privater Markenbotschafter, der sich neben seiner vertraglichen Verpflichtung auch tatsächlich zunehmend für das Grillen begeisterte – ein authentischer Entwicklungsprozess, der wiederum vor allem im Social-Media-Bereich in die Markenkommunikation integriert wurde.

Abb. 6: Kampagnenmotiv (Quelle: Fuenfwerken Design AG)

Abb. 7 (links) und 8 (rechts): Thomas Müller und Sternekoch Johann Lafer lassen beide für die neue Marke das Fußballtrikot bzw. das Koch-Outfit am Nagel hängen (Quelle: Fuenfwerken Design AG).

6. Experience the Weber-World

Ein weiterer wichtiger Meilenstein für das Brand Design bzw. die neue Markenkommunikation war die Umwandlung des Produktkatalogs in ein *Genussmagazin,* das es qualitativ mit den einschlägigen Titeln im Zeitschriftenregal aufnehmen kann. Prägend ist der Mix aus hochwertigem Content wie exklusiven Reportagen und Interviews, authentischem Bildstil sowie einer progressiven und detailverliebten Visualität. Entscheidend für den Erfolg des Magazins war zudem der mutige Blick über den inhaltlichen Grilltellerrand: weg vom schnöden Würstchen-, Bierbauch- und Baumarktimage hin zu Qualität, hochwertigen Lebensmitteln und zu einem Lifestyle, der den Genuss und die Gemeinschaft unter freiem Himmel zelebriert. Spezielle *Brand Events* und ein Netz aus *Weber-Grillakademien* unterstützen den Konsumenten dabei, diesen Lifestyle erfolgreich zu adaptieren. Mit seiner Botschaft hat Weber den Nerv der Zielgruppe getroffen und sich im Foodie-Trend positioniert. Höhepunkt der Markenentwicklung war die Konzeption und Gestaltung des ersten deutschen *Weber-Stores* in Berlin mit integrierter Indoor-Grillakademie.

Abb. 9: Weber Magazin »Original« – Storytelling und »Haltung« auf mehr als 120 Seiten (Quelle: Fuenfwerken Design AG)

Abb. 10: Schulung im Weber Store Berlin (Quelle: Fuenfwerken Design AG)

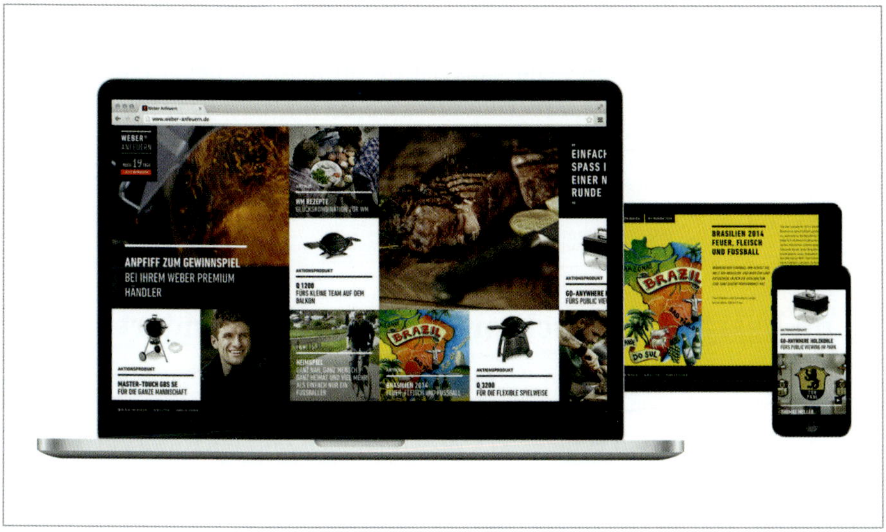

Abb. 11: Digitale Markenführung als zentraler Bestandteil des Markenauftritts
(Quelle: Fuenfwerken Design AG)

Im Bereich Bewegtbild entstanden in dieser Zeit zwei *TV-Spots* und mehrere *Kurzfilmfeatures* für den Online-Einsatz oder als Projektion für Messestände und Showrooms. Und selbstverständlich wurde im Sinne einer 360-Grad-Kommunikation auch der gesamte *Online-Bereich komplett neu konzipiert* – sowohl hinsichtlich des Brand Design als auch unter SEO-/SEM- sowie E-Commerce-Gesichtspunkten. Neben der in Optik, Struktur und Usability rundum erneuerten Hauptseite www.weber.com wurde die Kampagnenseite www.weber-anfeuern.de für temporäre Aktionen und anlassbezogenes Storytelling konzipiert. Vernetzt wurden sämtliche Online-Aktivitäten über Social-Media-Kanäle wie Facebook und YouTube. Hier wurden beispielsweise Making-of-Filme der verschiedenen Kampagnen-Shootings zur Verfügung gestellt, die den Followern zeigten, dass hinter einem späteren Kampagnenmotiv meistens eine genussvolle und gesellige Grillsession stand und der propagierte »Weber-Way of Life« auch hinter den Kulissen gelebt wird.

Dieser mehrjährige Branding-Prozess bescherte der Marke Weber in der Zeit von 2010 bis 2015 eine Vervierfachung der gestützten Markenbekanntheit auf 82 Prozent und mehr als das Fünffache bei der ungestützten Markenbekanntheit auf 56 Prozent. Weber übernahm die Führungsposition im Bereich der Garten- und DIY-Marken noch vor den Traditionsmarken Gardena, Bosch oder Stihl (vgl. Pilot 2015). Damit einher ging natürlich ein signifikantes Umsatzwachstum. Das

Brand Design wurde zur treibenden Kraft im Unternehmen und zum Zugpferd für sämtliche Unternehmensbereiche – bis hin zur Entwicklung neuer Produkte und Services. Neben zahlreichen Kreativ-Awards wurde die amerikanische Grillmarke Weber im Jahr 2016 mit dem *German Brand Award* für herausragende Markenführung ausgezeichnet.

Brand Design im fortschreitenden 21. Jahrhundert

Die Grenzen zwischen Industriedesign, Grafikdesign, Interaktionsdesign und Business Design werden zunehmend verschwimmen und unter der Marke eine Bündelung erfahren. Das verlangt nach Brand Designern, die keine reinen visuellen Gestalter mehr sind, sondern im Entwicklungsprozess verschiedene weitere Funktionen übernehmen und dabei eine interdisziplinäre Weitsicht und Anschlussfähigkeit mitbringen. Sie sind gleichsam Analytiker, Strategen und Berater mit hoher visueller, medialer und technologischer Kompetenz sowie Moderatoren zwischen dem Auftraggeber und den ausführenden hoch spezialisierten Einzelexperten. Auch der gesamte Prozess der Markenentwicklung wandelt sich in diesem Zuge. Das klassische Agentur-Briefing tritt mehr und mehr in den Hintergrund zugunsten eines kooperativen Erarbeitens einer Markenstrategie durch sämtliche Kompetenzbereiche. Gestalter und Auftraggeber sind viel enger miteinander und über den gesamten Prozess hinweg involviert. Das setzt voraus, dass gegensätzliche Prozess- und Kommunikationsmuster, wie sie im Verhältnis zwischen Auftraggebern, Gestaltern und Vertretern weiterer Disziplinen berufsbedingt schon immer bestehen, erfolgreich überwunden werden. Umgekehrt wird Kreativität zu einer generellen Anforderung in einer Vielzahl von heute noch kreativitätsfernen Berufsfeldern. Nur so können Akteure den immer komplexeren Herausforderungen und dem erhöhten Innovationsdruck begegnen und die ungeahnten Potenziale moderner Technologien ausschöpfen.

> Die Ko-Kreation unter Einbindung aller relevanten Stakeholder wird in Zukunft möglicherweise mehr Bedeutung haben als das zweifelhafte Abschöpfen von Nutzerdaten zur Fütterung von Algorithmen.

Forschungsprojekte wie das Nutzbarmachen von Musik für Unternehmen bzw. das Brand Design sind nur der Beginn unseres fortschreitenden Verständnisses davon, wie hochkomplexe Entwicklungsprozesse organisiert sowie kreative Potenziale und unersetzliches Erfahrungswissen genutzt werden können. Der Brand Designer von morgen wird in der Lage sein müssen, solche Prozesse im Auftrag von Unternehmen strategisch zu begleiten. Auch in der gerade beginnenden Epoche von Artifical Intelligence, Virtual Reality und Augmented Reality wird nach wie vor eines im Mittelpunkt stehen: der Mensch und seine echten Bedürfnisse. Die elementare Fragestellung für das Brand Design wird auf lange Sicht die gleiche bleiben – auch im rasant fortschreitenden 21. Jahrhundert: Wie kann eine Marke den Bedürfnissen der Menschen optimal begegnen und zum glaubhaften und authentischen Partner des Konsumenten werden? Oder: Wie bringen wir im Brand Design Schein und Sein sinnvoll in Einklang.

Zwischen globaler Konsistenz und lokaler Relevanz – der schmale Grad internationaler Markenführung

Bastian Lindberg

Das internationale Management einer Marke ist komplex und wirft auch im Hinblick auf den Auftritt einer Marke viele Fragen auf: Wie konsistent soll dieser sein? Welche Bedeutung und welchen Stellenwert haben lokale Einflüsse? Wie lassen sich Abstimmungs- und Freigabeprozesse in einem Unternehmen global steuern? Und welche markenrechtlichen Aspekte müssen international bedacht werden? Bastian Lindberg hat die Antworten.

Entwickeln Sie eine Marke und wollen damit internationale Märkte erobern? Stehen Sie vor der Entscheidung, mit Ihrer Marke in andere Märkte zu expandieren? Oder sind Sie schon im globalen Wettbewerb aktiv und überlegen, ob Ihre Markenführung weltweit den optimalen Wertbeitrag leistet? Was auch immer der Grund ist, weshalb Sie sich mit der Frage beschäftigen, wie Sie ihre Marke international am besten führen, es wird sich auszahlen, dem internationalen Brand Design Management die nötige Aufmerksamkeit zu schenken und nichts dem Zufall zu überlassen.

> Die Kernfrage für die internationale Markensteuerung ist, wie stark Sie ihre Marke weltweit standardisieren und wie viel Flexibilität Sie in unterschiedlichen Märkten zulassen. Oder anders gefragt: Wie adaptiv sollte das globale Markensystem sein?

Als *adaptiv* wird in der Biologie und der Kybernetik die Fähigkeit von Organismen und selbstregelnden Systemen bezeichnet, sich aktiv auf veränderte Umweltbedingungen einzustellen. Auf Markenführung übertragen bedeutet das, wie gut eine Marke und deren Gestaltung in der Lage ist, sich an unterschiedliche oder sich verändernde Rahmenbedingungen anzupassen. Die richtige Balance zwischen globaler Konsistenz und regionaler Vielseitigkeit im Erscheinungsbild zu finden, sehen wir als die wichtigste Aufgabe für ein erfolgreiches internationales Brand Design Management. Insbesondere im internationalen Umfeld befinden sich Marken in einer zunehmend fragmentierten Multikanal-Welt, in der sich Technologien, Medien und Gesellschaft rasend schnell verändern. Mit einem ›One-Fits-All‹-Ansatz stößt man in diesem Kontext zunehmend an Grenzen.

> Die richtige Balance zwischen globaler Konsistenz und regionaler Vielseitigkeit im Erscheinungsbild zu finden, ist die wichtigste Aufgabe für ein erfolgreiches internationales Brand Design Management.

Globales Branding zahlt sich aus

In einer zusammen mit MillwardBrown durchgeführten Studie konnten wir 2015 zum ersten Mal aufzeigen, wie sich Branding (hier definiert als eindeutige Positionierung und wiedererkennbarer Markenauftritt) weltweit auf die Wertentwicklung von Marken auswirkt (vgl. Abb. 1). Die Analyse stützt sich auf die Daten der Markenwertstudie *BrandZ* aus zehn Jahren (2006 bis 2015) und untersucht den Zusammenhang zwischen der Entwicklung des Markenwertes und der Branding- bzw. Werbestärke einer Marke. Die *BrandZ-Datenbank* beinhaltet mittlerweile über zwei Millionen Kundendaten und mehr als 10.000 unterschiedliche Marken aus über 30 Ländern. Die Verbrauchermeinungen werden über Face-to-Face- und Online-Interviews erhoben. Die Studie belegt, dass ein starkes Branding grundlegend für Markenerfolg ist. Bemerkenswert ist dabei das Ausmaß, in dem eine klare Positionierung und ein wiedererkennbarer Markenauftritt das Wertwachstum von Marken weltweit vorantreiben – genau das wird in der Studie durch konkrete Zahlen erstmals bewiesen.

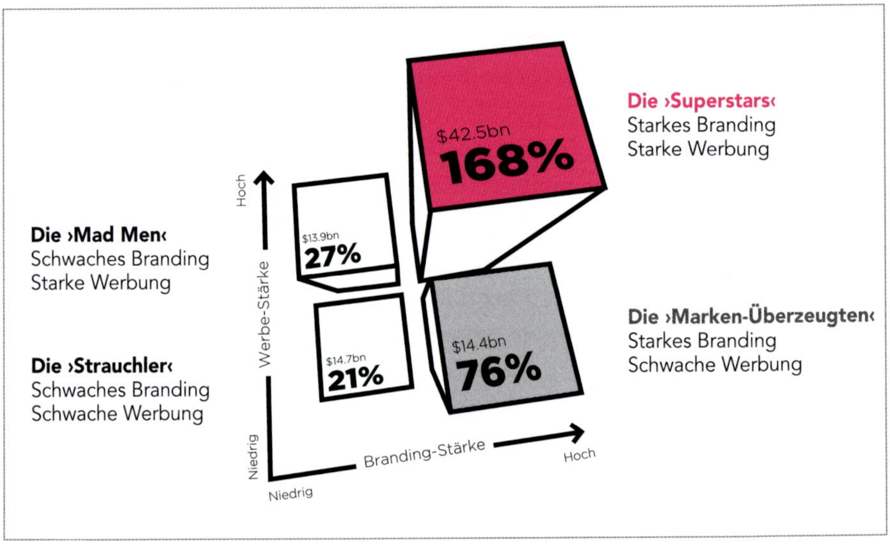

Abb. 1: Brand Value Growth Matrix – Wertzuwachs der weltweit stärksten Marken im Zeitraum von zehn Jahren (Quelle: Lambie-Nairn)

Die Hauptergebnisse lassen sich folgendermaßen zusammenfassen (vgl. Abb. 1):

- Die *›Superstars‹:* Marken, die nach Kundenmeinung eine starke Positionierung, Markenidentität und Werbung haben, hatten mit Abstand den größten Wertzuwachs. Durchschnittlich ist dieser um beeindruckende 168 Prozent in den letzten zehn Jahren gestiegen.
- Die *›Marken-Überzeugten‹:* Marken, die nach Kundenmeinung eine starke Positionierung und Identität haben, aber keine starke Werbung produzieren, hatten trotzdem noch eine gute Wertsteigerung. Der Durchschnitt aus den letzten zehn Jahren liegt hier bei 76 Prozent.
- Die *›Mad Men‹:* Bei Marken, die aus der Sicht der Kunden gute Werbung machen, jedoch keine starke Markenidentität haben, war das Wertwachstum mit 27 Prozent deutlich geringer.
- Die *›Strauchler‹:* Sogar bei Marken, die weder eine starke Positionierung und Identität noch besonders gute Werbung hatten, war ein Wertzuwachs zu beobachten. Allerdings betrug dieser nur 21 Prozent.

Die Daten beweisen den erheblichen finanziellen Wert, den ein starkes Branding insbesondere im internationalen Wettbewerb generiert: ein bis zu 8-faches Wertwachstum kann durch ein starkes Branding erzielt werden. Da besonders internationale Unternehmen oft kapitalmarktorientiert agieren, bedeutet dies vor al-

	Brand	Category	Brand Value 2016 $Mil.	Brand Contribution	Brand Value % Change 2016 vs. 2015	Rank Change
1	Google	Technology	229,198	4	32%	1
2		Technology	228,460	4	-8%	-1
3	Microsoft	Technology	121,824	3	5%	0
4	AT&T	Telecom Providers	107,387	3	20%	2
5	facebook	Technology	102,551	4	44%	7
6	VISA	Payments	100,800	4	10%	-1
7	amazon	Retail	98,988	3	59%	7
8	verizon	Telecom Providers	93,220	3	8%	-1
9	McDonald's	Fast Food	88,654	4	9%	0
10	IBM	Technology	86,206	4	-8%	-6
11	Tencent 腾讯	Technology	84,945	4	11%	0
12	Marlboro	Tobacco	84,143	3	5%	-2
13	Coca-Cola	Soft Drinks	80,314	5	-4%	-5
14		Regional Banks	58,540	3	-1%	2
15	中国移动 China Mobile	Telecom Providers	55,923	4	-7%	0
16		Conglomerate	54,093	2	-9%	1
17	ups	Logistics	49,816	4	-4%	1
18	Alibaba Group	Retail	49,298	2	-26%	-5
19	Disney	Entertainment	49,229	4	15%	0
20	MasterCard	Payments	46,141	4	15%	0
21		Fast Food	43,565	4	49%	8
22	SAP	Technology	39,023	3	2%	2
23	T · ·	Telecom Providers	37,733	3	12%	4
24		Apparel	37,472	4	26%	4
25	vodafone	Telecom Providers	36,750	3	-4%	-2
26		Retail	36,440	2	32%	5
27	ICBC 中国工商银行	Regional Banks	33,637	2	-13%	-5
28	TOYOTA	Cars	29,501	3	2%	2
29	Bai du 百度	Technology	29,030	4	-27%	-8
30	LV	Luxury	28,508	4	4%	2
31	Budweiser	Beer	27,925	4	5%	2
32	Walmart	Retail	27,275	2	-23%	-6
33		Cars	26,837	4	2%	1
34		Payments	26,641	4	-30%	-9
35	ZARA	Apparel	25,221	3	14%	7
36	L'ORÉAL PARIS	Personal Care	23,524	4	1%	2
37	Pampers	Baby Care	22,911	5	-4%	0
38	accenture	Technology	22,813	3	13%	13
39	Mercedes-Benz	Cars	22,708	4	4%	4
40	movistar	Telecom Providers	21,945	3	3%	6
41	SUBWAY	Fast Food	21,567	4	-4%	-1
42	hp	Technology	21,387	2	-7%	-3
43	HSBC	Global Banks	20,276	2	-16%	-8
44	HERMES PARIS	Luxury	19,821	5	5%	11
45		Regional Banks	19,635	4	-18%	-9
46	中国建设银行 China Construction Bank	Regional Banks	19,617	2	-11%	-5
47	NTT	Telecom Providers	19,552	2	N/A	N/A
48	SAMSUNG	Technology	19,490	4	-10%	-3
49	ORACLE	Technology	19,489	1	-10%	-5
50	HUAWEI	Technology	18,652	3	22%	20

Source: BrandZ™ / Millward Brown (including data from Kantar Retail and Bloomberg)
Brand contribution measures the influence of brand alone on financial value, on a scale of 1 to 5, 5 highest
The Brand Value of Coca-Cola includes Lights, Diets and Zero
The Brand Value of Budweiser includes Bud Light
NTT is now valued as a telecom provider and its brand value is restated this year

Abb. 2: BrandZ Top 100 Most Valuable Brands 2016 – Auszug der Top 50 (MillwardBrown 2016, S. 30f.). Mehr Infos und aktuelle Rankings im Internet unter http://wppbaz.com/home

lem hier eine erhebliche Wertsteigerung, da der *Markenwert* den Kapitalwert eines Unternehmens i.d.R. positiv aufwertet (vgl. MillwardBrown 2016). Vor diesem Hintergrund ist es wenig überraschend, dass die meisten der wertvollsten Marken der Welt im internationalen Auftreten sehr konsequent und vom Ansatz her eher monolithisch, d. h. einheitlich, geführt werden (vgl. Abb. 2).

Ein nicht unerheblicher Effekt dieser Vorgehensweise ist die größere Kosteneffizienz. Unternehmen wie P&G oder Coca-Cola haben deshalb in den letzten Jahren auf eine Reduzierung und stärkere Vereinheitlichung der Markenportfolios hingearbeitet (vgl. in Kap. 4 den Beitrag von Baetzgen). Die Zusammenführung der Coca-Cola-Marken unter einem Dach und die Harmonisierung des visuellen Markenauftritts erlaubte es dem Unternehmen 2016, erstmals alle Produkte zusammen in einer Kampagne zu bewerben (The Coca-Cola Company 2016).

Die neue Macht der lokalen Marken

Trotz dieser Dominanz von global geführten Marken, kann man in den letzten Jahren in bestimmten Märkten auch wieder Tendenzen hin zu einer stärkeren Relevanz von lokalen Marken beobachten. Im *BrandZ-Report* von 2016 wird auf die wachsende Bedeutung von einheimischen Marken in bestimmten Regionen verwiesen. Besonders in Brasilien und Russland, aber auch in China und Indien, ist dieser Trend zu erkennen. Dahinter steht der ›Wunsch nach günstigeren Alternativen‹, aber auch die Tatsache, dass lokale Marken sich stark in der Qualität und im Marketing verbessert haben. Auch wachsende nationalistische oder andere kulturelle und protektionistische Einflüsse wirken. Und nicht zuletzt haben Konsumenten dort den Eindruck, dass lokale Marken die regionalen Bedürfnisse besser verstehen und unterstützen. Besonders in schnell wachsenden Wirtschaftsräumen suchen Verbraucher in Marken Partner, die helfen, die Nation aufzubauen und weiterzuentwickeln. Die Glaubwürdigkeit dafür ist bei lokalen Marken oft höher.

Auch der 2016 veröffentlichte Bericht von Ogilvy & Mather *The Velocity 12 Markets* beschreibt diese Entwicklung. Die sogenannten V12 sind die Nationen mit dem stärksten prognostizierten Wachstum der Mittelschicht bis 2025 und erstrecken sich von Lateinamerika über Afrika bis Asien, mit Ländern wie Mexiko, Brasilien, Nigeria, Ägypten, Pakistan, Indien und China. Bei der genaueren Untersuchung der Einstellungen und Ansprüche dieser neuen Mittelschicht wurden einige spannende Erkenntnisse aufgedeckt, die das internationale Management von Marken beeinflussen werden. Denn obwohl diese Zielgruppen sich durch die zunehmende Technologisierung und Globalisierung so stark mit der Weltgemeinschaft verbunden fühlen wie nie zuvor, gibt es dort eine nicht unerhebliche Präferenz von lokalen Marken (vgl. Abb. 3). Die Mehrheit der V12-Konsumenten zwischen 18 und 60 Jahren – genau genommen zwei von drei Befragten – kaufen eine Kombination aus lokalen und internationalen Marken. In einigen dieser Märkte haben lokale Marken aber deutliche Vorteile. Und der Anteil an V12-Verbrauchern, die lokale Marken bevorzugen (24 Prozent), ist nahezu doppelt so hoch wie derjenige der Verbraucher, die globale Marken präferieren (13 Prozent).

Markt	International	Lokal
Brasilien	5%	37%
Indonesien	3%	31%
Bangladesch	6%	29%
Indien	6%	22%
Philippinen	5%	17%

Abb. 3: Länder mit der stärksten Präferenz von lokalen Marken. (vgl. Ogilvy & Mather 2016, S. 16)

Als Konsequenz aus dieser Entwicklung werden wir in Zukunft vermutlich in vielen Märkten einen intensiveren Wettbewerb zwischen internationalen und lokalen Anbietern beobachten können. Globale Player stehen (neuen) lokalen Marken gegenüber, die versuchen werden, ihren ›Heimvorteil‹ durch Authentizität und Nähe in Wettbewerbsvorteile umzuwandeln. Das bedeutet, dass es sich unter Umständen auszahlen kann, eine globale Marke für eine bestimmte Region an lokale Bedürfnisse anzupassen. Unternehmen sollten daher im Rahmen ihrer Internationalisierungsstrategie sorgfältig prüfen, ob es notwendig ist, lokale Veränderungen am Markenauftritt vorzunehmen oder gar eigenständige lokale Marken zu entwickeln.

Tipp:
Beginnen Sie internationale Markenstrategien mit der Annahme, dass es zwischen ihrem Heimatmarkt und ausländischen Märkten Unterschiede gibt.

Regionale bzw. lokale Differenzen sollten auch deshalb berücksichtigt werden, um Fehltritte im Markenauftritt zu vermeiden, die unter Umständen den Markterfolg behindern. Dabei ist sowohl auf die verbale als auch auf die visuelle Kommunikation zu achten. Ansonsten kann es Ihnen wie Pepsi ergehen: Die Marke hat ihren dominanten Marktanteil gegenüber Coca-Cola in Südostasien verloren, als sie die Farbe ihrer Getränkeautomaten und Kühlschränke von dunklem Royalblau in ein helles Eisblau eintauschten. Hellblau wird in der Region mit Tod und Trauer verbunden (vgl. Fromowitz 2013).

Fester Kern, flexibles Auftreten

Je größer der internationale Markt für eine Marke ist, umso größer ist die Spannbreite an Kunden, Einstellungen und Bedürfnissen, die eine Marke abdecken muss. Ebenso gilt: Je größer und internationaler ein Unternehmen ist, umso stärker und vielseitiger werden lokale Einflüsse auf die Markenstrategie. Die Markensteuerung sollte eher der Leitung einer Jazzband als der eines Orchesters entsprechen. Eine Jazzband folgt zwar einem bestimmten Programm, hat einen eigenen Stil und Charakter und ein festes Repertoire von Songs, behält sich aber den Freiraum vor, zu improvisieren und einzelnen Instrumenten Raum zur Entfaltung zu geben.

> »Strebe nach Einheit aber suche sie nicht in der Einförmigkeit«.
> Friedrich Schiller

Als Markenagentur mit über 40 Jahren Erfahrung in der Entwicklung und Steuerung internationaler Marken haben wir einen festen Glaubenssatz: Starke Marken wachsen im Spannungsfeld zwischen Konsistenz und Flexibilität. Es geht heute mehr denn je darum, maximale Relevanz an jedem Kontaktpunkt und gleichzeitig Differenzierung und Wiedererkennbarkeit zu erzeugen. Eine Marke, die zwar inhaltlich und formal konsistent, aber nicht in der Lage ist, sich an wechselnde Themen, Umgebungen und Medien anzupassen, ist vielleicht kraftvoll im Auftreten, aber wenig relevant für den jeweiligen Kontext (vgl. Baetzgen 2015a). Umgekehrt ist eine Marke mit einem zu vielseitigen Auftreten vielleicht optimal relevant für den jeweiligen Kontext, hat aber zu wenig Durchsetzungskraft und Wiedererkennungswert. Oder, um es im Bild der Jazzband auszudrücken: Wird zu viel improvisiert und treten die Bandmitglieder nur durch Solos in Erscheinung, dann ergibt sich keine Harmonie und Zusammengehörigkeit. Umgekehrt wäre es wenig interessant und kreativ, wenn die Bandmitglieder einfach nur von den Noten abspielen würden.

Globale Konsistenz bedeutet weniger Kosten für die Markenführung und mehr Synergien in der Markensteuerung. Zudem stärkt sie den finanziellen Wert der Marke. Die Markenidentität entfaltet so ihre globale Kraft. Allerdings führt ein zu starker Fokus auf Konsistenz zu Einförmigkeit und diese ist insbesondere im internationalen Umfeld selten hilfreich. Um eine Marke an lokale Bedingungen, kulturelle Unterschiede und spezifische Kundenbedürfnisse optimal anzupassen, braucht sie den Freiraum zur Diversität. Das Markenkonzept sollte folglich inhaltlich und formal selbstähnlich auf länderspezifische Gegebenheiten angepasst werden. Diese Variabilität schafft die Voraussetzung, um als Marke kontextbezogen zu kommunizieren, was zu steigender Relevanz und Bedeutsamkeit führt (vgl. Baetzgen 2015a). Dies ist vor dem Hintergrund der wachsenden Dynamik und Kanalvielfalt und der bereits angesprochenen Stärkung von lokalen Marken ein wichtiger Erfolgsfaktor für Marken.

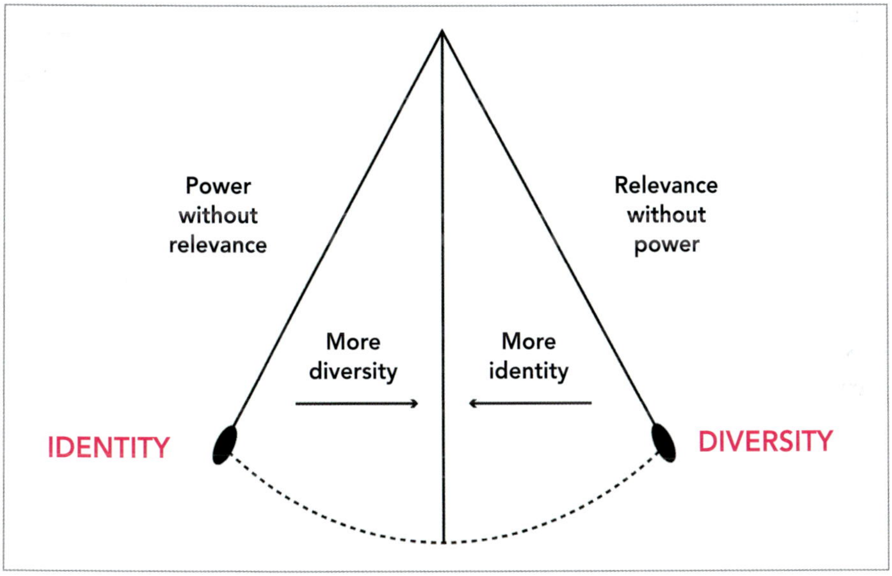

Abb. 4: Das Identitäts- vs. Diversitäts-Dilemma (Kapferer 2012, S. 271)

Das Brand Management ist dabei also wie ein Pendel, das zwischen Identität und Diversität schwingt (vgl. Abb. 4). Jedes Unternehmen muss dabei für seine Marke(n) das richtige Verhältnis finden. Für manche ist es besser, stärker auf Einheitlichkeit zu setzen, für andere zahlt es sich aus, maximale Diversität, bis hin zu komplett individuellen Markenauftritten, anzustreben.

Tipp:
Oft ist es ratsam, bei großen, internationalen Marken mit vielen Beteiligten am Markenbildungsprozess, anfangs einen engeren Rahmen vorzugeben und diesen dann, wenn sich die Marke intern und extern etabliert hat, zu öffnen und zu dehnen.

Von Konsistenz zu Kohärenz – Fallbeispiel Movistar

Als wir 2010 anfingen, die internationale Telekommunikationsmarke Movistar weltweit zu betreuen, war diese wenig konsistent im Auftritt und nicht stark zentralisiert in ihrer Steuerung. Es gab zwar eine Corporate Design Guideline, aber in der Realität wurde sich in den Märkten daran nicht gehalten (vgl. Abb. 5 links). Der Effekt war, dass weder ein einheitliches Markenbild noch eine besonders große Durchsetzungskraft in den Märkten gegeben war. Taktische Maßnahmen und ständige kurzfristige Anpassungen dominierten das Erscheinungsbild. Um über alle Märkte einen größeren Wertbeitrag zu erreichen und der Marke zu neuer Stärke in einem intensiven Verdrängungswettbewerb zu verhelfen, wurden wir damit beauftragt, das Corporate Design weiterzuentwickeln und die Markensteuerung in allen Märkten zu begleiten. Dazu entwickelten wir in enger Zusammenarbeit mit den Ländergesellschaften einen einheitlichen Gestaltungsrahmen, der für alle Länder funktionierte und dennoch gewisse Freiräume für regionale Anforderungen ließ (vgl. Abb. 5 Mitte). Logo, Schrift und der markentypische ›Himmel‹ hatten schnell einen hohen Wiedererkennungswert. Verbunden mit der gestalterischen Neuausrichtung und stärkeren Vereinheitlichung, wurde ein zentralisiertes Markenmanagementsystem eingeführt, das durch diverse Schulungs- und Steuerungs-Tools – u. a. eine digitale Markenplattform – für mehr Einheitlichkeit und Nachhaltigkeit in der Umsetzung sorgte. Die schnelle Implementierung des Erscheinungsbildes wurde nicht zuletzt durch einen strikten Freigabeprozess erreicht, der die regelkonforme Umsetzung der Marke in allen Kanälen überwachte. Durch die so geschaffene Schlagkraft und die Synergien im Markenaufbau konnte der Markenwert in nur vier Jahren um 56 Prozent gesteigert werden. Zeitgleich konnten durch das neue Erscheinungsbild und die damit verbundenen Implementierungs-Tools und Prozesse erhebliche Budgets eingespart werden.

Abb. 5: Movistar – über Konsistenz zu Kohärenz (Quelle: Lambie-Nairn)

Nachdem sich die Marke erfolgreich etabliert hatte, war es Zeit, auf die zunehmende Dynamik in den Märkten und im Unternehmen zu reagieren. Neue Kanäle, verändertes Konsumentenverhalten, zunehmender Wettbewerb und eine wachsende Anzahl an Produkten und Themen, erforderten eine höhere Flexibilität und Anpassungsfähigkeit der Marke. 2016 wurde deshalb das Erscheinungsbild der Marke erneut weiterentwickelt. Dabei ging es um eine Optimierung des Design für digitale Kanäle und ein erhöhtes Maß an regionaler Flexibilität im Marktauftritt (Abb. 5 rechts). Aufbauend auf einem starken Markenkern, bietet das erhöhte Maß an Flexibilität heute Spielraum für mehr Kreativität. Zudem haben die einzelnen Ländern mehr Freiraum, ihre spezifischen Themen marktgerechter umzusetzen, ohne dass die Marke ihr spezifisches Erscheinungsbild verliert.

Der Schlüssel für einen flexiblen Markenauftritt ist ein klar definiertes *Markenleitbild* als zentrales Steuerungsinstrument der Marke. Ein fest verankertes Leitbild, an dem sich alle im Unternehmen orientieren, erzeugt die gewünschte Kohärenz aller Aktivitäten. Das Markenleitbild sollte sich dabei im Laufe der Zeit nicht zu oft verändern und es sollte – solange keine länderspezifische Markenstrategie verfolgt wird – global einheitlich sein (vgl. Kapferer 2012, S. 242). Das Markenleitbild muss daher für jeden Markt genau auf Gültigkeit und Relevanz hin überprüft werden. Auch muss das Brand Management definieren, welche Markenelemente variabel angepasst werden können (›Peripheral Facets‹) und welche zum essenziellen Kern der Marke gehören und damit standardisiert werden (›Kernel Facets‹) (vgl. Abb. 6).

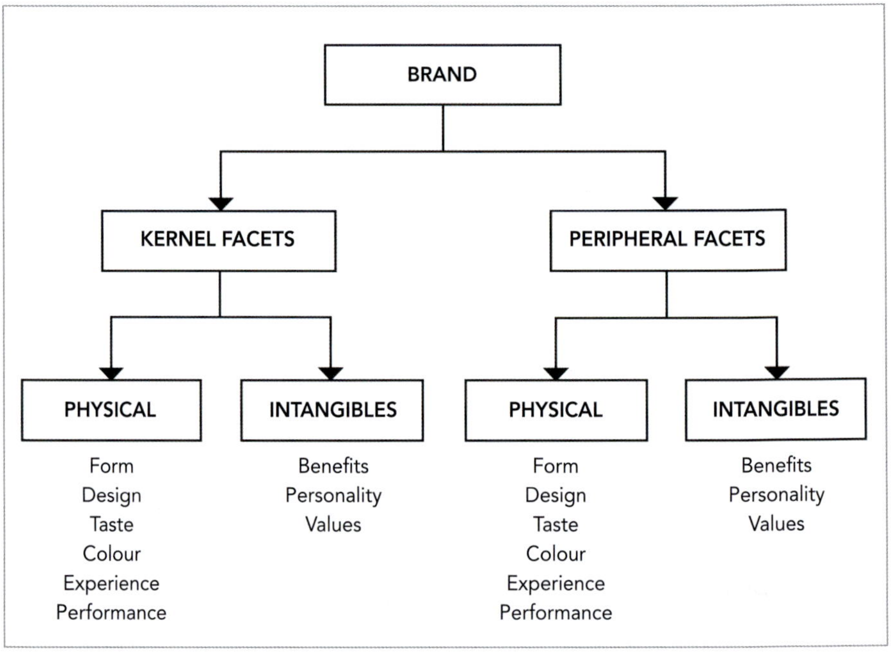

Abb. 6: Variable und ›nicht verhandelbare‹ Elemente einer Marke (Kapferer 2012, S. 242)

Bei der Überarbeitung der Marke Uber Anfang 2016 wurde deshalb von vorneherein Wert auf eine ›Regionalisierung‹ im Design gelegt. Neben international einheitlichen Elementen (z. B. Logo) wurden für Gestaltungselemente wie Farben, Muster und Fotografie je nach Land spezifische Adaptionen geschaffen, um einen lokalen Bezug herzustellen (vgl. Abb. 7).

Abb. 7: Regionale Anpassungen von Farben, Bildern und Mustern bei Uber; von oben: China, Irland Mexiko (vgl. Uber 2017)

Brand Design ist abhängig von internationaler Markenstrategie

Wie sehr regionale Unterschiede im Design einer Marke berücksichtigt werden sollten, hängt von vielen strategischen und ökonomischen Faktoren ab und insbesondere von der *Markenstrategie.* Bei einer multinationalen Markenstrategie verfolgt eine Marke individuelle Konzepte für unterschiedliche Länder. Bei einer globalen Markenstrategie hingegen besteht das Ziel darin, in allen Märkten ein einheitliches Markenkonzept anzuwenden. Eine dritte Strategie besteht in einer *adaptiven Markenstrategie,* die eine möglichst hohe Standardisierung bei gleichzeitiger Anpassung an Länderspezifika verfolgt. Es gibt zwei Dimensionen, die dabei helfen, den notwendigen regionalen Adaptions- oder Autonomiegrad systematisch zu definieren: (1) die Homogenität des Marktes und (2) den Grad der grenzüberschreitenden Imagebildung (vgl. Abb. 8).

Heterogene Märkte	**Multinationale Markenstrategie** • Fokus auf lokale Relevanz • individuelle Marktbearbeitung durch länderspezifische Marken und Erscheinungsbilder • Erheblicher Kostennachteil	**Adaptive Markenstrategie** • Fokus auf optimale Balance zw. globaler Konsistenz und lokaler Relevanz • Einheitliches Markenkonzept mit größtmöglicher Flexibilität für lokale Anpassungen • Grad der Flexibilität genau zu bestimmen
Homogene Märkte	**Globale oder Adaptive Markenstrategie** • Keine Notwendigkeit zur Marken-Diversifizierung • Entscheidend sollte anhand von Kosten-Nutzen-Rechnung getroffen werden	**Globale Markenstrategie** • Fokus auf internationale Stärke • Möglichst einheitlicher Markenauftritt weltweit, ohne Berücksichtigung von nationalen Unterschieden • Hohe Standardisierung und Automatisierung möglich
	Lokale Imagebildung	**Grenzüberschreitende Imagebildung**

Abb. 8: Entscheidungsmatrix für die Wahl der richtigen internationalen Strategie zum Markenauftritt (eigene Darstellung in Anlehnung an Burmann et al. 2015)

Die *Marktsituation* (Y-Achse) ist wesentlich bestimmt von der Marktentwicklung und Marktreife sowie der spezifischen Wettbewerbssituation vor Ort. Zudem sind kulturelle und soziale Unterschiede im Kauf- und Konsumverhalten des Kunden zu berücksichtigen, die regional ebenfalls stark variieren können. Auch der Stellenwert einer Marke in einem Markt (Marktanteil, Bekanntheit, Image) kann mitunter von Land zu Land sehr unterschiedlich sein und muss dementsprechend Berücksichtigung finden. Gleiches gilt für das Produktportfolio, das eine Marke unter sich bündelt. Beispielsweise verkauft Tchibo in Großbritannien keine Non-Food-Artikel, was natürlich erheblichen Einfluss auf die Markenwahrnehmung hat. Auch ein unterschiedlicher Professionalisierungsgrad der Organisation in den Märkten muss bei der Wahl der Markenstrategie berücksichtigt werden: Insbesondere mittelständisch geprägte Unternehmen stehen vielfach vor der Herausforderung, dass sie mit Landesgesellschaften bzw. Importeuren zusammenarbeiten müssen, die nicht über die notwendigen Kompetenzen und Ressourcen verfügen, eine Marke professionell zu führen. Eine flexible regionale Aussteuerung und Ausgestaltung der Marke erfordert ein Mindestmaß an Professionalität, das gerade in kleineren Märkten häufig fehlt.

Je stärker die kulturellen und marktbezogenen Unterschiede, umso mehr Sinn kann eine marktspezifische, regionale Ansprache des Konsumenten in unterschiedlichen Ländern machen. Teilweise gibt es auch unterschiedliche Einstellungen, beispielsweise zu Themen wie Sicherheit, Status, Schönheit, oder wechselnde Bedeutungen von Farben und Formen. Dies kann Folgen für formale Gestaltungselemente wie Farben, Symbole oder Namen haben (vgl. in Kap. 3 den Beitrag von Angerer). Zudem kann durch einen lokalen Bezug die Identifikation des Konsumenten mit einer Marke gestärkt werden.

Der Faktor der grenzübergreifenden *Imagebildung* (X-Achse) wird in Zeiten zunehmender Digitalisierung und Globalisierung immer wichtiger. Zum einen ist es von Bedeutung, ob derselbe Kunde in unterschiedlichen Märkten mit der Marke in Kontakt kommt und diese nutzt. Dann erwartet der Verbraucher ein stimmiges Markenerlebnis, egal wo er ist. Zum anderen kennt Markenkommunikation in Zeiten einer hypervernetzten Welt und von Social-Media-Plattformen keine Landesgrenzen mehr. Markenaktivitäten und -kommunikation sowie die Meinungen von Kunden reisen dank digitaler Kanäle ungehindert rund um die Welt. Menschen folgen Marken bei Facebook, YouTube oder Twitter, kommentieren deren Aktivitäten oder teilen deren Inhalte mit Kontakten in der ganzen Welt. Unternehmen versuchen gezielt, sich diese *Multiplikatorfunktion sozialer Medien* zunutze zu machen und verlassen damit schnell die Grenzen lokaler Steuerbarkeit. Was eine Marke in einem Land tut, kann heute also durchaus einen Einfluss auf die Markenwahrnehmung in einem anderen Land haben, selbst wenn der eigentliche Absatzmarkt relativ autark ist. Dies trifft insbesondere für Marken von standardisierbaren Dienstleistungen (z. B. Starbucks oder Ikea), High-Tech-Produkten (z. B. Apple oder IBM), Prestigeartikeln (z. B. Chanel oder Porsche) oder wenig kulturgebundenen Gütern zu (z. B. Coca-Cola oder Nike) (vgl. Kotler/Keller/Oprensik 2015). Hier sind die internationale Relevanz und Homogenität von Verbrauchererwartungen eher hoch.

Die globale Steuerung von Markendesign ist eine Frage der Koordination

Die globale Steuerung von Marken erfordert eine enge Koordination zwischen den Märkten bzw. Ländergesellschaften. Ein kohärentes Markenbild kann nur entstehen, wenn eine Marke auf globaler und lokaler Ebene systematisch und koordiniert geplant und implementiert wird. Das wiederum geht nur mit entsprechender Unterstützung der Unternehmensführung, da andernfalls erfahrungsgemäß viele Beteiligte versuchen werden, ihren eigenen Weg zu gehen. Ohne gewisse Zugeständnisse oder Einschnitte im Gestaltungsspielraum einzelner Landesgesellschaften lässt sich eine Marke nicht international kohärent umsetzen. Auf der anderen Seite kann ein zu strenges Regiment die freien Entfaltungsmöglichkeiten und gewünschte Kreativität behindern. Nicht selten scheitern globale Markenprojekte und Bemühungen, die Markenentwicklung koordinierter zu steuern, an internem Macht- und Kompetenzgerangel, insbesondere zwischen zentralen und nationalen Organisationseinheiten.

Tipp:

- Beziehen sie die Ländereinheiten in die Entwicklung ein.
- Nutzen Sie die lokale Kompetenz, um die optimale Balance zu schaffen. Etablieren Sie einen regelmäßigen Austausch.
- Vermitteln Sie Entscheidungen anhand von transparenten Unternehmensfaktoren (z. B. Steigerung des Markenwertes, Markenschutz usw.).
- Schaffen Sie Hilfsmittel, die Ihre Kollegen nutzen wollen, nicht müssen.
- Inspirieren Sie mit beispielhafter Umsetzung.

International müssen vor allem (1) Inhalt, (2) Design, (3) Personal, (4) Struktur und Prozesse, (5) IT und (6) Markenrechte zur Markensteuerung koordiniert werden.

1. Inhalt: Auch wenn eine Marke regional unterschiedliche Themen und Inhalte kommunizieren kann, müssen die Markenverantwortlichen sicherstellen, dass alle Märkte befähigt sind, markenkonforme Kommunikationsinhalte zu entwickeln, die sich in ihrer Aussage nicht widersprechen. Die Basis hierfür bildet das *Markenleitbild,* das in Form einer globalen *Brand Story* erzählt und mittels definierter Kernbotschaften koordiniert und kaskadiert werden kann.

2. Design: Welche Gestaltungselemente sind fix, welche variabel? Welche Markenrichtlinien haben allgemeine Gültigkeit, welche müssen international adaptiert werden? Welche Gestaltungs-Tools werden zentral für alle Märkte angeboten, welche müssen lokal erstellt werden (z. B. Bildpool)? Globale Richtlinien sollten von vorneherein auf lokale Adaptionsmöglichkeiten eingehen und internationale Beispiele zeigen. Denken Sie auch an die Organisation und Verwaltung von Rechten und Lizenzen Ihrer Marken-Assets.

3. Personal: Mitarbeiter im globalen Brand Team sollten neben fachlichen Kompetenzen ausgeprägte Kommunikationsfähigkeiten besitzen. Sie brauchen zudem viel diplomatisches Gespür, um einen aktiven Dialog mit den Ländergesellschaften zu pflegen und zwischen unterschiedlichen Interessen zu vermitteln. Auch sprachliche und kulturelle Kompetenzen sind von Vorteil. Je nach Anzahl der Märkte ist der Koordinationsaufwand beträchtlich. Achten Sie deshalb darauf, dass genügend Ressourcen vorhanden sind. Nicht selten wird eine Marke aufgrund von mangelnden Kapazitäten nicht konsequent umgesetzt. Das globale Brand Management hat auch eine Verantwortung, internationale Mitarbeiter zu befähigen. Welches lokale Personal ist vorhanden, welche Qualifikationen sind für die Implementierung der Marken- und Designstrategie notwendig? Unterstützen Sie lokales Personal mit globalen Trainingsangeboten und Markenschulungen.

4. Struktur und Prozesse: Die richtige Koordination des globalen Markenmanagements stellt sicher, dass zwischen allen Anspruchsgruppen regelmäßig kommuniziert, Ideen ausgetauscht und Feedback gegeben wird. Auf globaler Ebene macht es Sinn, das Markenmanagement zentral aufzuhängen und idealerweise eine nahe Anbindung an den Vorstand oder die wichtigen Entscheidungsträger zu schaffen. Andernfalls fehlt dem Bereich schnell der notwendige Durchgriff. Anders sieht es auf der Ebene der Länder aus. Gerade bei kleinen und mittleren internationalen Unternehmen sind Markensteuerungs- und Designaufgaben in Bereichen wie Marketing oder Vertrieb mit angesiedelt. Hier kann es hilfreich sein, für die globale Koordination eine Matrixorganisation zu schaffen oder in virtuellen Teams zu arbeiten. Der oder die global verantwortliche Markenmanager arbeitet dann in anderen Ländern mit Mitarbeitern zusammen, die diesem zwar nicht direkt unterstellt sind, aber die Verantwortung haben, die Marke entsprechend der Vorgaben umzusetzen und lokal zu steuern. Hierbei erweisen sich interdisziplinäre Teams als vorteilhaft. Dadurch lässt sich sicherstellen, dass alle notwendigen Anforderungen an die Bereiche Digital, Retail, Werbung usw. von vornherein organisatorisch integriert sind. Viele Unternehmen ernennen zusätzlich ausgewählte Mitarbeiter zu Markenbotschaftern bzw. implementieren ein Brand Board, das anderen Mitarbeitern beratend zur Seite steht und für die Marke spricht.

Tipp:
Stellen Sie sicher, dass es lokale Entscheidungsfreiräume gibt. Das dadurch ausgesprochene Vertrauen fördert die Zusammenarbeit und auch die Motivation lokaler Teams, sich um die Marke zu sorgen.

Es hat sich bei einigen unserer Kunden ausgezahlt, eine Hotline einzurichten, an die sich Mitarbeitende und Agenturen bei Fragen und Problemen zum Umgang mit den Markenrichtlinien wenden können. Dies kann über eine Plattform oder ein Funktionspostfach per E-Mail oder telefonisch stattfinden. Auf jeden Fall sollte es eine *definierte Anlaufstelle* geben. Definieren Sie am besten auch von Anfang an *klare Prozesse und Kommunikationswege.* Hierzu zählt insbesondere ein Freigabeprozess, der definiert, welche Aspekte davon betroffen und welche ausgenommen sind. Dazu gehört auch, entsprechende Eskalationsstufen und mögliche Sanktionen bzw. Incentivierungen einzuführen und diese transparent zu machen. Schaffen Sie zudem feste *Plattformen für den Dialog.* Welche Meetings, Foren, Gremien braucht es wann und mit wem, welche Zielsetzungen stehen dahinter und welche Agenda? Die regelmäßige Kommunikation sollte dabei in beide Richtungen etabliert werden: global an lokal und umgekehrt.

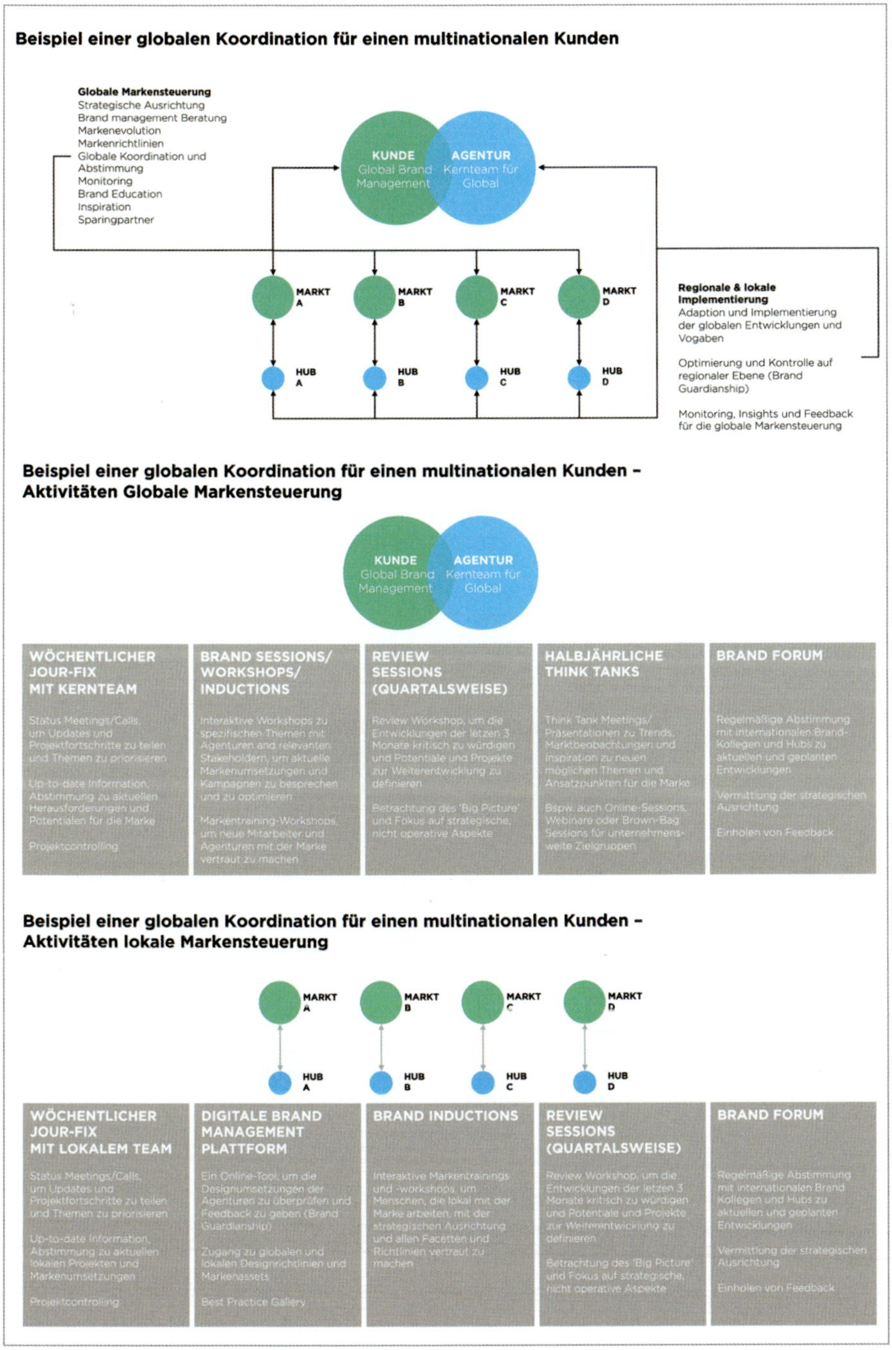

Abb. 9: Beispiel für die Organisation von Markensteuerung und Aktivitäten zu ihrer internationalen Koordination (Quelle: Lambie-Nairn)

5. *IT:* Es ist erstaunlich, dass bei den heutigen digitalen Möglichkeiten immer noch viele Unternehmen ohne ein zeitgemäßes ›*Digital Asset Management Tool*‹ oder eine *digitale Markenplattform* arbeiten (vgl. in Kap. 7 den Beitrag von Bode und Weiss). Denn dafür gibt es mittlerweile unzählige Anbieter für Standardlösungen oder maßgeschneiderte Programme. Die Bandbreite der Leistungen reicht von reinen Datenbanken für Gestaltungselemente und deren Richtlinien bis hin zu umfassenden Kommunikations- und Interaktionsplattformen (›Communities‹), die neben der Dokumentation der Marke auch deren globale Steuerung bzw. das Management einer Marke umfassen (z. B. Freigabeprozesse, Dokumentenmanagement, Templates, Layouts). Der Umfang eines solchen Werkzeuges hängt natürlich von Ihren Unternehmensanforderungen ab, jedoch hat selbst die Minimalversion den Vorteil, dass Sie Markenelemente zentral digital ausliefern können, Guidelines jederzeit online aktuell einsehen und pflegen können und auch Zugriffe auf verschiedene Assets individuell – und in Abhängigkeit von den Fähigkeiten und Anforderungen der User – rollenspezifisch steuern können (vgl. Abb. 10). Das spart Zeit und Geld und wird auch der heutigen Geschwindigkeit, in der Anpassungen der Marke notwendig sind, gerecht.

Abb. 10: Das für Telefónica entwickelte *Brand Ignite Tool* bietet Zugriff auf Markenelemente, Guidelines, Freigabeprozesse, markenrelevante News, Reportings, interne Awards usw. (Quelle: Lambie-Nairn)

6. Markenrechte: Ein Grund, weshalb Marken in unterschiedlichen Märkten mit unterschiedlichen Namen oder Markenzeichen agieren, ist manchmal fehlenden Markenrechten geschuldet. Die Hygieneartikel der Marke Axe werden in England oder Australien unter dem Namen Lynx verkauft. Auch als Google den E-Mail-Service Gmail in Deutschland einführen wollte, musste hierzulande einige Jahre auf Googlemail ausgewichen werden, da die Domain »gmail« schon besetzt war. Markenzeichen, -namen, -farben, -claims usw. rechtlich schützen zu lassen, ist ein wichtiger Aspekt, um die Einzigartigkeit einer Marke zu bewahren. Allerdings ist dies gerade im internationalen Kontext mit erheblichem Aufwand und Kosten verbunden. Denn alle Schutzrechte müssen für jedes Land kostenpflichtig eingetragen und auch aufrechterhalten werden. Daher ist es ratsam, ganz genau zu überlegen, welche Elemente wirklich geschützt werden sollen und dann zu prüfen, welche Konflikte mit eingetragenen Marken es in den Zielmärkten geben kann. Eine oberflächliche Recherche kann dabei jeder selbst über Google oder Datenbanken wie WIPO (www.wipo.int) durchführen. Allerdings ersetzt dies niemals eine sorgfältige Ähnlichkeitsrecherche durch eine Rechtsabteilung oder Anwaltskanzlei. Die erworbenen Schutzrechte sollten dann zentral gesteuert werden (im Idealfall in der Rechtsabteilung) und auch international in enger Abstimmung mit den Markenverantwortlichen koordiniert werden. Hier ist zu klären, wie die Verantwortung zwischen globaler und lokaler Organisation aufgeteilt wird, wer sich um Verlängerungen und Ablauf der Rechte kümmert usw.

Tipp:
Geschützte Markenelemente müssen auch verwendet werden, und zwar immer genauso, wie sie eingetragen sind. Sonst kann ggf. jemand anderes die Marke für sich beanspruchen, wenn er nachweisen kann, dass ein Unternehmen den Schutz gar nicht wahrnimmt oder die Elemente z. B. verfremdet. Konsistenz ist auch vor diesem Hintergrund sehr wichtig. Außerdem kann es im Falle eines Rechtsstreits notwendig sein, den konsequenten und richtigen Einsatz einer Marke nachzuweisen. Das wird z. B. durch eine zentrale Archivierung vereinfacht.

Zusammenfassend lässt sich sagen, dass jedes Unternehmen die für sich richtige Markenstrategie im internationalen Kontext finden muss. Eine pauschale Antwort darauf, wie und welche Markenelemente wo angepasst werden sollten oder nicht, gibt es nicht. Vier Schritte können Ihnen abschließend helfen, zum richtigen internationalen Management ihres Brand Design zu kommen:

1. Definieren Sie nach gründlicher Analyse von Märkten, Menschen und Management ihre Markenstrategie. Ist diese national, adaptiv oder global?
2. Bestimmen Sie, darauf aufbauend, den notwendigen Grad an Konsistenz bzw. Flexibilität und definieren Sie, welche Markenelemente fest und welche variabel sind.
3. Beachten Sie die juristischen Voraussetzungen und prüfen Sie, welche Markenelemente geschützt werden sollten und können. Klären Sie auch die Verwaltung und Einhaltung der Schutzrechte.
4. Schaffen Sie die notwendigen Strukturen, Prozesse und Tools, um die Markenentwicklung und -steuerung international effektiv zu koordinieren.

Corporate Branding: das Management der Unternehmensmarke

Norbert Gabrysch

Die Corporate Brand gewinnt für immer mehr Unternehmen an Bedeutung. Die Gründe liegen in den sich wandelnden Umfeldbedingungen und steigenden Erwartungen von Stakeholdern in Bezug auf die Legitimation unternehmerischer Interessen. Norbert Gabrysch zeigt, worauf es beim Corporate Branding und dessen Entwicklung ankommt. Besonderes Augenmerk legt er auf die interne Implementierung der Corporate Brand, die wesentlich über deren Erfolg am Absatz-, Finanz- und Personalmarkt entscheidet.

Warum die Corporate Brand weiter an Bedeutung gewinnt

»Die Corporate Brand ist nicht Alles, aber ohne die Corporate Brand ist Alles nichts«, formuliert der englische Corporate-Marketing-Professor John M. T. Balmer 2013 (zitiert nach Kernstock et al. 2014, S. 24) und bringt damit eine Entwicklung der letzten zwei, drei Jahrzehnte auf den Punkt: die zunehmende Bedeutung der Unternehmensmarke für den Erfolg von Organisationen und Unternehmen.

Zur Begriffsklärung und Vermeidung von Missverständnissen beginne ich mit einer kurzen Definition: *Corporate Brand* meint die Unternehmensmarke, also den Namen, mit dem das Unternehmen gegenüber seinen Stakeholdern in Erscheinung tritt. Die Corporate Brand ist nicht zwingend identisch mit der Firmierung eines Unternehmen, z. B. Continental (Continental AG) oder Hella (Hella KGaA Hueck & Co). Die Corporate Brand ist ein Informations- und Imageträger und richtet sich in dieser Funktion primär an den Reputationsmarkt, Ressourcenmarkt und Finanzmarkt eines Unternehmens. Abhängig von der Markenarchitektur kann sie auch die Produkte eines Unternehmens kennzeichnen (vgl. in Kap. 4 den Beitrag von Baetzgen). Sie richtet sich aber nicht immer an den Absatzmarkt. Im Wesentlichen lassen sich drei Typen einer Corporate Brand unterscheiden:

1. Die *Corporate Brand als Holdingmarke* hat keinen Produktbezug und keine direkte Verbindung zu den Absatzmärkten bzw. zur Kommunikation der Produktmarke. Sie ist oft das Ergebnis von Fusionen oder Akquisitionen und typisch für Mischkonzerne. Beispiele sind Evonik, BayWa, Alphabet etc.
2. Die *Corporate Brand mit Produktbezug und Verbindung zum Absatzmarkt* entsteht häufig durch organisches Wachstum und Diversifizierung. Typisch hier ist der Zusatz »Group«. Beispiele sind die Bosch Group, Deutsche Börse Group, TÜV Nord Group etc. Alternativ sind auch andere Bezeichnungen denkbar (z. B. Volkswagen Aktiengesellschaft, World of TUI). Häufig wird diese Bezeichnung gewählt, um die Corporate Brand von einer namensgleichen Produktmarke zu unterscheiden und damit zwischen Unternehmens- und Produktkommunikation besser unterscheiden zu können.
3. Die *Corporate Brand als übergreifende Dachmarke:* Hier werden unter dem Namen der Corporate Brand die Produkte verkauft. Im Prinzip handelt es sich also um eine Monomarke, die direkt in den Absatzmarkt wirkt. Sie ist typisch für Familienunternehmen und den Mittelstand. Beispiele sind B.Braun, Hella, Teufel, Tchibo etc.

Die Übergänge der drei beschriebenen Typen sind fließend und bilden ggf. auch Stufen in der Entwicklung einer Corporate Brand. Scannt man die aktuelle, umfangreiche Literatur zum Thema Corporate Brand, so findet man mannigfache und von unterschiedlichsten Autoren gleichermaßen aufgeführte Belege für den Bedeutungszuwachs der Corporate Brand (z. B. Süss/Zerfaß/Dühring 2011; Esch et al. 2014). Dies zeigt auch die Studie *Best Global Brands* der Agentur Interbrand (2017), die den kontinuierlichen Wertanstieg von Unternehmensmarken wie Coca-Cola, Apple, Microsoft oder Amazon alljährlich beziffert.

Eine Corporate Brand erfüllt für ein Unternehmen bzw. dessen Stakeholder wichtige Funktionen (vgl. Süss/Zerfaß/Dühring 2011, S. 11): Sie nimmt dem Konsumenten einen Teil der Informationsrecherche ab *(Rationalisierungsfunktion),* was vor allem bei neueren Produkten von Vorteil ist. Denkt man an die inflationäre, für die Verbraucher irritierende Zunahme von Einzel- und Produktmarken – allein 2015 wurden fast 70.000 Neuanmeldungen beim Patent- und Markenamt in München für Deutschland registriert (vgl. DPMA 2016) – so liegt die Chance der Corporate Brand in der Vereinfachung und Orientierung. Auch senkt die

Unternehmensmarke für Stakeholder das wahrgenommen Risiko, insbesondere in Situationen, in denen hohe Unsicherheit besteht *(Vertrauensfunktion).* Sie stärkt die Identifikation mit der Organisation und ihren Leistungen *(Identifikationsfunktion)* und übernimmt weiterhin eine *Inkarnationsfunktion,* indem sie immaterielle Werte wie Strategie, Kultur und Vision eines Unternehmens transportiert. Letzteres wird immer wichtiger, da der Konsument mit einem Produkt nicht nur Renommee, Zugehörigkeit, Status oder Prestige kauft, sondern zunehmend auch ein gutes Gewissen.

> Konsumenten kaufen mit einem Produkt nicht nur Renommee, Zugehörigkeit, Status oder Prestige, sondern zunehmend auch ein gutes Gewissen.

Mit einer starken Corporate Brand, quasi als Basis, eröffnet sich zudem die Möglichkeit, ein ganzes Set an Produkten erfolgreich im Markt zu platzieren. Dies ist auch der Grund, weshalb Unternehmen wie Nestlé, Henkel, Unilever und Procter & Gamble (P&G) ihre Corporate Brand zuletzt deutlich prominenter im Markt kommunizieren und als Plattform nutzen (vgl. in Kap. 4 den Beitrag von Baetzgen). Darüber hinaus, und das ist die eigentliche Aufgabe der Unternehmensmarke, ist sie der erste Link der Organisation zu wichtigen Stakeholdern wie (potenziellen) Mitarbeitern, Investoren, Medien, Politik, NGOs, Lieferanten und Absatzmittlern. Unternehmen müssen sich heute eben nicht nur als Produzenten oder Hersteller präsentieren, sondern auch proaktiv als Ansprechpartner für unterschiedliche, auch gesellschaftliche Belange und Fragen anbieten.

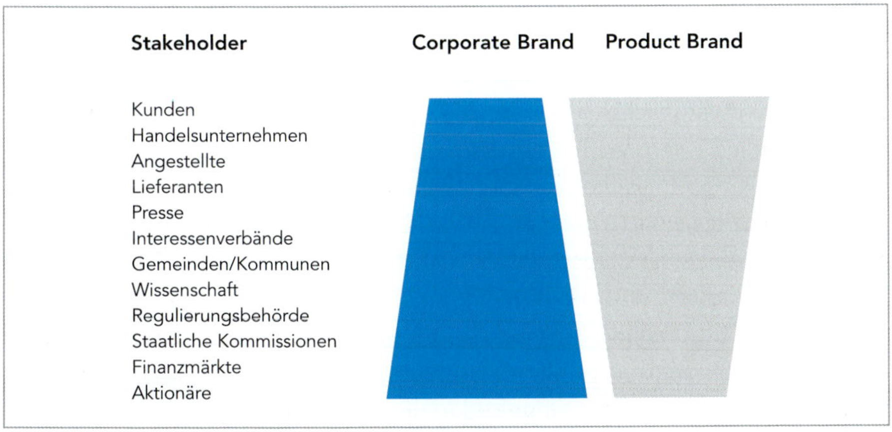

Abb. 1: Stellenwert von Corporate und Product Brand für die verschiedenen Anspruchsgruppen (nach Esch et al. 2005)

Eine differenzierte Betrachtung von einzelnen Interessenlagen unterschiedlicher Stakeholder-Gruppen scheint sich heute mehr und mehr aufzulösen und zugunsten der Corporate Brand zu verschieben. Drei wesentliche Entwicklungen und Tendenzen befeuern diesen Trend:

- Mental Convenience: Corporate Brands sorgen für kognitive Entlastung
- War for Talents: Employer Branding als Leitplanke
- Corporate Social Responsibility: Be a good guy!

Mental Convenience: Corporate Brands sorgen für kognitive Entlastung

AEG war bis in die 1980er-Jahre eine der bekanntesten und profiliertesten Unternehmensmarken. Der Corporate Claim *»Aus Erfahrung gut«* bringt die besondere Stärke der Marke auf den Punkt: Die Gesamtheit an positiven Erfahrungen, die ein Konsument in seinem Leben mit den Waschmaschinen, Herden, Staubsaugern oder Pürierstäben von AEG gemacht hat, lässt diesen (blind) in die Marke vertrauen. Ein zufriedener AEG-Kunde kann so guten Gewissens, auch ohne Detailprüfung, zu anderen AEG-Produkten greifen. Positive Erfahrungen lassen Menschen vertrauen. Vertrauen entlastet den Konsumenten vor permanentem Prüf-, Test- und Auswahlstress beim nächsten Kauf. Dabei sorgt die Corporate Brand für Vertrauen in die Institution, während es Aufgabe der Produktmarke ist, für Sachvertrauen zu werben. *Mental Convenience* ist ein relativ neues Stichwort dafür im ›Marketing-Sprech‹. Es meint die kognitive Entlastung, die ein Käufer, Verbraucher erfährt, weil ihm eine Kaufentscheidung möglichst einfach gemacht wurde. Dem entgegen steht das sattsam bekannte Überangebot an einander ähnlichen Produkten, weniger Zeit, mehr Prüf- und Biosiegel von sehr unterschiedlicher Qualität, mehr Vergleichs- und Informationsmöglichkeiten sowie ein kritischeres, anspruchsvolleres Verbraucherbewusstsein usw. Wir alle müssten uns eigentlich viel mehr Zeit zum Einkaufen nehmen. Zeit, die wir aber nicht haben – oder die wir uns auch einfach nicht nehmen wollen. Eine starke, positiv aufgeladene Corporate Brand entlastet Menschen von vielerlei Überlegungen und Fragestellungen: Ist das Produkt gut? Wird es meine Ansprüche erfüllen? Wie ist der Service? Bekomme ich Bestätigung, Anerkennung für den Kauf dieser Marke? Geht das Unternehmen fair mit seinen Mitarbeitern um? Und mit seinen Lieferanten? Hier ist statt Komplexität Einfachheit gefordert und vor allem gewünscht. Und das gilt nicht nur in Bezug auf Produkte, sondern umso mehr für Dienstleistungen, die ja per se noch schwerer vorab zu bewerten sind. So kommt es, dass gerade Banken und Versicherungen mit ihren komplexen, erklärungsbedürftigen Produkten der Corporate Brand einen großen Stellenwert beimessen. Typisch hierfür ist die 2016 gelaunchte Kampagne des Deutschen Sparkassen- und Giroverbandes (DSGV) für die Sparkassen mit dem Leitversprechen »*Wir machen es den Menschen einfach, ihr Leben besser zu gestalten.*« Auch wenn die Kampagne in einzelnen Kampagnenmotiven durchaus konkrete Produkte auslobt, so liegt deren Fokus in der sehr reduzierten Gesamtaussage auf der Corporate Brand. Die Kampagne belegt zwar noch nicht die Einfachheit der Bankprodukte, zielt aber 100-prozentig auf Mental Convenience.

Abb. 2: Anzeigenmotiv »Einfach« DSGV 2016 (Quellen: Deutscher Sparkassen- und Giroverband (DSGV); Agentur Jung von Matt)

Das Prinzip »Erfolg durch eine starke Dachmarke« hat auch die einstige Kaffee- und Monomarke Tchibo über die letzten Jahrzehnte beeindruckend entwickelt und perfektioniert. So präsentiert sich uns Tchibo schon längst nicht mehr als bloßer Kaffeeanbieter: Heute können wir unter dem Namen Tchibo von der

Sportsocke über Eierschneider, Handytarife und Badezimmermöbel bis hin zur Fernreise nahezu alles kaufen. Und immer suggeriert uns die Brand Tchibo, dass wir hier gerade einen preiswerten, fairen Deal machen. Aber Tchibo geht in Sachen mentaler Convenience noch weiter: Tchibo erleichtert uns nicht nur das »wie wir einkaufen«, sondern durch seine jährlichen 52 Themenwochen auch das »was wir einkaufen«. Mehr Entlastung geht nicht: *Corporate Convenience.*

»War for Talents«: Employer Branding als Leitplanke

Der von der Unternehmensberatung McKinsey&Company vor gut 25 Jahren geprägte Begriff *»The War for Talents«* beschreibt nur zu gut die zunehmend drängende Notwendigkeit für Unternehmen, sich im Kampf um die fähigsten Köpfe weltweit besser zu positionieren und aktiv auf diese zuzugehen. Eine sinnvolle und notwendige ›Waffe‹, um diesen ›Kampf‹ erfolgreich zu bestehen, ist eine gut aufgestellte *Employer Brand,* als Leuchtstern und Leitplanke des Human Ressources Management. Das Gewinnen und Halten von motivierten, qualifizierten Mitarbeitern ist unbestritten einer der zentralen Erfolgsfaktoren von Unternehmen und Organisationen heute und in Zukunft – nicht nur in Zeiten der digitalen Transformation. Unternehmen sind teilweise schon so weit, dass sie sagen: Lasst uns alle denkbaren Anstrengungen unternehmen, Talente zu finden und für uns zu gewinnen, egal welcher Art und Qualifikation. Eine Verwendung im Unternehmen finden wir für sie dann schon.

Was hat nun die Corporate Brand mit der Employer Brand zu tun? Viel! Beide sind eng miteinander verbunden, haben große Teilmengen. Eine attraktive Employer Brand ist nicht ohne eine attraktive Corporate Brand denkbar und machbar. Die Employer Brand wird aus den Werten der Corporate Brand gespeist. Während die Corporate Brand das Unternehmen als Ganzes repräsentiert und sich somit an *alle* Stakeholder richtet (»Wie möchten wir als Ganzes wahrgenommen werden?«), fokussiert die Employer Brand nur auf die Teile der Corporate Brand, die für (potenzielle) Mitarbeiter besonders interessant sind und transformiert bzw. ergänzt diese um spezifische Arbeitgeberqualitäten (»Wie möchten wir als Arbeitgeber wahrgenommen werden?«). Folglich liegt es nahe, die Employer Brand und die Corporate Brand gemeinsam zu entwickeln bzw. weiterzuentwickeln. Immer sollte ein Unternehmen das eine mit dem Blick auf das andere tun. Potenzielle Bewerber werden in ihrer Wahrnehmung und Entscheidung nicht zwischen der Unternehmens- und der Arbeitgebermarke unterscheiden. Dies zeigt sich auch daran, dass es insbesondere profilierte und nach außen stark in

Erscheinung tretende Corporate Brands wie Bosch, Porsche oder BMW sind, die die einschlägigen Rankings der beliebtesten Arbeitgeber bei Hochschulabsolventen und Young Professionals in Deutschland anführen.

Abb. 3: Positionierung von Corporate Brand und Employer Brand am Beispiel der Marke Continental (Quellen: Continental AG, Agentur PSG)

Ein Beispiel für die enge Verzahnung von Corporate Brand und Employer Brand liefert das Unternehmen Continental. *»The Future in Motion«* lautet der Claim der Corporate Brand als Ausdruck für den Wandel des Unternehmens vom Reifenhersteller zum diversifizierten Systemzulieferer im Bereich Mobilität. Aus dieser Positionierung der Corporate Brand wurde die Positionierungsaussage für die Continental Employer Brand konsequent abgeleitet: *»Let your ideas shape the future.«* Die Einladung, mit den eigenen Ideen die Zukunft mitformen zu können, ist der persönliche Teilaspekt, eine Teilmenge in der sehr groß gefassten Aussage »The Future in Motion«.

Corporate Social Responsibility: Be a good guy!

Der hohe Stellenwert der Corporate Brand für viele Unternehmen wird durch eine weitere wichtige Entwicklung in unserer Gesellschaft befördert: eine Moralisierung der Märkte (vgl. Stehr 2007). Im Jahre 2011 wurde das Phänomen bzw. der Begriff »Shitstorm« zum Anglizismus des Jahres in Deutschland gewählt. Zwar ist es heute um den Begriff etwas ruhiger geworden, letztendlich sind Shitstorms aber die Begleiterscheinung einer unumkehrbaren weltweiten Entwicklung:

Unternehmen stehen mit ihren Aktivitäten mehr und mehr im Lichte der Öffentlichkeit, mit einem riesigen Rechtfertigungsdruck gegenüber dem, was sie tun, wie sie es tun und welchen Nutzen und Schaden sie für die Menschen und die Gesellschaft stiften.

> Unternehmen stehen unter einem riesigen Rechtfertigungsdruck gegenüber dem, was sie tun, wie sie es tun und welchen Nutzen und Schaden sie für die Menschen und Gesellschaft stiften.

Kritische Verbraucher, NGOs und die Öffentlichkeit wollen wissen, wie und unter welchen Umständen Modeketten ihre Kleider produzieren lassen, wie viel Palmöl in ihrem Schokoriegel ist und wie viel Regenwald dafür gerodet wurde und ob die eigene Bank noch in Kohlekraftwerke investiert. Nein, nicht alle wollen das immer wissen. Dies würde dem erläuterten Prinzip der Mental Convenience widersprechen. Unternehmen sollten aber in dieser Hinsicht keinesfalls negativ auffallen. Sofern sie ihre ›Hausaufgaben‹ machen und mit ihrer Corporate Brand die Organisation so aufstellen, dass sie auf wesentliche Fragen der Gesellschaft überzeugende Antworten liefert, sind Unternehmen nicht nur für kleine oder größere Störfälle besser vorbereitet, sondern können den allgemeinen Rechtfertigungsdruck positiv umkehren und sich als ›Good Guy‹ – als Good Corporate Citizen – präsentieren. *Corporate Social Responsibility,* also das nachhaltige und verantwortungsvolle Wirtschaften eines Unternehmens, ist längst kein Modebegriff mehr, sondern wird selbst von hartgesottenen Börsianern und der Financial Community insgesamt als nichtfinanzieller Indikator in die Beurteilung des Wertes und der Zukunftsfähigkeit von Unternehmen einbezogen. Es ist die grundsätzliche Aufgabe der Corporate Brand, bei Öffentlichkeit, Organisationen und Verbänden, Politik und Presse, Anteilseignern und Kontrollgremien, Lieferanten und Geschäftspartnern, Mitarbeitern und Bewerbern sowie Kunden für ein positives Corporate Image zu sorgen und den unterschiedlichen Interessen, Ansprüchen und Fragestellungen dieser Stakeholder gerecht zu werden. Das macht die Corporate Brand für Unternehmen heute so wertvoll und wichtig.

Wie die Corporate Brand strategisch entwickelt wird

Im Grundsatz verläuft die Entwicklung einer Unternehmens- und Produktmarke hinsichtlich Methodik und Prozess ähnlich. In beiden Fällen ist eine *identitätsbasierte Markenentwicklung* die Methode, die von besonderer Relevanz ist (vgl. in Kap. 3 den Beitrag von Betsch und Märki). Dennoch gibt es wesentliche Unterschiede im Entwicklungsprozess:

1. Im Gegensatz zu einem neuen Produkt kann eine Corporate Brand eigentlich nie auf der ›grünen Wiese‹ entwickelt werden. Jedes Unternehmen hat bereits eine Geschichte, auch ein Start-up hat seine Gründerstory, die die Marke bereits mehr oder weniger prägt. Meine Beratungs- und Agenturpraxis hat mir gezeigt, dass der inhaltliche, strategische und visuelle Relaunch einer bereits über einen längeren Zeitraum existierenden Unternehmensmarke der Normalfall ist, die Neudefinition am Anfang einer ›Unternehmenskarriere‹ die Ausnahme.
2. Ein Corporate Branding verdient besondere Sorgfalt, die Unternehmensmarke darf keinesfalls ›floppen‹, wie es viele neue Produktmarken regelmäßig tun. Der Schaden wäre immens.
3. Die Entwicklung einer Unternehmensmarke braucht eine langfristige Perspektive, bei der die Vergangenheit des Unternehmens, seine Gegenwart und Zukunft gleichermaßen betrachtet werden.
4. Die Mitarbeiter spielen für den Erfolg der Unternehmensmarke eine zentrale Rolle. Sie sind es, die die Corporate Brand zum Leben erwecken – mit Worten und Taten.
5. Die (Weiter-)Entwicklung einer Corporate Brand ist meist komplexer, da diese unterschiedliche Märkte (Absatz-, Beschaffungs-, Personal- und Finanzmarkt) und Stakeholder adressieren muss, während die Produktmarke primär auf Kunden zielt.
6. Corporate Brands basieren auf typischen Leistungsdimensionen von Organisationen, die häufig einander sehr ähnlich sind, z. B. Internationalität, Nachhaltigkeit, Partnerschaftlichkeit, Innovation, Vertrauenswürdigkeit. Sie neigen damit noch leichter zur Austauschbarkeit.

Entwicklungsprozess der Corporate Brand

Der Prozess der Entwicklung einer Corporate Brand in fünf Schritten aus der Perspektive langjähriger Beratungspraxis:

1. Discover: Brand Insights
Die Investition in eine fundierte Wissensgrundlage legt die Basis für den späteren Erfolg. Hierzu zählen eine umfassende Informationssammlung, Analyse des Ist-Zustandes, Aufnahme und Abgleich des Selbst- und Fremdbildes und deren Verdichtung zu relevanten ›Insights‹ und Fragestellungen. Es gilt: Die Qualität des Inputs bestimmt die Qualität des (späteren) Outputs.

Mögliche Tools und Werkzeuge:
Desk-Research, Unternehmens-, Markt-, Wettbewerbs- und Zielgruppenanalyse, interne und externe Einzel-/Gruppeninterviews, Workshops etc.

2. Develop: Brand Concept
Die Beurteilung, Gewichtung und Transformation der Analyse-Ergebnisse bilden die Grundlage für die Markenkonzeption. Hier wendet sich der strategische Blick von der Vergangenheit und Gegenwart in Richtung Zukunft. Welche Stärken und Potenziale der Marke versprechen in Markt und Wettbewerb gegenüber Kunden und Stakeholdern langfristig national und international eine prosperierende Zukunft für das Unternehmen?

Mögliche Tools und Werkzeuge:
Diskussion unterschiedlicher Positionierungsansätze, Workshops mit Führungskräften, strukturierte Interviews, Visualisierungen, Moodboards, Entwicklung einer Brandstory etc.

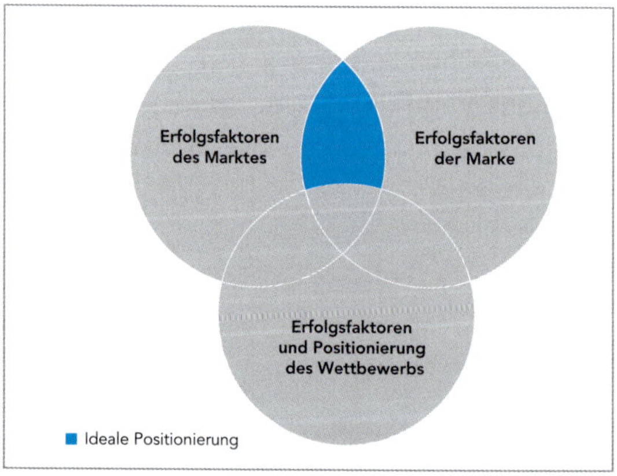

Abb. 4: Nicht Alles, was gut ist, ist auch gut für die Marke: Die ideale Positionierung schafft Relevanz und Differenzierung (Quelle: wirDesign communication AG)

Abb. 5: Ein logisches und übersichtliches Marken-Positionierungsmodell: Der wirDesign BrandExplorer »fragt« nach den wesentlichen differenzierenden Merkmalen, die den Erfolg des Unternehmens nachhaltig sicherstellen (Quelle: wirDesign communication AG)

3. Design: Brand Creation

Vor dem Hintergrund der definierten Positionierungsgrundsätze wird der bestehende verbale und visuelle Auftritt der Marke überprüft. Stimmt das Corporate Design mit der aktualisierten Markenpositionierung (noch) überein? Oder bedarf es eines Design Relaunch? Passen Tonality und Sprache der Marke zur Positionierung?

Mögliche Tools und Werkzeuge:
vergleichende Designanalyse, Benchmarks, Gruppendiskussionen, Tiefeninterviews, Copytests etc.

4. Deliver: Brand Implementation

Eine gelungene Implementierung ist der Schritt von der Theorie in die Praxis, von der geplanten zur erreichten Wirkung, von der Identität zum Image (vgl. in Kap. 7 den Beitrag von Brekenfeld und Krick). Die Implementierung einer Marke hat nicht unbedingt einen klaren Anfangs- und Endpunkt. Mit Blick auf die Corporate Brand heißt Implementierung: Möglichst viele Mitarbeiter im Unternehmen kennen die (neue) Positionierung, verstehen sie, mögen sie und können sie in ihrem Bereich als Handlungsmaxime anwenden – oder einfach auch ihrem Nachbarn erzählen. Frühzeitige Involvierung und Berücksichtigung der Mitarbeiter, ein transparenter Prozess und die emotionale Mitnahme aller relevanten Mitarbeiter sind hier für die Corporate Brand wesentlich wichtiger als für eine Produktmarke.

Mögliche Tools und Werkzeuge:
Mitarbeiterbefragungen, Infomärkte, Marken-Workshops, Schulungen, Marken-Messen, Brand Books, Brand-Management-Systeme, Manuals etc.

5. Do it: Brand Communication
Das eigentliche Ziel des Markenprozesses ist es, die wesentlichen Botschaften der Marke in den Köpfen der unterschiedlichen Stakeholder zu verankern. Für diesen Prozess ist vor allem zweierlei gefordert: Konsistenz und Kontinuität. *Konsistenz* meint, in unterschiedlichen Kanälen und Medien die immer gleichen aufeinander abgestimmten Kernbotschaften der Marke, auch von unterschiedlichen Unternehmensabteilungen, nach draußen zu kommunizieren. *Kontinuität* meint, dies ohne großartige Veränderungen wirklich über einen längeren Zeitraum zu tun. Die (neue) Marke ist vermutlich gerade erst im medialen Dauerfeuer bei ihren Zielgruppen angekommen, wenn sich die Marketing-Abteilung schon längst vor Langeweile gähnend nach einem neuen Claim, einer neuen Kampagne oder einem neuen Design sehnt.

Mögliche Tools und Werkzeuge:
Kommunikationsstrategie, Mediamix, Festlegung von KPIs, Erfolgsmessung etc.

Wie die Corporate Brand implementiert wird

»Der Erfolg der Unternehmensmarke hängt ursächlich von der Qualität ihrer internen wie externen Implementierung ab«, so Saskia Diehl von der Markenberatung GMK. So unstrittig und wahr diese Feststellung ist, sie stellt Unternehmen vor gewaltige Herausforderungen. Denn die Schwierigkeit bei der Implementierung einer Marke ist grundsätzlicher Natur bzw. systemimmanent. Als Kommunikator soll die Corporate Brand für die Gesamtheit eines Unternehmens sprechen, das mit zunehmender Größe komplexer, zersplitterter, in Abteilungen gegliedert, in Divisionen geteilt, auf Länder verteilt und in Subbrands aufgeteilt ist. Es gibt in Unternehmen viele unterschiedliche Haltungen, Einzelinteressen, singuläre Ziele, auch Absatzziele, die das Handeln von Abteilungen und Divisionen bestimmen. Einkauf, Verkauf, Vertrieb, die HR-Abteilung, Presse, Marketing – alle handeln

häufig nach ihrem eigenen Kompass, in ihrem eigenen Kosmos. Sie verfolgen dabei zuerst ihre persönlichen Ziele und sehen weniger die Gesamtheit der Corporation. Soll die Corporate Brand aber wirklich ein Erfolg werden, müssen Sie die Kollegen und Verantwortlichen, die die Corporate Brand steuern sollen, mit Informationen ›füttern‹, mit Energie, evtl. sogar mit Teilen ihres Etats, und akzeptieren, dass die zentrale Schaltstelle »Brand Communication« oder Unternehmenskommunikation fast überall mitreden, wenn nicht sogar eingreifen will. Diese generelle Akzeptanz der Wichtigkeit der Unternehmensmarke ist im Unternehmensalltag nicht immer einfach zu erreichen. Die Anstrengung vieler Mitarbeiter, viele Einzelziele erreichen zu müssen, steht logischerweise dem holistischen Ansatz einer Corporate Brand entgegen. Daher ist die Einsicht, dass eine starke Unternehmensmarke für alle und für jede einzelne Abteilung und Division gut ist, zunächst das wichtigste Ziel bei der Implementierung einer Corporate Brand.

> Das wichtigste Ziel bei der Implementierung einer Corporate Brand ist die Einsicht, dass eine starke Unternehmensmarke für alle, für jede einzelne Abteilung und Division, gut ist.

Die drei Grundsätze einer erfolgreichen Implementierung

1. Markenprozesse und Positionierungsarbeit kosten viel Zeit und Geld. Einen Return on Investment gibt es nur, wenn auch die Implementierung gelingt. Deshalb muss für diese Phase von vornherein in der Prozessplanung ausreichend Zeit und Geld eingeplant werden.
2. Die Corporate Brand soll von den Mitarbeitern gelebt werden. Also müssen diese nicht nur informiert, sondern es muss in ihnen langfristig auch ein Bewusstsein für die Marke geweckt werden.
3. Die Corporate Brand braucht ein festes Zuhause im Unternehmen. Sie braucht Verantwortliche, die mit entsprechenden Ressourcen, Zeit und Geld ausgestattet sind, funktionsbereichsübergreifend agieren dürfen und die notwendigen Kompetenzen haben. Nur so ist der langfristige, nachhaltige Erfolg der Marke sichergestellt. Es ist ein Prozess!

Die drei generellen Hemmnisse der Implementierung

Es gibt drei wesentliche Blockaden, die einer erfolgreichen Implementierung entgegenstehen. Sie lauten vereinfacht: Ich weiß von nichts, ich will nicht, ich kann nicht.

1. *»Ich weiß von nichts«:* Durch die frühzeitige Involvierung eines Teiles der Mitarbeiterschaft werden Betroffene zu Beteiligten, Multiplikatoren und Botschaftern des Prozesses.
2. *»Ich will nicht«:* Angst vor Veränderung, negative Vorerfahrungen (»Die da oben wieder, ... das verläuft wie immer im Sande, ...«), das Gefühl mangelnder Wertschätzung für bisher Geleistetes und nicht abgefragte Expertise führen zu emotionalen Blockaden.
3. *»Ich kann nicht«:* Mitarbeiter müssen zum einen den Freiraum bekommen, festzustellen, was die (neue) Markenpositionierung für ihren Aufgabenbereich konkret bedeutet und zum anderen in die Lage versetzt werden, die Marke zu leben. Das schließt auch ganz pragmatisch technische, finanzielle, zeitliche Ressourcen mit ein.

Die drei wichtigsten Schritte der Implementierung

Informieren

Die Belegschaft über einen (Re-)Branding-Prozess zu informieren, heißt nicht, sie vor vollendete Tatsachen zu stellen und über ein fertiges Ergebnis in Kenntnis zu setzen. Die Implementierung beginnt bereits mit einer angemessenen Information der Mitarbeiter zum Projektstart. Sinnvolle Meilensteine der Information im Implementierungsprozess zeigt Abbildung 6.

Involvieren

Wichtig ist, dass die Unternehmensführung sichtbar in den Prozess involviert ist, um so dem Projekt die entsprechende Bedeutung zu geben. Aber auch die möglichst frühzeitige Einbeziehung vieler Mitarbeiter aus verschiedensten Ebenen und Bereichen des Unternehmens durch Information, Befragungen und Beteiligung liefert wertvollen Input für den Markenprozess und baut von vornherein mögliche Implementierungsblockaden ab. *Input* ist hier das richtige Wort. Invol-

Information zum Projektstart	Information zu ersten Zwischenergebnissen	Information zu ersten Erfolgen	Information zum Abschluss des Projektes
Was ist der Anlass des Projektes? Was ist das Ziel? Wann ist mit ersten Ergebnissen zu rechnen? Wer wird involviert? Wie kann sich der einzelne Mitarbeiter beteiligen? Wer ist verantwortlich?	Auch wenn die Informationen eher kleinerer Natur sind oder noch keine konkreten Konsequenzen nach sich ziehen, ein regelmäßiger Informationsfluss über den Projektstand hält Interesse und Motivation hoch, provoziert Feedback, das Thema bleibt im Bewusstsein.	Längere Prozesse brauchen Erfolgsmeldungen zwischendurch, um die positive Einstellung gegenüber dem Projekt aufrechtzuerhalten. Eine Erfolgsmeldung kann z. B. die gute Beteiligung an einer internen Meinungsbefragung sein, deren interessante Ergebnisse den Prozess bereichern und voranbringen oder Ergebnisse aus der externen Marktforschung, die eine interne Diskussion anstoßen.	Es ist kein Abschluss im klassischen Sinne, sondern die Präsentation eines verabschiedeten Ergebnisses. Eigentlich ist es eher eine Auftaktveranstaltung, in der die Motivation aus dem Projektteam auf das ganze Unternehmen überspringen muss. Es ist der Startschuss für die Umsetzung der neuen Markenpositionierung in Worten und Taten.

Abb. 6: Informationsstufen der Mitarbeiter im Implementierungsprozess (eigene Darstellung)

vierung bedeutet dabei keinesfalls, einen ›basisdemokratischen‹ Prozess anzustoßen. Das Maß der Mitarbeiter-Partizipation muss klug abgewogen werden, um Kosten- und Zeitrahmen des Projektes nicht zu sprengen. Mögliche Formate für die Involvierung können Befragungen, Diskussionsrunden, Wandzeitungen, Meinungsmärkte und Informationsmessen sein.

Aktivieren

Aktivieren heißt, die Mitarbeiter zu motivieren und in die Lage zu versetzen, in ihren Bereichen markenkonform zu agieren. Es geht nicht nur darum, die neue Markenposition zu verstehen, sondern auch die Übersetzung für das Handeln der eigenen Abteilung, den Einkauf, den Vertrieb, den Umgang mit den Kunden, das Kundengespräch und die Informationspolitik des Unternehmens insgesamt zu schaffen. Diese Transformation braucht Schulungen und Workshops und sollte Möglichkeiten für Feedback und Austausch bieten. Das kann ein durchaus kosten- und zeitintensiver Prozess sein, der aber zwingend ist, um die neue Marke tatsächlich auf die Straße zu bringen und dahin, wo sie hin soll: in die Köpfe möglichst vieler Stakeholder. Eine Möglichkeit, die Belegschaft auf spielerische Art und Weise in den Entwicklungs- und Implementierungsprozess einer Corporate Brand zu involvieren, sind die sogenannten *Info- bzw. Meinungsmärkte.* Diese laden die Mitarbeiter ein, teils auf spielerische Art und Weise wichtige Fragen des Markenprozesses zu beantworten; eine flexible Möglichkeit, Input und Involvement zu generieren.

Abb. 7: Beispiel für einen Infomarkt zur Involvierung der Mitarbeiter (Quelle: wirDesign communication AG)

Wie die Corporate Brand dokumentiert wird

Ausgangspunkt dieses Beitrags war die zunehmende Bedeutung der Corporate Brand für Unternehmen. Wir wollen an diesem Gedanken zum Ende anknüpfen. Ein weiterer Beleg für den wachsenden Stellenwert der Corporate Brand sind Unternehmensberichte, die man auch *Corporate Brand Reports* nennen könnte, die mehr und mehr herkömmliche Geschäftsberichte und auch in Teilen das gute alte Brand Book ersetzen, das in beeindruckenden Texten und wunderbaren Bildern die Essentials der Marke beschreibt und für Respekt, Renommee und Begeisterung sorgt. Während der klassische Geschäftsbericht in seinem Reporting, abgesehen von den mehr oder weniger gelungenen Imageteilen, hauptsächlich die Finanzmarkperspektive beleuchtet und an die Financial Community adressiert ist, wendet sich der Unternehmensbericht an alle Stakeholder. Er dokumentiert nicht nur die ökonomische Entwicklung, sondern berichtet auch über Themen der Corporate Social Responsibility, also über die Aspekte Ökologie, Soziales und die gesellschaftliche Verantwortung. Mehr noch: Ein Corporate Brand Report integriert diese Aspekte und stellt sie in einen Zusammenhang. Damit kommen immer mehr Unternehmen der Verpflichtung nach, neben Realkapital auch Sozialkapital zu schaffen.

> **Der Corporate Brand Report dokumentiert, wie Unternehmen Real- und Sozialkapital ansammeln und integrieren.**

Mit einer neuen, 2016 auch in Deutschland durch einen Gesetzentwurf umgesetzten EU-Richtlinie (2014/95/EU) verpflichtet sogar der Gesetzgeber größere, kapitalmarktorientierte Unternehmen, Banken und Versicherungen jährlich im Geschäftsbericht oder anderweitig eine *»nichtfinanzielle Erklärung über Arbeitnehmer-, Sozial- und Umweltbelange, die Achtung der Menschenrechte sowie Korruptionsbekämpfung«* abzugeben. So wird der Geschäftsbericht zum Unternehmensbericht und zum jährlich aktualisierten Corporate Brand Report. Denn das ist die gemeinsame Funktion von Report und Brand: Sie wenden sich an alle Stakeholder als Informationsfolie für alle Fragestellungen und Interessen. Corporate Report und Corporate Brand verbinden Vision, Mission, Nutzen, Haltung, Verantwortung, Geschichte und Zukunft des Unternehmens.

Mit System: das Brand Design komplexer Produktportfolios

Andreas Baetzgen

Nicht selten umfasst das Produktportfolio von Unternehmen mehrere Hundert Produkte – manchmal sind es sogar mehrere Zehntausend. Die systematische Kennzeichnung aller Leistungen ist heute für viele Unternehmen entscheidend, um Kunden Orientierung zu bieten und Märkte bestmöglich auszuschöpfen. Der Beitrag zeigt anhand von zahlreichen Beispielen, wie Unternehmen ihr Markenportfolio systematisch strukturieren und damit Märkte wirksamer bearbeiten können.

Das Branding von Produktportfolios (Markenarchitektur) wird für viele Unternehmen zu einer vordringlichen strategischen Aufgabe. Die Gründe hierfür sind vielfältig: Die Produktportfolios von Unternehmen werden komplexer. Beispielsweise umfasst das Portfolio von Unilever weltweit rund 400 Marken, bei Nestlé sind es sogar mehr als 2000. Und damit bilden beide Unternehmen längst nicht die Spitze komplexer Markenarchitekturen. Das Chemieunternehmen BASF besitzt weltweit mehrere Zehntausend Marken, wenngleich man hier eher von Markenrechten als von tatsächlich profilierten Einzelmarken sprechen kann. Und dies ist freilich nur die Anzahl der Marken. Die Zahl der Produkte, die es zu branden gilt, ist um ein Vielfaches höher. Auch wenn einzelne Konzerne wie Unilever oder Procter & Gamble (P&G) ihr Markenportfolio zuletzt verschlankt haben, besteht die allgemeine, branchenübergreifende Tendenz, dass die Produkt- und Markenportfolios von Unternehmen immer umfangreicher werden. Ursächlich hierfür sind Internationalisierungs- und Diversifikationsstrategien, die in der Regel markenarchitektonische Fragen nach sich ziehen, wie z. B. die Übernahmen von Kabel Deutschland durch Vodafone oder der Marke Opel durch PSA. Während Vodafone die Marke Kabel Deutschland schon wenige Monate nach Übernahme vom Markt genommen hat, soll die Marke Opel unter PSA eigenständig fortgeführt werden. Daneben sind es Individualisierungstendenzen auf vielen Märkten, die dazu führen, dass Unternehmen ihr Produkt- und Markenportfolio ständig erweitern, um den individuellen Bedürfnissen der Konsumenten gerecht zu werden. Zudem versuchen viele Unternehmen durch ein umfassendes Produktportfolio das Risiko zu streuen.

Es ist heute die Regel, dass ein Unternehmen mehrere Marken in einem Markt anbietet, um so unterschiedliche Marktsegmente anzusprechen. Die Unilever Margarine Becel zum Beispiel wendet sich an Menschen, die sich cholesterinbewusst ernähren, mit einem breiten Portfolio von veganer Margarine, Margarine mit Buttergeschmack oder Diät-Margarine. Lätta hingegen ist die Halbfettmargarine für einen *»frischen Start in den Tag«* – ebenfalls aus dem Hause Unilever und breit diversifiziert (Lätta Original, Lätta Extra Fit, Lätta Joghurt, Lätta mit Butter, Lätta mit Butter Meersalz). Rama wiederum ist Unilevers Familienmarke für eine ausgewogene Ernährung, Sanella die Margarine für alle, die gerne backen, und »Du darfst« hat Margarine für Frauen, die sich kalorienbewusst ernähren. Wer Margarine nicht mag, findet unter den Produktmarken von Unilever zudem ein breites Angebot an Butter, Streichfetten oder Olivenölen, z. B. von Bertolli. Damit deckt Unilever einen Großteil des Segments ab und bietet eine breite Auswahl für unterschiedliche Kundengruppen und Verwendungsanlässe. Die Konsumenten wissen dabei in der Regel nicht, welches Unternehmen hinter all diesen Marken steht – auch wenn Unilever als Dachmarke auf den Produkten und in der Kommunikation zunehmend in Erscheinung tritt (vgl. Abb. 1).

Markenarchitekturen sind nicht nur komplex, sie sind auch in hohem Maße dynamisch, denn Unternehmen reagieren auf die rasante Veränderung von Technologien und Märkten mit immer neuen Angeboten, Geschäftsstrategien, Restrukturierungen und Transformationsprozessen. Volkswagen beispielsweise erweitert sein Angebot um Mobilitätsdienstleistungen und bündelt diese zukünftig unter der Marke Moia – nicht unter dem Markennamen VW und Audi. RWE spaltet sich auf und gibt seiner Ökostromtochter den Markennamen Innogy. All dies sind schwerwiegende Entscheidungen, die mit einem erheblichen finanziellen Investment einhergehen und folglich eine umfassende und umsichtige Bewertung erfordern.

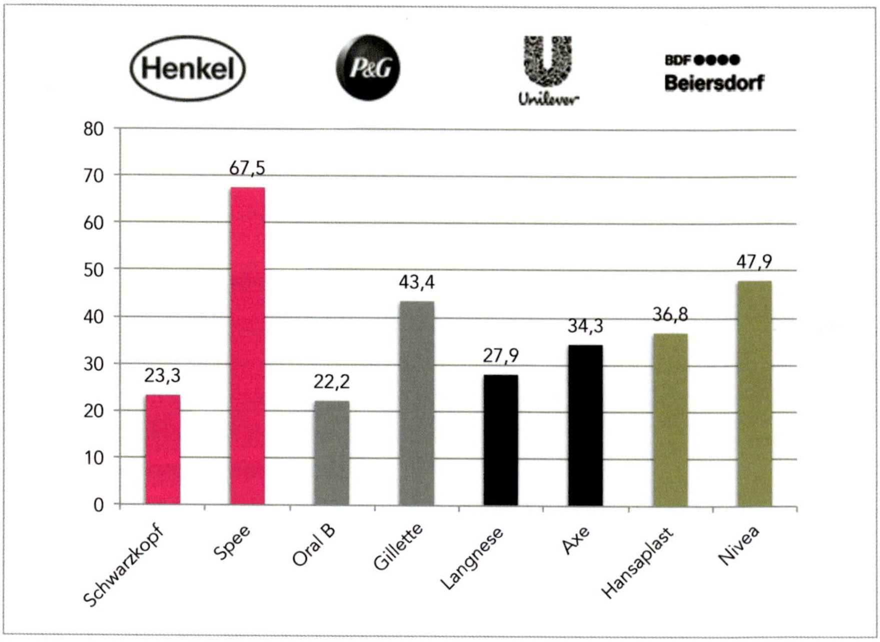

Abb. 1: Richtige Zuordnung von Produktmarken zum Unternehmen in Prozent (n=496) (zugrunde liegende Frage: Ordnen Sie die folgende Marke einem der nachfolgenden Unternehmen zu: Beiersdorf / Ferrero / Henkel / Procter & Gamble / Unilever / Die Marke gehört zu keinem dieser Unternehmen / Ich weiß es nicht) (eigene Darstellung nach Niedenthal 2014)

Markenarchitekturen als Kennzeichnungssysteme

Eine *Markenarchitektur* ist ein System zur Kennzeichnung aller Leistungen eines Unternehmens, mit dem Ziel, die Märkte eines Unternehmens horizontal und vertikal bestmöglich auszuschöpfen.

> Eine Markenarchitektur ist ein Kennzeichnungssystem von Leistungen zur optimalen Ausschöpfung von Märkten.

Eine Markenarchitektur ist dabei *kein* Abbild der Organisationsstruktur. Viele Unternehmen liegen diesem Missverständnis auf und spiegeln in der Markenarchitektur ihre Organisation. Sie konfrontieren den Kunden in ihrer Kommunikation zum Beispiel mit Geschäftsfeldbezeichnungen, die häufig keinerlei Relevanz für diesen haben und ihn im schlimmsten Fall sogar verwirren bzw. einem ganzheitlichen Markenerleben und Ökosystem im Wege stehen (vgl. Abb. 2).

Abb. 2: Anzeige der Marke Aspirin 2008: Produktmarke, Corporate Brand und Geschäftsfeldmarke »Health Care« konkurrieren um die Aufmerksamkeit des Kunden (Horizont Online 2008)

Andere Unternehmen zwängen ihrem Produktportfolio eine Kennzeichnungslogik auf, die zwar auf einem Flipchart für Ordnung sorgen mag, nicht aber in der Wahrnehmung des Kunden. Kärcher-Produkte beispielsweise, die sich an Profikunden richten, sind grau, diejenigen für den Privatkunden gelb. Diese Systematik mag dem Markenmanagement helfen, sich selbst zu ordnen, für den Kunden ist sie allenfalls im Store hilfreich. Es wird hier ein Unterschied gemacht, der für die Marke sogar von Nachteil sein kann, z. B. bei Privatkunden, die der Marke Kärcher vor allem deshalb vertrauen, weil diese von Profis geschätzt wird und professionellen Anwendungsbedingungen standhält. Auch nimmt sie den Profigeräten die markante Farbe. Gelb wird eindeutig schon von weitem der Marke Kärcher zugeschrieben, grau hingegen nicht. Eine Buchhandlung sortiert ihre Bücher auch nicht nach Farben, um Ordnung im Produktportfolio zu schaffen, sondern die Regale sind alphabethisch nach Autor und die Abteilungen nach Genres geordnet, und zwischendrin gibt es Büchertische, die Menschen thematisch inspirieren sollen. Und selbst diese Strukturierung des Portfolios ist nicht wirklich intelligent und entspricht nicht unbedingt den Bedürfnissen und dem Suchverhalten des Kunden. Klüger ist es, wie wir heute wissen, die Bücher so zu sortieren, dass Bücher, die von Kunden häufig zusammen gekauft und gelesen werden, nebeneinander stehen. So könnte neben einem Reiseführer über Cornwall ein Krimi stehen, der im Süden Englands spielt oder ein Ratgeber für Rosenzüchter. Im digitalen Kontext lassen sich Bücher darüber hinaus individuell anordnen und mit anderen Produktkategorien kombinieren – auch abhängig von persönlichen Interessen, Suchhistorie, Tageszeit und Nutzungsort. Ähnlich verhält es sich mit Markenarchitekturen. Es gibt viele (auch dynamische) Möglichkeiten, Produktportfolios zu ordnen und diese zu kennzeichnen.

Ordnung ins System bringen

In den allermeisten Markenarchitekturen finden sich formale Unstimmigkeiten bzw. *Inkonsistenzen,* da Markenarchitekturen in der Regel historisch gewachsen sind. Ein Beispiel hierfür ist die Markenarchitektur von Ferrero: Von außen erscheint es wenig schlüssig, dass die drei Pralinenmarken, die unter der Marke »Die Besten von Ferrero« gebündelt werden, »Ferrero Rocher«, »Ferrero Küsschen« und »Mon Cheri« heißen – und Letztere nicht auch »*Ferrero* Mon Cheri«. Die Marke »Milchschnitte« hat als einzige Subbrand der Dachmarke »Kinder« nicht den Namenszusatz »Kinder« (Kinder Überraschung, Kinder Pingui, Kinder MaxiKing etc.). Unklar ist auch, weshalb die Marken Duplo und Nutella – anders als die Marke Hanuta – visuell an die Dachmarke »Kinder« angelehnt sind, dieser aber nicht angehören. Diese vermeintlichen Inkonsistenzen sind das Ergebnis eines gewachsenen Produktsortiments und sich wandelnder Unternehmens- und Geschäftsfeldstrategien. Als Designer und Markenmanager ist man schnell geneigt, diese Unstimmigkeiten – im Sinne einer stringenten und konsistenten visuellen Grammatik – zu begradigen. Die Umstellung eines Branding geht jedoch mit einem erheblichen Investment einher. Unternehmen sollten deshalb Änderungen an ihrer Markenarchitektur nicht aus rein formalen Gründen erwägen. Was Markenmanager und Designer in ihrer tagtäglichen Arbeit an formalen Inkonsistenzen stört, kann für Kunden vollkommen unerheblich sein – vielleicht ist es ihnen mehrheitlich ja noch nicht einmal aufgefallen.

Anders sieht es aus, wenn die bestehende Markenarchitektur *wirtschaftliche Nachteile* für ein Unternehmen mit sich bringt. Dies kann der Fall sein, wenn sich Kunden im Portfolio einer Marke nicht zurechtfinden – denken Sie beispielsweise an komplexe Portfolios wie Bewässerungssysteme für den Garten, Dübel oder Schrauben. Die Gefahr, dass Kunden in diesem Fall zur Konkurrenz abwandern, ist groß. Wirtschaftliche Nachteile können einem Unternehmen auch dadurch entstehen, dass sich einzelne Produkte aufgrund ihres Branding zu stark kannibalisieren. Auch dann ist ein Re-branding erforderlich.

> Betrachten Sie das Branding eines Produktes niemals isoliert, sondern stets im Kontext des gesamten Produktportfolios eines Unternehmens.

Grundsätzlich gilt: Jeder Re-branding-Prozess sollte wohl bedacht, dosiert und vorausschauend geplant sein. Andernfalls droht Ungemach – vor allem für den Kunden. Die Lufthansa AG ist hierfür ein mahnendes Beispiel. Statusorientierte Vielflieger mussten 2015 zähneknirschend auf die Marke Germanwings umsteigen, die 2016 in Eurowings umbenannt wurde. Die Folge war, dass Lufthansa-Kunden mit Eurowings-Tickets viele Monate von Flugzeugen »operated by Germanwings« transportiert wurden. Dies war erforderlich, weil Flugnummern, Start- und Landerechte aus rechtlichen Gründen weiterhin bei Germanwings lagen. Ein größeres markenarchitektonisches Durcheinander ist kaum vorstellbar. Das Markenprinzip wird hier ad absurdum geführt. Das Beispiel zeigt, wie eng Unternehmensstrategie und Markenarchitektur miteinander verbunden sind. Eine unklare und unstimmige Markenarchitektur ist häufig der Ausdruck einer sprunghaften oder schlingernden Unternehmensstrategie, wie im Fall des Lufthansa-Konzerns. Marken- und Branding-Experten stoßen hier an ihre Kompetenzgrenzen, denn einer unklaren Unternehmensstrategie ist auch die beste Markenarchitektur nicht gewachsen.

> Einer unklaren Unternehmensstrategie ist auch die beste Markenarchitektur nicht gewachsen.

Komplexe Portfolios einfach kennzeichnen

Grundsätzlich gilt, dass ein *Branding* so einfach wie möglich sein sollte. Dies hat zwei Gründe: Zum einen ist die Informationsüberlastung des Konsumenten heute so hoch, dass jedes Mehr an Information leicht untergeht und vom eigentlich Wichtigen ablenkt. Zum anderen klingt in diesem Buch an verschiedenen Stellen an (vgl. in Kap. 5 den Beitrag von Ochsenhirt und Schmidt), dass das Branding einer Marke im Zuge der Digitalisierung reduzierter und kompakter sein muss, weil etwa auf mobilen Endgeräten schlicht die Fläche fehlt, um beispielsweise Endorsements zu platzieren. Auch sollten sich Unternehmen grundsätzlich die Frage stellen, was ihren Kunden an Information zumutbar ist. Die Wassermarke Vio *»aus dem Hause Apollinaris«* von Coca-Cola ist ein Beispiel hierfür. Welchen Wert hat es für den Kunden, um dieses vielschichtige Beziehungsgeflecht zu wissen? Welche Marke besitzt für den Kunden den entscheidenden Wert? Ist es Vio, Apollinaris oder Coca-Cola? Man könnte einwenden: Es ist die Mischung, die dem Konsumenten ein gutes Gefühl gibt und ihn vertrauen lässt. Nach dem Motto: Dreifach hält besser. Leider ist es nicht ganz so einfach. Eine Studie von Alba, Hutchinson und Lynch (1991, S. 206f.) liefert den empirischen Beleg, dass mit zunehmender Stärke der Produktmarke der Einfluss einer zusätzlichen Unternehmensmarke überproportional abnimmt und im Extremfall sogar negativ sein kann. Zudem kommt es aufgrund begrenzter Informationsverarbeitungskapazitäten zu einem *»race for consideration«* zwischen Unternehmens- und Produktmarke.

Markentyp und Markenstrategie als Basis der Systematisierung

Bei der (Neu-)Ordnung einer Markenarchitektur steht die Systematisierung des Portfolios nach Markentypen an erster Stelle. Hierfür muss man zunächst unterscheiden, ob eine Marke ein Unternehmen (Unternehmensmarke bzw. Corporate Brand), ein Geschäftsfeld (Geschäftsfeld- bzw. Divisionsmarke) oder eine Leistung (Produkt- bzw. Dienstleistungsmarke) kennzeichnet.

Corporate Brand: Die Unternehmensmarke gewinnt in der Markenarchitektur vieler Unternehmen an Bedeutung (vgl. in Kap. 4 den Beitrag von Gabrysch). Die Corporate Brand richtet sich an sämtliche Stakeholder eines Unternehmens – mitunter auch an den Kunden. Letzteres hängt von der Markenstrategie eines Unternehmens ab. Jedes Unternehmen besitzt eine Corporate Brand.

Geschäftsfeldmarke: Eine Geschäftsfeld- oder Divisionsmarke hingegen ist deutlich seltener. Längst nicht jedes Unternehmen räumt seinen Geschäftsfeldern bzw. Divisionen den Stellenwert einer Marke ein, die nach außen in Erscheinung tritt. Die Deutsche Bahn ist hierfür ein Beispiel, mit den Marken DB Cargo, DB Netz etc. Auch die Bayer AG verfolgte eine Zeit lang eine Geschäftsfeldmarkenstrategie mit den Divisionen Pharmaceuticals, Consumer Health und Crop Science, die als Subbrands auch in der Kundenkommunikation nach außen zum Einsatz kamen. Abbildung 2 veranschaulicht die Problematik vieler Geschäftsfeldmarken. Sie konkurrieren um die Aufmerksamkeit des Konsumenten, meist jedoch, ohne einen substanziellen Wert für den Konsumenten zu haben, der in diesem Beispiel eindeutig durch die Unternehmensmarke Bayer und die Produktmarke Aspirin begründet ist. Eine Geschäftsfeldmarkenstrategie ist häufig politischen Gründen geschuldet, z.B. dem Streben von Divisionen und ihrem Management nach mehr Einfluss und Sichtbarkeit im Konzern und Markt.

Produktmarke: Produkt- bzw. Dienstleistungsmarken richten sich vornehmlich an die Absatzmärkte eines Unternehmens und markieren eine oder mehrere Leistungen.

Weiterhin maßgeblich für die Markenarchitektur ist die *Markenstrategie,* die ein Unternehmen verfolgt. Eine Marke kann entweder den Status einer Dach-, Familien- oder Einzelmarke haben. Von einer *Dachmarke* spricht man, wenn eine Marke ein *diversifiziertes* Leistungsportfolio umfasst, d. h., mit mehreren Produkten in unterschiedlichen Märkten aktiv ist (z.B. Nivea). Eine Dachmarke kann vom Typ her eine Unternehmens- oder Produktmarke sein. Von einer *Familienmarke* sprechen wir, wenn diese mehrere Produkte aus *einem* Markt unter sich vereint (Line Extensions). Demgegenüber markiert eine *Einzelmarke* streng genommen nur ein Produkt. Einzelmarken werden seltener, denn die allermeisten Unternehmen versuchen, erfolgreiche Einzelmarken zur Familien- und Dachmarke auszubauen.

Exkurs: Die ›Group-Marke‹

Es gibt den häufigen Fall, dass ein Unternehmen mehrere Produktmarken besitzt, von denen eine namensgleich mit der Corporate Brand ist. Beispiele sind Volkswagen, Metro, BMW, Lufthansa oder Coca-Cola. Bei dieser Konstellation entsteht die Schwierigkeit, zwischen Unternehmens- und Produktaktivitäten zu unterscheiden. Diese Unterscheidung ist wichtig, um beispielsweise institutionelle Themen (CSR-, Personal-, Finanzkommunikation) zielgenau an einzelne Stakeholder zu adressieren. Zudem kann bei Namensgleichheit von Unternehmens- und Produktmarke der Eindruck entstehen, dass die Unternehmenskommunikation (z. B. von BMW) nur für die Automarke BMW und nicht für die anderen Produktmarken spricht (z. B. Mini, Rolls-Royce). BMW spricht als Unternehmen über Abgaswerte, die Automarke über *»Freude am Fahren«*. Um diese Trennung deutlich zu machen, operieren viele Unternehmen mit einem Namenszusatz auf Ebene der Corporate Brand, der sogenannten *Group-Marke*. Die BMW Group, Metro Group, Adidas Group oder Lufthansa Group sind hierfür Beispiele. Alternativ kann auch ein anderer Namenszusatz gewählt werden, wie z. B. Volkswagen Aktiengesellschaft. Auch wenn diese Lösung nicht sonderlich elegant ist, hat sie sich doch als praktikabel erwiesen, beispielsweise um Facebook-Gruppen mit Corporate- und Consumer-Themen voneinander unterscheidbar zu machen. Erschwerend kommt bei dieser Konstruktion häufig hinzu, dass die Firmierung des Unternehmens von der Corporate Brand abweicht, weil eine Umfirmierung der BWM AG in BMW Group AG viel zu aufwendig wäre. Auch die Deutsche Post AG ist ein Beispiel für die Loslösung der Corporate Brand von der Firmierung. Seitdem das Unternehmen 2002 das weltweit größte Logistikunternehmen DHL übernommen hat, steht die Post vor der Schwierigkeit, einen passenden Namen für die Corporate Brand zu finden. Post- bzw. Briefleistungen machen nur noch einen kleinen Teil der Umsätze aus und sind rückläufig. Zudem wird der Name Deutsche Post weltweit nur bedingt ›verstanden‹. Auch transportiert dieser nicht die Ambitionen und Ansprüche des Unternehmens, ein führender Global Player zu sein. Und selbst intern war der Name dem einflussreichen DHL-Management schwer zu vermitteln. In den Anfangsjahren nach der Übernahme lautete deshalb die Corporate Brand »Deutsche Post World Net«, die später in »Deutsche Post DHL« umbenannt wurde – bei einer weltweiten Flotte von 92.000 Fahrzeugen, deren Branding ausgetauscht werden muss, kein leichter Schritt. An der Firmierung Deutsche Post AG hat dies bis heute nichts geändert.

Markenarchitektur als Beziehungsgeflecht

Neben der Bestimmung von Markentyp und Markenstrategie müssen weiterhin die Beziehungen zwischen den Leistungen eines Unternehmens definiert werden. Zwei Leistungen können zueinander autonom, assoziiert, integriert oder identisch gebrandet sein. Komplexe Markenarchitekturen umfassen häufig alle vier Beziehungsgrade, wie das Beispiel der TUI AG zeigt (vgl. Abb. 3).

Abb. 3: Die vier Beziehungsgrade von Marken am Beispiel der TUI AG: Beziehung zwischen Dach- und Produktmarke (eigene Darstellung, Fotos: TUI AG – siehe Bildnachweis S. 401f.)

Selbst die komplexesten Markenarchitekturen lassen sich mit diesen vier Beziehungsgraden umfassend analysieren und darstellen. Weitere Abstufungen, wie man sie häufig in Lehrbüchern findet, sind eher theoretischer Natur und haben – mangels Praktikabilität – meist keine praktische Relevanz. Natürlich gibt es auch hier Ausnahmen von der Regel. Die Hotelmarken TUI Blue, TUI Magic Life und TUI Sensimar aus dem TUI-Konzern liefern hierfür prompt ein Beispiel (vgl. Abb. 4). Auf Ebene der Wortmarken sind die Marken integriert, die Bildmarken sind jedoch visuell eigenständig und ohne Bezug zueinander. Diese Konstruktion ist sehr ungewöhnlich. Einerseits versucht TUI, damit vom Vertrauen und der Qualität zu profitieren, die Kunden mit TUI verbinden. Andererseits möchte TUI durch die eigenständigen Bildmarken die individuellen Themen- und Erlebniswelten der Hotels betonen. Denkbar wäre auch eine gleichberechtigte Beziehung zwischen zwei Marken, diese ist aber eher die Ausnahme und meist die Folge von Unternehmenszusammenschlüssen auf Ebene der Corporate Brand. Beispiele hierfür sind die Holdingmarken Air France KLM und die Württembergische Wüstenrot, in denen beide Produktmarken gleichberechtigt nebeneinander stehen.

Abb. 4: Sonderfall TUI Blue, TUI Magic Life, TUI Sensimar (Quelle: http://www.tui.com/tui-hotels/ Abruf 12.9.2017)

Autonome Kennzeichnung

Mit einem autonomen Beziehungsverhältnis vermeidet ein Unternehmen jedweden Imagetransfer – positiv wie negativ – zwischen zwei Marken. Die Deepwater-Horizon-Katastrophe von BP hatte beispielsweise auf die Tankstellenmarke Aral in Deutschland kaum Auswirkungen, weil viele Konsumenten nicht um die Zugehörigkeit von Aral zu BP wussten. Die Sorge um einen negativen Imagetransfer sollte aber eine Markenarchitektur nur in Ausnahmen bestimmen – etwa in sehr riskanten und krisenbehafteten Geschäftsfeldern. Wir sind heute an einem Punkt, an dem sich Unternehmen generell keine Krisen und Imagerisiken mehr leisten können. Insofern haben Produkte und Geschäftsfelder, die konträr zu den Werten eines Unternehmens sind, ohnehin nichts mehr in einem Unternehmen verloren. Wenn ein Unternehmen einzelne Produkte nicht in Verbindung mit der Unternehmensmarke sehen möchte, dann gehören diese konsequenterweise organisatorisch ganz ausgelagert, um einen größeren Imageschaden von der Organisation abzuwenden.

> Markenarchitektonische »Trickserein« sind in einer (digitalen) Welt, die immer transparenter und kritischer wird, fehl am Platz. Wer negative Imagetransfer-Effekte fürchtet, sollte das drohende Risiko abstellen, statt markenarchitektonische Firewalls zu errichten.

Eine *autonome Markenbeziehung* kann gleichwohl sinnvoll sein, beispielswiese wenn die Kernkompetenzen oder Positionierungen zweier Leistungen konträr sind. Das Markenportfolio der MAPA GmbH umfasst u. a. die Kondommarke billy boy und die Marke NUK, unter der Babyprodukte wie Trinkflaschen und Schnuller vertrieben werden. Zwar ist in beiden Geschäftsfeldern eine Kompetenz im Umgang mit Naturprodukten wie Kautschuk oder Latex notwendig. Gleichzeitig sind die beiden Produktgruppen schwer miteinander zu vereinen. Für einen Jugendlichen, der sich für billy boy entscheidet, sollten Babyprodukte weit weg sein. Von einem Business-Ökosystem kann man hier zumindest nicht sprechen. Folglich werden die Marken autonom geführt.

Assoziierte Kennzeichnung

Im Zentrum einer assoziierten Beziehung steht ein Endorsement. Ein *Endorsement* ist ein visueller und/oder akustischer Hinweis auf eine Corporate-, Dach- oder Familienmarke, der eine Produktmarke in ihrem Auftreten unterstützen soll. Endorsements werden insbesondere auf der Verpackung oder in der Kommunikation verwendet und können unterschiedlich stark sichtbar sein. Das Spektrum reicht von eher versteckten Herstellerhinweisen bis hin zu deutlich sichtbaren Wort-Bildmarken. Grundsätzlich aber gilt: Ein Endorsement dominiert nicht den Auftritt einer Produktmarke, sondern unterstützt diesen. Es soll der Produktmarke eine zusätzliche Kompetenz bzw. einen Mehrwert verleihen und wirbt um das Vertrauen des Kunden. Umgekehrt kann aber auch der Hersteller bzw. die Dach- oder Familienmarke von einem Endorsement profitieren. So profitiert beispielsweise die Marke Henkel von der Reputation der Marke Persil oder der TUI Konzern von seiner Produktmarke Robinson (vgl. Abb. 3). In beiden Fällen kommt es zu einem wechselseitig positiven Imagetransfer zwischen den Marken. Um eine Assoziation zu einer anderen Marke herzustellen, braucht es nicht immer ein Endorsement. Hierfür können auch andere gestalterische Mittel verwendet werden. Ein Beispiel ist erneut die Deutsche Post AG, die durch die gemeinsame Farbe Gelb die Zugehörigkeit ihrer Marken Deutsche Post und DHL eindeutig erkennbar macht. Dies ist wichtig, da beide Marken ein gemeinsames Ökosystem für den Kunden bilden. Das Beispiel zeigt auch, dass ein *Imagetransfer* zwischen zwei Marken stattfinden kann, die nicht hierarchisch, sondern nebeneinander in der Markenarchitektur stehen. DHL und Deutsche Post sind für die Deutsche Post AG zwei ›Leistungsmarken‹, die gleichberechtigt auf einer Ebene nebeneinander stehen. Auch durch das Naming – oder eine bestimmte Nomenklatur (McFlurry, Big Mac, Big Salad) – kann Zugehörigkeit geschaffen werden.

Mit der wachsenden Bedeutung der *Corporate Brand* für viele Unternehmen finden Herstellerhinweise vermehrt Einzug in die Produktkommunikation. Dies gilt selbst für die Hersteller von Konsumgütern wie P&G, Unilever und Reckitt Benckiser, die lange Zeit in der Produktkommunikation nicht in Erscheinung getreten sind. Sie schaffen durch Endorsements Sichtbarkeit für die Organisation und werben um Institutionenvertrauen, das zu einem wichtigen Erfolgsfaktor wird – nicht nur am Absatzmarkt, sondern auch am Personal- und Finanzmarkt. Zudem versuchen sie so ihre allgemeine gesellschaftliche Reputation zu stärken. Letzteres ist wichtig, da Unternehmen heute immer mehr zu *»öffentlich exponierten bzw. quasi-öffentlichen Organisationen«* – zum *»Produzent von Sozialkapital«* (Süss/Zerfaß/Dühring 2011, S 7f.) werden. Dieser Prozess wird durch die Digitalisierung und eine Moralisierung der Märkte (Stehr 2007) befeuert. Neben Produktattributen (Qualität, Beschaffenheit) sind es vermehrt Unternehmensattribute (Produktion, Philosophie, Politik), die auf die Kaufentscheidung des Konsumenten Einfluss nehmen (sollen). Der Kauf von Verbrauchs- und Gebrauchsgütern wird damit in Zukunft noch mehr zu einer politischen bzw. moralischen Entscheidung. Laut Goodyear (1996) entspricht dies der (vorläufig) höchsten *Evolutionsstufe von Marken* (vgl. Abb. 5). Auf dieser wird die Marke zum Symbol für eine Unternehmenspolitik, die geprägt ist von spezifischen Werten, sozialem Engagement, einem kulturellen Bewusstsein und unternehmenspolitischen Interessen. Verstärkt wird dieser Effekt auch dadurch, dass immer mehr Unternehmen ihre Unternehmensmarken inhaltlich profilieren und mittels Unternehmenskampagnen nach außen kommunizieren – wie etwa die *»Thank you, Mom«*-Kampagne von P&G.

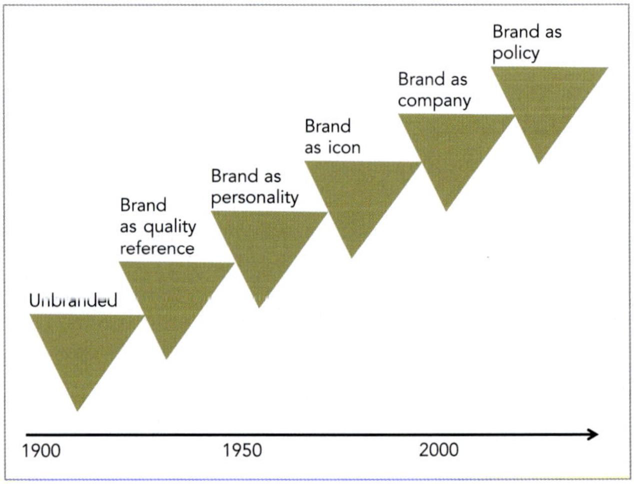

Abb. 5: Die sechs Evolutionsstufen der Marke (in Anlehnung an Goodyear 1996)

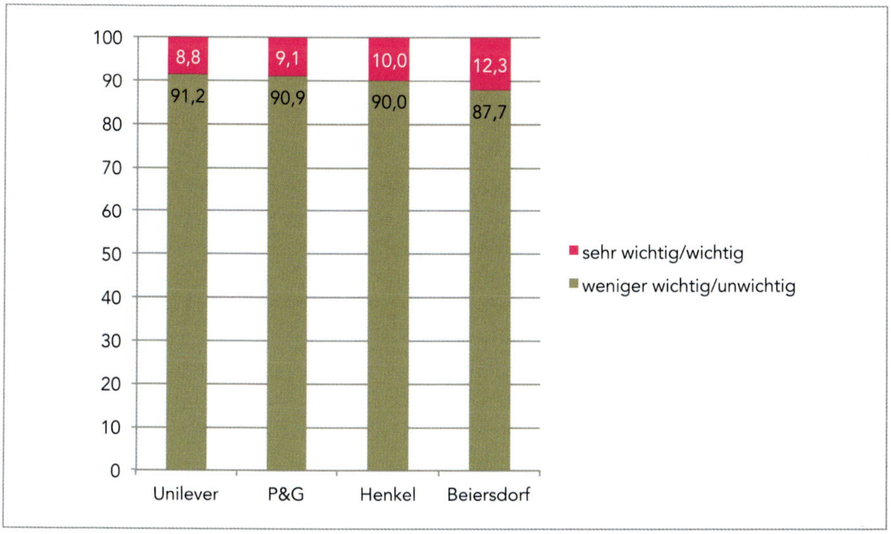

Abb. 6: Wichtigkeit des Herstellers für Kaufentscheidung in Prozent (n=496) (zugrunde liegende Frage: Wie wichtig ist es für ihre Kaufentscheidung, wenn Sie wissen, dass ein Produkt zum Unternehmen X gehört?) (eigene Darstellung nach Niedenthal 2014)

Zur Wahrheit gehört aber auch, dass es den meisten Konsumenten gleichgültig ist, welcher Hersteller hinter einer Produktmarke steht – dies gilt selbst für deutsche Hersteller. In einer empirischen Studie mit knapp 500 Konsumenten zeigte sich (vgl. Abb. 6), dass für rund 90 Prozent der Verbraucher das Wissen um den Hersteller einer Produktmarke für die Kaufentscheidung unwichtig oder weniger wichtig ist (vgl. Niedenthal 2014). Dieses Ergebnis spricht klar gegen ein Endorsement. Auch muss das Markenmanagement beachten, dass eine Produktmarke durch eine Herstellerkennung regelrecht entzaubert werden kann. Damit ist gemeint, dass eine Marke in der Wahrnehmung der Zielgruppe unter Umständen an Faszinationskraft verliert, beispielsweise wenn der Verbraucher erfährt, dass *»Löwenbrau – Ein Bier wie Bayern«* zur Spatenbräu-Gruppe und die wiederum zur Anheuser-Busch-InBev-Gruppe gehört. Die Authentizität der Marke wird damit zumindest nicht gestärkt. Diskussionswürdig ist auch, ob die Weiterentwicklung der Unternehmensmarke zur Dachmarke auf lange Sicht zu einem Markensterben führt. So hat P&G im Zuge der Stärkung seiner Dachmarke bereits begonnen, sich von rund 100 Marken zu trennen (vgl. Schütz 2014). Denn zum einen wird es mit einer prominenten Unternehmensmarke schwieriger, mit mehreren Produktmarken in einem Markt zu agieren. Zum anderen liegt der Wert für den Kunden zunehmend im Unternehmen und weniger in der Produktmarke.

Integrierte Kennzeichnung

Ein integriertes Beziehungsverhältnis wird auch als *Aligned Brand* bezeichnet. *Integrierte Marken* waren lange Zeit das bevorzugte Mittel vieler Unternehmen, um einerseits von Image und Bekanntheit einer starken Dachmarke zu profitieren und andererseits nicht den engen Grenzen einer monolithischen Marke zu erliegen. Beispiele für eine integrierte Dachmarke war die Deutsche Telekom mit ihren Subbrands T-Home, T-Mobile, T-Online und T-Systems. Auch Adidas (Performance, Original, Style) oder Hugo Boss (Boss Orange, Boss Green) verfolgen eine solche Strategie. Je nach Positionierungsstrategie bzw. Markterfordernissen, kann/muss der gestalterische und inhaltliche Freiraum, der einer integrierten Marke eingeräumt wird, unterschiedlich groß sein. Beispielhaft zeigt dies die Markenpositionierung von Hugo Boss.

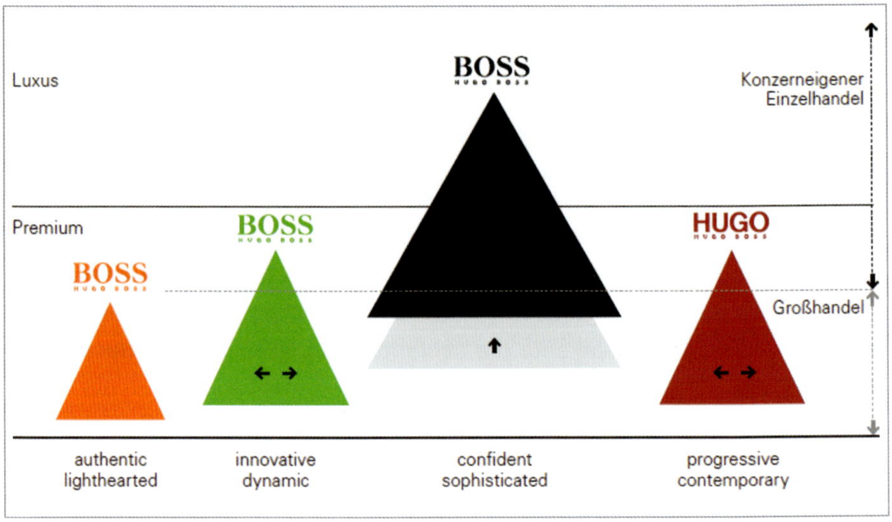

Abb. 7: Integrierte Dachmarke am Beispiel Hugo Boss: Subbrands adressieren mit unterschiedlichen Positionierungen und Vertriebskanälen unterschiedliche Segmente (Hugo Boss 2016, S. 47)

Eine integrierte Marke erhöht in jedem Fall die Komplexität im Markenmanagement. Man sollte sich deshalb vorab immer sehr genau überlegen, ob eine integrierte Marke tatsächlich unbedingt notwendig ist oder ob man nicht besser mit einer monolithischen Marke fährt, die deutlich weniger komplex und kostenintensiv im Management und in der Marktbearbeitung ist. Eine wichtige Rolle bei der Beantwortung dieser Frage spielt die Nachhaltigkeit der Strategie. Viele Märkte konvergieren im Zuge der Digitalisierung, das heißt, sie wachsen technologisch und inhaltlich zusammen. Es gibt keinen getrennten Markt mehr für Festnetz, Mobilfunk, DSL oder Kabelfernsehen. Kunden nutzen diese Produkte integriert und fragen sie deshalb auch vermehrt ganzheitlich nach. Diese Entwicklung hat die Deutsche Telekom dazu bewogen, sich von ihrer integrierten Markenarchitektur zu verabschieden und stattdessen die Dachmarke Deutsche Telekom wieder ins Zentrum zu stellen. Auch muss sich ein Unternehmen fragen, welchen Wert (Informations-, Orientierungs-, Vertrauens-, Identifikations- und Prestigewert) eine integrierte Marke für den Kunden besitzt. Häufig geht der vorrangige Wert von der übergeordneten Dachmarke aus. Eine Kundin entscheidet sich für Nivea – nicht für Nivea Sun, Nivea Visage oder Nivea Vital. Dies war ein wichtiger Grund, weshalb sich auch Nivea von einer integrierten Markenarchitektur verabschiedet hat und seitdem seine Produkte schlicht mit der Dachmarke Nivea brandet. Gleiches gilt für Coca-Cola. Nach einer Phase der Profilierung der Subbrands Zero, Light und Life werden diese nun im Rahmen einer One-Brand-Strategie zwar nicht aufgelöst, aber kommunikativ gemeinsam unter einem Dach präsentiert.

Eine integrierte Markenarchitektur kann schnell zu einer inflationären Vermehrung von Subbrands führen – wie das Beispiel von Nivea zeigt. Für jedes neue Produkt wird dann eine Bezeichnung gewählt, die vielfach rein generisch ist, z. B. Nivea Sun. Gleichwohl hat eine integrierte Marke den Vorteil, dass sie sich einfacher als eine monolithische Marke diversifizieren lässt und unterschiedliche Markt- und Preissegmente abdecken kann. Eine integrierte Markenarchitektur wird zudem gerne von Unternehmen verwendet, die Profi- und Privatkunden gleichermaßen ansprechen.

Monolithische Kennzeichnung

Die *monolithische Marke* bündelt sämtliche Leistungen unter einer Marke. Zwar gibt es unter einer monolithischen Marke unterschiedliche Produktbezeichnungen (Modellreihen, Gerätetypen etc.), diese haben aber nicht den Stellenwert einer Marke. Eine monolithische Marke in Reinform ist selten. Denn starke Marken neigen zur Diversifikation. Sie kommen damit früher oder später an den Punkt, an dem sie Leistungen in ihrem Portfolio haben, die nicht vollends auf die Kernkompetenz der Marke einzahlen oder zur besseren Orientierung des Kunden in besonderer Weise benannt werden müssen. Die monolithische Kennzeichnung von Leistungen bietet sich vor allem bei einem *Business Ecosystem* an (vgl. Steiner/Braun 2015), da der Wert für den Kunden hier im ganzheitlichen Zusammenspiel aller Leistungen besteht. Beispiele für ein derartiges Ökosystem sind die vielfältigen Mobilitäts- und Finanzdienstleistungen des ADAC oder das Leistungsspektrum von Google, das sich immer breiter und tiefer mit unserem Leben vernetzt. Der Kunde soll möglichst viele Leistungen des Ökosystems nutzen. Dies kann ein Unternehmen auf vielfältige Weise erreichen, etwa durch Cross-Selling, Produkt-Bundles, Kundenbindungsprogramme oder durch die einfache Kompatibilität von technologischen Anwendungen (z. B. Betriebssystem). Zwar ist es auch in einem Business-Ökosystem mitunter notwendig, einzelne Leistungen benennen zu können (z. B. Google Docs, Google Maps, Google Earth etc.). Es braucht hierfür aber keine ausgewiesenen Subbrands. Das Beispiel Google zeigt, dass generische Bezeichnungen häufig ausreichen, um einerseits Orientierung für Kunden zu schaffen und andererseits für ein nahtloses Markenerleben zu sorgen.

Exkurs: Markendehnung

Immer wieder stehen Unternehmen vor der Frage, wie weit eine Marke gedehnt werden kann. Ist es beispielsweise ratsam, eine Marke (z. B. Kärcher) auf Produktfelder auszuweiten (z. B. Kärcher Bügeleisen), die nicht primär unter die zugeschriebene Kernkompetenz der Marke fallen (Reinigung)? Damit verbunden ist auch die Frage, ob eine Qualitätsmarke in das Niedrigpreissegment einsteigen sollte, um neue Kundengruppen zu erschließen. *Markendehnungen* lassen sich häufig kostengünstiger realisieren als die Einführung neuer Marken. Ein Unternehmen kann so von der Stärke (Bekanntheit, Reputation) einer bereits etablierten Marke profitieren. Umgekehrt besteht die Gefahr der Überdehnung, etwa wenn die Glaubwürdigkeit der Marke durch die Brand Extension Schaden nimmt. Auch die Gefahr der Verwässerung einer Marke besteht, wenn diese ihr Kompetenzprofil bis zur Unkenntlichkeit ausdehnt. Gleichwohl können Marken sehr viel breiter diversifiziert werden, als dies gemeinhin angenommen wird. Eine Verwässerung der Marke ist meist weniger eine Frage der Breite, sondern der Geschwindigkeit, mit der Markendehnungsprozesse ablaufen. Ein Beispiel, wie breit eine Marke über Jahre und Jahrzehnte schrittweise diversifiziert werden kann, ist die Marke Palmolive, die ursprünglich als Geschirrspülmittel gestartet und heute eine umfassende Dachmarke für Pflegeprodukte ist und u. a. Duschgels, Schaumbäder und Rasierschaum umfasst. Dennoch gibt es natürliche Grenzen: Der Marke Nivea ist es in Deutschland beispielsweise aufgrund ihrer Positionierung nicht geglückt, mit Nivea Beauté im Bereich der dekorativen Kosmetik erfolgreich zu sein. Zu sehr wird die Marke mit dem Wert und der Erscheinung natürlicher Schönheit in Verbindung gebracht. Zweifelhaft ist auch ein Produkt der Marke Volkswagen: die Volkswagen-Currywurst. Bereits seit den 1950er-Jahren stellt das Unternehmen für seine Beschäftigten verschiedene Wurstsorten und seit 1973 auch eine eigene Currywurst her und verkauft diese in den Werkskantinen. Da es sich bei der Wurst um ein offiziell deklariertes Originalteil handelt, ist es jedem lizenzierten VW-Händler möglich, die Wurst über das VW-Bestellwesen zu ordern. Auch wird die Wurst über den Einzelhandel vertrieben. Mag die Wurst auch noch so lecker, qualitativ hochwertig und für das Unternehmen rentabel sein, außerhalb des Werksgeländes hat sie vor dem Hintergrund der Markenpositionierung und der zugeschriebenen Kernkompetenzen des Unternehmens eigentlich nichts zu suchen. Als strenger Markenwächter kann man sich an der Volkswagen-Currywurst verschlucken. In der Markenarchitektur ist diese jedoch allenfalls eine Fußnote. Warum also sollte man Unternehmen, Mitarbeitern und Wurstfans die Freude daran nehmen? Die Wurst wird der Marke sicherlich nicht schaden.

Welche Markenarchitektur ist für ein Unternehmen am besten geeignet?

Die Frage, welche Markenarchitektur für ein Unternehmen am besten geeignet ist, lässt sich nur in der individuellen und intensiven Auseinandersetzung mit dem Unternehmen, seinen Leistungen, Marken, Märkten und Zielgruppen beantworten. Der nachfolgende Fragekatalog kann dabei in wichtigen Punkten Orientierung bieten:
Welche Markenarchitektur ...

- schöpft bestehende/zukünftige Märkte bestmöglich aus?
- nutzt bestehende Markenwerte (Bekanntheit, Reputation, Identifikation, Vertrauen)?
- erleichtert organisches/anorganisches Wachstum?
- gewährleistet die optimale Kapitalisierung einer Marke?
- ermöglicht Cross-Selling?
- verhindert Kannibalisierungseffekte?

- ist glaubwürdig vor dem Hintergrund zugeschriebener Kompetenzen, Ressourcen, Positionierungen und Markenidentitäten?
- erfüllt Erwartungen und Ansprüche interner/externer Stakeholder (Identifikation, Motivation, Zugehörigkeit)?
- ist kommunikativ vermittelbar/durchsetzbar?
- ist markenrechtlich (international) umsetzbar?
- erfordert welches Investment (z. B. Kosten für Re-branding)?

Ein Blick auf andere Unternehmen kann als Inspirationsgeber für mögliche Markenarchitektur-Szenarien dienen. Man sollte sich allerdings nicht zu sehr an dem orientieren, was andere machen. Nur weil Bosch und Kärcher ihre Power Tools für Privat- und Profikunden nach Farben sortieren, heißt das noch lange nicht, dass dies eine gute Lösung auch für mein Unternehmen bzw. meine Zielgruppe ist. Und ›nur‹ weil P&G und Unilever ihre Dachmarken durch den vermehrten Einsatz von Endorsements und prominente TV-Kampagnen stärken, bedeutet das nicht, dass dies auch für Nestlé eine geeignete Strategie wäre. Jedes Unternehmen muss die Markenarchitektur finden, die für die Vermarktung seines Produktportfolios am geeignetsten ist. Häufig resultieren daraus komplexe Markenarchitekturen mit unterschiedlichen Beziehungsgraden.

In sechs Schritten zur Markenarchitektur

Der strategische Entwicklungsprozess einer Markenarchitektur wird hier abschließend in sechs Schritten kurz nachgezeichnet:

1. Ist-Analyse Unternehmen

Der Status quo der Markenarchitektur sollte zunächst für das gesamte Unternehmen in Form eines Baumdiagramms visualisiert werden. Die Corporate Brand bildet dabei den Ausgangspunkt. Zwar stellt sich die Markenarchitektur für den Kunden in dieser Vollständigkeit und Komplexität so niemals dar, das Markenmanagement bekommt so aber zunächst einen guten Überblick über die Kennzeichnung aller Leistungen und deren Beziehung untereinander. Formale Unstimmigkeiten werden so schnell erkannt. Dabei sollte man auch die für den Kunden unsichtbaren Geschäftsfelder kenntlich machen, um gleichsam die Organisationsstruktur zu verstehen.

2. Ist-Analyse Kundenperspektive

Anschließend empfiehlt es sich, die Markenarchitektur konsequent aus Sicht des Kunden zu betrachten. Es wird dabei immer der für eine bestimmte Kundengruppe relevante Ausschnitt der Markenarchitektur unter die Lupe genommen, beispielsweise der Blick einer gesundheitsbewussten Mutter auf die Margarineprodukte im Kühlregal eines Supermarktes. Wichtige Fragen dabei sind: Wie sind die Produkte am Point of Sale (POS) zueinander angeordnet? Welche Marken eines Unternehmens stehen typischerweise nebeneinander? Welche Subbrands (Line Extensions) einer Marke werden wie am POS präsentiert und zueinander angeordnet? Wie wirken die Produkte und deren Kennzeichnung im Umfeld (z. B. Farben, Farbkontraste, Ikonografie etc.)? Inwieweit sind die Kennzeichnungen der Produkte und etwaige Endorsements für den Konsumenten erkennbar? Werden die unterschiedlichen Benefits der Marken visuell deutlich?

3. Szenario-Entwicklung

Es gibt niemals nur eine mögliche Markenarchitektur, sondern immer verschiedene Kennzeichnungsoptionen, die unterschiedliche Vor- und Nachteile für ein Unternehmen mit sich bringen. Es empfiehlt sich deshalb, möglichst viele Markenarchitektur-Szenarien zu skizzieren, um den Möglichkeitsraum abzustecken und die tatsächlich beste Lösung für ein Unternehmen zu finden. Hierbei kann es hilfreich sein, den Blick auf andere Unternehmen zu richten, um sich Anregungen für die eigene Markenarchitektur zu holen. Die Szenarien sollten in dieser Phase bereits *schematisch visualisiert* werden, um sie vollends erfassen zu können. Was bedeutet beispielweise die Kennzeichnung für die Beschilderung, das Briefpapier, Fahrzeuge, E-Mail-Adressen, Produktverpackung etc. Wie würde sich ein Call-Center-Mitarbeiter am Telefon melden? Was bedeutet es für den POS und den Onlineshop? Es geht hier noch nicht um konkrete Designs, sondern um das Veranschaulichen von Beziehungsgraden (autonom, assoziiert...) bzw. deren gestalterische Gewichtung. Die schematische Visualisierung ist vergleichbar mit einem *Prototyp*, der wichtige Erkenntnisse für die weitere Entwicklung und anschließende Bewertung der Szenarien liefern kann. Auch können durch die schematische Visualisierung neue strategische Lösungsoptionen entstehen. Dieses gestalterische Ausprobieren bzw. Explorieren entspricht vielleicht nicht dem Lehrbuch der Markentechnik, aber es hilft, um alle denkbaren gestalterischen Lösungsoptionen frühzeitig auf Praktikabilität und mögliche Fallstricke durchzuspielen. Man darf eine Markenarchitektur eben nicht rein aus der Theorie denken, sondern auch aus den begrenzten Mitteln und engen Grenzen, die sich durch gestalterische Anwendungen einzelner Medien ergeben.

4. Szenario-Bewertung

Die identifizierten Szenarien werden umfassend bewertet (Pro und Kontra). Der Blick einer Agentur oder Markenberatung von außen reicht hier in der Regel nicht aus. Es gibt zu viele Aspekte und Einflussgrößen die aus interner Sicht bedacht werden müssen. Zudem sind Markenarchitekturen ausgesprochen politisch, weil an ihnen Verantwortlichkeiten und Budgets hängen.

5. Szenario-Test

Mitunter ist es empfehlenswert, zu testen, wie die unterschiedlichen Szenarien bzw. deren Brandings auf Konsumenten und Stakeholder wirken, wie sie verstanden und bewertet werden und welche Assoziationen sie in ihnen auslösen. Ein solcher Test ist sinnvoll, insbesondere wenn man bedenkt, dass Re-branding-Prozesse meist mit enormen Investments verbunden sind.

6. Re-branding-Prozess

Zu guter Letzt muss der Prozess der Umstellung definiert werden. Ein Re-branding-Prozess kann ein- oder mehrstufig verlaufen. Beispielsweise erfolgte die Umbenennung von Kabel Deutschland in Vodafone in nur wenigen Monaten in mehreren Schritten, um die spezifische Kompetenz der Marke Kabel Deutschland in Vodafone zu überführen. Vor allem große und bekannte Marken, die infolge von Mergers und Acquisitions vom Markt genommen werden, sollten schrittweise verschwinden, auch wenn durch den Transformationsprozess kurzfristig Mehrkosten entstehen. Interne Stakeholder sollten dabei immer vor externen Stakeholdern über den Wandel informiert werden.

Kapitel 5:
Design & Digitalisierung

Markengestaltung im Wandel: The Interface Becomes the Brand

Jochen Rädeker

Jochen Rädeker beschreibt nicht weniger als einen Paradigmenwechsel im Brand Design: dieser betrifft das Selbstverständnis von Designern, den Prozess der Designentwicklung sowie wie den gestalterischen Umgang mit Elementen und Prinzipien des Brand Design. Gute Gestaltung verlangt in Zeiten der Digitalisierung demnach vor allem eins: permanenten Wandel und Wandlungsfähigkeit, wie Rädeker in zahlreichen Beispielen zeigt.

Branding früher: Regeln. Release. Langeweile

Früher war die Welt noch in Ordnung: Klare Werte und klare Regeln bestimmten das Handeln. Und das Branding? In den Vorstandsetagen und über der Produktionsstraße hing das *Leitbild* im goldenen Rahmen und manifestierte die Orientierung allen unternehmerischen Strebens nach den Gesetzen von Wachstum, Innovationskraft, Kundenwünschen und Kapitalmarktinteressen. Einige Jahre später fanden auch Mitarbeiter und Nachhaltigkeit ihren Platz im Wertekanon. Heerscharen hochbezahlter Unternehmensberater feilten so lange an den Formulierungen, bis die immer gleichen Binsenweisheiten den Anschein einer eigenständigen Erkenntnis gewonnen hatten. Alle Mitarbeiter bekamen das Leitbild als kleine Bibel mit salbungsvollem Vorwort des Topmanagements überreicht und wussten fortan, was sie zu tun hatten.

Eine zweite Bibel, deutlich umfangreicher, hatte ihre Heimat in der Marketingabteilung und den Regalen aller Kommunikationsdienstleister eines Unternehmens: das *Corporate Design Manual*. Bis zu eineinhalb Regalmeter (wie bei Mercedes-Benz in den besten Zeiten), voller Regeln, Regularien, Dos and Don'ts. Alle zwei oder drei Jahre gab es einen Release, in dem neue Medienformate vermaßt und dekonstruiert wurden. Heerscharen hochbezahlter Corporate Designer feilten so lange an den Formulierungen bis sichergestellt war, dass alle Markenerlebnisse genau 22 mm vom linken Rand entfernt stattzufinden und der Schutzraum um das Logo das 1,75-fache der x-Höhe des Schriftzuges zu betragen hatte, immer vorausgesetzt, das zwölfzeilige Raster für die DIN-Formate war korrekt angelegt worden. Details für ausländische Papierformate regelte Band 12.

Die Verbindung des Leitbildes mit dem Corporate Design Manual stellte den stets individuellen und absolut wiedererkennbaren, konsistenten Unternehmensauftritt in Inhalt und Form sicher. Und dann kamen die Kreativen aus den Werbeagenturen, lasen weder das eine noch das andere und entwickelten disruptive Ideen, die damals noch anders hießen. Das wiederum setzte eine besondere Spezies von gestalterisch vorgebildeten Mitarbeitern in Lohn und Brot: die Designpolizei, auch Corporate-Designabteilung genannt. Wo auch immer Ungesehenes, Neues, Grenzen Sprengendes entstand, wurden diese Ausuferungen untersucht und mit Verweis auf Band 7, Seite 13, Nachtrag 2 in der 11. Auflage zur Überarbeitung an den Urheber zurückverwiesen. In der moderneren Variante verwies man stattdessen auf das Online Corporate Design Manual mit seinen Untermenüs.

Der Tod des Corporate Design Manual

Und heute? Alles ist ganz anders. Statt konsistenter Werte setzen die Vorstandsetagen auf Disruption und Transformation. Sie suchen Mitarbeiter, die Bestehendes infrage stellen, Regeln brechen und in eigens gegründeten Tochtergesellschaften das Unternehmen komplett neu denken sollen. Die Unternehmensleitbilder verschwinden und machen Platz für ein differenzierendes Wertesysten, das von Mitarbeiterpersönlichkeiten im Homeoffice individuell interpretiert werden kann und soll. Und die Corporate Design Manuals verschimmeln in Kellerregalen oder in der digitalen Version in den pdf-Archiven, weil sie keine überzeugenden Antworten darauf liefern, wie ein Unternehmenslogo als Favicon auf 32x32 Pixeln ausreichend Schutzraum erhalten oder auf einer Smartwatch 22 mm Randabstand einhalten kann.

Auch die Arbeitsfelder haben sich gewandelt: Unternehmensberatungen kaufen Designagenturen, um ihr Leistungsspektrum abzurunden, und Designer werden für Strategieworkshops bezahlt, weil Design Thinking den Weg bis in die Vorstandsetagen gefunden hat. Werbeagenturen haben Beratungstöchter. Und die Corporate-Design-Abteilungen von einst wandeln sich von der Designpolizei zum Brand Enabler.

> Die Corporate-Design-Abteilungen von einst wandeln sich von der Designpolizei zum Brand Enabler.

Das ist gut so. Denn ein klassisches Markendesign funktioniert in einer Welt, in der permanent neue Medienformate entstehen, nicht mehr nach alten Regeln. Die *Digitalisierung* findet in allen Lebensbereichen statt und verlangt nach völlig neuen Antworten. Das ist schon länger so, aber die Innovationsrhythmen verkürzen sich. 1450 erfand Gutenberg den Buchdruck mit beweglichen Lettern. 500 Jahre hatte diese Technik Bestand, bis sie 1950 durch den Fotosatz abgelöst wurde. Vierzig Jahre später folgte die dritte Medienrevolution: der Ersatz von Film durch Daten im Desktop Publishing 1992. Nur 15 Jahre später, 2007, entwickelte Apple das erste Smartphone. Alles, was bis dahin an Regeln für Markengestaltung und Markenwahrnehmung galt, war plötzlich Makulatur. 2014 überholten Mobile Devices in der Menge des Datenabrufes die Desktop-Geräte und machten alles, was bis dahin an Regeln für Screen Design und digitale Präsentation von Inhalten galt, ebenfalls reif für den digitalen Papierkorb. Heute werden Medienformate genutzt, die mit klassischen Gestaltungsregeln nicht einmal mehr ansatzweise in den Griff zu bekommen sind: in einer unglaublichen Vielfalt vom hochauflösenden Werbedisplay im Megaformat bis zur Virtual-Reality-Brille, von Displays in der Größe einer einzelnen Taste am Computer (wie bei den MacBooks der Generation ab Ende 2016) bis zu intelligent steuerbaren Projektionen über ganze Straßenzüge hinweg. Und die Entwicklung geht weiter: Nicht nur die Displaygröße wandelt sich, sondern auch unsere Kommunikation mit den Endgeräten. In wenigen Jahren wird die Mehrzahl unserer Markenerlebnisse auf Medien stattfinden, die wir nicht mehr visuell, sondern über Sprache oder Gesten steuern.

> Heute sind nicht mehr die visuellen Definitionen einer Marke selbst, sondern die Schnittstellen zwischen Mensch und Technik markenprägend.

Branding heute: Das Interface wird zur Marke

Nach welchen Regeln und auf welcher Grundlage kann gute Gestaltung in diesem Kontext noch stattfinden? Viele Unternehmen versuchen, den neuen Möglichkeiten und Notwendigkeiten mit ergänzenden Regel- oder Empfehlungswerken für die Adaption ihrer Markengestaltung in neuen digitalen Medienformaten gerecht zu werden. Sie ergänzen die klassischen Gestaltungsparameter Logo/Signet, Farbe, Gestaltungsprinzip, Typografie und Bildwelt um digitale Parameter. Dieser Ansatz führt jedoch in eine Sackgasse: Denn die Gestaltung digitaler Medien folgt fundamental anderen Methoden als denen der klassischen analogen Formate. Marken werden im digitalen Umfeld völlig anders wahrgenommen. Wer glaubt, dem mit der Ergänzung alter Systeme Herr zu werden, irrt. Auch die Trennung in analoges und digitales Branding führt nicht weiter. Die ganz überwiegende Zahl der Markenerlebnisse findet heute in digitalen Formaten statt, die ganzheitlich aus sich heraus gedacht werden müssen. Eine ursprünglich für Printmedien konzipierte Denkweise auf neue Formate auszuweiten, muss scheitern – spätestens, wenn die nächste Medienrevolution ansteht. Markendesign muss deshalb medien- und formatneutral gedacht werden: Es gibt kein digitales Branding. Dennoch ist die gute Nachricht: An den Grundsätzen guter Markengestaltung hat sich nichts geändert.

> Markendesign muss medien- und formatneutral gedacht werden – an den Grundsätzen guter Markengestaltung ändert das aber nichts.

Die 5K-Regel für gute Gestaltung

Markenstrategen und Betriebswirte kennen die *5P-Regel für Branding* (auch in Varianten mit vier oder sieben P): Der Marketing-Mix definiert sich danach auf Basis von Markenidentität und Unternehmensstrategie durch Positioning, Place, Price, Product und Promotion. All diese Parameter haben auch Einfluss auf die Markengestaltung. Gute Gestaltung fußt auch heute immer auf einer klaren Markendefinition – ansonsten ist Design nur die ästhetische, geschmäcklerische und damit nicht rational bewertbare Klammer um die eigentliche Markenpersönlichkeit, statt ihr einen inhaltlich begründeten, schlüssigen Ausdruck zu verleihen.

Design ist aber weit mehr als eine Frage, die mit persönlichen Vorlieben zu tun hat. Design ist eine Dienstleistung, die die inneren Werte einer Marke sichtbar macht und ihr zu mehr Durchsetzung verhilft. Dabei geht es nicht um ›schön‹, sondern um ›richtig‹: Denn nur was messbar ist, lässt sich auch managen. Design muss deshalb den Anspruch haben, die in der Markenstrategie definierten Werte so umzusetzen, dass sie von der Zielgruppe wahrgenommen und eindeutig dem Absender zugeordnet werden. Das ist nebenbei auch die Haltung bei Gestaltungsprozessen, die sowohl kreativen Dienstleistern als auch Unternehmen anzuraten ist, wenn es darum geht, reine Geschmacksfragen von Erfolgsfaktoren zu trennen. So wird Design zur nachhaltigen Investition statt zum Kostenfaktor.

Ähnlich wie im Marketingmix aus betriebswirtschaftlicher Perspektive, lassen sich auch für eine gute Gestaltung fünf einfache Parameter definieren: Nennen wir sie die *5K-Regel*, die dann greift, wenn die 5P die strategische Basis eines Auftritts definiert haben und es um eine adäquate visuelle Umsetzung geht.

5K-Regel

- ohne *Kraft* keine Wirkung
- ohne *Klarheit* keine Wahrnehmung
- ohne *Kreativität* keine Begeisterung
- ohne *Konsistenz* keine Wiedererkennung
- ohne *Kompatibilität* keine Zukunft

1. Ohne Kraft keine Wirkung

Menschen im urbanen Umfeld entwickelter Volkswirtschaften haben, so schätzt man, durchschnittlich rund 3.000 Markenkontakte am Tag, die um ihre Aufmerksamkeit buhlen. Wer in diesem Konzert mit leiser Stimme spricht, wird schnell überhört und wenn überhaupt, dann meist falsch verstanden. Je kraftvoller eine Marke auftritt, desto mehr entfaltet sie ihre Wirkung. Es ist dabei nicht notwendigerweise gute Gestaltung, die primär zählt, sondern der Werbedruck, mit dem ein Markenbild immer wieder ins Auge des Betrachters und damit schließlich in sein Unterbewusstsein gebracht wird. Kraftvolle Gestaltungselemente unterstützen allerdings diese Memorierbarkeit. Wobei das Attribut »kraftvoll« beispielsweise bei einer Modemarke im Luxussegment visuell völlig anders definiert werden kann und muss als bei einer Commodity-Marke im FMCG-Bereich (Fast-moving Consumer Goods).

2. Ohne Klarheit keine Wahrnehmung

Alleine in Mitteleuropa sind etwa zehn Millionen Marken registriert. Es ist eine echte Herausforderung für Gestalter, für eine neue Marke eine Formensprache zu finden, die nicht in irgendeinem Bereich Ähnlichkeiten mit bereits Erfundenem und Gestaltetem aufweist. Dies gilt umso mehr, da die Bereiche des Gehirns, die die Informationen des Sehnervs verarbeiten, zur Faulheit neigen: Je einfacher und klarer eine Form ist, desto eher wird sie abgespeichert und desto schneller kann sie wieder abgerufen werden. Je zahlreicher und eigenständiger ihre Assoziationen sind, desto eher ist eine Form in der Lage, Aussagen zu transportieren. So wäre das perfekte Logo für ein Bankhaus vermutlich ein Sicherheit suggerierendes Quadrat, in dem eine Wachstumskurve abgebildet ist. Leider hat Anton Stankowski dieses Signet bereits 1972 für die Deutsche Bank erfunden, Gestalter unserer Zeit müssen sich anders behelfen. Allerdings bezieht sich das Klarheitsgebot nicht nur auf das Markenzeichen selbst. Es gilt auch für die anderen Parameter eines individuellen Auftritts, wie weiterführende Gestaltungsprinzipien (etwa die drei Streifen bei Adidas), Farbgebung (etwa das Magenta bei der Telekom), Schriftwahl (etwa wie die Corporate bei Mercedes-Benz) und Bildsprache (etwa die Unterwasser-Luftblasenwelt bei O2). Oft reicht bereits einer der genannten Parameter aus, um eine Marke zweifelsfrei zu identifizieren (vgl. in Kap. 7 den Beitrag von Brekenfeld und Krick). Wenn mehrere von ihnen kombiniert werden, entsteht auch bei weniger klaren Einzelelementen ein wiedererkennbares Markenbild. Wichtig sind hierbei auch nichtvisuelle Elemente wie Sound Branding, Bewegtbildstilistik und Interaktionsverhalten – dazu später mehr.

3. Ohne Kreativität keine Begeisterung

Menschen möchten unterhalten werden. Zu oft Gesehenes langweilt uns, zu oft Gelesenes überlesen wir, das gleiche Jingle zum tausendsten Mal im Autoradio nervt nur noch. Abhilfe schafft hier die unterhaltsame Interpretation und Veränderung eines Grundprinzips. Das scheint im Widerspruch zum Gebot der Klarheit zu stehen. Richtig verstanden, ist dem jedoch nicht so. Der individuelle Wertekanon einer Marke und ihre individuelle Formensprache werden durch die Brand Story und die visuellen Basiselemente definiert. Dieser Acker kann aber immer wieder mit neuen Themen bepflanzt werden, sofern die Grundwerte durch die jeweilige Narration nicht infrage gestellt werden. Besonders etablierte Marken können es sich sogar leisten, bewusst mit ihrer Stärke zu spielen. Die am häufigsten wahrgenommene Marke der Welt (Google) macht es mit den »Doodles« vor. Kreative Interpretationen eines Markenauftritts, zielgruppengerecht aufbereitet und so erzählt, dass Interesse geweckt wird, stellen den Markenkern nicht infrage, sondern heraus. Schlechte Kreation ist am reinen Augenblick interessiert, gute am langfristigen Imageaufbau.

4. Ohne Konsistenz keine Wiedererkennung

Die Zeiten, in denen eine Marke mit unterschiedlichen Kernbotschaften auf diversen Kanälen unterschiedlichen Zielgruppen nahegebracht werden kann, sind längst vorbei. Denn fast jeder Kanal erreicht fast jede Zielgruppe und kann von ihr mit anderen Botschaften der Marke abgeglichen werden. Das gilt für Nachrichten wie für visuelle Erscheinungsformen. Auch hier ist die strategische Basis Grundlage für die Gestaltung. Ein Beispiel: Stellt eine traditionelle Arbeiterpartei einen Bundeskanzler, der mit dicker Zigarre und Brioni-Anzug auftritt, haben die Genossen ein Konsistenz- und Authentizitätsproblem, denn die Verpackung entspricht weder der Erwartung noch dem vermeintlichen Inhalt. Selbstverständlich möchten die Arbeiter, dass der Vertreter ihrer Interessen in der Lage ist, mit den Bossen auf Augenhöhe zu reden. Aber er sollte dabei visuell nicht das Lager wechseln, weil er sonst an Glaubwürdigkeit verliert. Es gibt nur sehr wenige Marken, die so gestaltet sind, dass sie den Spagat zwischen Billigmarke und Luxusprodukt in einem Erscheinungsbild stemmen. Telekommunikationsanbietern etwa muss dies gelingen, wenn sie mit dem gleichen Markenauftritt sowohl den klammen Studenten auf der Suche nach der billigsten Flatrate als auch den Manager auf der Suche nach optimaler weltweiter Erreichbarkeit versorgen müssen. Beiden gemeinsam ist aber der Wunsch nach optimaler Netzabdeckung, der den einheitlichen Auftritt rechtfertigt. Dagegen wird der Volkswagen-Konzern alles tun, um zu verhindern, dass sich ein Kunde der Konzernmarken Bentley oder Lamborghini mit einem Kunden der Konzernmarke Seat gleichgestellt fühlt. Innerhalb des gleichen Segments ist die Konsistenz des Auftritts über alle Medien hinweg aber zentraler Schlüssel zur Bindung an die Marke. Das gilt auch für die Konsistenz unterschiedlicher Medienformate wie Print, TV, Packaging, digitale Medien oder Showroom- und Messeauftritte. Die passgenaue Vermittlung der Kernwerte durch medienadäquate Ausprägungen über klassische Markenparameter hinaus – so z. B. ein einheitliches Interaktions- und Response-Verhalten aller Displays – sorgt hier für Konsistenz.

5. Ohne Kompatibilität keine Zukunft

Je divergenter die Mediennutzung und die zur Verfügung stehenden Formate werden und je kürzer die Innovationszyklen sind, desto wichtiger ist eine vollkommen medienneutrale Gestaltung. Wer heute ein gutes Brand Design entwirft, muss bereits Medien im Auge haben, die noch gar nicht erfunden sind. Oder er muss seine Designsprache so flexibel gestalten, dass sie in unterschiedlichen Komplexitätsgraden anwendbar ist. Als Jonathan Ive, der Chefdesigner von Apple, 2014 eine radikal neue Formensprache für die App-Gestaltung vorstellte, das sogenannte *Flat Design,* fragte sich die Fachwelt, warum Apple die stilprägende Gestaltung der Icons mit Verläufen und angedeuteter Dreidimensionalität ohne Not aufgab. Ein Jahr später gab die Firma mit der Vorstellung der AppleWatch die Antwort, in der Verläufe und Dreidimensionalität nicht mehr sinnvoll darstellbar waren. Nun hat nicht jeder Gestalter das Glück, für eine Firma zu arbeiten, die die Medien der Zukunft selbst definiert. Umso wichtiger ist es, mögliche Trends zu antizipieren – beispielsweise den Trend zu immer kleineren und reduzierteren Interfaces, auf denen möglicherweise ein klassisches Logo gar keinen Platz mehr findet (vgl. in Kap. 5 den Beitrag von Ochsenhirt und Schmidt). Vielleicht wird die Stimme, mit der ein Interface antwortet, das tragende Identitätselement einer Marke. Und vielleicht wird die Art und Weise, wie ein Touchscreen dem Benutzer vermittelt, dass er dessen Eingabe verstanden hat, wichtiger als die Gestaltung der Eingabetaste selbst. Es ist deshalb nötig, Gestaltungsparameter zu definieren, die von der Art, Größe und Beschaffenheit des Mediums, in dem sie angewandt werden sollen, möglichst unabhängig sind und in unterschiedlichen Medien eine konsistente Anwendung ermöglichen. So ist es beim neuen Corporate Design der Firma Audi zentrales Ziel gewesen, eine Ikonografie zu entwickeln, die sowohl auf dem Dashboard des Automobils als auch auf einem Smartphone oder in einem Verkaufsraum auf dreidimensionaler Ebene funktioniert und überall eindeutig Audi zugeordnet werden kann.

Von der Brand Police zum Brand Enabler

Unternehmen, die diese Regeln in der Gestaltung ihres Markenauftritts beherzigen, kommen mit deutlich weniger Regeln und Detaildefinitionen aus. Anders als die früheren Design Manuals müssen sie nicht mehr jedes mögliche Anwendungsmedium erfassen, detailliert vermaßen und die Gestaltungsparameter möglichst exakt darauf ausrichten. Mit einem primär Interface-orientierten Markenauftritt schaffen es Unternehmen wie Audi, mit weniger Regeln höhere Wiedererkennbarkeit zu gewährleisten. Dies hat auch Auswirkungen auf die Corporate-Design-Abteilungen im Unternehmen. Diese können sich auf die Unterstützung des Markenmanagements konzentrieren, beispielsweise durch die Zurverfügungstellung intelligenter Templates und selbstlernender Corporate-Design-Plattformen. Aus Markenpolizisten werden Marken-Möglichmacher. Statt Mitarbeiterinnen und Mitarbeiter zu demotivieren und auf Regeln zu verweisen, die außer Fachleuten niemand versteht, können sie die Freude an einem guten Arbeitsergebnis mit entsprechenden Tools unterstützen. Dies kommt einem *Paradigmenwechsel* in der internen Wahrnehmung der Marke gleich. Es entsteht eine Bereitschaft, Markengestaltung als einen Wertschöpfungsfaktor anzuerkennen. Für Fachleute aus Psychologie, Marketing und Gestaltung ist dies nichts Neues, wohl aber für andere Stakeholder. Was leicht geht und Spaß macht, wird eher akzeptiert.

Neues Denken im Brand Design

Eine wesentliche Voraussetzung für eine erfolgreiche Markengestaltung ist die richtige Arbeits- und Denkweise. Sieben Hinweise dazu sollen hier gegeben werden:

1. Think Flexible: Regler statt Regeln

Eine zeitgemäße Markengestaltung ist nicht nur medienneutral, sie ist auch in sich flexibler als starre Corporate-Design-Systeme. Gerade unter komplexen Kommunikationsbedingungen ist es hilfreich, die Tonalität des Designs innerhalb bestimmter Leitplanken auf den jeweiligen Anlass optimal einstellen zu können. So hilft es beispielsweise in der Typografie, Optionen vorzuhalten, die einerseits für einen differenzierenden Mengentext, andererseits auch für prägnante Aussagen jeweils unterschiedliche Lösungen anbieten. Ähnliche Reglersysteme können für alle Basisgestaltungselemente eingesetzt werden. Sie können im Kontext von intelligenten Online-Systemen selbst von Laien angewendet werden, wie z. B. von Vertriebsmitarbeitern, die einfache Anwendungen selbst gestalten wollen oder müssen. Sie müssen lediglich das vorgegebene Basis-Template der gewünschten Aussagetonalität anpassen und können dabei nicht allzu viel Schaden anrichten oder fundamentale Regeln des Corporate Design missachten. Und: Sie haben dabei im Idealfall ein Erfolgserlebnis anstatt des Gefühls, in ein Regelkorsett gepresst zu werden. Das ist auch wichtig, weil erwartet werden darf, dass automatisierte, mit künstlicher Intelligenz ausgestattete Layout-Programme mehr und mehr Arbeiten übernehmen, die bislang von Profis mit entsprechendem Formempfinden durchgeführt wurden.

Ein Beispiel dafür ist das von Strichpunkt in 2016 entwickelte Corporate Design für den Deutschen Fußball-Bund.

Praxisbeispiel: Neues Corporate Design des Deutschen Fußball-Bundes

Innerhalb eines vorgegebenen Rahmens wurden Regler für einzelne Gestaltungsparameter im Erscheinungsbild integriert, durch die sich das Erscheinungsbild der Marke auf unterschiedliche Kontexte anpassen lässt – von Aktivitäten an der Fanbasis bis hin zum exklusiven Event. Sie erlauben eine Veränderung des Schriftbildes (von einer edlen Grotesk bis hin zu einer lauten Stencil-Schrift, die jeweils individuell für den DFB gestaltet wurden), der Bildwelt (von der Stadionwurst bis zum heroischen Abbild der Nationalmannschaftsspieler) sowie des Gestaltungsprinzips (vom eher zurückhaltenden bis hin zum dominanten Einsatz der abstrahierten Spielfeldlinien).

Abb. 1: Das neue Corporate Design für den Deutschen Fußball-Bund (Quelle: Strichpunkt)

2. Think Together: von der Kreation zur Ko-Kreation

Die Anforderungen an einen Markengestaltungsprozess werden immer komplexer. Innerhalb der Markenstrategie müssen vielfältige Ansprüche innerhalb und außerhalb des Unternehmens berücksichtigt, unterschiedliche Bedürfnisse von Zielgruppen in jeweils kulturell unterschiedlich geprägten internationalen Märkten abgeglichen und überzeugend beantwortet werden. Gleichzeitig benötigen Auftraggeber und Agenturen immer mehr technisches Verständnis, um die richtigen Formate und Inhalte für die diversen Medienanwendungen zur Verfügung zu stellen. War es früher üblich, dass ein Gestalter nach einem Briefing-Gespräch einige Wochen vor sich hin arbeitete, um dann den Auftraggeber in einer überraschenden Präsentation von seiner Lösung zu überzeugen und diese danach in die Umsetzung für diverse Medienkanäle zu bringen, ist diese Vorgehensweise heute nicht mehr zielführend: Komplexe Aufgaben lassen sich am besten mit der Bündelung der Kräfte bei Dienstleister(n) und Auftraggeber lösen. Hierfür braucht es einen iterativen Prozess und permanente Zwischenabstimmungen. Für die Effizienz und Qualität digitaler Gestaltungsprozesse ist ein agiler Projektverlauf wichtig. Eine Markengestaltung, bei der die Kreation unabhängig von der Technik arbeitet, führt zu unbefriedigenden Ergebnissen, die aufwendig nachbearbeitet werden müssen oder im schlimmsten Fall zu gar keinem Gesamtergebnis. Werden Brandschutz und Klimatisierung erst nach dem großen Gestaltungsentwurf für einen Flughafen zum Thema, verzögert sich die Eröffnung, und die Kosten explodieren. Im Design von Marken ist es nicht anders. Eine Gestaltung, die darauf ausgelegt ist, nach mehrwöchiger Sendepause in einer großen Präsentation zu überzeugen, krankt oft im Detail. Sie wird vom Dienstleister schon aus dramaturgischen Gründen anders aufgesetzt werden als ein Projekt, das permanent mit dem Kunden abgesprochen und optimiert wird.

Viele Unternehmen setzen deshalb heute auf eine intensive Zusammenarbeit bei der Gestaltung mit ihren Dienstleistern sowie auf Agenturpools, in denen unterschiedliche Stärken gebündelt werden können. Die genialische Gestalterpersönlichkeit des 20. Jahrhunderts, die eine Marke ganzheitlich prägte, ist ein Ideal, das mit der technischen Diversifikation des 21. Jahrhunderts an seine Grenzen geraten ist. Co-working-Prozesse führen in den meisten Fällen zu viel besseren Ergebnissen als eine noch so kompetente Einzelmeinung.

> Die genialische Gestalterpersönlichkeit des 20. Jahrhunderts, die eine Marke ganzheitlich prägte, ist ein Ideal, das mit der technischen Diversifikation des 21. Jahrhunderts an seine Grenzen geraten ist.

3. Think Simple: One Size Fits All

Geniale Ideen sind einfach. Aus Prinzip. Und gerade weil die Welt ständig komplexer wird, sehnen sich die Menschen nach einfachen, leicht zugänglichen und intuitiven Lösungen. Je mehr eine Markengestaltung versucht, für jedes denkbare Medium die optimale Lösung vorzudefinieren, desto mehr Regeln, Sonderregeln und Ausnahmen entstehen. Das mühevoll erarbeitete Regelwerk ist veraltet, sobald sich in einem der unzähligen Medienformate eine technische Grundlage ändert. Die Folge: Niemand nimmt diese Regeln mehr ernst. Deshalb gilt für Branding im digitalen Zeitalter, dass weniger Regeln zu mehr Markenwahrnehmung führen.

> Weniger Regeln führen zu mehr Markenwahrnehmung.

Denken Sie an einen Fahrkartenautomaten oder das Dashboard eines Automobils: Je weniger Tasten Sie drücken müssen, um Ihr Ziel zu erreichen, desto positiver ist Ihre *User Experience*. Modernes Corporate Design muss deshalb stets eine Gratwanderung sein: zwischen dem Anspruch, eine Marke so individuell wie möglich anzulegen und der Notwendigkeit, die User Experience intuitiv und damit allgemeingültig zu gestalten (vgl. Abb. 2).

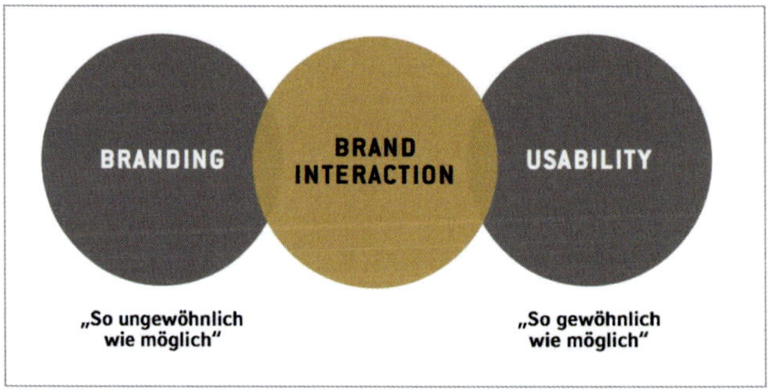

Abb. 2: Branded Interaction Model by Dr. Carsten Totz (eigene Darstellung)

Deswegen ist für die Markengestaltung die große Idee oder Geste der zentrale Qualitätsaspekt, der die Werte des Unternehmens oder Produktes optimal herausstellt. Werden nachgelagerte Themen zu sehr individualisiert, sinkt die Nutzerfreundlichkeit und damit die Akzeptanz. Es ist sinnvoll, zum Beispiel ein Logo vollkommen anders als die Auftritte der Konkurrenz zu gestalten. Wird aber beispielsweise auch das Navigationsprinzip einer Website komplett eigenständig aufgesetzt, finden sich die User nicht mehr zurecht – mit entsprechend negativen

Auswirkungen auf die Markenwahrnehmung. Ein Beispiel: Die große visuelle Geste des Malers Georg Baselitz war es, die Figuren seiner Bilder auf den Kopf zu stellen. Wäre für ihn ein Signet zu entwickeln, mag es durchaus passend sein, seinen Namen über Kopf abzusetzen. Eine Website zum Verkauf seiner Bilder dagegen komplett um 180 Grad zu drehen, wäre zwar konsequent, aber kaum absatzfördernd.

4. Think Small: Atomic Design

Im Zeitalter der Printmedien galt: Ein Gestalter nahm sich zunächst das komplexeste Projekt des neuen Markenauftritts vor, arbeitete dieses mit all seinen Komplikationen durch und leitete daraus die Gestaltungsprinzipien für weniger komplexe Grafiken ab. Diese Vorgehensweise entsprach der über Jahrhunderte gewachsenen Denkweise, in einem vorgegebenen Format Informationen unterbringen zu müssen. Auch die klassischen Layout-Programme sind so angelegt: Zunächst wird ein Dokumentformat definiert, und dieses wird dann mit Text- und Bildrahmen gefüllt. Medienneutrales Design muss dagegen genau anders herum angelegt sein, denn es gibt kein festgelegtes Endformat mehr. Der Gestalter kann nicht mehr definieren, ob sein Entwurf auf einem Großflächen-Screen, einem Desktop-Gerät, einem Smartphone, einem Wearable oder einem anderen Medium erscheint. Funktionieren muss er trotzdem. Und das tut er am besten, wenn zunächst das kleinste Element gestaltet wird, z. B. ein Button oder Icon, dann aus mehreren Einzelelementen Moleküle zusammengesetzt werden (z. B. eine Suchmaske), die sich zu einem Organismus (z. B. einem Start-Screen) weiterentwickeln, der dann über Templates zu komplexen Websites ausgebaut werden kann (vgl. Abb. 3). Die Kunst dabei ist, bereits dem kleinsten Icon ein Erscheinungsbild zu geben, das den Markencharakter in sich trägt – selbst wenn das möglicherweise Wichtigste dieser Moleküle – das Logo – gar nicht sichtbar ist. Die amerikanischen Gestalter Andy Clarke und Brad Frost haben für diese Vorgehensweise den Begriff des *Atomic Design* geprägt.

Entsprechendes gilt auch für die Gestaltung der Einzelelemente: Ein chromglänzendes, dreidimensionales Logo im Stil der 1990er-Jahre kann auf einem extrem begrenzten Format etwa eines Favicons oder eines Wearables nicht mehr sinnvoll dargestellt werden und muss deshalb eine möglichst einfache Formensprache nutzen (vgl. in Kap. 5 den Beitrag von Ochsenhirt und Schmidt).

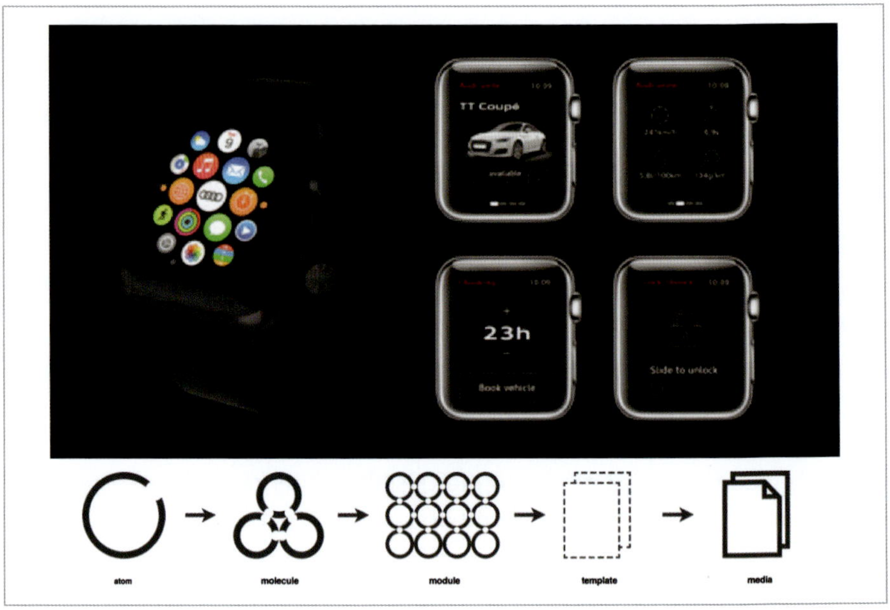

Abb. 3: Atomic Design am Beispiel der Marke Audi (eigene Darstellung)

Praxisbeispiel: Neues Corporate Design von Audi

Das 2016 entwickelte neue Corporate Design für Audi ist konsequent ›digital first‹ gedacht: In einem iterativen Gestaltungsprozess wurden zunächst Icons entwickelt, aus denen die Formensprache für den gesamten Markenauftritt abgeleitet wurde. Das ehemals chromglänzende Logo, adäquat zum Auftritt auf dem Kühlergrill, wurde auf seine grafische Grundform reduziert (vgl. Abb. 4). Die Farbigkeit wurde auf die drei Grundfarben Schwarz, Rot und Silber zurückgefahren – und ansonsten im Wesentlichen auf weitere Gestaltungsregeln verzichtet (vgl. Abb. 5).

Abb. 4: Das neue (links) und alte (rechts) Logo der Marke Audi (Quelle: Strichpunkt)

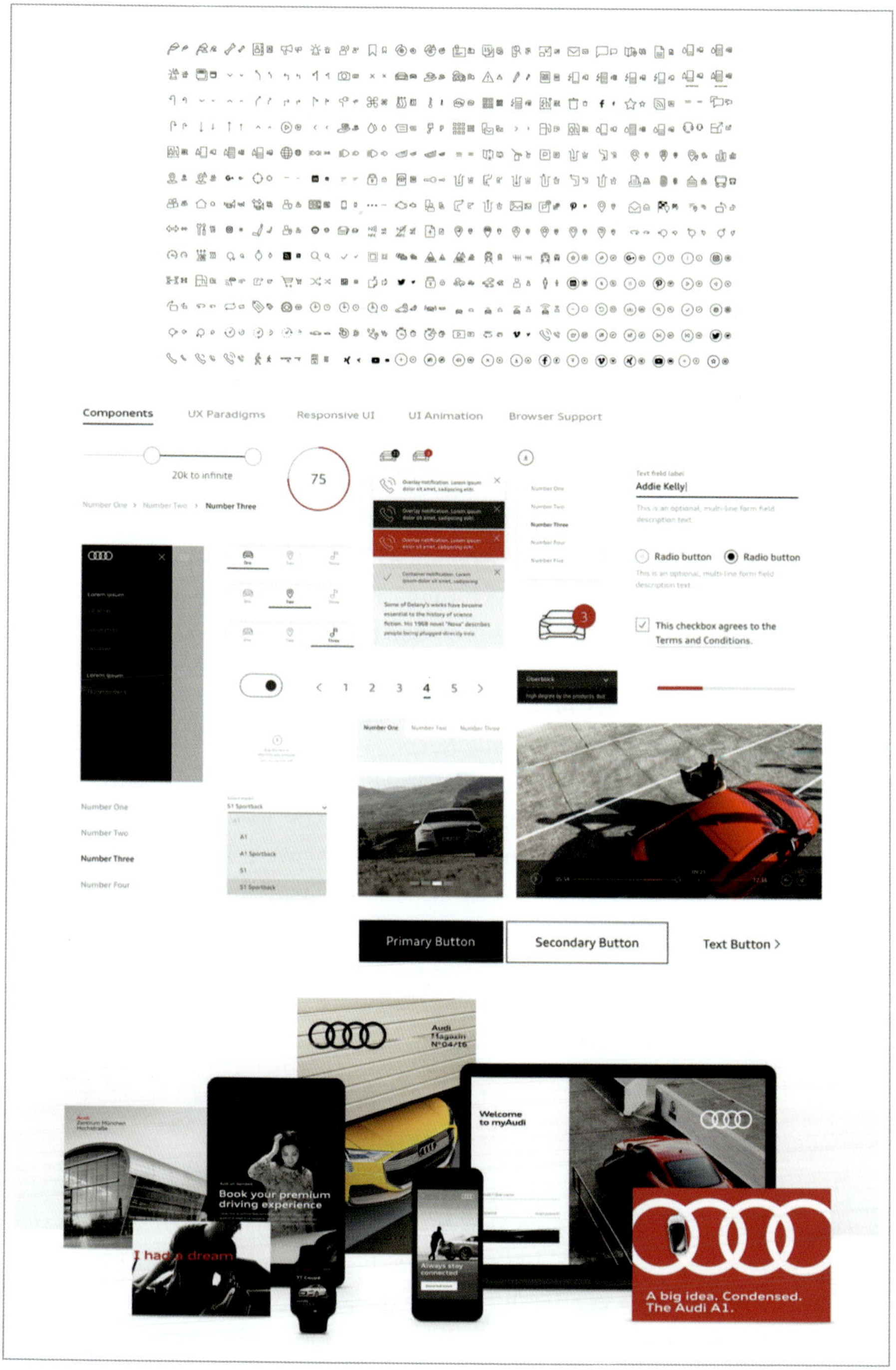

Abb. 5: Das neue Corporate Design von Audi (von oben): Icons, Basiselemente und exemplarische Anwendungen (vgl. Audi AG 2017)

5. Think Tactile: vom Look zum Feel

Immer mehr Markenkontaktpunkte finden in Medien statt, die auf Interaktion ausgelegt sind. In Zukunft werden gesten- und sprachgesteuerte *Interfaces* die Regel sein. Darauf muss ein modernes Corporate Design vorbereitet sein und adäquat reagieren. Hierfür gibt es zwei Wege: Die radikalste Lösung liegt in der Vorbereitung des Markenerlebnisses auf Kontaktpunkte, die ohne jede visuelle Erscheinungsform auskommen. Hierzu müssen Gestaltungsparameter wie *Ton, Sprache, Haptik oder Olfaktorik* in den Markenauftritt so integriert werden, dass sie auch ohne visuelle Unterstützung dem Absender zugeordnet werden können. Jingles sind für uns längst erkennbar. Aber auch weitergehende Konzepte auditiver Markenerkennung sind auf dem Vormarsch – so etwa bei Airlines, die auditive Gestaltungselemente von der Buchungswebsite bis zur Hintergrundmusik im Flugzeug nutzen. Die Sprachmelodie digitaler Assistenzsysteme wie Siri oder Cortana ist hochgradig individuell ausgelegt. Die Vibrations-Response des Home Button beim iPhone unterscheidet sich deutlich von derjenigen anderer Hersteller. Und die Bäckereikette Kamps hat sich den für sie spezifisch entwickelten Geruch frischen Brotes, der in den Verkaufsstellen in die Ventilation eingespeist wird, als Markenbestandteil schützen lassen.

Der zweite Weg führt über *visuelle Response-Systeme:* Zu einem modernen Corporate-Design-System gehört auch eine Definition des Reaktionsverhaltens von Elementen wie Buttons oder die Signalisation von Verständnis oder Unverständnis einer Spracheingabe über alle Interfaces hinweg. Durch die Definition von Animationskurven wird beispielsweise die Beweglichkeit eines virtuellen Knopfdrucks individualisiert. Ob in einem Audi-Cockpit oder auf dem Smartphone: Das Fahrzeugdisplay wie auch das Handy reagieren mit der gleichen Animation auf die Erkennung von Spracheingabe.

Praxisbeispiele für interaktive Gestaltung von Corporate-Design-Systemen

Eines der besten Beispiele für die interaktive Gestaltung eines Corporate-Design-Systems bietet Google (vgl. Abb. 6). Das Logo, das sich auf ein Signet reduzieren lässt, migriert mit unterschiedlichen Elementen wie einem Eingabemikrofon oder übernimmt die Funktion eines Equalizers. Trotz seiner Variabilität ist es dennoch jederzeit eindeutig erkennbar. Auch das Bewegungsverhalten aller Google-Produkte folgt einem eindeutigen Schema.

Abb. 6: Variabler, interaktionsabhängiger Umgang mit Google Logotype, Dots und Google G (vgl. Google 2015)

Ein weiteres Beispiel ist wieder das Corporate Design von Audi (vgl. Abb. 7). Hier sind nicht nur die Form von Buttons und deren Zusammenspiel auf einer Website definiert, sondern auch ihr Interaktionsverhalten ist durch eine Bewegungskurve und eine eigens entwickelte visuelle Reaktion auf Eingaben vorgeschrieben.

Abb. 7: Bewegungskurve, Sound-Ringe im neuen Audi (Quelle: Strichpunkt)

6. Think Further: Technik ist schneller als Design

Schon heute ist ein Design, das mit allen denkbaren Ausgabeformaten kompatibel ist, eine solide Herausforderung. Dennoch gilt es, soweit wie möglich bei der Gestaltung auch an Medien zu denken, die erst in einigen Jahren unsere Kommunikation prägen werden. Bereits in der Einleitung zu diesem Kapitel wurde aufgezeigt, dass die Entwicklung neuer Technologien und Medien deutlich schneller voranschreitet als dies ein klassisch gedachtes Corporate Design abbilden kann. Je einfacher und reduzierter die Formensprache ist, desto eher wird die Anwendung eines Designs in neue Medienformate auch zukünftig möglich sein.

7. Think Service: vom Manual zur Brand Platform

Jedes Design ist nur so gut wie seine Anwendung. Menschen jeglicher Profession neigen von Natur aus dazu, mit wenig Aufwand zu einem optimalen Ergebnis zu kommen. Gestalter tun deshalb gut daran, ihre Ergebnisse so zur Verfügung zu stellen, dass deren Anwendung so einfach wie möglich ist. Templates für Gestaltungsprogramme sind mittlerweile Standard, richten sich aber an professionelle Anwender aus der grafischen Industrie. Neben intelligenten Templates für Office-Anwendungen, wird deshalb der Bereich des Coding immer wichtiger. Ein zeitgemäßes Corporate Design stellt seine Kernelemente nicht nur in den gängigen Grafikformaten zur Verfügung, sondern auch als Programmzeilen zur Einbindung in digitale Systeme jenseits einer grafischen Benutzeroberfläche.

Praxisbeispiel

Im Corporate Design für Audi werden sämtliche Module als Grafikdateien gezeigt, aber auch als *Code Snippets* in diversen Programmiersprachen zur Verfügung gestellt, um unkompliziert in unterschiedlichste Anwendungen integriert werden zu können.

Und noch ein weiterer Serviceaspekt, um Designinformationen zugänglicher zu machen: Mittlerweile ist es über diverse Datenbanken problemlos möglich, hochauflösende Grafiken eines Unternehmenslogos zu erhalten und diese in Anwendungen zu integrieren, die nicht immer im Sinne des Erfinders sind. Diese Entwicklung ist kaum zurückzudrehen. Manche Unternehmen verzichten deshalb inzwischen darauf, ihre Corporate-Design-Daten nur passwortgeschützt an registrierte Nutzer zu verbreiten. Hier muss abgewogen werden, inwiefern der Produktschutz höher zu gewichten ist als der fraglos entstehende Werbeeffekt, wenn eine Marke auch auf nicht unternehmenseigenen Anwendungen korrekt dargestellt statt schlecht nachgemacht erscheint. So ist es für eine Mode-Premiummarke ein erhebliches Geschäftsrisiko, diese Marke für Billigfälschungen perfekt aufbereitet zur Verfügung zu stellen. Dagegen dürfte ein Hersteller von Investitionsgütern oder Automobilen mit Fälschungen seiner Produkte weniger Probleme haben und die Abbildung seines Markenzeichens etwa auf einem T-Shirt aus Fernost nicht als Angriff, sondern als Unterstützung des Markenimages werten.

Praxisbeispiel

Audi hat sich als eines der ersten Unternehmen dafür entschieden, sein neues Corporate-Design-System frei für jedermann verfügbar ins Internet zu stellen. Das AudiCDnet ist unter Audi.com/ci abrufbar.

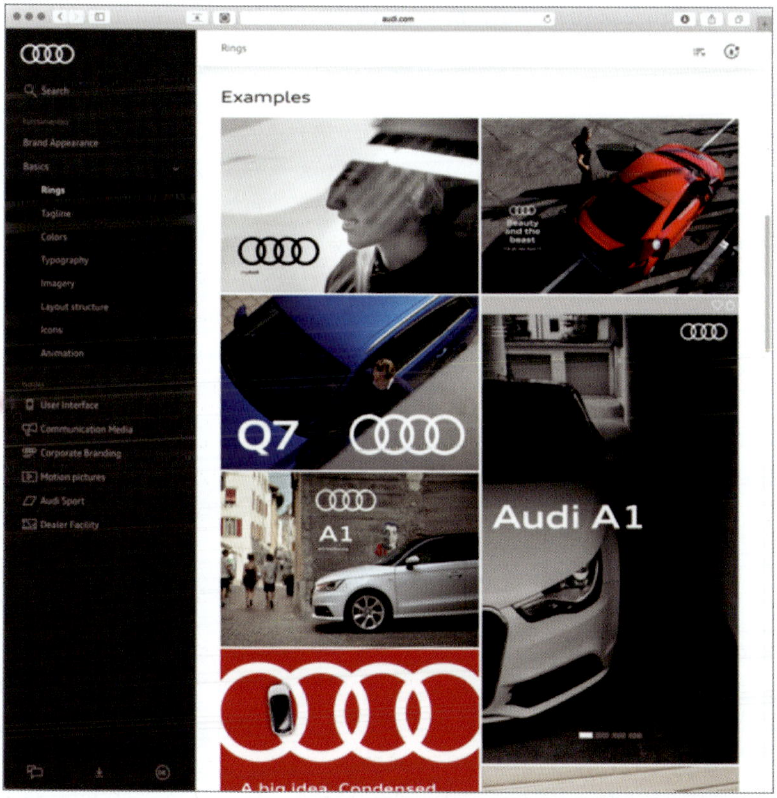

Abb. 8: Open Access und Open Source: das Audi Brand Portal (vgl. Audi AG 2017)

Always beta: *Prozess* statt *Projekt*

In diesem Beitrag sind neben ganz pragmatischen gestalterischen Ansätzen nicht zuletzt prozessuale Aspekte der Markengestaltung behandelt worden. Und dies aus gutem Grund: Denn die vielleicht wichtigste Erkenntnis für die Neudefinition von Gestaltungsprinzipien im Corporate Design lautet: Eine Corporate-Design-Entwicklung ist kein abgeschlossenes Projekt mehr, das nach einigen Jahren überarbeitet werden kann, sondern ein Prozess in ständigem Wandel und in Interaktion mit den Zielgruppen. Wer ›permanent beta‹ ist, ist auch dauerhaft aktuell, reagiert unkomplizierter und wird in einer Umgebung, die ebenfalls weit entfernt von statischem Verhalten ist, positiver wahrgenommen. Es bleiben lebendige Zeiten für die Markengestaltung.

> Eine Corporate-Design-Entwicklung ist kein abgeschlossenes Projekt mehr, das nach einigen Jahren überarbeitet werden kann, sondern ein Prozess in ständigem Wandel und in Interaktion mit den Zielgruppen.

Corporate Design, der Kugelfisch im digitalen Raum

Julia Ochsenhirt und Jens Schmidt

Ein zeitgemäßes Brand Design sollte Vorgaben für unterschiedlichste Nutzungsszenarien enthalten. In einer Zeit, in der Interface-Design-Systeme sich flexibel an unterschiedliche Bildschirmgrößen anpassen können, ist es hilfreich, wenn auch ein Corporate Design dem Designer beim Layouten mehr Flexibilität erlaubt. Julia Ochsenhirt und Jens Schmidt zeigen, welche neuen Herausforderungen und Möglichkeiten für das Corporate Design im Web und auf mobilen Endgeräten bestehen, wo Probleme auftreten und mit welchen Tricks man diese meistern kann.

Digitale Medien haben die Eigenschaft, sich permanent zu verändern. Für Markenverantwortliche und Designer ist es deshalb sinnvoll, sich mit den veränderten Begebenheiten, wie Corporate Design in digitalen Produkten inszeniert werden kann, auseinanderzusetzen. Außerdem entstehen immer neue Social-Media-Kanäle, in denen Marken sich mit ihren Inhalten inszenieren. Wir haben uns innerhalb des *digitalen Branding* vor allem den Bereich Corporate Design angesehen und unsere Beobachtungen der letzten Jahre in diesem Artikel zusammengefasst. Es soll weniger um ästhetische Trends gehen, sondern vielmehr darum, was ein Brand Design braucht, um über die Vielzahl der unterschiedlichen digitalen Produkte die Markenidentität zu wahren. Es geht dabei um eine Momentaufnahme, was bei der Entwicklung eines zeitgemäßen Corporate Design sinnvoll ist und um einige Trends, von denen wir glauben, dass sie für Designer zukünftig relevant sind.

Es wird dabei auch um das Thema *Interface Design* gehen. Da immer mehr digitale Publikationen und Produkte entstehen, gibt es auch immer mehr Anwendungsfälle wo Teile des Corporate Design und des Interface Design sich den Platz auf dem Bildschirm teilen müssen. Navigierbarkeit der Inhalte, ästhetisches Design und Usability sind wichtige Teilaspekte eines Markenauftrittes. Verliert man den Aspekt *Usability* aus den Augen, dann erhält man ein digitales Produkt, das im Sinne der Marke gebrandet, aber nicht gut bedienbar ist. Hat man hingegen nur die Funktionalität im Fokus, dann entsteht oft ein uneinheitliches und unästhetisches Interface – und damit auch ein diffuses Markenbild. Ein Unternehmen, das qualitativ hochwertige physische Produkte herstellt, sollte den gleichen Qualitätsmaßstab an seine digitalen Produkte anlegen. Bei Unternehmen, bei denen die digitale Wertschöpfung im Fokus steht, ist die Qualität des Interface ohnehin essenziell für ihren Erfolg.

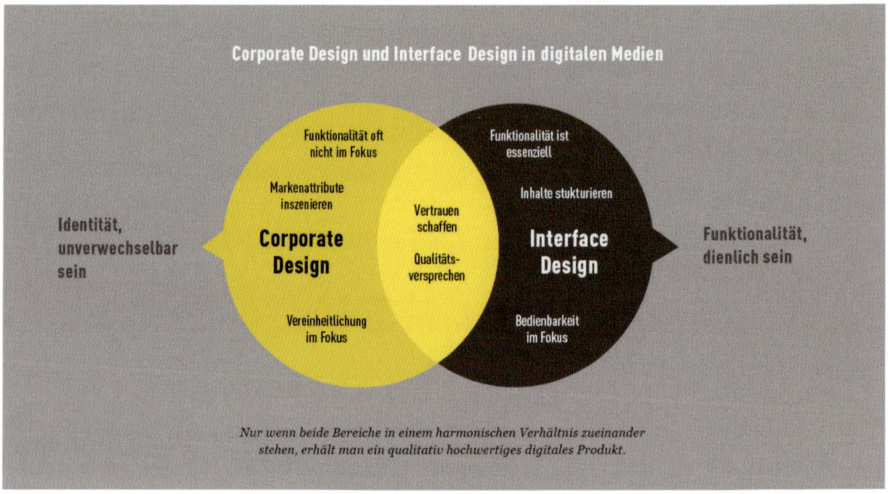

Abb. 1: Corporate Design und Interface Design haben ein symbiotisches Verhältnis, aber oft nicht den gleichen Fokus (eigene Darstellung)

In den letzten Jahren werden immer mehr Inhalte auf verschiedensten digitalen Endgeräten betrachtet. Eine Strategie, auf diese unterschiedlichen Geräte und Bildschirmgrößen zu reagieren, sind *flexible Layout-Systeme*, die den zur Verfügung stehenden Platz auf dem Bildschirm optimal ausnutzen. Ein Ansatz ist dabei *Responsive Design*. Es werden unterschiedliche Layout-Varianten für die Anordnung von Navigation, Bildern, Texten und Grafiken vordefiniert und je nach Größe des zur Verfügung stehenden Raumes kommt ein spezifisches Layout zur Anwendung. Es macht Sinn, für das Corporate Design einen ähnlich flexiblen Ansatz zu verfolgen: Flächen, Größe und Anordnung von Logo und Wortmarke sollten innerhalb des zur Verfügung stehenden Raumes flexibel veränderbar sein. Idealerweise sollten Interface Design und Corporate Design zusammen konzipiert werden, damit Branding und Funktionen des Interface nicht in einen Konflikt miteinander geraten.

> Ein klassisches Design Manual enthält oft keine flexiblen Lösungen oder Regeln für die Anwendung des Corporate Design auf verschiedenen Endgeräten.

Das Wissen über visuelle Schwierigkeiten, die im Design gerade auf kleinen Geräten auftreten können, ist daher sehr hilfreich, um ein ästhetisches und funktionales Corporate Design zu entwickeln. Dieses Wissen ist bei klassischen Corporate-Design-Agenturen aber eher selten vorhanden. Die Folge: Der umsetzende Interface Designer muss aufgrund fehlender Vorgaben an vielen Stellen eigene Entscheidungen treffen oder Regeln brechen, damit die reibungslose Bedienbarkeit einer Anwendung gewährleistet bleibt. Ein Styleguide, der wichtige Regeln digitaler Medien nicht berücksichtigt, kann für die digitale Umsetzung mühevoll sein.

> Kleinformatige Endgeräte sind für das Corporate Design ein schwieriges, weil räumlich begrenztes Terrain.

Es gibt auf einem mobilen Display für eine opulente Inszenierung von Logo und Corporate Design einfach zu wenig Platz. Erschwerend kommt hinzu, dass das Marketing, die Corporate-Design-Abteilung, die Interface Designer und die Benutzer oft jeweils unterschiedliche Prioritäten haben. Wenn Interface und Logo einen zu großen Raum einnehmen, ist der Konflikt vorprogrammiert: Bilder haben nicht genug Raum, um ihre Wirkung zu entfalten, oder der Text wird für ein entspanntes Lesen zu klein. Hinzu kommt, dass der Nutzer eines Mobilgerätes sich oft in Situationen befindet, in denen es schnell gehen muss: An der Bushaltestelle, in einem Fahrzeug oder in der Mittagspause. Er ist daher besonders ungeduldig. Jeder Mangel an Lesbarkeit oder Schwächen in der Benutzerführung können dazu führen, dass der Benutzer einer Seite oder einer App für immer »ade« sagt. Für die Funktionalität einer digitalen Anwendung ist es deshalb wichtig, dass Corporate Design und Inhalte eine harmonische Einheit bilden. An der Art, mit welcher Sorgfalt ein digitales Produkt gestaltet ist, erkennt man oft die Haltung einer Marke und wie gut ihr Verständnis von den Bedürfnissen ihrer Kunden ist.

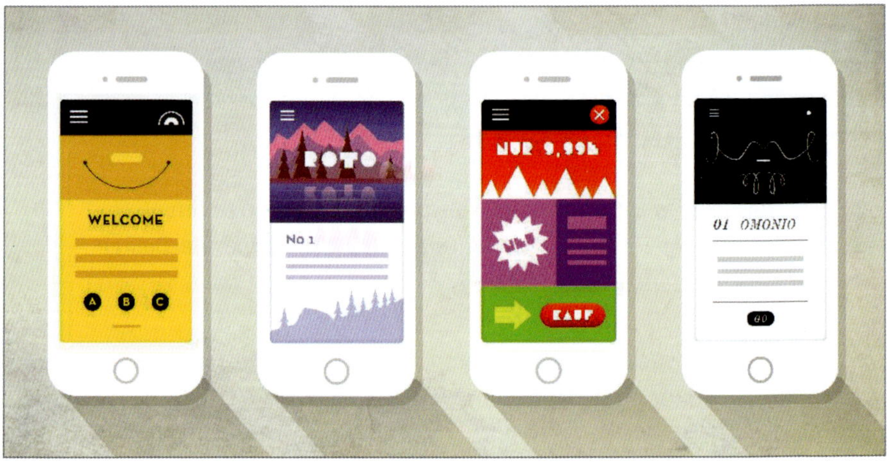

Abb. 2: Zeig mir dein Interface und ich sage dir wer du bist: Jedes Interface verrät viel über die Art, wie die Marke sich selbst sieht und ob sie die Bedürfnisse ihrer Kunden versteht (eigene Darstellung)

Welche besonderen Probleme bestehen für ein Corporate Design auf kleinen mobilen Geräten?

Wir haben oben über die enge Verknüpfung von Interface Design und Corporate Design in den digitalen Medien gesprochen. Im folgenden Abschnitt wollen wir durch Beispiele und grafische Abbildungen verdeutlichen, mit welchen visuellen Problemen das Corporate Design durch den begrenzten Raum zu kämpfen hat, aber auch welche Chancen für die Inszenierung des Corporate Design in digitalen Medien bestehen.

Logos im Zeitalter des Responsive Design

Wenn man sich Webseiten auf Smartphones ansieht, wird deutlich, dass manche *Logos* auf kleinen Screens nicht so gut funktionieren. Wodurch kommt das? Und welche Art der Logogestaltung funktioniert auch auf mobilen Endgeräten gut? Aufgrund der geringen Größe von mobilen Endgeräten funktionieren einfache, zeichenhafte und geometrische Logos mit einheitlicher Strichstärke und idealerweise mit quadratischer Grundfläche am besten. Generell sollte man im Web deshalb auf detailreiche Logos verzichten. Es gilt: je weniger komplex, desto besser. Innenräume sollten groß genug gewählt werden. Linien sollten genügend

Abstand zueinander haben. Grundsätzlich sind geschwungene Zeichen mit unterschiedlichen Strichstärken weniger geeignet als geometrische, quadratische Zeichen. Farbkombinationen sollten kontrastreich sein. Abbildung 3 zeigt einige Beispiele für Logos, die in kleiner Darstellung gut wahrnehmbar sind:

Abb. 3: Gelungene Logo-Beispiele für mobile Endgeräte (eigene Darstellung)

Im Netz finden sich aber auch sehr etablierte Marken, die grundsätzlich einen hervorragenden Markenauftritt haben, aber auf kleinen Mobilgeräten an Ihre Grenzen stoßen. Abbildung 4 zeigt hierfür Beispiele.

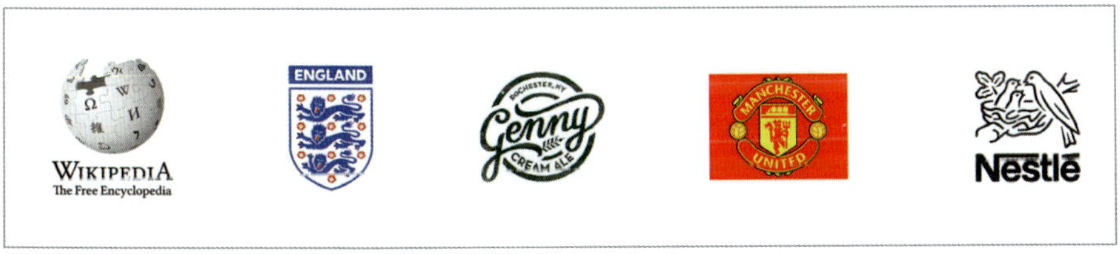

Abb. 4: Detailreiche Logos machen Schwierigkeiten auf mobilen Endgeräten, da sie in kleinen Größen nicht klar erkennbar sind (eigene Darstellung)

Diese Logos funktionieren in erster Linie deshalb nicht so gut, weil sie zu komplex sind. Feine Muster und viele Linien verschwimmen bei starker Verkleinerung. Ähnlich verhält es sich bei Rundsatz oder sehr eng zusammenstehenden Buchstaben. Man sollte daher besser bei einer Neuentwicklung eines Markenauftritts darauf verzichten. Aus der Heraldik stammende *Markenzeichen*, die z. B. häufig von Kommunen oder Universitäten genutzt werden, sind in der Regel komplex und dadurch ebenfalls wenig geeignet für Auftritte auf kleinen Mobilgeräten. Und auch kontrastarme Farbkombinationen und Verläufe funktionieren nicht so gut wie solide Farben. In der jüngeren Vergangenheit haben deshalb viele Unternehmen, bei denen die digitale Wertschöpfung sehr wichtig ist, ihre Logos überarbeitet, um den Bedürfnissen im Web entgegenzukommen – auch im Hinblick auf die Funktionsfähigkeit des Markenzeichens als *App Icon* (vgl. Abb. 5).

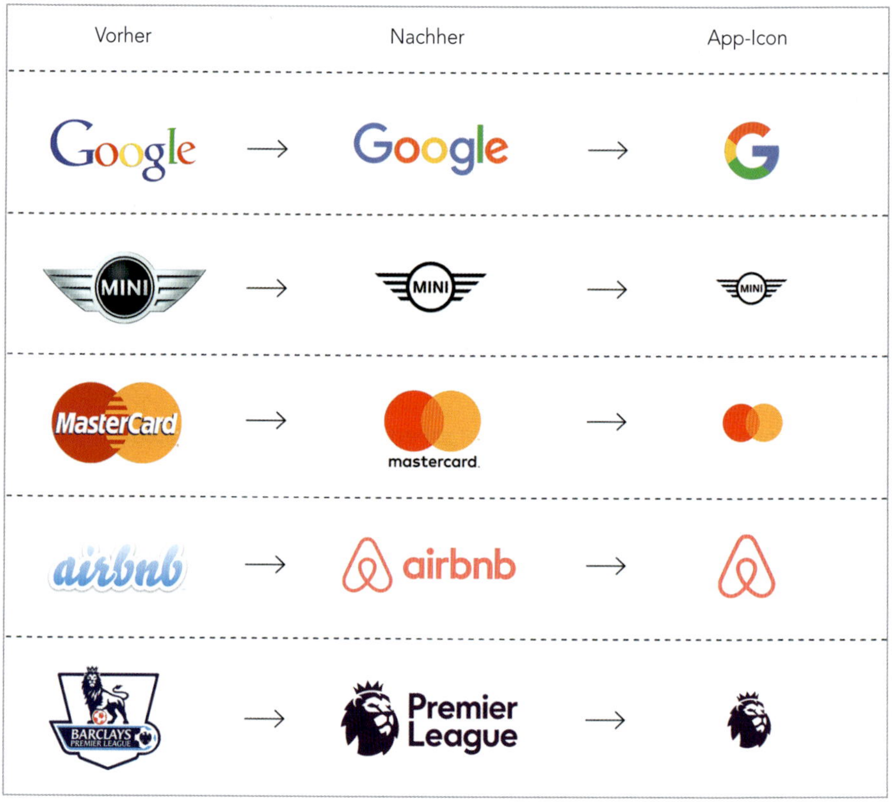

Abb. 5: Neue Markenauftritte (eigene Darstellung)

Im Folgenden veranschaulichen wir anhand einiger fiktiver Fallbeispiele, welche Aspekte bei der Entwicklung eines neuen Logos bzw. beim Re-Design eines bestehenden Logos zu berücksichtigen sind.

Einfache geometrische Formen und klare Farbigkeit

Die altehrwürdige Universität Lüdenscheid – unser erstes fiktives Beispiel – hat bislang das Stadtwappen als Logo verwendet. Die Aufgabenstellung ist hier, ein prägnantes Zeichen zu entwickeln, ohne die Kontinuität mit dem bisherigen Logo völlig aufzugeben. Das neue Bildzeichen verzichtet auf die meisten Details (vgl. Abb. 6). Es ist aus klaren geometrischen Formen aufgebaut. Die Mehrfarbigkeit weicht einer einfarbigen Logogestaltung. Um unterschiedliche Formate bedienen zu können, sollte das Logo flexibel einsetzbar sein. Dementsprechend sollte es auch eine Version geben, bei der das Bildzeichen von der Wortmarke getrennt stehen kann.

Abb. 6: Durch die starke Vereinfachung des Wappens kann es als Logo in unterschiedlichen Anwendungen zum Einsatz kommen (eigene Darstellung)

Mehrzeilig und horizontal

Um Logos für unterschiedliche Größen zu optimieren, ist die unterschiedliche Platzierung der Wort-Bildmarke bei weitem das einfachste Mittel. Das nachfolgende Beispiel »Optibank« verdeutlicht das (vgl. Abb. 7).

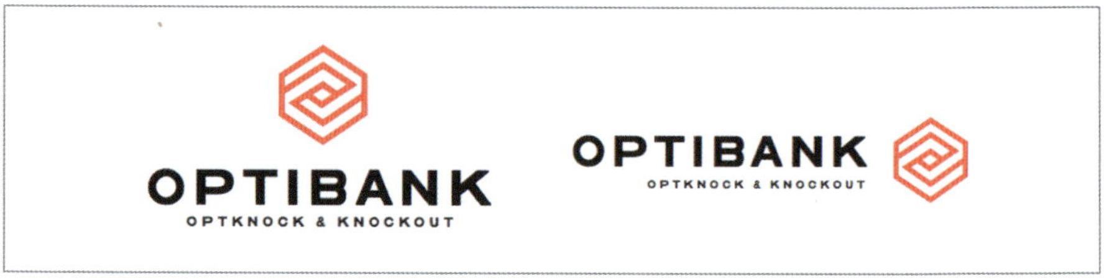

Abb. 7: Unterschiedliche Anordnung des Logos (eigene Darstellung)

Stufenweise Reduktion

Logos mit hohem Textanteil sind ab einer bestimmten Größe nicht mehr lesbar. Sie lassen sich für den mobilen Einsatz durch stufenweise Reduktion optimieren. Im Beispiel unten wird der Text ab einer bestimmten Größe aus dem Emblem ausgelagert (vgl. Abb. 8). Darüber hinaus wird bei kleinen Größen auf den Claim verzichtet. Bei App Icons und Favicons steht das Zeichen für sich. Wichtig ist, dass bei jeder Reduktionsstufe die Wiedererkennbarkeit der Marke gewährleistet bleibt.

Abb. 8: Stufenweise werden Informationen eliminiert, um die Lesbarkeit bei unterschiedlichen Anwendungen zu gewährleisten (eigene Darstellung)

Vereinfachung von Details in der Verkleinerung

Ein auffälliger Trend der letzten Jahre sind *Vintage-Logos* (vgl. Abb. 9), die Erinnerungen an die gute alte Zeit aufleben lassen. Diese Logos sind häufig relativ detailreich und daher auf mobilen Endgeräten nicht gut zu erkennen. In diesen Fällen kann eine Verringerung des Detailgrades die Lesbarkeit bei kleineren Größen erheblich verbessern. Detaillierte Formen sollten geglättet, dünne Striche dicker gemacht werden. Outlines können gefüllt werden.

Abb. 9: Details müssen in kleinen Größen vereinfacht werden (eigene Darstellung)

Rundschrift

Rundschrift als Logobestandteil ist generell schwer zu lesen (vgl. Abb. 10). Bei kleineren Formaten kann der Text neben die Bildmarke gesetzt und Details aus dem Logo entfernt werden. Bei langen Namen sind auch Abkürzungen denkbar.

Abb. 10: Rundschrift funktioniert bei kleinen Größen nicht (eigene Darstellung)

Serifenlos versus Antiqua

Grundsätzlich gilt im Web, dass serifenlose Schriften besser lesbar sind. Dasselbe gilt auch für Logos. Das kommt dadurch, dass Serifen – vor allem im Falle der sehr feinen Haarlinien-Serifen bei der klassizistischen Antiqua – auf Bildschirmen ab einer bestimmten Größe wegbrechen. Die Schriften müssten daher extra für das Web optimiert werden, verlieren aber häufig dadurch auch ihren eigenständigen Charakter.

Abb. 11: Serifenlose Schriften sind im Web besser lesbar als Antiqua Schriften (eigene Darstellung)

Corporate Design und das Konzept des Kugelfisches

Ein Corporate Design sollte so konzipiert sein, dass es die Abbildung von Inhalten auf mobilen Geräten optimal unterstützt. Da auf kleinen digitalen Geräten die Menge der zeitgleich darstellbaren Information sehr beschränkt ist, müssen Inhalte hier gegenüber Desktop-Geräten viel stärker *nacheinander* angezeigt werden. Die Informationsvermittlung auf kleinen Mobilgeräten ähnelt der einer antiken Schriftrolle: Es ist stets nur ein Ausschnitt des gesamten Inhalts sichtbar. Sinnvoll ist es deshalb, wenn das Corporate Design hier den Inhalten den Vorrang lässt. Ein Corporate Design, das allerdings dauerhaft fast unsichtbar ist, kann wenig markenbildend sein. Hier können Interaktion und Animation hilfreiche Verbündete sein.

> In digitalen Medien können Animation, Bewegtbild und Interaktion genutzt werden, um Marken temporär großflächig zu inszenieren, aber auch, um Platz zu schaffen und das Branding zu minimieren.

Minimieren, Einblenden, Ausblenden, zur Seite fahren: In den letzten Jahren haben sich einige sinnvolle Standardlösungen etabliert, die die Inszenierung von Inhalten und des Corporate Design gleichermaßen gut möglich machen. Dazu können zum Beispiel Teile des Corporate Design beim Scrollen verkleinert oder nach einer Zeit ausgeblendet werden. An anderen Stellen kann hingegen der ›*Kugelfisch-Effekt*‹ genutzt werden: Das Corporate Design kann sich dort markenwirksam aufblasen und im gesamten Raum inszenieren. Der echte Kugelfisch macht das übrigens nur bei Gefahr, um seine Gegner über seine wahre Größe zu täuschen. Wir machen das, wenn es sich gerade anbietet. Anhand der Website des Unternehmens NOLS sollen nun einige Lösungen gezeigt werden, die den flexiblen Einsatz eines Corporate Design anschaulich machen.

Praxisbeispiel NOLS

Das amerikanische Unternehmen NOLS beschäftigt sich seit 1965 damit, Menschen für das Überleben in der Wildnis auszubilden. In 2016 war ein Relaunch der Website erforderlich, da diese optisch nicht mehr ›State of the Art‹ und auf mobilen Endgeräten nicht für die Lesbarkeit optimiert war. Das Corporate Design, das eine renommierte amerikanische Agentur erstellt hatte, war passend und grafisch gut gestaltet. Es gab auch bereits Gestaltungsmuster für das Screen Design. In einem exemplarischen Screen-Entwurf sah man im Design Manual das neu gestaltete Logo großformatig und zentral oben auf der Website installiert. Das Logo war dort auf einem abgedunkelten Bild dargestellt, vor dem es sich gut sichtbar abhob. Ein Ansatz, der sich in der Umsetzung als schwierig erwies, weil hier eine Idealsituation dargestellt wurde. Da das Menü an der oberen Kante eine feste Position einnimmt, wechselt beim Scrollen der Hintergrund dahinter ständig im Kontrast von hell auf dunkel. Das cremefarbene Logo mit seinen Transparenzen würde auf hellen Textseiten sogar unsichtbar werden. Was am Besten funktionierte, war eine kombinierte Lösung: In dem Moment, in dem man zu scrollen beginnt, wird das Logo verkleinert, während der Hintergrund gleichzeitig an Deckkraft zunimmt. So sorgt im oberen Bereich der Website ein solider Balken dafür, dass das Logo und die Menüpunkte auch in kleiner Größe nicht mit dem Inhalt der Seite in einen optischen Konflikt geraten. Auf Mobilgeräten hingegen ist das Logo von Anfang an kleiner dargestellt. Beim Scrollen wird es ebenfalls auf einem solidem Hintergrund dargestellt.

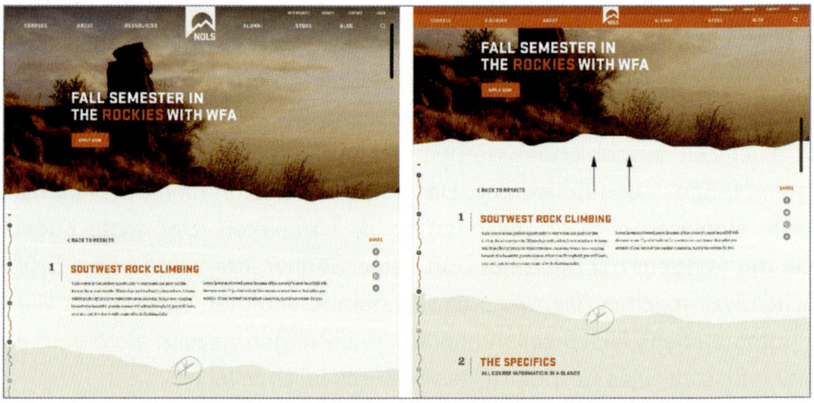

Abb. 12: Wandlungsfähigkeit kann Platzprobleme lösen: Auf der Website von NOLS wird die Größe des Logos auf der Website zugunsten der Inhalte in Größe und Transparenz angepasst. Links ist der Anfangszustand zu sehen, rechts sieht man den Zustand nach dem Scrollen

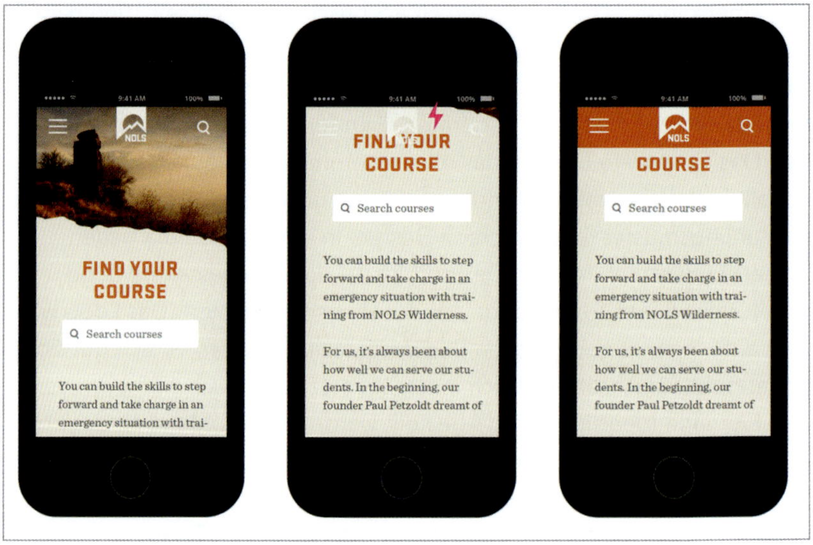

Abb. 13: Mobiles Design: Die Menüpunkte werden in einem ›Offcanvas-Menü‹ versteckt. Beim Scrollen erscheint unter dem Logo ein solider Menübalken und sorgt so stets für den notwendigen Kontrast (eigene Darstellung)

Der Footer als digitales »Brachland« für die Markeninszenierung

Der untere Teil einer Website – gemeinhin als *Footer* bezeichnet – hatte früher eher den Appeal eines digitalen Ödlandes. Dieser Bereich wird inzwischen im Sinne des Corporate Design sinnvoll genutzt: Er hat sich zu einem Bereich gemausert, in dem Marken ihr Corporate Design großflächig ausrollen können. So wie es in einem Film den Abspann gibt, sind im Footer oft alle wichtigen Links, Newsletter-Abo und Social-Media-Verknüpfungen zusammengefasst. Auch hier kommt das Kugelfisch-Prinzip zum Einsatz: Dort wo ungenutzter Raum ist, kann sich das Corporate Design ausbreiten. Ein idealer Platz, um eine Marke zu inszenieren. »Make the logo bigger« ist hier akzeptabel, weil dadurch essenzielle Funktionalitäten der Seite nicht behindert werden.

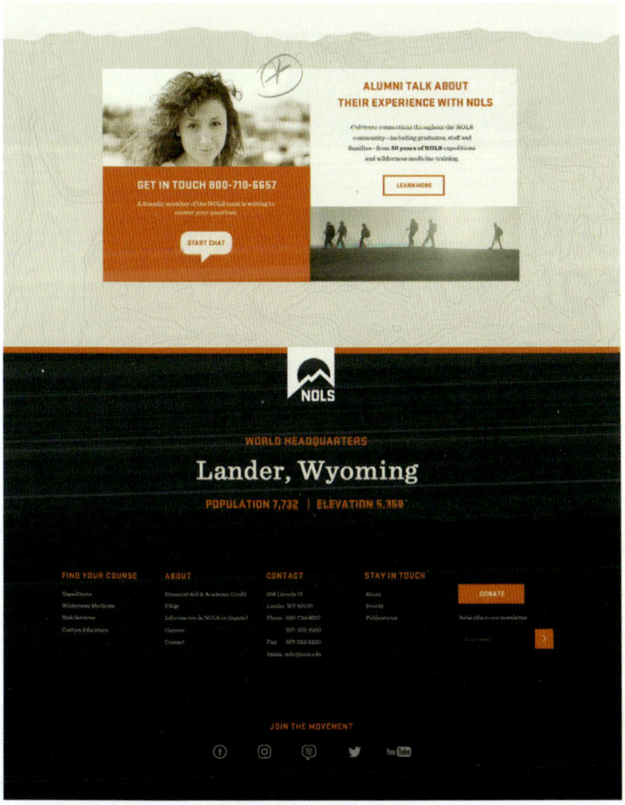

Abb. 14: Erschlossenes Ödland: Der Footer inszeniert alle für NOLS wichtigen Markenelemente: Das Logo, Farben, Corporate Fonts, Kartentexturen und gezeichnete Wegeskizzen (eigene Darstellung)

Corporate Design und Animation

Teile des Corporate Design müssen in digitalen Medien nicht permanent präsent und statisch sein, sie können die digitale Bühne betreten und auch wieder verlassen. *Animation* kann einem Corporate Design einen unverwechselbaren Charakter verleihen. Da mit dem Corporate Design visuell der Charakter einer Marke festgelegt wird, sollten Animationen nicht gänzlich dem Zufall überlassen werden. Gerade die Art, wie Interaktion, Feedback und Animation in einer digitalen Anwendung stattfinden, sagt viel darüber aus, ob eine Marke sich in die Situation eines Benutzers hineinversetzen kann. Diese Art von *Mikrointeraktion* (vgl. in Kap. 6 den Beitrag von Totz) mit dem Benutzer stärkt dessen Vertrauen in die Funktionalität einer Anwendung. Sie gibt ihm das Gefühl, in einem Dialog auf Augenhöhe mit einer Marke zu stehen.

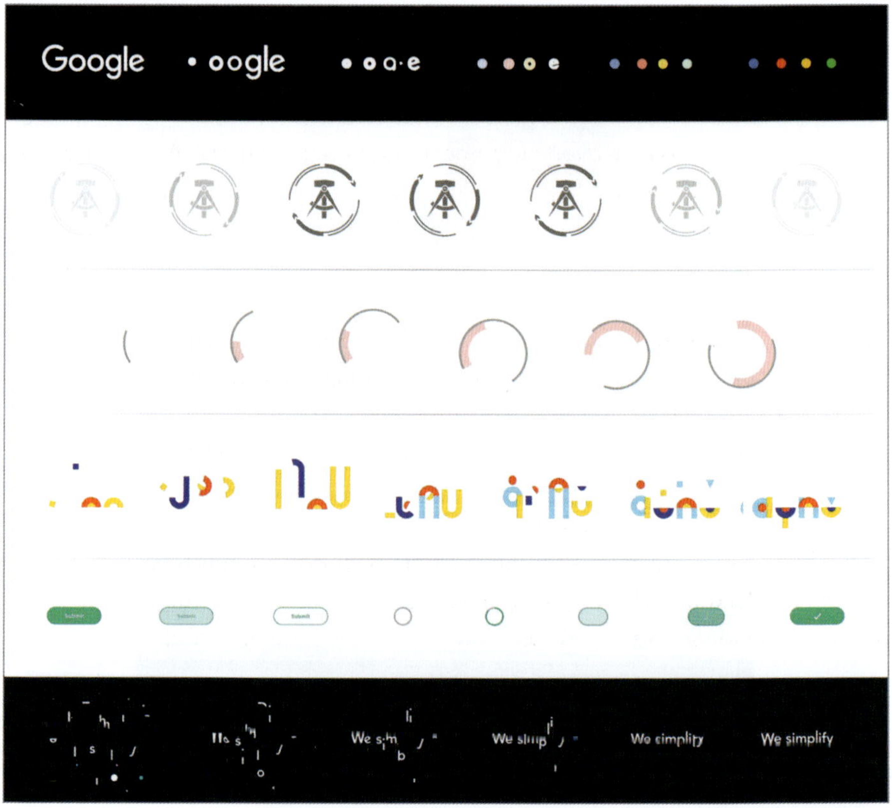

Abb. 15: Animation kann sehr viel zum Charakter einer digitalen Anwendung beitragen und im Sinne des Corporate Design genutzt werden (eigene Darstellung, siehe Bildnachweis, S. 401f.)

Für Firmen wie Google, deren Produkte im Kern digital sind, ist die Wirkung von Animation im Interface essenziell. Im *Material Design Style Guide* für das Android-Betriebssystem ist daher genau beschrieben, wie Logos, Flächen, Listen, Schatten oder Buttons animiert werden. Animation wird hier als integraler Bestandteil eines Corporate Design begriffen und mit vielen Anwendungsbeispielen gezeigt. Corporate Design kann sich aber auch in funktionalen Elementen wie Warte-Animationen, Feedback-Animationen oder Fehlermeldungen manifestieren. Solche normalerweise funktional-technischen Teile des Interface können perfekt im Sinne des Corporate Design instrumentalisiert werden.

Im Bereich Social Media hat jeder Kanal sein eigenes Interface und Layout

Der Bereich *Social Media* stellt für bestehende Corporate-Design-Systeme eine weitere Herausforderung dar. Die Frage ist hier, wie ein Markenbild über verschiedene Social-Media-Kanäle konstant aussehen kann. Früher haben Marken versucht, durch Display Advertising und Google Adwords die Aufmerksamkeit auf ihre Corporate Website zu lenken. Inzwischen werden Inhalte mehr und mehr dort bereitgestellt, wo sich der User ohnehin aufhält: Auf YouTube, als Video in einen Blog eingebettet, auf Snapchat, Facebook oder Instagram. So wird erreicht, dass mehr Benutzer diese Inhalte ansehen. Der Knochen kommt in diesem Fall zum Hund und nicht umgekehrt. Das digitale Branding muss in dieser Nutzungssituation die Aufgabe erfüllen, für diese ›Satellitenformate‹ fernab der Corporate Website die Marke als Absender eindeutig zu machen, ohne die Nutzer durch zu stark gebrandete Inhalte zu verschrecken. Da jedes Social-Media-Angebot sein eigenes Design und Interface hat, buhlen viele verschiedene Formate und Marken innerhalb der Kanäle um die Aufmerksamkeit des Kunden. Vor einigen Jahren gab es deshalb zum Beispiel in Facebook eigene Bereiche mit gebrandeten Markeninhalten – heute macht das niemand mehr. Inzwischen sehen deshalb viele Markenkanäle im sozialen Netz einander sehr ähnlich.

> Im Social Web sehen inzwischen viele Markenauftritte gleich aus.

Wenn man in klassischen Corporate-Design-Kategorien wie Logo, Farbe, Typografie oder Ikonografie denkt, ist die Möglichkeit, im Social Web eine individuelle Markenidentität zu schaffen, extrem beschränkt. Bei Instagram wird das sehr deutlich: Neben dem Nutzerbild – hier wird meist das Firmenlogo eingesetzt – gibt es für eine Marke wenig Möglichkeiten, ihre Alleinstellungsmerkmale zu zeigen. Der Kanal zwingt der Marke sein Erscheinungsbild auf.

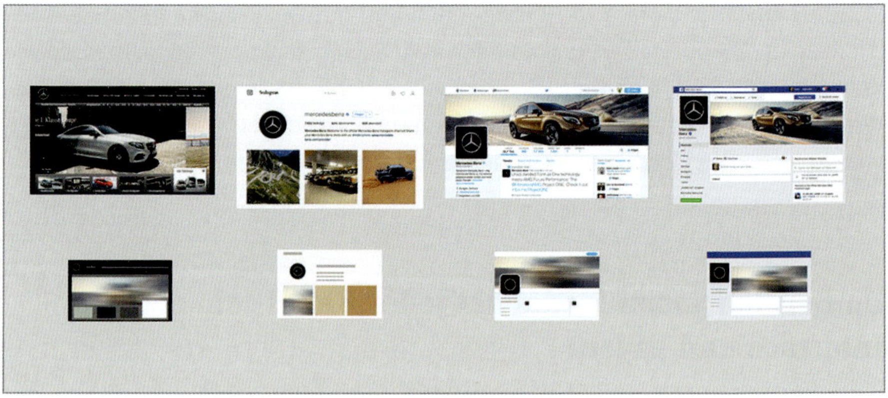

Abb. 16: Jeder Social-Media-Kanal hat ein unterschiedliches Layout: Kreisform, Quadrat, Quadrat mit abgerundeten Ecken. Die Marken, die Social-Media-Kanäle nutzen, müssen sich dem jeweiligen Layout des Kanals unterwerfen (obere Reihe von links nach rechts: http://www.mercedes-benz.de/, https://www.instagram.com/mercedesbenz, https://twitter.com/mercedesbenz, https://de-de.facebook.com/MercedesBenz; untere Reihe: eigene Darstellung, basierend auf den jeweiligen Layouts der oberen Reihe)

In Social Media muss deshalb mit einer veränderten Klaviatur des Corporate Design gespielt werden. Vor allem dem Logo und der Bildästhetik der Produkte (vgl. in Kap. 6 den Beitrag von Schlieper und Zimmermann) kommt hier eine besonders wichtige Bedeutung zu. Auch für das Bewegtbild gelten hier eigene Regeln: Eine Möglichkeit ist eine permanente Platzierung des Logos im Bildformat, wie wir sie aus dem TV kennen, eine andere Lösung ist ein vollflächiger Abbinder am Ende. Eines muss man jedoch dabei bedenken: Text und Logos werden auf mobilen Geräten proportional verkleinert. Der Lesbarkeit von Bild, Text und Grafik sind hier deshalb natürliche Grenzen gesetzt. Wenn Logos und Text auch auf kleinen mobilen Geräten lesbar sein sollen, muss die Schriftgröße sich an ›Lettern für den Kartoffeldruck‹ orientieren, Mikrotypografie und feine Linien verschwinden in der Verkleinerung.

Soziale Kanäle legen der Inszenierung des Corporate Design einige Beschränkungen auf, aber sie bieten auch viele Möglichkeiten für die Markenkommunikation. Wenn man als Marke interessante Geschichten erzählen kann, sind Social-Media-Kanäle optimal für die Verbreitung geeignet. Für ein passendes digitales

Branding gilt es, die zur Verfügung stehenden Räume zu nutzen, im Detail kreative Lösungen zu finden und mit den Brand-Assets Farbe, Logo und Typografie eher plakativ als kleinteilig zu agieren.

Empfehlungen für ein Corporate Design, das für digitale Medien gut geeignet ist

Wenn man ein Corporate Design neu entwickelt oder ein Re-Design ansteht, sollte man sich vergegenwärtigen, dass Corporate Design inzwischen zunehmend auf allen Arten von Bildschirmen betrachtet wird. Dabei spielen auch kleine mobile Endgeräte eine immer wichtigere Rolle. Trends, wie Smartwatches, lassen vermuten, dass Markenlogos in Zukunft noch prägnanter und kompakter sein müssen, um sich in einer Vielzahl miteinander konkurrierender Minizeichen erfolgreich durchsetzen zu können. Wir denken, dass folgende Überlegungen deshalb für ein zeitgemäßes Corporate Design hilfreich sind.

Je einfacher ein Logo gestaltet ist, desto besser funktioniert es in kleinen Größen.

Idealerweise bildet ein Signet oder ein Buchstabe mit quadratischer Grundfläche einen Teil des Logos. Ein quadratisches Format kann am besten als App Icon, Favicon oder für den Einsatz in Social Media verwendet werden.

Das Signet muss ohne Wortmarke eigenständig und unverwechselbar sein.

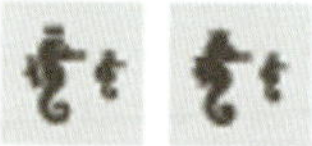

Linien und Zwischenräume sollten breit genug sein, um bei einer Verkleinerung des Logos erkennbar zu bleiben.

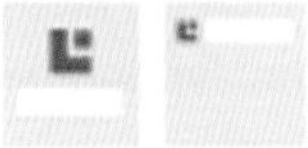

Logo und Wortmarke sollten für verschiedene Layout-Varianten und Größen flexibel positionierbar sein.

Im Corporate Design Manual sollten neben digitalen Standardprodukten auch Vorgaben für responsive Designsysteme, Animationen, Bewegtbild und Social-Media-Anwendungen enthalten sein.

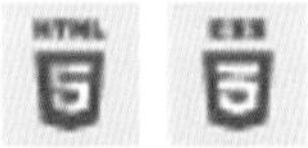

Idealerweise sind Farben und Größen für Programmierer als kopierbarer CSS Code online verfügbar und Dateien in den richtigen Dateiformaten erhältlich.

Kapitel 6:
Assets & Anwendungen

Abschied vom Claim? Bedeutung und Stellenwert des Claims in Zeiten digitaler Kommunikation

Stefanie Kuhnhen und Oliver Waldmann

Der Claim gehörte bislang zum selbstverständlichen Inventar einer Marke. Viele Marketeer wünschen sich deshalb für ihre Marke einen Claim, ohne sich die Frage nach dem Warum zu stellen. Tatsächlich ist der Claim in einer digitalen Welt längst nicht mehr selbstverständlich und alternativlos. Stefanie Kuhnhen und Oliver Waldmann zeigen, dass Stellenwert, Funktion und Charakter eines Claims im Kontext von Ko-Kreation, Content Marketing und Convenience-Orientierung neu und markenspezifisch zu bewerten sind.

Viele große und erfolgreiche Marken verzichten heutzutage in ihrer Marken- und Produktkommunikation auf einen Claim. Auch jene Marken, die durch ihren Claim groß geworden sind, setzen ihre berühmten Claims nicht mehr aktiv ein: Apple wirbt nicht mehr mit »*Think Different*«, sondert bindet seine Reichweiten-Kommunikation mit »*Designed by Apple in California*« ab (vgl. Lee Yohn 2013). Nike verzichtet ganz auf »*Just do it*« und setzt auf temporäre, kampagnenbezogene Taglines wie »*Make it Count*«, »*Write the Future*« oder »*Find Your Greatness*«. Viele der bekanntesten (und beliebtesten) Claims in Deutschland wie »*Ich liebe es*«, »*Geiz ist geil*«, »*Nichts ist unmöglich*« oder »*Gut. Besser. Paulaner.*« sind in den 1990er-Jahren – oder weit früher – entstanden. Tatsächlich finden sich immer weniger Claims auf Print-Plakaten, in TV-Spots oder im digitalen Umfeld. Ist dies ein Hinweis darauf, dass der Markenclaim vom Aussterben bedroht ist?

These: Marken brauchen einen Claim. Er ist in Zeiten der Digitalisierung wichtiger denn je

Viele Unternehmen und Strategieprozesse verlangen und erfordern nach wie vor Claims. Das ist nicht unberechtigt, denn nach wie vor erfüllt ein *Claim* einige wichtige kommunikative Funktionen:

1. Claims informieren über die Leistung einer Marke und verbalisieren das Kernversprechen

Claims haben nach wie vor zunächst eine Orientierungsfunktion. Was bietet mir die Marke, wofür steht sie und warum sollte ich mich für sie entscheiden? Welchen Mehrwert schafft sie für mich? Gerade in Zeiten des Hyper-Wettbewerbs ist der Claim ein schneller Wegweiser, was ich als Mensch von dieser Marke erwarten kann: *»Lidl lohnt sich.«*, *»Hauptsache Ihr habt Spaß«* (Media Markt), *»Weil wir Dich lieben«* (BVG) oder *»Das Beste oder nichts«* (Mercedes-Benz) sind Beispiele, die den Benefit der Marke klar beschreiben.

2. Der Claim als Verhaltensmaxime nach innen für Mitarbeitende

Ein Claim soll Identität stiften. Auch nach innen. Je vielfältiger, globaler und komplexer Unternehmen und damit Arbeitsumfelder werden, umso wichtiger ist es, dass jeder Mitarbeiter und jede Mitarbeiterin weiß, was die übergeordnete Identität des Unternehmens definiert – und was daraus abgeleitet auch seine bzw. ihre ganz persönliche Handlungsmaxime ist. Das gilt besonders für Dienstleistungs- und Handelsmarken, bei denen Mitarbeitende im unmittelbaren Kontakt mit Kunden zusammenarbeiten und bei denen das sichtbare Handeln von Tausenden Außendienstmitarbeitenden die Marke prägt. Dies hat mit der korrekten Aufgabenerfüllung des Unternehmen als Ganzes und jedes Mitarbeitenden im Einzelnen zu tun: Sie müssen jede Handlung und ihr gesamtes Arbeitssystem umfassend auf diese Identität ausrichten, denn nur so wird sie zum Leben erweckt – und kann damit die heute so wichtige identitätsstiftende Funktion für alle Stakeholder erfüllen. Ein gutes Beispiel dafür ist Edeka mit dem Claim *»Wir lieben Lebensmittel«*. Der Claim wird zur Verhaltensmaxime für jeden Mitarbeiter: für das Management in der Zentrale, für Mitarbeitende im Handel, die außerhalb der Öffnungszeiten das Frischesortiment sortieren oder für Lieferanten, die ebenfalls Teil dieses umfassenden Leistungsversprechens sind.

3. Der Claim als internes Management Tool

In Zeiten, in denen Marketeers 24/7 Kanäle befüllen, muss jedes einzelne ›Content Piece‹ idealerweise auf eine Marke einzahlen – egal wie groß oder klein, von langer Hand geplant oder als Real-time Content spontan in den Feed geschossen. Hierfür braucht es einen Filter, mit dem sich Ideen und Maßnahmen bewerten lassen. Ein Claim kann hier helfen. Er ist wie ein Kompass im täglichen digitalen Wilden Westen, der dem Marketing als Wegweiser bei der Content-Erstellung dient. Und er unterstützt am Ende einer wunderbaren Geschichte oder begeisternden digitalen Erfahrung dabei, die Essenz der Marke einfach merkbar freizulegen – ganz so, wie wir es von langen, fesselnden Märchen kennen: » *... und die Moral von der Geschicht ...*«

> In Zeiten, in denen Marketeers 24/7 Kanäle befüllen, muss jedes einzelne Content Piece idealerweise auf eine Marke einzahlen – nicht nur der Claim.

4. Der Claim stillt Ur-Sehnsüchte des Menschen

Andere Gründe, die für einen Claim sprechen, findet man, wenn man mal nicht bei den Marken und Marketeers beginnt, sondern bei den Menschen. Trotz aller Veränderungen bleiben Grundprinzipien der Menschheit unverändert. Denn wir als Teil der Natur verändern uns nun mal nicht so schnell wie die technologiegetriebene Welt um uns herum. Menschen suchen *Zugehörigkeit.* Es ist das erste entstehende und wichtigste der sechs zentralen Belohnungszentren in unserem Gehirn (vgl. Burow 2016) (vgl. Abb. 1). Das zweite Bedürfnis ist der Wunsch, die eigenen *Gefühle auszudrücken,* direkt gefolgt von der sozialen Notwendigkeit, *sich mit anderen zu messen bzw. ihnen überlegen zu sein.* Die Stärke von Marken liegt darin, genau diese drei Ur-Bedürfnisse, die uns jeden Tag antreiben, zu erfüllen (was nicht heißt, dass Marken nicht auch die anderen drei Belohnungszentren aktivieren könnten). Erfolgreiche Marken schaffen aber im Kern ein Gefühl von Zugehörigkeit und geben Orientierung. Sie helfen Menschen, sich gegenüber anderen auszudrücken und abzugrenzen, ja sogar überlegen zu fühlen. Je fragmentierter die Markenführung heutzutage ist, je unterschiedlicher und vielfältiger mir Marken begegnen, umso wichtiger wird also dieser orientierungsgebende, identitätsstiftende und differenzierungsfähige Markensatz, auf den alles, was die Marke tut, zurückzuführen ist. Er hält alles sichtbar zusammen: Jeden Service, jedes Produkt, jedes Angebot, jede Story, jedes Content oder Engagement Piece. Ein zentraler Claim ist also auch Ausgangs- und Referenzpunkt für all die ganz unterschiedlichen Ausdrucksformen, die eine Marke heute hat.

Abb. 1: Drei der sechs Belohnungszentren im Gehirn können von Marken primär aktiviert werden (Illustration: Vanessa Barz)

Anti-These: Marken brauchen keinen Claim. Der Claim ist eine Marketing-Reliquie der Vergangenheit und spielt in einer zeitgemäßen Markenkommunikation keine Rolle mehr

1. Traditionelle, große Kampagnen werden abgelöst durch Targeting-Maßnahmen

In allen Werbemärkten ist ein Rückzug an ›Big Budget‹-Kampagnen zu beobachten. Epische TV-Spots, aufwendig fotografierte Anzeigenstrecken und teure Out-of-Home-Kampagnen werden zugunsten von Performance-orientierten One-to-one Kommunikationsmaßnahmen zurückgeschraubt. Letztere sind durch immer genauere *Targeting-Methoden* besser aussteuerbar. Die Folge ist ein kontinuierlicher Lern- und Optimierungsprozess, der Werbemittel noch ›performanter‹ macht und über Cookie-Daten tiefe Einblicke in die Gewohnheiten von Usern und Kunden gibt. Aus ROI-Sicht ist für viele Werbetreibende, die zunehmend Wert auf kurzfristige Aktivierung statt auf mittelfristige emotionale Brandings legen, daher diese Form der personalisierten Markenkommunikation präziser und effizienter als groß angelegte ›Klassik‹-Arien in Reichweiten-Medien. Diese Performance-orientierte Botschaftskommunikation (Preis und Produkt) erfordert im Gegensatz zu den emotionalen Kampagnen-Schemata (emotionaler Mehrwert) nicht zwingenderweise einen Claim, da sie schlichtweg nicht auf Markenebene kommuniziert, sondern über konkrete Aktivierungsbotschaftten auf schnelle Click & Conversion ausgelegt ist.

2. Sinkende Aufmerksamkeitsspannen und das Verschwinden von Long Copies

Eben gesehen, schon vergessen. Durch die wachsende Informationsflut nimmt unsere Fähigkeit, sich auf eine Sache zu konzentrieren, immer mehr ab. Laut einer Studie von Microsoft (2015) ist unsere Aufmerksamkeitsspanne in den vergangenen 15 Jahren von zwölf auf acht Sekunden gesunken und liegt damit unter der neunsekündigen eines Goldfisches (vgl. Abb. 2). Das hat auch das Marketing und die Gestaltung von Kommunikationsmitteln nachhaltig geprägt und verändert: In der Vergangenheit haben Werbetreibende lange Anzeigentexte mit einem prägnanten Satz, dem Claim, oder einer Tagline zusammengefasst. Aber kürzere Aufmerksamkeitsspannen und ein durch die Digitalisierung gefördertes, zunehmend visuelles Kommunikationsverhalten haben bei den Menschen auch dazu geführt, dass Werbetexte kürzer wurden und teilweise ganz aus Werbemitteln verschwunden sind.

Ein anderer Weg, um mit dem Aufmerksamkeitsschwund umzugehen, ist das Kürzen von Claims. Damit sollen sie an das rasante Tempo in der Kommunikation angepasst werden und trotzdem noch schnell wirken und aktivieren. Oft bestehen aktuelle Claims daher nur noch aus zwei Wörtern. Bespiele dafür sind: *»Stay Strong«* (Actimel), *»You Decide«* (Marlboro), *»I Will«* (Under Armour) oder im Deutschen *»Genau deins.«* (Ebay), *»Neue Horizonte«* (Globetrotter) oder *»Mehr Netto«* (Netto).

Abb. 2: Von 2002 bis 2015 ist die Aufmerksamkeitsspanne von Menschen von zwölf auf acht Sekunden gesunken und ist damit niedriger als die eines Goldfisches (Illustration: Vanessa Barz)

3. Der Claim hat in modernen Medien im wahrsten Sinne des Wortes keinen Platz mehr

Das Verschwinden des Claims hat auch formale Gründe. In der heutigen Medienlandschaft ist das meistgenutzte Medium der Smartphone-Bildschirm, und der ist schlichtweg zu klein, um viele unterschiedliche Markenelemente unterzubringen. Formate, in denen sich eine Marke heute zum Ausdruck bringt, z. B. Tweets (140 Zeichen) oder Pre-Rolls (wenige Sekunden Video), sind kompakter, kürzer, pointierter. Es geht um Geschwindigkeit und eine ad-spezifische Nachricht, die möglichst schnell beim Verbraucher ankommen soll. Aus Platzgründen wird der Claim hier oft weggelassen. Marken versuchen stattdessen über andere Wege, ihre Markenidentität auf kleinstem Raum zu vermitteln. Ein schönes Beispiel dafür ist die Marke Airbnb.

Praxisbeispiel: Das Bélo-Symbol von Airbnb

Die Marke Airbnb will im Zuge eines umfangreichen Re-Design ihr Mission Statement *»Belong Anywhere«* nicht mehr schriftlich, sondern primär visuell über ein eigens dafür entwickeltes Symbol vermitteln. Das sogenannte *Bélo-Symbol* (vgl. Abb. 3), das auch als App Icon fungiert, dient als Absender, schafft Wiedererkennbarkeit und ersetzt den traditionellen Claim in einem Kontext, in dem es primär um visuelle Kommunikation geht.

Abb. 3: Der Hintergrund der visuellen Airbnb-Identität »Bélo« (Illustration: Vanessa Barz)

4. Statt über einen Claim stiftet man heute Markenidentität über Convenience & Usability

Digitale Marken wie DriveNow, Tesla, Google, Paypal, Amazon oder Spotify verzichten ganz auf einen Claim. Das ist auffällig. Diese Marken definieren sich über einen Nutzen und schaffen dadurch eine hohe Relevanz im Alltag. Sie werden zum unverzichtbaren Teil im Leben der Menschen und stiften Identität durch *Convenience*. Laut einer Umfrage der Strategie-Beratung Prophet (2016) sind besonders jene Marken bei Menschen beliebt, die ihren Alltag erheblich erleichtern.

Und das sind laut der Studie eher Digital-Konzerne wie Amazon, Apple oder Wechat als traditionelle Marken aus dem Bereich Automobil, Lebensmittel oder Handel, die mit ihren Services konsequenter bei den Bedürfnissen der Menschen ansetzen: Digitale Marken überzeugen durch Bedienoberflächen, Interfaces und die Qualität von Interaktionen (vgl. Schobelt 2017). Lässt sich ein Produkt besonders einfach und intuitiv bedienen, wird die Marke mit persönlichen Empfehlungen oder Loyalität für die Kundenorientiertheit und den Pragmatismus belohnt. Die *Usability* prägt die Brand Experience hier entscheidend. Letztlich sind digitale Marken nicht darauf angewiesen, ihren Kunden per Kommunikationsschrotflinte zu erzählen, was sie ausmacht. Der Kunde kann stattdessen deren Mehrwert jeden Tag selbst erleben. Das baut nicht nur eine natürliche Loyalität auf, sondern prägt auch die Markenwahrnehmung viel nachhaltiger als Mehrfachkontakte mit einem Claim.

5. Progressive Marken sind flexibel und verzichten auf Uniformität und Standardisierung

In der Vergangenheit zielte Marketing vor allem darauf ab, Produkte und Dienstleistungen durch Konsistenz und Wiederholung in den Köpfen der Menschen zu etablieren (vgl. Strerath/Pohl 2011). Unabhängig vom gewählten Kanal, sollten die Stimme, der Look und die Botschaft immer die gleiche und das Auftreten der Marke einheitlich sein *(»Ein Key-Visual für alles!«)*. Diese Kohärenz manifestierte sich auch meist in umfangreichen ›Brand Guidelines‹, die es um jeden Preis an jedem Kontaktpunkt mit der Marke einzuhalten galt. Diese Denkweise der ›Brand Consistency‹ wird heutzutage von vielen Marketeers angezweifelt und durch viele Beispiele aufgeweicht. Ein starres Korsett lässt keinen Raum für personalisierte Markenerlebnisse (vgl. in Kap. 4 den Beitrag von Breitschaft und Drömann). Heute geht es zunehmend darum, ein holistisches Markenerlebnis zu schaffen, das sich über eine Vielzahl von unterschiedlichen Technologie-Plattformen, Kontaktpunkten und Interaktionen bei den Menschen einstellt. Eine Standardisierung ist in Zeiten von Snapchat-Filtern einfach nicht mehr zeitgemäß und nicht mehr einhaltbar. Zudem wird eine Wiederholung der gleichen Botschaften in allen Kanälen von den Menschen nicht nur als langweilig, sondern sogar schon als nervend betrachtet und mit Abschottung bestraft (vgl. Abb. 4).

Abb. 4: 360° ist tot: Immer gleiche Botschaften in immer mehr Kanälen führen zu Distanzierung bei den Menschen (Illustration: Vanessa Barz)

Der Kulturanthropologe Grant McCracken (2012) bringt es in einem Artikel in der Harvard Business Review zum Thema Branding auf den Punkt: *»Say boring, repetitive stuff and you suffer the punishment that every bad conversationalist faces. First, we ignore you. Then, we exclude you.«* Um langfristig relevant zu bleiben, müssen Marken heutzutage Mut beweisen, sich dem Zeitgeist annehmen und diesen über Inklusion in das eigene Branding integrieren.

Ein gutes Beispiel dafür liefert die Marke Oreo, die im Laufe ihrer Kampagne *»Daily Twist«* 100 unterschiedliche Bilder bzw. Posts erstellte, in denen der Oreo-Keks einem aktuellen sozialen Trend entsprechend oder in Abhängigkeit vom Tagesgeschehen transformiert wurde. Eine typische Guideline, in der genau dokumentiert wird, wie der Keks visuell dargestellt wird, hätte eine solche sehr erfolgreiche und zeitgemäße Kampagne nicht möglich gemacht. Marken müssen also in einer schnelllebigen Zeit und der fragmentierten Kommunikation unterschiedliche Erlebnisse in unterschiedlichen Kontexten anbieten können (vgl. Baetzgen 2015a). Eine *responsive Marke,* die aktuelle Entwicklungen, Trends und den Zeitgeist einbezieht, ermöglicht es, mit einer großen Bandbreite an potenziellen Kunden zu sprechen und trotzdem ihren eigenen Markenwerten treu zu bleiben. Jose Martinez Salmeron (2013) plädiert deshalb für eine spielerische, adaptive Marke: »*A modern brand should take leaps of faith, abandon self-obsession and embrace risk. […] Because of the dominance of social media, brand identities can now be defined more by their customers than by the companies themselves.*« Diese frische, moderne Herangehensweise an Markenführung kann in einer immersiven und wertvollen Customer Experience münden, die auf den eigenen Markenwerten aufbaut, aber keine Vereinheitlichung erfordert. Ein solches flexibles Branding ist aber auch vor dem Hintergrund der wachsenden Internationalisierung und der damit einhergehenden Lokalisierung vieler Marken von großer Bedeutung. In dieser Hinsicht ist ein starres Korsett wie ein Claim, der häufig bereits an Übersetzungsschwierigkeiten scheitert, fehl am Platz.

Synthese: Wenn ein Claim, dann als Ausdruck der eigenen Markenidentität und damit als Identitätsanker

Nach dieser ganzheitlichen Betrachtung ist von einer verallgemeinernden Aussage oder vorschnellen Position, wie Claims sind ›in‹ oder ›out‹, abzusehen. Vielmehr geht es darum, den Einzelfall bzw. die einzelne Marke näher unter die Lupe zu nehmen. Es gibt für jede Marke wichtige Argumente, die für oder gegen den Einsatz eines Claims in der Kommunikation sprechen, bei der vor allem die spezifische Markenkonstitution eine wesentliche Rolle spielt.

> Es gibt für jede Marke wichtige Argumente, die für oder gegen den Einsatz eines Claims in der Kommunikation sprechen.

Denn die wichtigste Frage ist, worüber die Marke Identifikation schafft. Passiert das über maximale Nützlichkeit und/oder Convenience, ist ein Claim nicht so notwendig, beispielsweise für Plattform-Marken. Anders sieht es aus für Marken, die keinen so eindeutigen Nutzen bieten und somit eher auf einen explizit formulierten, identitätsstiftenden Gedanken angewiesen sind. Für die Frage »Claim, ja oder nein?« sollte also zunächst diese eigene Markenkonstitution bestimmt werden.

Abb. 5: Der Claim sollte heute, wenn genutzt, als klarer Identitätsanker fungieren (Illustration: Vanessa Barz)

Entscheidet man sich für das Arbeiten mit einem Claim bzw. ist er aus Unternehmenssicht unerlässlich für die Kommunikation – z. B. aufgrund fehlender Bekanntheit –, dann muss er heute mehr denn je die Essenz der Marke, also die eigene Identität auf den Punkt bringen. Dieser ›*Identitätssatz-Claim*‹ hat klare Merkmale: Er bezieht Position, ist konkret, radikal, arbeitet als Handlungsanweisung nach innen und bezieht Menschen mit ein. Dieser Inklusionsgedanke und das Weglassen des Imperativs ist ein Zugeständnis an den Zeitgeist. Die Zeiten, in denen Marken mit erhobenem Zeigefinger Konsumenten auffordern, irgendetwas zu tun oder zu lassen, sind vorbei. Denn in digitalen Zeiten sind es die Kunden, die Marken steuern und gestalten, nicht umgekehrt. Nike's Vice President der Digital-Sports-Sparte, Stefan Olander, äußerte sich zu »*Just do it*« einmal folgendermaßen: »*As cultural power shifts from corporations to consumers, it no longer seems appropriate for brands to be issuing imperatives. The relationship between our company and customers has changed so much that our legendary tagline almost no longer applies: People now demand us not to say, ›Just do it.‹ They say, ›Help me just do it.‹*« (Lee Yohn 2013). Edeka's »*Wir lieben Lebensmittel*« kann daher seit nunmehr zwölf Jahren unbeirrt eingesetzt werden, ohne dass dieser Claim an Zeitgeist verloren hat. Denn die Liebe zu Lebensmitteln, sie gilt heute nicht nur für Edeka selbst, sondern auch für die Lieferanten und die Menschen, die dort einkaufen.

> **Ein zeitgemäßer Claim bezieht Position, ist konkret, radikal, arbeitet als Handlungsanweisung nach innen und bezieht Menschen mit ein. Dieser Inklusionsgedanke und das Weglassen des Imperativs sind Zugeständnisse an den Zeitgeist.**

Die Ausgangsfrage lässt sich also nicht mit einem einfachen »Ja« oder »Nein« beantworten. Abhängig von der eigenen Markenart und Markenkonstitution, vom Kommunikationsstil und von der Zeitgeistorientierung der Marke muss sich jeder Marketeer selbst die Frage stellen: Setze ich auf einen Claim, der nach innen und außen als Identitätsanker arbeitet oder leistet meine Marke das, für den Kunden merklich, über ihre täglich erlebbare Convenience oder andere Services? In unserem nachfolgenden Claim-Fragebogen geben wir Ihnen Leitfragen mit auf den Weg, um diesen Entscheidungsprozess zu unterstützen.

Der Claim-Fragebogen

- Hat Ihre Marke bereits einen Claim?
- Wenn Sie bisher noch keinen Claim eingesetzt haben, was versprechen Sie sich für Ihre Marke von einem Claim?
- Was sollte der Claim beschreiben? Einen Produktnutzen? Ein Leistungsangebot? Ein zentrales Versprechen? Ein Alleinstellungsmerkmal? Eine wertebasierte Identität?
- Welche Konstitution hat Ihre Marke: Kann sie über einen Convenience-Aspekt ausreichend Identität schaffen, oder soll eine Identitätsfläche über einen Claim geschaffen werden?
- Ist Ihre Marke so bekannt, dass die Menschen wissen, was Ihre Marke anbietet? Könnte ein deskriptiver Claim dieses Problem lösen?
- Wie offen ist Ihr Claim formuliert? Kann er in Zukunft auch für andere oder neue Produkte/Dienstleistungen stehen, die Sie bisher noch nicht anbieten? Warum nicht?
- Funktioniert Ihr Claim auch nach innen? Kennen die Mitarbeitenden Ihres Unternehmens ihn? Leistet er, dass sich Mitarbeiterinnen und Mitarbeiter in ihrem Handeln nach ihm richten können?

- Wenn Sie einen Claim haben: Wo setzen Sie ihn ein? Kann er unter jeder Kommunikationsmaßnahme in jedem Kanal stehen? Wenn nicht, warum?
- Bezieht der Claim die Menschen mit ein? Ist der Claim als Imperativ oder inklusiv formuliert?
- Beschreibt der Claim etwas, um das sich Menschen herum versammeln können?

Die Ausgangsfrage wäre damit im Kern beantwortet. Im Rahmen dieser Diskussion würden wir dem Leser dennoch gerne eine weitere Anregung mitgeben. Denn gehen wir noch einen Schritt weiter, stellt sich die Frage, ob ein *Brand Narrative* bzw. eine *Markenstory* nicht das viel zeitgemäßere Kommunikationsvehikel ist, um mit Menschen in einen Austausch zu gehen? Eine Geschichte lässt sich weiter erzählen, immer wieder neu und emotional aufladen: Woher kommt die Marke? Was hat sie geprägt? Wo geht sie hin? Und noch viel wichtiger: Welche Geschichte kann diese Marke mit ihrer Gemeinschaft zusammen erleben, schreiben und erzählen? Markenexperte Jeremiah Gardner formuliert es in seinem Buch *Entrepreneur's Guide to the Lean Brand* (2014) so: Die Markenstory ist einzigartig für jedes Unternehmen. Sie legt das große Potenzial frei, sich als Marke mit all ihren Stakeholdern zu verbinden und mit ihnen zu interagieren. Vom Satz zur Story, vom USP zur Emotion. Dieser Herausforderung muss sich jede Marke – unabhängig von der Claim-Frage – in Zukunft so oder so stellen.

Professionelle Bildwelten profilieren die Marke

Doris Schlieper und Jörg Zimmermann

In einer digitalen Welt werden Bilder immer wichtiger, um die Identität einer Marke einfach, effizient und emotional zu vermitteln. Doch in der Bilderflut und Bildsprache von Instagram, Facebook, Pinterest, Snapchat & Co. droht Austauschbarkeit. Doris Schlieper und Jörg Zimmermann zeigen anhand zahlreicher Beispiele, wie durch die konsequente Definition von Bildinhalt und Bildstil bemerkenswerte Markenwelten entstehen und worauf Unternehmen bei der Implementierung und kontinuierlichen Anwendung ihres Bilderpools achten sollten.

Nennen wir ihn einfach Peter, Peter S. Dabei tut sein Name eigentlich nichts zur Sache. Was interessiert, sind seine positiven Eigenschaften, sein freundliches Gesicht, sein gewinnendes Aussehen. Sein angenehmes Erscheinungsbild macht ihn begehrt. Peter S. ist vielbeschäftigt. Drei, vier, fünf, ach ein Dutzend verschiedener Arbeitsstellen sind mit einer Bildrecherche im Internet schnell und eindeutig ausfindig gemacht. Das perfekte Bild eines Sympathieträgers, der zweifelsohne in den meisten Branchen eine perfekte Figur macht. Peter S. ist auf der ganzen Welt in Aktion, rund um die Uhr, pausenlos (vgl. Abb. 1). Ihnen kommt Ausbeutung in den Sinn? Sie denken an Minijobs und Dumpinglohn? Der Vorwurf lautet Identitätsbetrug. Ein Verbrechen an der Marke, an den Kunden sowieso. Peter S. handelt im Auftrag von Unternehmen und Marken. Er wechselt die Identitäten, aber nicht das Hemd. Immer das gleiche Bild, wir glauben seiner ausgestellten Existenz längst nicht mehr. Der Kontext ist beliebig, die Glaubwürdigkeit bei Null. Das gilt für ihn, in besonderem Maße aber für die Unternehmen und Marken, die ihn offenbar unbedarft zum Einsatz bringen in ihrer vermeintlich heilen Marken-Bildwelt.

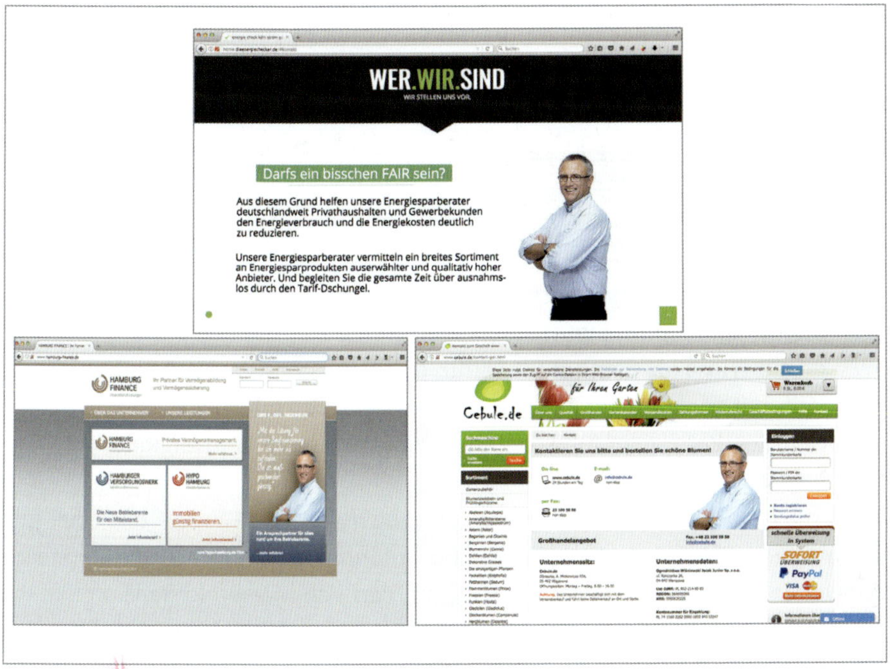

Abb. 1: Undifferenziert: Verschiedene Marken nutzen das gleiche Markentestimonial (von oben nach unten: die.energie.checker 2017; Hamburg Finance 2011; Cebule.de o. J., siehe Bildnachweis, S. 401f.)

Peter S. ist der Prototyp eines *visuellen Platzhalters* in einer nur scheinbar ideal inszenierten Bildwelt. Denn die Markenverantwortlichen haben offensichtlich versagt, wenn er unreflektiert in Broschüren, Anzeigen oder auf der Website zum Einsatz kommt. Bei der Entwicklung der Bildwelt für ihre Marke haben die Markenverantwortlichen nicht nach Differenz zum Wettbewerb gesucht, sondern sich anscheinend nur auf die Darstellung austauschbarer Attribute verlassen. Warum über die eigene Markenpersönlichkeit und deren visuelle Umsetzung nachdenken, wenn es in den Bilddatenbanken harmlose Sympathieträger von der Stange gibt? Das ist wohl bequem, vermutlich auf den ersten Blick preisgünstig, doch bei intensiverer Betrachtung ein schwerer Verstoß gegen bewährte Branding-Regeln. Und der wirtschaftliche Erfolg ist mit solch einfallslosen Methoden auch eher ungewiss.

Neben den grundlegenden Markenelementen wie Logo, Schriften, Farben und Produktsprache gehören die Entwicklung und konsequente Anwendung einer dezidierten Bildwelt eigentlich zu den Basics einer guten und erfolgreichen Marke. Eigentlich. Denn wenn man etwas genauer hinschaut und die Bildwelten von Marken – auch branchenübergreifend – vergleicht und analysiert, findet man leider viel zu oft Ansammlungen visueller Beliebigkeit. Immer noch und immer wieder präsentieren sich Marken mit Bildern, die mit der Marke nichts und dem realen Leben wenig zu tun haben. Die grüne Wiese als Symbol für Natur, ein Wald steht für Nachhaltigkeit, mit sprudelndem Wasser wird Frische assoziiert. Gähn!

> Immer wieder präsentieren sich Marken mit Bildern, die mit der Marke nichts und dem realen Leben wenig zu tun haben. Die grüne Wiese als Symbol für Natur, ein Wald steht für Nachhaltigkeit, mit sprudelndem Wasser wird Frische assoziiert. Dauerhaft punkten kann man mit solch verschlafener Gedankenlosigkeit bei den Kunden kaum.

Doch Kunden bewegen sich längst ganz autonom durch viele Arten (digitaler) Bildwelten und schaffen eigene noch dazu. Was von Marken (digital) an Bildern angeboten wird und nicht authentisch ist oder langweilt, wird mit Nichtbeachtung gestraft und weggeklickt. Schlechte, weil undifferenzierte Bilder von Marken sind heute und in Zukunft noch viel mehr der Anfang vom Ende eines möglichen Erfolgs. Wer als Marke auf der visuellen Ebene nichts bietet, nicht unterhalten kann, befindet sich in einer schwachen Position. Aus der entgegengesetzten Perspektive tun sich jedoch vielversprechende Chancen auf. Mit einer authentischen Bildwelt können Marken Kunden begeistern und bewegen. Und die Entwicklung und Anwendung sind bei der Beachtung einiger Grundgedanken und Prinzipien gar nicht so schwer.

Praxisbeispiel COS: Umfassende Realisierung von bildschaffender Szenerie

Lesart/Wirkung:
Die schwedische Fashionmarke für hochwertigen, coolen skandinavischen Chic zu erschwinglichen Preisen, übersetzt ihre Positionierung in eine Bildwelt, welche Reduktion und Achtsamkeit kombiniert. Das pure Design der Produkte wird als grafisches Statement in einem reduzierten, puren Kontext zelebriert. Spürbar wird jedem Objekt und jeder Situation absolute Aufmerksamkeit zuteil, um eine perfekte Komposition zu schaffen.

Umsetzung:

Form:	Fotografie
Stilistik:	puristisch, grafisch, statisch
Sujets:	grafisch anmutende Kompositionen aus Mensch, Material, Farbe vor Hintergrund
Signifier:	reduzierte Farbpalette

Besonderheit:
Formal zeigt sich die Reduktion im konzentriert eingesetzten Farbspektrum um Grau, Beige, Weiß und Pastelltöne wie auch im reduzierten Gefühlsausdruck und der statischen Inszenierung der Models. Die Settings sind zumeist auf zwei Ebenen (Model und Hintergrund ohne erzählerische Elemente) reduziert. Sie setzen sich zu einem sehr eigenständigen grafischen Statement aus Mensch, Natur und Material zusammen. Die Stilistik der Bildwelt findet sich an allen Berührungspunkten mit der Marke wieder. Egal ob zwei- oder dreidimensional, statisch oder bewegt, in haptischer wie auch akustischer Übersetzung: COS versteht es, selbst die im Kopf entstehenden Bilder wie ihre eigene Bildwelt erscheinen zu lassen.

Stärke:
ausgeprägte und stringente Stilistik der Bildwelt; stringente Übertragung der Prinzipien der Bildwelt auf den gesamten Auftritt: Print, Bewegtbild, Social Media Content, Katalog, Magazin, Website, Point of Sale, Kunst- und Messeinstallationen bis hin zum wiedererkennbaren Bildstil in Kooperationsauftritten

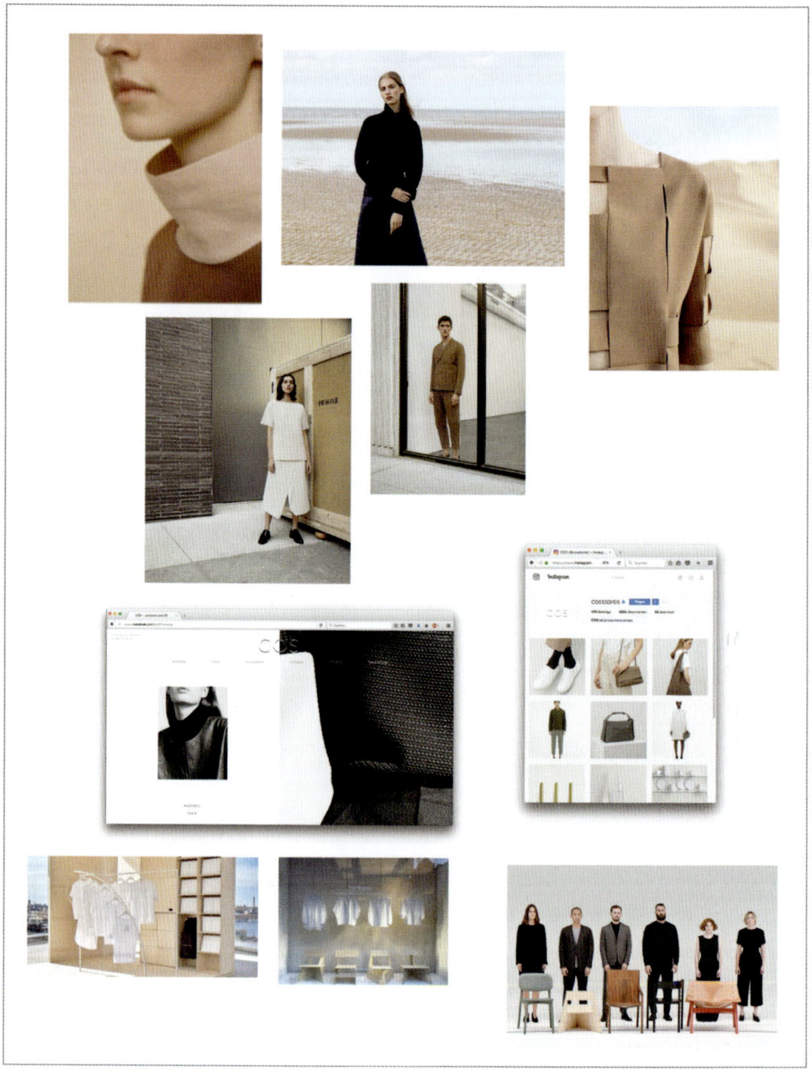

Abb. 2: Bildwelt der Marke COS: Von oben nach unten: Zwei Kampagnenmotive Autumn/Winter Kollektion 2016, Kampagnenmotiv Spring/Summer Kollektion 2016, zwei Kampagnenmotive Spring/Summer Kollektion 2017, Auszug Corporate Website, Auszug Instagram Account, Installation COS im Rahmen der Stockholm Market Art Fair, Schaufensterdekoration, Auszug Kooperationsspot Musical chairs mit HAY.
(Quellen: www.cosstores.com, www.instagram.com/cosstores/, www.3144architects.com/)

Marken in der digitalen Bilderflut

Doch treten wir zunächst ein paar Schritte zurück. Warum brauchen wir – Kunden wie Markenexperten – überhaupt noch mehr Bildwelten? Tagtäglich werden wir eh mit visuellen Eindrücken überflutet. Bilder, Filme, Logos springen uns in fast jeder erdenklichen Situation entgegen. Wir sind ermüdet von der Informationsflut, die schiere Menge des Inputs überfordert uns. Auch wenn es paradox klingt: Genau diese diffuse Überlastungssituation macht steuerbare Bildwelten für Marken interessant. Bilder werden leichter entschlüsselt und ihre Inhalte schneller aufgenommen als dies mit der Darstellung von Text gelingt. Starke Bilder wecken Emotionen, die Marken bei einer geschickten Auswahl der Bilder positiv für sich nutzen können. Die hohe Erinnerungsrate bei Bildern ist bestens geeignet, um Markenidentität nachhaltig zu vermitteln und das wahrgenommene Image zu beeinflussen. Kurz: Der Einsatz von Bildern in der Kommunikation von Marken bringt große Chancen mit sich.

Die Informations- und Bilderflut ist durch die *digitalen Medien* sprunghaft gestiegen. Denn mit der Digitalisierung der Bilder und dem Aufkommen der digitalen Medien haben sich die Möglichkeiten für den Einsatz von Bildern signifikant verändert. Neue Medien bieten die Möglichkeit, die Quantität der Verbreitung zu erhöhen. In gleichem Maße geht mit den offenen Kanälen ein Kontrollverlust einher. Von der Marke bereitgestellte Bilder können leicht in die digitalen Medien eingebracht werden, ebenso leicht aber auch aus dem geplanten Kontext entfernt und in neue Zusammenhänge verschoben werden. Konsumenten schaffen völlig eigene Bildwelten, die sich mit den visuellen Vorstellungen der Marke überlagern und ergänzen. Mit dem Suchwort »DHL« beispielsweise werden bei Instagram, Flickr oder Pinterest bis zu 230.000 Bilder sowie eine unüberschaubare Menge von Pinnwänden angezeigt; alles Bilder, die von Nutzern der sozialen Medien gemacht und im Kontext von DHL gepostet wurden. Sie fügen sich zu einer ›inoffiziellen‹ Bildwelt, die nicht durch das Unternehmen zu kontrollieren ist, jedoch einen immensen Einfluss auf die Markenwahrnehmung hat. Auch andere digitale Kanäle wie Websites oder private Blogs von Konsumenten schaffen einen neuen Kontext, indem von der Marke editierte Bilder oder der Marke zugeordnete eigene Bilder Verwendung finden. So kommentieren, dokumentieren und gestalten Konsumenten kontinuierlich das Erscheinungsbild einer Marke mit. Besonders radikal geht dabei das Textilunternehmen Primark vor, das Mode zum Spottpreis an Millenials vertreibt. Primark verzichtet jenseits der eigenen Website auf Marketing-Kommunikation, nur dort werden typische Produktfotos gezeigt. Dennoch ist Primark mit einer überaus umfangreichen Bildwelt verknüpft, die jedoch nicht vom Unternehmen selbst entwickelt ist, sondern vollständig aus der Hand der Konsumenten kommt. In sogenannten *Shopping Hauls* beispielsweise, von Kunden selbst gedrehten Videos, präsentieren diese den »Fang« des Einkaufs nach eigenem Gusto. Ähnlich kommen Fotos für Social Media oder persönliche Blogs zustande. Auf diese Weise entsteht ohne (erkennbare) Einflussnahme durch Primark eine Bildwelt, die vollständig aus der Lebenswelt der Zielgruppe entspringt. Die neue Vielfalt und die gestiegene Komplexität im Umgang mit Bildern macht es deshalb mehr denn je erforderlich, dass Unternehmen über die zeitgemäße Verbindung von Marke und Bildern, über die Wirkungsweisen sowie über die zukünftigen Anforderungen und Möglichkeiten von Bildwelten nachdenken.

Bildwelten klar definieren

Der Begriff der *Bildwelt* wird von vielen immer wieder unscharf verwendet. Allzu oft wird Bildwelt schlicht als Menge der in der Kommunikation verwendeten Motive gedacht. Um die (noch) heterogene Verwendung des Begriffs zu verstehen, hilft ein Blick auf die Entwicklung von Marken und den daraus sich verändernden Umgang mit Bildern. Zweifellos hat der Terminus Bildwelt über die Jahre des Gebrauchs eine inhaltliche Verschiebung erfahren. Zunächst war damit eine Art Bilderkanon als fester Bestandteil des Corporate Design gemeint. Wie bei Logo, Farbe, Formaten und Schrift wurde durch Designer streng festgelegt (und überwacht), welche Bilder in welcher Form zu verwenden sind. Mit der Etablierung eines fortschrittlichen Markenmodells haben sich die Gestaltungs- und Auswahlkriterien für die Bilder von den formalen Aspekten weg deutlich hin zu Inhalten verschoben, die explizit oder implizit an die *Markenbotschaft* anschließen. Dies wird möglich, weil die Marke immer weniger in ein fixes, einengendes Regelwerk gezwängt, sondern zunehmend als dynamisches Modell verstanden wird (vgl. in Kap. 4 den Beitrag von Lindberg). Die Marke bildet sich dabei aus der Schnittmenge von steuerbarer Unternehmensidentität und dem Image, welches die Konsumenten beeinflussen und mitgestalten. Den Markenverantwortlichen kommt nun eine zentrale inhaltliche Rolle zu, die sich deutlich von früheren Kontroll- und Steuerungsaufgaben unterscheidet. Die Marke wird nicht mehr nur formal und an der kurzen Leine geführt, essenziell ist die *inhaltliche Moderation.* Markenverantwortliche übernehmen in einem größeren Maße Verantwortung für die Wirkung der Marke, da sie interne und äußere Einflussfaktoren permanent abwägen und anpassen müssen. Um die Impulse der Konsumenten als mitgestaltende Größe sinnvoll zu integrieren, braucht es aktive Markenmediatoren und Markenredakteure. Basis für die Arbeit aller Akteure im Markenbereich ist ein tiefes Verständnis für die Markenbotschaft, damit deren Interpretation und Anwendung in allen relevanten Kontexten erfolgen kann.

> Als Bildwelt ist die Gesamtheit aller Bilder zu verstehen, die im Kontext einer Marke auftauchen.

Ein gutes Verständnis für den Begriff »Bildwelt« ergibt sich bei einer Betrachtung, die nicht von einer Innensicht startet, sondern den Überblick aus einer größeren Distanz sucht. Als Bildwelt ist dann die Gesamtheit aller Bilder zu verstehen, die im Kontext einer Marke auftauchen. Vonseiten des Unternehmens wird eine geplante Bildzusammenstellung beigesteuert, die inhaltlichen Überlegungen folgt und die Markenbotschaft abbildet. Dazu gesellt sich der rasch größer werdende Teil von Bildern, der von Externen – Kunden, Marktbeobachtern, Markenfreunden etc. – über die digitalen Medien eingebracht wird. Alle diese Bilder sind eine visuelle Repräsentanz der Marke. Hinzu kommen Bilder, mit denen ein Unternehmen temporäre oder bereichsspezifische Ziele verfolgt, wie z. B. den Abverkauf von Produkten durch eine Werbekampagne.

Im Folgenden verwenden wir den Begriff »Bildwelt« eingeschränkt als die geplante Menge von Bildern, die dem direkten Einfluss des Unternehmens unterliegen. Technisch gesehen handelt sich dabei um den *Bildpool*, der dem Unternehmen (und seinen Partnern) in der Marken- und Produktkommunikation in allen Kanälen (Print, Web, soziale Medien etc.) zur Verfügung steht. Überraschenderweise verzichten viele Unternehmen und Institutionen in ihren visuellen Guidelines auf die Definition oder Beschreibung einer Bildwelt. Die Auswahl, die Erstellung und der Einsatz von Bildern werden nur rudimentär und oberflächlich dokumentiert. Ein grober qualitativer Überblick lässt sich anhand einschlägiger Corporate Design Guidelines gewinnen, die auf Websites wie www.designtagebuch.de oder www.ci-portal.de dokumentiert sind. Oft bleiben die Definitionen in der schlichten Beschreibung formaler und technischer Aspekte stecken. Eine erklärende Ausbreitung der inhaltlichen Ebene erfolgt in den wenigsten Fällen. Damit wird die Wahrscheinlichkeit hoch, dass bei der weitergehenden Produktion neuer Bilder die inhaltliche Anbindung an die Marke schwächer wird oder verloren geht. In der Umkehrung bedeutet dies jedoch auch, dass formale Leitplanken immer dann zurückgenommen werden können, wenn der inhaltliche Kern der Marke ausformuliert und zumindest vom Markenmanagement gelernt ist.

> Überraschenderweise verzichten viele Unternehmen und Institutionen in ihren visuellen Guidelines auf die Definition oder Beschreibung einer Bildwelt. Die Auswahl, die Erstellung und der Einsatz von Bildern werden nur rudimentär und oberflächlich dokumentiert.

Praxisbeispiel O_2: Konsequente Übersetzung des Markenkerns in eine symbolische Bildwelt

Lesart/Wirkung:
Ganz im Sinne des Markenkerns »*Kommunikation ist der Sauerstoff zum Leben*« entführt die Bildwelt von O_2 in das Universum der Geschichten. Die Marke O_2 ist der Reisebegleiter in einem aufregenden, kommunikativen Leben. Mit ihr an der Seite erreicht und erweitert der Nutzer seine Horizonte.

Umsetzung:

Form:	Fotografie (mit Bildverfremdung), Illustration
Stilistik:	erzählerisch, phantasievoll, symbolistisch
Sujets:	(außergewöhnliche) Menschen in außergewöhnlichen Situationen, Produkte
Signifier:	Blau, (Sauerstoff-)Blasen

Besonderheit:
Die Blasen sind nicht nur ein grafisches Element, sondern Teil der Erzählung. Sie ergänzen inhaltlich, visualisieren Emotionen, symbolisieren Gedanken und sogar Leistungen. Die Motive vermitteln durch Detailreichtum den Eindruck von Tiefe und Lebendigkeit. Sie bieten auch bei längerer Betrachtung noch neu zu entdeckende Aspekte. Sie stellen einen persönlichen Bezug her und lassen den Betrachter schmunzeln.
Die Botschaft »*Downloaden auf einem Bergsee*« wird durch ein weißes Tretboot in Form eines Schwans zu einer persönlichen, herzlichen Geschichte, welche Aufmerksamkeit fängt. Das Motiv »*Nie wieder geht Dir die Luft zum Surfen aus*« wird durch die aufsteigenden Menschen im Hintergrund zu einer vollständig erzählten Geschichte. In den digitalen Kanälen findet sich diese erzählerische Kraft in Illustrationen, Bildcollagen und alltäglichen fotografischen Momenten aus dem ›digitalen Leben‹.
Die reduzierte Darstellung der Produkte vor blauem Hintergrund ermöglicht den flexiblen Einsatz in unterschiedlichen Anwendungsfeldern.

Stärke:
narrative Kraft und konsistente Umsetzung über viele Jahre; adaptiert für unterschiedlichste Medien und Anwendungen:
Print, Bewegtbild, Online Contextual Campaigning, Blog, Point of Sale, Social Media (Instagram, Facebook, Twitter)

Abb. 3: Bildwelt der Marke O_2: Von oben nach unten: Auszug Kampagnenspot »O_2 Kunden bekommen mehr«, Kampagnenmotiv »Schneller surfen an mehr Orten«, Ausschnitt Kampagnenspot »O_2 Kunden bekommen mehr«, Kampagnenmotiv O_2 Free, Online Header O_2 Banking, Auszug Instagram Account, Auszug Facebook Profil, Auszug Facebook Fotos. (Quellen: www.telefonica.de, www.instagram.com/o2deutschland/, www.facebook.com/o2/, https://www.flickr.com/photos/o2de/)

Zwei zu eins: Bildinhalt und Bildstil formen die Bildwelt

Für die Konzeption von Bildwelten ist ein präzises Vokabular unumgänglich, um ein gemeinsames Verständnis für die Bildwelt und deren Anwendung zu finden. Wie lässt sich der Stil eines Bildes und einer Kollektion von Bildern (auch für außenstehende Dritte) nachvollziehbar beschreiben? Und was genau ist mit Bildinhalt gemeint? Eine gut konzipierte Bildwelt lässt sich mit Bildinhalt und Bildstil eindeutig definieren (vgl. Abb. 4). Beim *Bildinhalt* geht es zunächst um die Übersetzung des Markenkerns bzw. der Markenbotschaft ins Visuelle und die Suche nach passenden Motiven. Was gibt es in einer Abbildung eigentlich zu sehen? Einen Menschen, eine Gruppe, das Produkt, einen Raum, eine Umgebung, eine Situation – die Liste der Möglichkeiten für das Sujet scheint lang, wird aber in der Praxis durch die Definition der Marke begrenzt. Im besten Fall erzählt jedes einzelne Motiv eine kleine Geschichte, die Teil der Markenstory ist oder diese gekonnt fortschreibt.

Wenn die Bildinhalte das Vokabular sind, ist der *Bildstil* die Grammatik der Bildwelt. Der Bildstil beschreibt das *Wie*. Wie lassen sich Markenwerte und Markenbotschaft auf geeignete Weise transportieren? Die Bandbreite der Stile ist groß, wird in der Praxis aber oftmals durch Moden und Trends sowie den Kulturkreis beeinflusst. Typische Bildstile sind:

- editorial (im Stil von Magazinen, narrativ, inszeniert)
- dokumentarisch (authentisch, naturalistisch, unbearbeitet)
- grafisch (reduziert, flächig, komponiert)
- künstlerisch (surreal, abstrakt, poetisch etc.)
- metaphorisch (symbolhaft, inszeniert)

Eine gut konzipierte Bildwelt bedarf der Definition des Bildinhalts und Bildstils auf einer programmatischen Ebene, da sie die größtmögliche Konsistenz der Markenstory wie aber auch Flexibilität in der Umsetzung garantiert. (z. B. Swisscom-Bildinhalt: im Moment an Deiner Seite; Swisscom-Bildstil: nah an Menschen und Lebenssituationen mit einem Hauch von Swissness; vgl. Abb. 5) Die programmatische Definition der Bildwelt ist dann der Prüfstein, an dem die Beteiligten im Unternehmen sowie die Agenturen und Fotografen ihre Arbeit jederzeit abgleichen können.

Eine formalistische Definition von Bildinhalt (z. B. Bang & Olufsen-Bildinhalt: Menschen werden nur im Rahmen von Persönlichkeitsportraits abgebildet) und Bildstil (z. B. Swisscom-Bildstil: Lichtspiel, Frische, Schnörkellosigkeit etc.; vgl. Abb. 5) kann ergänzt oder einzelne Bildstilelemente zu zusätzlichen, markenprägenden Gestaltungselementen erhoben werden (z. B. Jungheinrich: Gegenlicht, Tiefenschärfe; vgl. Abb. 6). Ohne die programmatische Ebene fehlen der formalistischen Definition jedoch der Kontext und die Richtung. Die Festlegungen bleiben dann in den formalen Details stecken.

> **Eine Bildweltdefinition, welche rein auf Formalismen beruht, schöpft nicht das volle Potenzial für die Marke aus, sie ist darüber hinaus auch äußerst schwierig intern zu kommunizieren und zu implementieren.**

Die textliche Definition von Bildinhalt und Bildstil wird durch die Ergänzung von Beispielbildern oder Key Visuals anschaulicher. Die Beschreibung des Bildstils sollte dabei nicht zu technisch, sondern die Sprache möglichst bildhaft sein, damit Designer und Fotografen ein Gefühl für die gewünschte Ästhetik bekommen. Auch empfiehlt es sich, statt austauschbarer Phrasen ein ausdrucksstarkes, vielleicht auch ungewöhnliches Vokabular zu verwenden. Aber auch die kurzen Texte in unseren Cases sind von dieser Bildhaftigkeit und Expressivität der Aussage bestimmt. Bemerkenswert ist, dass schon die Entscheidung für eine bestimmte

Bildwelt	
Bildinhalt	**Bildstil**
Ebene 1 (Programmatisch)	
Inhaltsfokus in direkter Übersetzung des Markenkerns	editorial, dokumentarisch, grafisch, künstlerisch, metaphorisch etc.
Ebene 2 (Formalistisch)	
Produkte, Menschen, Situationen, Architektur, Interieurs, Landschaft etc.	Komposition: Bildachse, Perspektive, Schärfe/Unschärfe, Licht/Schatten etc. Farben: kontrastreich, natürlich, entsättigt, Grautöne, Duplex etc. Aufbau: Ebenen, angeschnittene Objekte, Freisteller etc. Technik: Kamera, Objektiv, Format, Auflösung etc.

Abb. 4: Schematische Darstellung einer Bildwelt durch Bildinhalt und Bildstil sowie ihrer Definitionshierarchien (eigene Darstellung)

Form der Umsetzung einen entscheidenden Beitrag zur Differenzierung und Profilierung der Marke leisten kann. Besonders Umsetzungsformen, die andersartig, also nicht (branchen-)üblich sind, zeigen nachhaltig Wirkungen. Beispielsweise gelingt es Marken mit Bildwelten aus Comiczeichnungen (Red Bull), Illustrationen (Oscar, ARAG), Bildverfremdungen (Congstar), digitalen Collagen (Telekom, DHL), Renderings (Lego) oder animierten GIFs (Seagram's Gin) leicht, sich dauerhaft von Wettbewerbern zu unterscheiden. Auch wenn sich dieser Beitrag auf die fotografische Umsetzungen konzentriert, lassen sich unsere Beobachtungen und Überlegungen auch auf andere Darstellungsformen wie Zeichnungen und Illustrationen sowie zeitbasierte Medien übertragen.

Abb. 5: Gelungene Guideline zur Bildwelt der Swisscom: Ausgehend von der Markenbotschaft *»Swisscom – der beste Begleiter in der vernetzten Welt«*, sind Bildinhalt und Bildstil programmatisch auf Ebene 1 beschrieben. Beispielmotive ergänzen die textliche Darstellung (Swisscom 2013, S. 20)

Marken brauchen Emotionen brauchen Bilder

Produkte und Services unterscheiden sich heute in vielen Eigenschaften kaum noch, sie sind schlicht austauschbar. Den Unterschied im Wettbewerb kann nur noch die Marke liefern, die vor allem die Emotionen der Menschen anspricht. Bilder spielen hierbei eine zentrale Rolle. Sie liefern die notwendige Fläche für Identifikation, Gefühle und Anteilnahme. Bilder, die berühren, geben Orientierung und wirken nachhaltig – für die Marke, das Unternehmen, die Mitarbeiter und die Kunden. Dies gilt sowohl für B2C- als auch für B2B-Marken. Denn Untersuchungen zeigen, dass – auf den ersten Blick überraschend – im Bereich B2B die emotionale Bindung der Kunden an die Marke besonders deutlich ausgeprägt ist (vgl. CEB 2013). Durch eine emotionale Bildwelt lassen sich einerseits Werte und Benefits einer Marke (z. B. Qualität, Hochwertigkeit) anschaulich vermitteln und andererseits der Nutzen für den Kunden narrativ inszenieren. (z. B. Jungheinrich-Kampagnen 2013, 2015; vgl. Abb. 6)

Abb. 6: Beispiele für Emotionalität der Bildauswahl im B2B-Bereich: Fokus auf einen vertrauensvollen Mitarbeiter, Fokus auf Thema Sicherheit und Kinder: Jungheinrich-Kampagnen *»Trust your Machine«* (Jungheinrich 2013, S. 3), *»Driven by safety«* (Jungheinrich 2015)

Praxisbeispiel Claas: Bildwelt mit ästhetischem und erzählerischem Anspruch für B2B

Lesart/Wirkung:
Assoziationsreiche Bilder, die Geschichten erzählen, machen die Welt von Claas emotional berührend. Dramatische Himmel, packende Lichtsituationen, ungewöhnliche Perspektiven – Claas weiß die Bedeutsamkeit der landwirtschaftlichen Arbeit für menschliches Leben in Szene zu setzen und verleiht ihr einen Nimbus des Heldenhaften. So werden die unerschütterliche Tatkraft der Landwirte und das erfüllende Gefühl, im Sonnenuntergang noch die letzten Fuder einzufahren, lebendig.

Umsetzung:

Form:	Fotografie, Bewegtbild
Stilistik:	narrativ, dramatisch, nahbar
Sujets:	Arbeitssituationen, Landschaft, Menschen, Produkte
Signifier:	dramatisches Licht

Besonderheit:
Das Familienunternehmen Claas hat schon früh verstanden, dass Markenbildung und emotionale Ansprache im B2B-Bereich unabdingbar sind, um langfristig Kunden zu begeistern und zu binden. Es finden sich sehr unterschiedliche Bilder im Auftritt von Claas: Key Visuals, welche große emotionale Bilder der Landwirtschaftsarbeit zeichnen, Produktaufnahmen in derselben Szenerie wie auch parallel in kühl inszenierten Innenräumen, magazinige Aufnahmen von Menschen und ihrer Arbeit wie auch alltägliche Schnappschüsse. Die Key Visuals der Marke spielen mit emotionalen Triggern auf verschiedenen Ebenen: Die Weite des Blickwinkels assoziiert Freiheit und fängt darüber hinaus noch das Momentum im stetigen, selbstvergessenen Arbeitsfluss ein. Die Motive erinnern an persönliche Momente (z. B. morgens die ersten Spuren im Schnee ziehen, bei Sonnenaufgang die ersten Bahnen im ruhenden See ziehen oder den ersten Streifen des Weizenfeldes ernten). Sie transportieren ein faszinierendes Gefühl von Freiheit und Glück. Die Key Visuals der Produktabbildungen sind tiefenscharf, kontrastreich ausgeleuchtet und inszenieren Leistungskraft *(»Das starke Tier in der Garage«)*.

Stärke:
hoher Anspruch an die Qualität und die narrative Kraft der Bilder; mutiges Spiel mit fotografischen Mitteln und Farbigkeiten in den verschiedenen Kanälen; spürbarer Wille, Dinge auszuprobieren, keine Angst, Fehler zu machen

Abb. 7: Bildwelt der Marke Claas: Von oben nach unten: Key Visual Lexion, zwei Kampagnenmotive *»Richtig gute Arbeit«* (2015), drei Produktabbildung Jaguar, zwei Testimonialmotive *»Richtig gute Arbeit«* (2015), Landing Page Corporate Website, Auszug YouTube Kanal (Quellen: www.claas.de, www.youtube.com/user/yourCLAAS)

In zahlreichen Studien ist die besondere *Wirkungsweise von Bildern* grundsätzlich untersucht worden. Drei Eigenschaften von Bildern treten dabei besonders hervor. Erstens werden Bilder besonders schnell und besonders effizient verarbeitet. Sie wirken innerhalb kürzester Zeit. Es dauert nur Sekundenbruchteile bis die wichtigsten Grundinformationen oder das Thema eines Bildes erfasst sind, denn Bilder werden holistisch und ohne größere gedankliche Anstrengungen aufgenommen. Die Verarbeitung der Informationen erfolgt implizit. Schon nach einer Betrachtungszeit von ungefähr zwei Sekunden kann man ein Bild sicher wiedererkennen (vgl. Kroeber-Riel/Esch 2011, S. 216ff.). Im Vergleich zum Text, der annähernd vollständig gelesen werden muss, liegen Bilder damit in der Verarbeitungsgeschwindigkeit weit vorn. Hinzu kommt, dass Bilder in der Menge praktisch unbegrenzt gespeichert werden können (vgl. Schweiger 1985). Die wissenschaftlichen Thesen, wie Bilder ins Gedächtnis gelangen, sind uneinheitlich. Klar ist, dass durch äußere Reize, zum Beispiel ein Bild, ›innere‹ Bilder erzeugt werden. Gemäß der Forschung werden solche inneren Bilder umso besser und langfristiger gespeichert, je konkreter der äußere Eindruck war. Das reale Objekt wird demnach besser erinnert als das Farbfoto als die Schwarz-Weiß-Abbildung als eine stilisierte Illustration. Innere Bilder, die besonders ›lebendig‹ (Vividness) sind, werden leichter und dauerhafter behalten. Entsprechend heißt es bei Kroeber-Riel und Weinberg (1999, S. 344f.): »*Wie lebendig das innere Bild ist, hängt wesentlich von den Bildern ab, die der Empfänger zuvor aufgenommen und gespeichert hat, beispielsweise von Bildern, die in der Werbung dargeboten werden, um im Konsumenten ein inneres Bild von Firma oder Marke zu erzeugen. Bilder, die einen lebendigen Eindruck hervorrufen sollen, müssen assoziationsreich, gestaltfest und eigenständig sein, das heißt, sie müssen sich von konkurrierenden Bildern deutlich abheben.*«

Zweiter Punkt: Bilder wirken unmittelbar emotional. Die Wahrnehmung von Bildern ist immer mit einer emotionalen Wirkung verbunden. Auf der Gefühlsebene wirken Bildinhalt (Motiv) und Bildstil gleichermaßen aktivierend. Bilder, die aufgrund der dargestellten Inhalte und/oder der Art und Weise der Darstellung unbekannt oder ungewohnt sind, wirken in besonders starker Weise. Immer werden die neuen äußeren Bilder dabei (unbewusst) in Relation zu den bestehenden, inneren Bildern gesetzt. Da diese mit Emotionen verknüpft sind, können über zusätzliche Bilder vorhandene Emotionen aktiviert und u. U. verändert werden (vgl. Förster/Meyer-Janzek 2014, S. 217ff.).

Und drittens: Bilder sind glaubwürdig und verständlich. Obwohl die Möglichkeit von Bildmanipulationen bekannt ist, wird Bildern gemeinhin ein höherer Wahrheitsgehalt zugesprochen. Bilder werden unmittelbar rezipiert und abgelegt, ohne dass explizit eine Überprüfung des Inhaltes stattfindet. Die implizite Verarbeitung ist für unser Gehirn vor allen Dingen bequem. Für Marken bietet sich damit die Möglichkeit, mit Bildern ungefiltert in das Unterbewusstsein der Zielgruppe zu gelangen. Es bedarf aufseiten des Betrachters keiner besonderen Aufmerksamkeit, um bei ihm mit Bildern Wirkung zu erzielen. Die leichte Verständlichkeit von Bildern ist im Allgemeinen wohl als Vorteil zu betrachten. In einem bekannten Kontext eingesetzt, erschließt sich der Bildinhalt in den meisten Fällen sofort. Das macht Bilder für Kommunikationsmaßnahmen interessant, die über Länder- und Kulturgrenzen hinweg angelegt sind. Gerade die implizite, unmittelbare Verarbeitung bzw. Wirkung von Bildern macht deren Nutzung in komplexen, sprich eher unübersichtlichen Kommunikationssituationen mehr als sinnvoll. Schon in unserer ganz persönlichen Kommunikation können wir eine Verknappung von Text bzw. die Ersetzung von Worten und Buchstaben durch Bildzeichen erleben. Waren in den Anfängen der Messenger-App (SMS) noch kryptische Buchstaben- und Zeichenfolgen (Emoticons) für eine schnelle Verständigung ausreichend, werden selbst diese schon ansatzweise bildhaften Kombinationen nun durch Emojis ersetzt. Auch bei Denkprozessen, z. B. in Innovationsprojekten, werden Zusammenhänge immer häufiger weniger durch Text als vielmehr durch Bilder und Visualisierungen dargestellt. Bildhaftes Denken scheint umso mehr in den Fokus zu rücken, wenn Inhalte vielschichtig und miteinander verwoben sind. Genau solche Konstellationen kennen wir aus der Beschäftigung mit Marken. Es liegt also auf der Hand, dass Markenverantwortliche sich nicht nur aus intrinsischen Gründen mit einer Bildwelt beschäftigen sollten, sondern dass auch die generelle Verschiebung in Richtung bildgetriebener Kommunikation eine intensive Auseinandersetzung mit dem Thema unumgänglich macht.

Checkbox: Wie groß ist der Handlungsbedarf?

- Betrachten Sie drei zentrale Motive ihres aktuellen Markenauftritts.
- Welche Aufgabe haben die betrachteten Bilder aktuell? Schmücken, informieren, emotionalisieren sie?
- Fangen die Bilder Aufmerksamkeit? Sind sie ästhetisch außergewöhnlich, provozieren sie?
- Sind die Bilder unverwechselbar für die Marke?
- Entspricht die Botschaft der Bilder dem Markenkern?
- Erzählen die Bilder eine Geschichte?

Markenidentität als Basis der Bildwelt

Es ist essenziell, die *Konzeption* einer Bildwelt von der Marke aus zu starten (vgl. Abb. 8). Der Markenkern bildet den konzeptionellen Ausgangspunkt für die Bildwelt. Neben der Differenzierung zum Wettbewerb – die in der Marke klarerweise schon angelegt, bei der Zusammenstellung der Motive aber gesondert zu prüfen ist – gehören die anvisierten Kommunikationskanäle sowie die Zielgruppen und Trends zu den wesentlichen Einflussfaktoren bei der Entwicklung einer Bildwelt. Die Marke Method ist ein gelungenes Beispiel für die idealtypische Ableitung der Bildwelt aus Markenkern, Zielgruppe und Wettbewerbsumfeld. Als erste Marke im Reinigungsmittelmarkt setzt Method als Anbieter von natürlich abbaubaren Cradle-to-Cradle-zertifizierten Reinigungsmitteln auf die Idee, *»Putzen soll Spaß machen«* und realisiert auf dieser Basis eine eigenständige Bildwelt (vgl. Abb. 9).

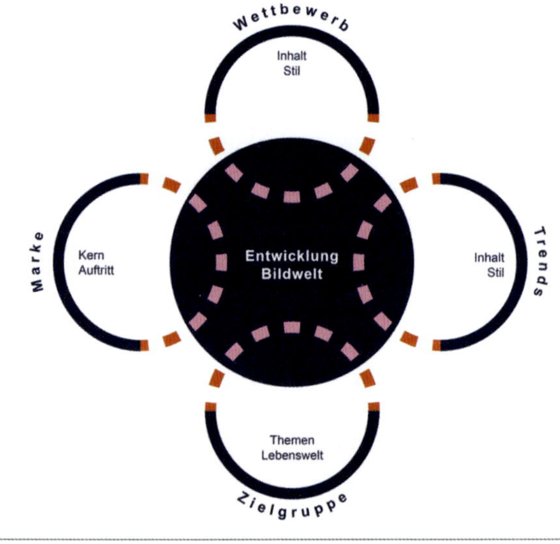

Abb. 8: Einflussfaktoren auf die Entwicklung der Bildwelt (eigene Darstellung)

Bei international oder multinational agierenden Unternehmen stellt sich bisweilen auch die Frage nach der kulturellen Kompatibilität. Bilder, die beispielsweise in Zentraleuropa als zeitgeistig und anregend erlebt werden, können in anderen kulturellen oder politischen Zusammenhängen negativ konnotiert sein. Ein aktuelles Beispiel für eine bewusste Anpassung an das kulturelle Umfeld liefert zum

Abb. 9: Method Corporate Website 2017 (Ausschnitt); Nachhaltigkeit, die Lebensqualität verbessert: bunte, schräge, grafisch inszenierte Putzanlässe statt der branchenüblichen Codes wie Natursymbole und Hausfrauengeschichten »ohne Farbstoffe« (Quelle: http://methodhome.com/fear-no-mess/)

wiederholten Male Ikea. Der Möbelkonzern verfügt zweifelsfrei über ein klares Markenkonzept und eine eigenständige Bildsprache, die im Regelfall weltweit abgestimmt zum Einsatz kommt. Dennoch kommt es auch hier bisweilen zu ›Fehlanwendungen‹ bei der Bildwelt. So verzichtet eine Sonderausgabe des Jahreskatalogs 2017 für orthodoxe Juden in Israel vollständig auf die Abbildung von Frauen. Das Produkt sei *»speziell für die Haredi-Gemeinschaft angefertigt, in dem Versuch, diese Minderheit in Israel zu erreichen«*, wird beim Branchendienst w&v ein lokaler Ikea-Manager zitiert (w&v Redaktion 2017). Wenige Tage nach der Veröffentlichung folgt dann eine kommunikative Kehrtwende. Die Nutzung des gesonderten Bildmaterials sei mit der Zentrale nicht abgesprochen gewesen.

Immer wieder werden von lokalen oder regionalen Einheiten (Marketing, Vertrieb, HR etc.) Abweichungen von der konzeptionellen Linie gefordert. Um die Wiedererkennbarkeit zu sichern, werden dann häufig formale Elemente in der Bildwelt implementiert. Relativ einfach, aber dennoch hoch wirksam ist der Einsatz der Primärfarben der Marke im Bild (z. B. DHL, Telekom). Aufwendiger ist die

Integration eines Visual Identifiers, eines wiederkehrenden Bildelements, beispielsweise eine dunkle Kreidetafel bei Edeka, ein roter Koffer bei Hilti oder drei Stewardessen bei Eurowings.

Praxisbeispiel Northmen: Aufsehenerregende, fesselnde Bildwelt, mit begrenzten Mitteln realisiert

Lesart/Wirkung:
Die handgefertigten Messer, Werkzeuge und Lederwaren aus dem Norden (Skandinavien) und die Menschen, die damit umgehen, sind wie Lichter in einer dunklen, ungebändigten Natur. Sie erinnern an die Freude ursprünglicher Schaffenskraft. Mit traditionellem Wissen und ehrlicher Handarbeit kann die (nordische) Natur bezwungen werden.
Die Manufaktur-Marke vermeidet in der Bildwelt übliche Klischees wie die Darstellung von Hochwertigkeit. Stattdessen werden spezifische Werte aus dem Kontext (Natur, Begeisterung für die Arbeit, Individualität) herausgestellt.

Umsetzung:

Form:	Fotografie, Bewegtbild
Stilistik:	archaisch, energetisch, dokumentarisch
Sujets:	elementare Situationen, Holzarbeit und Schmiedekunst, Produkte
Signifier:	Dunkelheit

Besonderheit:
Die einzigartige Bildwelt von Northmen transportiert ein Lebensgefühl des Nordens sowie die Qualität von natürlichen Materialen und traditionellen handwerklichen Herstellungsprozessen. Im Fokus steht elementar Menschliches: der Überlebenskampf in der Natur, die Freude am ursprünglichen Leben, das Archaische der Umgebung und der Tools. Das männliche Individuum steht in den Videos im Mittelpunkt – beim einsamen Marsch durch einen verschneiten Wald, beim Bau eines Bootes, beim Leben im einsam gelegenen Holzhaus, beim Bad im eiskalten Fluss. Die Messer und Werkzeuge sind natürliche Begleiter in diesem Leben, das durch die vier Elemente Erde, Luft, Feuer und Wasser bestimmt wird.

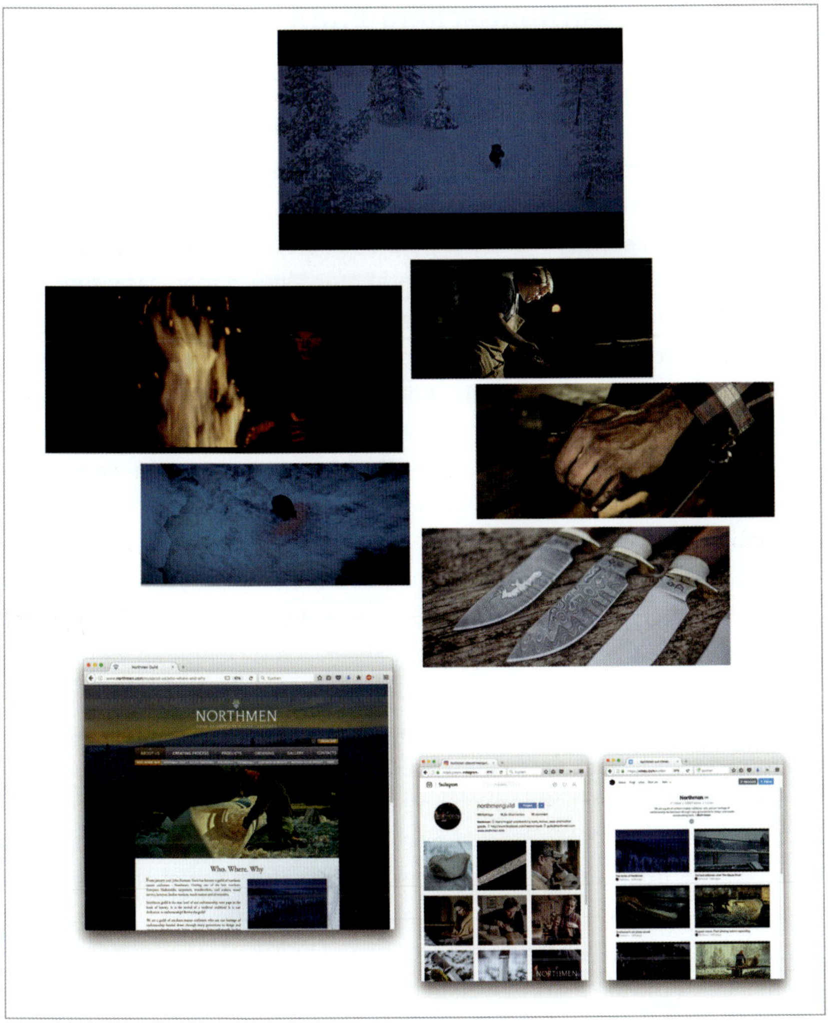

Abb. 10: Bildwelt der Marke Northmen: Von oben nach unten: Sechs Videoauszüge »The hymn of Northmen«, Auszug Corporate Website, Auszug Instagram Account, Auszug Vimeo Account (Quellen: www.northmen.com, www.instagram.com/northmenguild/, https://vimeo.com/northmen)

Stärke:
aufmerksamkeitsstarke Geschichten, einzigartige und ausgeprägte Stilistik; klare Konzentration auf Fotografie und Bewegtbild sowie den Einsatz der Bilder in digitalen Kanälen; große Reichweiten auf YouTube, Vimeo, Instagram

Beschaffen von authentischem Bildmaterial

Die inhaltliche Konzeption der Bildwelt, in den meisten Fällen aber auch die formalen und technischen Rahmenbedingungen, entscheiden über mögliche Quellen für das benötigte Bildmaterial. Beliebt, weil überaus preisgünstig, ist Stockmaterial. In den weltweit verfügbaren Bilddatenbanken schlummern Millionen Motive und noch viel mehr Varianten, die aber oft nicht über beliebige generische Darstellungen hinaus kommen. Ein probates Mittel gegen das visuelle Einerlei ist der explizite Einsatz von Fotografen, die mit dem eigenen Stil einen soliden Beitrag zur Differenzierung leisten können. Kurioserweise lässt sich dennoch an manchen Stellen eine Ähnlichkeit in den Motiven und der Ästhetik beobachten. Sicher ist es sinnvoll, für das Shooting eines neuen PKW-Modells einen Experten für Automobilfotografie zu beauftragen. Diese werden aber eben auch von konkurrierenden Marken gebucht. Umso wichtiger ist es, dass man als Marke eigenständige Bildinhalte hat.

Durch die wachsende Bereitstellung und Verbreitung von Bildern durch Konsumenten im Internet tun sich für Marken mitunter neue Schnittstellen für die Beschaffung von authentischem Bildmaterial auf. Auf besonderen Vermarktungsplattformen im Internet, wie zum Beispiel www.bylined.me, können Laien und Semi-Profis Bildmaterial, das entsprechende Markenwerte interpretiert oder konkrete Produkte zeigt, zum Kauf anbieten. Unternehmen kommen so leicht an authentische Bilder aus der Lebenswelt und Perspektive der Kunden. Zudem findet durch den Erwerb des Bildmaterials eine besondere Verschränkung von Kunde und Marke statt. In gewisser Weise lässt sich eine solche Beziehung als eine Verlängerung der Customer Journey verstehen. Neben den zuvor beschriebenen Aspekten ist es für die Markenverantwortlichen natürlich wichtig, das ausgewählte Bildmaterial exklusiv unter Vertrag zu nehmen. Nicht ungeschickt ist auch der Ansatz mancher Unternehmen, die Kunden direkt zur Beteiligung an der Markenbildung aufzurufen, indem diese beispielsweise persönliches Bildmaterial zur Marke auf entsprechenden Plattformen oder über Social Media bereitstellen können.

Checkbox: Sind die Rahmenbedingungen für die Implementierung klar?

Verschaffen Sie sich für den Aufbau eines Bildpools – ggf. mit fachlicher Unterstützung – einen Überblick über den Projektumfang:

- inhaltliche Verantwortlichkeit für Bildwelt bzw. Fotoproduktionen
- administrative Verantwortlichkeit
- Budget für die initiale Erstellung eines Bildpools
- Budget für kontinuierliche Pflege und Erweiterung des Bildpools
- Menge der benötigten Bilder für die Basisausstattung
- Menge der benötigten Bilder pro Zeit pro Kanal
- technische Plattform für die Bereitstellung des Bildpools
- technische Formate für unterschiedliche Einsatzbereiche
- Einführungsaufwand

Kontinuierliche Implementierung der Bildwelt

Der entscheidende Faktor, um die Bildwelt für eine Marke zum Leben zu erwecken, ist deren kontinuierliche Implementierung. Nur wenn die konzipierte Bildwelt wiederholt im Sinne der Marke Anwendung findet, können die Bilder ihre emotionale Wirkung voll ausspielen und eine nachhaltige Verknüpfung der Bildwelt mit der Markenwelt herstellen. Marken wie Marlboro, Milka oder Sixt geben hierfür seit vielen Jahren erfolgreich Beispiele.

> Nur wenn die Bildwelt wiederholt im Sinne der Marke Anwendung findet, können die Bilder ihre emotionale Wirkung voll ausspielen und eine nachhaltige Verknüpfung mit der Markenwelt herstellen.

Im Klartext: Es reicht nicht, einen initialen Bildpool aufzubauen und darauf zu vertrauen, dass dieser irgendwie Anwendung findet. Der Aufbau einer Bildwelt hört mit der Konzeption und der anschließenden Bereitstellung von Bilddateien nicht auf. Die Mühe für den Aufbau einer Bildwelt lohnt nur, wenn fortlaufend neue Bilder im konzipierten Sinn entstehen und diese wiederholt und in den anvisierten Medien zum Einsatz kommen. Dazu muss das inhaltliche Konzept der Bildwelt von den Handelnden – den Markenverantwortlichen, den Markenredakteuren, den Markenmoderatoren etc. – grundsätzlich verstanden, d. h. gelernt sein. Erst durch eine fachgerechte Einführung etwa durch Workshops, in denen die Idee der Marke und damit der Bildwelt erläutert wird, kann ein solider Grundstein für den Umgang mit Bildern gelegt werden. Der Anspruch sollte sein, den Redakteuren und Moderatoren Sicherheit in der Erstellung und Auswahl von Bildern für wechselnde Anwendungszwecke zu geben. Dabei ist es besonders wichtig, inhaltliche Aspekte zu vermitteln, aber auch Grundkenntnisse in Technik, Bildbearbeitung und Bildgestaltung sollten behandelt werden. Es ist wohl absehbar, dass die Bereitstellung von Bilddateien zukünftig mehr und mehr über unternehmenseigene Bilddatenbanken erfolgt. Markenspezifische Tutorials, möglicherweise in Form einer digital zugänglichen Wissensdatenbank, machen das erarbeitete Know-how jederzeit verfügbar.

Häufig werden von Unternehmen in der Anfangsphase noch erhebliche Anstrengungen unternommen, eine eigenständige Marken-Bildwelt aufzubauen. Nach der Erstanwendung wird dann aber der anvisierte Weg schnell aus den Augen verloren. Die konsequente, zielgerichtete Pflege und Implementierung der Bildwelt wird allzuoft ›vergessen‹. Die vernachlässigte Nutzung der Bildwelt geht in vielen Fällen auf eine unklare Konzeption zurück. Wenn die inhaltliche Ebene Unschärfen mit sich trägt, können diese allein durch formale Anstrengungen nicht beseitigt werden. Da helfen auch die immer noch verbreiteten Regeln für Fotografen zur Bilderstellung nicht. Die kontinuierliche Anwendung, Erweiterung und Pflege der Bildwelt bzw. eines Bildpools bringen oft mehr Aufwand und Schwierigkeiten mit sich als die Konzeption und Ersteinrichtung. Der Großteil des Aufwandes und Budgets sollte deshalb für die fortlaufende Implementierung und Pflege der Bildwelt eingeplant werden.

> Marken brauchen Bilder, die den Unterschied nicht zeigen, sondern machen.

Die Bilder übernehmen

Eigentlich besteht kein Zweifel mehr: Ohne eine spezifische Bildwelt haben Marken schlechte Chancen, ist ihre Wirkung in Zukunft begrenzt. Beschleunigt durch die digitalen Medien, verbreitet sich eine neue visuelle Kultur. Kommunikation wird immer öfter ans Bild statt ans Wort gebunden. Auf diese veränderte Situation müssen Marken reagieren. Wer als Marke erfolgreich sein möchte, braucht einen Fokus auf Bilder in der Kommunikation. Gefragt sind Bilder, die differenzieren. Bilder, die Markenkern und Markenbotschaft prägnant ins Visuelle übersetzen. Bilder, die den Unterschied nicht zeigen, sondern machen. Über sie muss die Marke eindeutig zu identifizieren sein. Die Definition einer spezifischen Bildwelt ist deshalb für jede Marke ein erster, unvermeidbarer Schritt. Ein nachhaltiger Erfolg für die Marke wird sich aber erst einstellen, wenn der professionelle Umgang mit Bildern so selbstverständlich wird wie mit Text.

Mikrodesign: von großen Versprechen zu kleinen Gesten

Carsten Totz

Carsten Totz zeigt, dass es gerade die kleinen, unscheinbaren Gesten und Interaktionen sind, die die Beziehungen von Marken und Menschen heute nachhaltig prägen. Die Tonalität von Buttons und Fehlermeldungen, die Prozessgestaltung von Logins und Animationen oder der Humor eines Chatbots sind Beispiele dafür, dass ein zeitgemäßes Brand Design einen Blick für Details entwickeln sollte – und nicht nur für die großen Inszenierungen.

Marken: Form der Kommunikation von und für Menschen

Marken sind von und für Menschen gemacht. Marken sind Menschen, zumindest fast (vgl. in Kap. 4 den Beitrag von Breitschaft und Drömann). Wir schreiben Ihnen Identitäten, Persönlichkeiten und Werte zu (vgl. Aaker 1997), suchen nach ihren genetischen Codes (vgl. Brandmeyer/Schmidt 2000), wir personifizieren sie (vgl. Kervyn/Fiske/Malone 2012), begreifen sie als Beziehungspartner (vgl. Fournier 1998), lassen sie Gemeinschaften konstituieren (vgl. Muñiz/O'Guinn 2001) und sie Einfluss auf unsere Kultur und unser Verhalten nehmen (vgl. Holt 2004). Auch wenn Marken ›technisch‹ nicht wie Menschen gezeugt, sondern eher technokratisch-mechanistisch konzipiert werden, so weist ihre Entwicklung und Führung doch Parallelen zu unserer menschlichen Entwicklung auf: Wir geben ihnen Namen, wir kleiden sie ein, wir vermitteln ihnen Werte, sensibilisieren für ihre Umwelt und erklären ihnen das kontextspezifisch ›richtige‹ Verhalten (vgl. Baetzgen 2015a). Die Kommunikation und Interaktion mit Menschen ist für Marken nicht nur im Hinblick auf die Funktionserfüllung und Erreichung monetärer Ziele notwendig, sondern auch Voraussetzung der Identitätsbildung (vgl. Totz 2005, S. 117ff.), des Wissenserwerbs, der Weiterentwicklung und Anpassung an ihre Umwelt.

Menschen nehmen alle mehr oder minder markierten Produkte, Leistungen und Organisationen als Marken wahr, sie bewerten die Attraktivität oder Relevanz der Marke für das eigene Leben allenfalls unterschiedlich. Was eine Marke genau zur Marke macht, ab wann eine Marke wirklich eine Marke ist und wann noch nicht, ist insofern unerheblich. Die Prinzipien und Mechanismen der Wahrnehmung von Marken folgen den Prinzipien und Mechanismen der menschlichen Kommunikation und Interaktion. Und genauso wie Menschen nicht nicht kommunizieren können (vgl. Watzlawick/Beavin/Jackson 2016, S. 58ff.), können Marken ebenfalls nicht nicht kommunizieren. Wann immer Marken mit Menschen in Kontakt sind, kommunizieren sie, senden und empfangen sie Botschaften, interagieren sie mit ihnen in ihrer Umwelt. Analog zur rein menschlichen Kommunikation ist dieser Austausch meistens relativ reichhaltig und spricht mehrere Sinne an – verbal und non-verbal, akustisch und visuell, durch Text und Bild etc.

> Wann immer Marken mit Menschen in Kontakt sind, kommunizieren sie, senden und empfangen sie Botschaften, interagieren sie mit den Menschen in ihrer Umwelt.

Interaktionsdesign: die eigentliche Aufgabe der Markenführung

Zweifelsfrei spielen die klassischen ›Identitätselemente‹ wie Name, Logo, Claim, Sprachstil, Ton sowie Farb- und Bildwelt eine zentrale Rolle bei der Identifikation bzw. Wiederkennung von Marken. Und zweifelsfrei haben aufmerksamkeits- und reichweitenstarke Kampagnen Einfluss auf die Bekanntheit und das Image von Marken. Sie stellen eine psychische Verfügbarkeit der Marke im Gedächtnis der Anspruchsgruppen sicher und aktivieren zum Handeln. Genauso wie im Zwischenmenschlichen sollte auf das Erscheinungsbild, das Auftreten und den Ausdruck Wert gelegt werden. Genauso wie im Zwischenmenschlichen hilft ein wenig Extravaganz, der ein oder andere kleine Tick, ein besonderes Merkmal und der große Auftritt samt hehrem Versprechen beim Generieren von Aufmerksamkeit. Maximale Aufmerksamkeit und Präsenz in der Psyche sowie eine hohe Wiedererkennung sind aber nicht die einzigen Aufgaben der Markenführung und des Brand Design (Branding).

Spätestens mit dem Aufkommen des Beziehungsmarketings und der Erkenntnis, dass der Wert von Kunden im Zeitverlauf steigt (vgl. Reichheld/Sasser 1990), wurde deutlich, dass der transaktionsorientierte Fokus auf Neukunden aus ökonomischer Sicht nicht optimal ist. Der Aufbau und die Pflege *dauerhafter Kundenbeziehungen* rücken damit vermehrt ins Zentrum der Markenführung. Das Erreichen von Markenloyalität ist eng mit dem ökonomischen Streben nach Risikominimierung verbunden. Loyal gegenüber Marken verhalten sich Menschen aber vor allem dann, wenn sie die wiederkehrenden Erlebnisse mit einer Marke gegenüber den verfügbaren Alternativen als vorteilhaft wahrnehmen (vgl. Berry 2000; Brakus/Schmitt/Zarantonello 2009). Denn die Wahrnehmung einer Marke wird durch jede Art von Kontakt mit ihr geprägt. Insofern rücken Konzeption und Gestaltung von Markenerlebnissen zunehmend in das Bewusstsein und den Fokus der Markenführung – wie nicht zuletzt der Band *Brand Experience* (Baetzgen 2015b) dieser Buchreihe belegt (vgl. auch Schmitt 2009).

Vor allem die Anzahl und Relevanz *digitaler Kontaktpunkte* hat für viele Marken und deren Erleben unzweifelhaft zugenommen. Insbesondere bei Marken mit einer kollaborativen Wertschöpfung wie Airbnb, Car2Go, DriveNow, Facebook, Instagram oder Uber sind digitale Kontaktpunkte elementar für die Leistungserbringung und Markenwahrnehmung geworden. Diese reichen von winzigen Interaktionen bis zu komplexen Interaktionsketten in Form von ›Customer Journeys‹ (vgl. Spies 2015; Totz/Werg 2014) und prägen die Markenwahrnehmung vielleicht stärker und nachhaltiger als es die werbliche Kommunikation vermag (vgl. Markant 2011, S. 23; Rawson/Duncan/Jones 2013). Doch nicht nur in digitalen Medien, sondern auch analog sind Marken an einer Vielzahl von Kontaktpunkten zu erleben.

Kleine Gesten: Basis starker Markenbeziehungen

Bei der Entwicklung von Markenstrategien, Design und kommunikativen Maßnahmen liegt der Fokus häufig primär auf den klassischen, gewohnten und augenscheinlichen Elementen, Kontaktpunkten und Interaktionen, wie z. B. dem Corporate Design (visuelles Zeichensystem), der werblichen Kommunikation in Massenmedien, den Kernbotschaften, zentralen digitalen Kontaktpunkten wie Websites oder Apps, physischen Produkten und Orten (Firmensitz, Handelspartner, eigene Verkaufsstätten etc.). So nachvollziehbar dieser Fokus in der Praxis auch ist, so kurzsichtig ist er. Denn abseits der großen Botschaften und Versprechen sind es die kleinen Dinge, die den Unterschied ausmachen, die die Bedeutung der Kommunikation bestimmen: »*The verbal sign (language) and the non-verbal cues together in the right proportion pave the way for a meaningful communication*« (Subapriya 2009, S. 37). Jeder Kontakt, jede Interaktion mit einer Marke – egal in welcher Form – führt zu einer Veränderung unseres emotionalen oder rationalen Wissens über diese Marke, und die Summe all dieser Kontakte und Interaktionen bildet unser Markenimage.

> Abseits der großen Botschaften und Versprechen sind es die kleinen Dinge, die den Unterschied ausmachen und die Bedeutung der Kommunikation bestimmen.

Eine verlässliche menschliche Beziehung entwickelt ihre nachhaltige Stärke nicht aus dem großen Auftritt, den bedeutenden Momenten und großen Versprechen, sondern vor allem aus den vielen kleinen Momenten, den kleinen Gesten und Aufmerksamkeiten der Partner. Das erste Kennenlernen, der erste Kuss, das Versprechen, zusammen durchs Leben zu gehen – unabdingbar. Wenn die Schmetterlinge jedoch nicht mehr wild flattern und das Rosarot der Romantik im Alltag verblasst, dann sind es auch die kleinen Dinge, die über die Qualität und Zukunft einer Beziehung entscheiden: ein nettes Wort, eine Umarmung, eine Berührung, kleine Aufmerksamkeiten wie eine Blume auf dem Tisch, ein Frühstück ans Bett oder ein überraschender Kinobesuch – oder wie es Blink 182 in *All the small things* passend besingen: »*Late night, come home / Work sucks, I know / She left me roses by the stairs / Surprises let me know she cares*«. Entscheidend ist das Gefühl, als Mensch und Partner verstanden und anerkannt zu werden.

Umgekehrt sind es im Alltag von Beziehungen häufig banale Kleinigkeiten, die die grundsätzliche Wahrnehmung des Partners trüben und Beziehungen unter Umständen gar zum Scheitern bringen können. Es sind Kleinigkeiten, die bei wiederholtem Auftreten, ohne erkennbaren Lernerfolg des Verursachers, zu großen Ärgernissen führen können: Nachlässigkeiten, wie herumliegende Kleidungsstücke, vergessene Termine und Absprachen, nicht abgestimmte Abendplanungen, fehlende Rückfragen in Gesprächen etc. Es sind Kleinigkeiten, die in der Summe jedoch fehlende Empathie und Sensibilität für die Bedürfnisse der Partnerin/des Partners bezeugen und die Fundamente von Beziehungen erodieren lassen.

In diesem Sinne besteht ein *Brand Design* aus zwei Dimensionen: a) den großen Botschaften, Versprechen und Signalen, den Fähigkeiten oder ›Features‹ und

b) den Details. Große Botschaften machen Menschen auf Marken aufmerksam und ziehen an. Sie animieren zum ersten Kauf, der ersten Verwendung. Details hingegen begeistern Menschen, schmeicheln ihnen und hinterlassen ein ›gutes Gefühl‹. Sie lassen Menschen letztendlich loyal werden. Details haben das Potenzial, etwas Austauschbares, Langweiliges und Steriles in etwas Besonderes, Aufregendes und Lebendiges zu transformieren. Insofern liegt Charles Eames mit seiner Feststellung »*The details are no details. They make the product.*« vielleicht nicht so falsch.

> **Details begeistern, schmeicheln und hinterlassen ein gutes Gefühl. Sie lassen Menschen loyal werden.**

Die ›rumliegende dreckige Wäsche‹ tagtäglicher Markeninteraktionen

Marken leisten sich teure Kampagnen, legen viel Wert auf ihr Erscheinungsbild, lieben die große Geste und den großen Auftritt. Sie leisten sich aber auch eine Vielzahl an Nachlässigkeiten oder Unaufmerksamkeiten – unverständlicherweise, denn so kompliziert scheint das ›Wegräumen der dreckigen Wäsche‹ meistens gar nicht.
Wer kennt sie nicht, die Websites, auf denen das Finden der Nummer einer Hotline oder anderer Kontaktoptionen einer Schatzsuche gleicht? Oder die Anrufe bei Kundendienst-Hotlines, bei denen man sich durch verschachtelte, langwierige Sprachmenüs hangeln muss? Wer kennt sie nicht, die Abfrage von selten präsenten Kunden- und Vertragsnummern, statt Informationen über präsente Daten wie Namen, Anschrift, Geburtsdatum aufzurufen? Oder die Abfrage des Kreditkartenanbieters (MasterCard, Visa etc.), obwohl dieser über die Kartennummer zu identifizieren wäre? Wer kennt sie nicht, die App, die ihre eigenen Tickets speichert, aber gefühlte Ewigkeiten lädt, wenn man ein Ticket vorzeigen möchte? Oder die Newsletter, die trotz ›Big Data‹ aufgrund jahrelanger Kaufhistorie allenfalls eine »low relevance« haben, wenn nicht gar zu »high annoyance« führen? In diesem Sinne, lieber Ticketmaster… ich war nie und werde aller Voraussicht nach auch in Zukunft nicht an Konzerten von Helene Fischer oder Apassionata-Pferdeshows interessiert sein! Wer kennt sie nicht, die ungewollten und verbetenen Anrufe von Telekommunikationsmarken, die einen unter dem Mantel der Tarifoptimierung zum Wechsel in einen neuen oder teureren Tarif überreden sollen? Oder die

Anrufe von PayTV-Anbietern, die einem nach Vertragskündigung trotz entsprechender Artikulation seiner Bedürfnisse und Preisbereitschaft nicht ansatzweise ein passendes Angebot unterbreiten, sondern das Verkaufsskript mit der Vorteilskommunikation runterbeten?
Diese Liste ›rumliegender dreckiger Wäsche‹ kann jeder Konsument für sich mental fortführen, die ›schönsten Erlebnisse‹ vielleicht sogar in sozialen Medien teilen. Es mag sein, dass sich entsprechende Negativerlebnisse durch die üblichen Instrumente des Brand Design und/oder der Markenkommunikation kompensieren lassen – im übertragenen Sinne die ›Verzeih-mir-Blumensträuße‹. Aus einer ökonomischen Perspektive wäre es angeraten, den so entstandenen Schaden bzw. die Kosten für dessen Kompensation zu ermitteln.

Mikrodesign: kleine Gesten im großen Brand Design

Unternehmen sollten nicht nur mehr Bewusstsein für die »small things« entwickeln, sondern diese auch im Rahmen ihrer Markenführung systematisieren. Es geht dabei nicht nur darum, die ›nervenden‹ und destruktiven Momente zu identifizieren und abzustellen. Es geht insbesondere auch darum, positive prägende Elemente und Momente einer Marke zu gestalten, die in ihrer Summe das Verhalten des Konsumenten beeinflussen und seine Beziehung zur Marke prägen. Im Kontext digitaler Interaktionen hat Dan Saffer für diese »little things«, den Begriff der *Mikrointeraktionen* (Microinteractions) geprägt. Dan Saffer unterteilt diese kurzen, in sich geschlossenen Momente der Produktnutzung in die Elemente »*Trigger – Rules – Feedback – Loops & Modes*« (vgl. Saffer 2013, S. 14f.). Als *Trigger* bezeichnet er manuelle oder systembedingte Auslöser von Interaktionen wie den Klick auf einen Button oder simple Abfragen des Systems (»Wollen sie xy machen? Ja/Nein«). Mit *Rules* werden die Logik und die Regeln einer Interaktion bezeichnet. Sie definieren, was genau ausgelöst wird, was unter welchen Bedingungen passiert. Mit *Feedback* wird die visuelle, akustische oder haptische Rückmeldung an den Nutzer verstanden, die beispielsweise in Form der farblichen Codierung der Güte eines zu wählenden Passwortes die systemimmanenten Regeln erkennen lässt. *Loops & Modes* können als übergreifende Regeln verstanden werden, die beispielsweise über die Ausführung einer Mikrointeraktion oder deren Häufigkeit entscheiden. Alle vier Elemente können als Ansatzpunkte der

Gestaltung von Mikrointeraktionen verstanden werden. Marco Spies denkt in *Branded Interactions* ähnlich, ohne sich nur auf die kleinen Interaktionen zu fokussieren (vgl. Spies 2012). Beide Werke haben maßgeblich dazu beigetragen, der Konzeption und Gestaltung von Interaktionen an digitalen Kontaktpunkten mehr Beachtung zu schenken und sie als Instrument des Brand Design zu verstehen. Viele Beispiele und Links Mikrointeraktionen betreffend finden sich bei u. a. Dribbble Boards Microinteractions (2017) und bei Pinterest (o. J.).

> »Small things« sind kleine Gesten im Rahmen der Kommunikation von Marken mit Menschen. Sie bezeugen ein Verständnis für den Interaktionspartner, seine Bedürfnisse, den Kontext der Interaktion und deren Historie.

Die »small things« lassen sich jedoch nicht nur in Form kleiner digitaler Interaktionen ausmachen, sondern auch an anderen, durchaus analogen Kontaktpunkten. Um den Fokus der Betrachtung ein wenig zu präzisieren, sollen die »small things« als kleine Gesten im Rahmen der Kommunikation von Marken mit Menschen verstanden werden, analog der zwischenmenschlichen Kommunikation. Sie haben die Form kurzer Animationen, kleiner Funktionalitäten, kurzer Texte, kleiner Symbole o. Ä. und sind Teil des Mikrodesigns einer Marke. In der Regel treten sie eher beiläufig auf. Sie tragen die Kommunikation oder Interaktion nicht, sondern begleiten sie eher und kommen ohne Inszenierung aus. Sie bezeugen ein Verständnis für den Interaktionspartner, seine Bedürfnisse, den Kontext der Interaktion und deren Historie. Insofern signalisieren sie Empathie, Aufmerksamkeit, Wohlwollen und Respekt. Sie sind unabdingbar dafür, dass sich Menschen in der Kommunikation und Interaktion mit Marken ernstgenommen fühlen und Exzellenz erleben (vgl. Baetzgen 2015a, S. 137f.).

	Beispiele für kleine Gesten bei zwischenmenschlichen Interaktionen	Beispiele der gelungenen Übertragung auf Markeninteraktionen
Ziel: dem Partner Verständnis signalisieren	Begrüßung mit Namen als Ausdruck der Wiedererkennung	Amazon: via Web oder App, der Nutzer wird immer mit Namen begrüßt
	Ansprache mit Bezug zur letzten Interaktion oder Kenntnis des Partners	Bandsintown: Veranstaltunsempfehlungen zeigen an, warum bzw. nach welcher Logik eine Empfehlung erfolgt

	Beispiele für kleine Gesten bei zwischenmenschlichen Interaktionen	Beispiele der gelungenen Übertragung auf Markeninteraktionen
	Ansprache unter Verwendung passender sprachlicher Codes	Geeklist: Passwortstärke wird bei Account-Erstellung nicht farblich codiert, sondern in »days to crack« angegeben
Ziel: dem Partner eine Aufgabe erleichtern	Tür aufhalten	Amazon: der Nutzer bleibt eingeloggt und kann ohne erneutes Login normale Prozesse ausführen
	etwas abnehmen oder anreichen	Github: Bei Eingabe von Kreditkarteninformationen ist die Wahl des Anbieters nicht notwendig (da aus Nummer abzuleiten)
	bei Nachfrage eine Antwort deutlicher wiederholen	Google Translate: wird der »Anhören«-Button ein zweites Mal gedrückt, wird der übersetzte Text langsamer vorgelesen
	Erwartung steuern und Feedback bzgl. Fortschritt geben	Harvard Business Review Online: Position in Artikel über horizontal anwachsenden »Fortschrittsbalken« unterhalb Navigation zu erkennen
Ziel: für Abwechslung sorgen, den Partner erfreuen	unerwarteter Anruf oder Besuch	Telekom: Gutschein für kleine Geschenke als Dankeschön zum Jahrestag des Vertragsabschlusses
	kleine Aufmerksamkeit	Norse Projects: Karte mit großem »Danke« beim Öffnen des Versandpaketes, auf der Kartenrückseite freundliche Informationen zu Rücksendungen
Ziel: eine Situation auflockern, für Unbeschwertheit sorgen	ein lustiger Spruch	Dropbox: Bei langen Upload-Zeiten wird im Dropdown-Menu festgestellt »[…] a long time left. Grab a Snickers«
	unkonventionelle Sprache oder Selbstironie	Innocent: heitere, erzählerische Nutzung der Verpackungs(rück)-seiten, auch zur Kommunikation des Inhalts
	spielerische Ablenkung	Google Chrome: bei fehlender Internetverbindung wird ein Dinosaurier angezeigt, der bei Tastendruck zum Subjekt eines Jump&Run-Spiels wird
	Übertreibungen/ Karikatur	MailChimp: Symbol des »red button« samt Schweisstropfen vor/zum Newsletter Versand

Abb. 1: Kleine Gesten der Kommunikation und ihre Entsprechung im Mikrodesign von Marken (eigene Darstellung)

Mikrodesign: Grundlagen der Konzeption und Gestaltung

Doch wo und wie lassen sich im Brand Design diese ›kleinen Gesten‹ einsetzen – und wie können sie gezielt konzipiert und gestaltet werden? Die verfügbaren technischen Möglichkeiten bieten ein schier unbegrenztes Potenzial für die Konzeption und Entwicklung von Mikrodesign-Elementen. So ist es nicht überraschend, dass User Experience- oder User-Interface-Designer aktuell ein wenig selbstverliebt aus kleinsten Animationen und Übergängen (›Transitions‹) beim Öffnen von Menüs, aus jedem Drücken auf Buttons oder jedem Scrollen ein Riesending machen (z. B. bei Pinterest oder Dribbble). Neben der Technik sollte vor allem das menschliche Verhalten, die menschliche Kommunikation den Ausgangspunkt der Gestaltung bilden. Im Mittelpunkt steht mit anderen Worten die Funktion. Andernfalls wird Mikrodesign zur reinen Dekoration und wird im schlimmsten Fall sogar als negative Geste wahrgenommen.

> Ausgangspunkt für die Gestaltung eines Mikrodesigns sollte in erster Linie das menschliche Verhalten, die zwischenmenschliche Kommunikation sein und somit die Funktion in den Mittelpunkt stellen.

Ausgangspunkt für die Konzeption und Gestaltung eines *Mikrodesigns* ist die Analyse der Kontaktpunkte zwischen Marke und Mensch bzw. deren Abfolge und Zusammenspiel innerhalb der Customer Journey (vgl. Stöckle 2015; Spies 2015). Hierfür brauchen Unternehmen Empathie für die Menschen, den Kontext der Interaktion und den ›Use Case‹ (Anwendungsfall). Die Beantwortung der folgenden Fragen soll Unternehmen helfen, diese Fähigkeiten zu entwickeln:

- *Anlass:* Was ist der Anlass des Kontaktes? Warum schenkt der Mensch mir als Marke seine Aufmerksamkeit, seine Zeit?
- *Kontext:* Was ist der Kontext des Kontaktes? In welcher Umgebung und in welchem Moment findet der Kontakt zu mir als Marke statt? (vgl. Baetzgen 2015a zur Bedeutung des Kontextes für Fragen des Markenerlebnisses).
- *Bedürfnisse:* Was sind die Bedürfnisse und Erwartungen des Menschen im Moment seines Kontaktes mit mir als Marke? Wie empfindet er? Was erwartet er von mir als Marke?
- *mentales Modell:* Wie wird sich der Mensch aller Voraussicht nach verhalten? Was wird er tun? Welchen mentalen Modellen folgt er? Wie hat er sich bei der letzten Interaktion verhalten? (vgl. Young 2008).

Auf Basis eines soliden Verständnisses gilt es dann, den eigenen Auftritt und das eigene Verhalten als Teil der Konversation bzw. Interaktion zu planen und zu gestalten:

- *Aktion:* Wie kann ich als Marke die Erwartungen des Menschen treffen und positiv übertreffen? Was muss ich tun, um die Interaktion so angenehm wie möglich zu machen? Welche Aufmerksamkeit kann ich als Marke zeigen, welches Kompliment kann sie machen?
- *Reaktion:* Wie kann und sollte ich als Marke reagieren, wenn der Mensch sich wie geplant verhält? Wie kann ich ihn als Marke ihn in seinem Verhalten bestärken und mich erkenntlich zeigen? Wie sollte ich mich als Marke verhalten, wenn etwas Ungeplantes bzw. Unerwartetes passiert? Wie beuge ich Frustrationen vor, sollten mir als Marke oder auch dem Menschen Fehler unterlaufen?

Mikrodesign verfügt über ein breites *Instrumentarium.* Dabei sollten sämtliche Designfacetten genutzt werden, um die Interaktion mit dem Kunden zu gestalten. Dazu lassen sich insbesondere die folgenden Bereiche zählen, die gerade im Zusammenspiel ihre Stärke entfalten:

- *Mikrotexte:* einzelne Begriffe, Label oder Bezeichnungen von Formular-Feldern oder Buttons; Halbsätze oder kurze Sätze bei Begrüßungen, Bestätigungen, Fehlermeldungen o. Ä.
- *Highlights:* durch Farben und Formen besonders betonte Bereiche des Kontaktpunktes; häufig eingesetzt zur Lenkung der menschlichen Aufmerksamkeit im Kontext der Verhaltenssteuerung (z. B. bei wichtigen Buttons, Fehlermeldungen o. Ä.)
- *Animationen/Transitionen:* Veränderungen von grafischen Zuständen im Zeitablauf. Über Animationen und Transitionen lässt sich die menschliche Aufmerksamkeit lenken. Aktionen der Marke bzw. Veränderungen des System-Zustands lassen sich so betonen.
- *Piktogramme/Icons:* grafische Symbole, die Sachverhalte und Systemzustände visualisieren oder textliche Aussagen universell und leicht verständlich unterstützen oder ersetzen können
- *Dienste:* kleine Funktionalitäten oder Services, die Menschen bei ihrer Aufgabe unterstützen; Dienste sind häufig die Basis von Interaktionen und gewährleisten die eigentliche Funktionserfüllung – von simpler Information bis zu komplexer Transaktion.

Mikrodesign kann darüber hinaus selbstverständlich auch den Einsatz von Sound, Video, menschlichem Verhalten o. Ä. verlangen. Die Liste möglicher Instrumente ist lang.

Mikrodesign: Personifizierung der Marke als Schlüssel der Ableitung

Eine wichtige Voraussetzung für ein sinnvolles Mikrodesign ist dessen Passung zur Marke. Die verschiedenen Elemente des Mikrodesigns müssen aus der Positionierung der Marke abgeleitet werden. Nur so gelingt es, Mikroerlebnisse oder -momente zu erschaffen, die die Marke unverkennbar markieren und aus den vielfältigen Interaktionsformen eines Mikrodesigns eine Einheit bzw. ein einheitliches Thema machen. Ein *Brand Fit* lässt sich dabei selten nur über die formalistische Applikation visueller Elemente (Logo, Farben, Bildwelt, Typo etc.) erreichen. Eine erlebnisfokussierte Perspektive verlangt vielmehr nach der sorgfältigen Komposition aller Elemente, vielleicht sogar auch den Verzicht oder die Modifikation des einen oder anderen Elements. So mögen emotionale Bilder und Animationen auf Splash Screens beim Start von Apps vielleicht der formellen Markierung dienen, dem Kontext einer schnellen mobilen Nutzung eines Service laufen sie jedoch bisweilen zuwider. Im positiven Sinne markenprägend wäre es insofern vielleicht eher, die Nutzer durch einen Verzicht auf dekorative Designelemente möglichst verzögerungsfrei und fokussiert ihren ›Job-to-be-done‹ erledigen zu lassen – oder ihnen den Moment des Wartens zu ›versüßen‹ (was selten mit der reinen Applikation von Corporate-Design-Elementen gelingt).

MailChimp – wie E-Mail-Marketing leicht und amüsant werden kann

MailChimp bietet auf seiner Webplattform (https://mailchimp.com) verschiedene Dienste im Kontext der Marketing-Automation, insbesondere im Newsletter- bzw. E-Mail-Marketing an. Ziel von MailChimp ist laut eigenem Selbstverständnis die Demokratisierung innovativer Technologien, damit insbesondere kleine und mittlere Unternehmen durch ein umfassendes wie einfaches Management von E-Mail-, Facebook- und Instagram-Werbemaßnahmen einen besseren Einblick in die Wirksamkeit der eigenen Maßnahmen bekommen und so wachsen. Die MailChimp-Funktionalitäten erstrecken sich über den gesamten Prozess, von der Gewinnung von Newsletter-Abonnenten bis zum Reporting gestarteter Kampagnen. Der ›klassische‹ Markenauftritt von MailChimp ist für den IT- bzw. Software-as-a-Service-Sektor schon ungewöhnlich: der Name, das Logo in einer Handschrift-Typo, das augenzwinkernde Affen-Maskottchen »Freddie«, die ungezwungen und informell wirkende klare Sprache. Diese

Designelemente helfen durch den Abbau von ›mentalen Zugangsbarrieren‹, das Demokratisierungsversprechen einzulösen. Darüber hinaus ist es aber vor allem die Vielzahl von wohlüberlegten und stets funktionalen Mikrodesignelementen, die die Nutzer klar und humorvoll durch die einzelnen Teilprozesse leiten. Sie sorgen dadurch nicht nur für eine überdurchschnittliche Usability, sondern lassen Nutzerinnen und Nutzer durch eine vorausschauende und immer wieder auch spielerisch-humorvolle Interaktion Leichtigkeit und Freude erleben. Diese Momente erstrecken sich über die gesamte Nutzung von MailChimp. Die folgenden Beispiele sind lediglich eine knappe Auswahl.

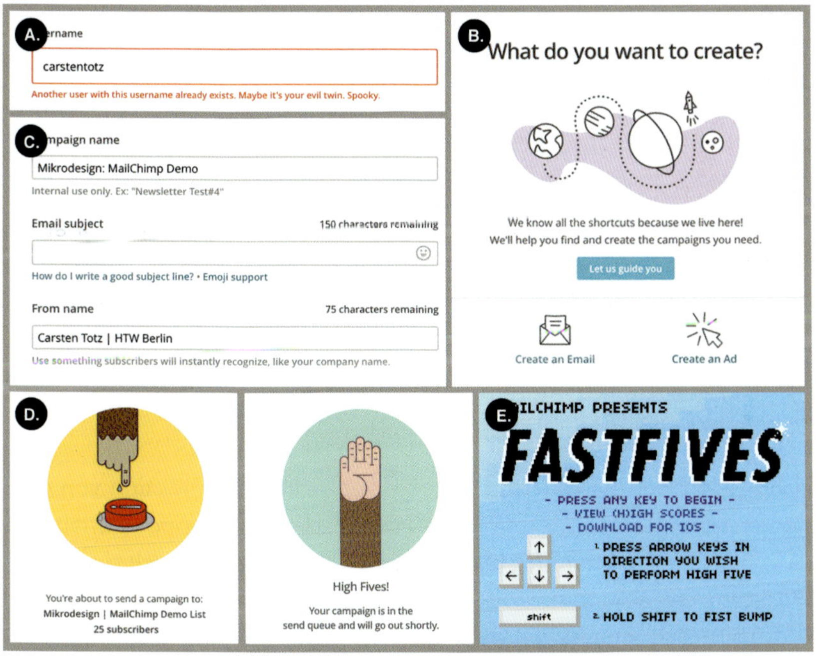

Abb. 2: Mikrodesign-Beispiele im Webinterface von MailChimp (https://mailchimp.com)

A) Wird bei erstmaliger Anmeldung ein bereits vergebener Benutzername gewählt, wird der Fehlermeldung durch den Hinweis *»Another user with this username already exists. Maybe it's your evil twin. Spooky.«* die Ernsthaftigkeit genommen.

B) Beginnt eine Nutzerin die Erstellung einer Kampagne, wird sie durch eine gezielte, wie unbeschwert klingende Abfrage geleitet: *»What do you want to create? [Email- vs. Facebook-/Instagram-Werbekampagne] We* *know all the shortcuts, because we live here! We'll help you find and create the campaigns you need. [Button:] Let us guide you«.*

C) Bei der Erstellung einer Newsletter-Kampagne werden die Bedeutung und die externe Sichtbarkeit anzugebender Informationen unter den jeweiligen Formularfeldern angezeigt. Da der Inhalt des Betreff-Feldes Einfluss auf die Wirksamkeit der Kampagne hat, wird dem Nutzer unter diesem Feld Hilfe zur Formulierung des Betreffs und der Verwendung von Emojis angeboten. Wird bei der Gestaltung von Newsletter-Designs ein MailChimp-Template verwendet, so prüft das System, ob der Newsletter u. U. noch nicht editierte Demo-Inhalte enthält und verweigert ggf. den Versand.

D) Der Moment des ›Launch‹ einer erstellten Newsletter-Kampagne wird durch den zitternden Arm von Affen-Maskottchen »Freddie« beim Druck auf einen roten Knopf visualisiert. Zögert die Nutzerin, laufen Schweißperlen den Arm von »Freddie« hinunter. Ist der Start erfolgt, fordert »Freddie« zum ›High-Five‹ auf. Wird die Hand mehrfach abgeklatscht, so zeigt sie sich zunehmend gerötet. Wird sie mehrfach zu schnell abgeklatscht, so lädt MailChimp die Nutzerin nach erfolgreichem Kampagnen-Start mit dem Browser-Game »Fastfives« (E) dazu ein, ein wenig zu entspannen.

Ausgangspunkt der marken- und kontextspezifischen Komposition von Designelementen ist in der Regel die Ableitung von Markenwerten oder Verhaltensattributen in einzelne Facetten des Mikrodesigns. Widersprechen sich die abgeleiteten Facetten dabei untereinander, kann ihre Ausbalancierung herausfordernd sein. Versteht sich eine Marke beispielsweise als ›innovativ‹ und ›souverän‹, so könnte das erste Attribut ein mutiges, bislang nicht etabliertes Designmuster fordern, währenddessen das zweite eine sichere, weniger herausfordernde Gestaltung verlangt. Bei diesen Prozessen der Ableitung, Übersetzung und Ausbalancierung sollte immer reflektiert werden, ob die gestalterische Interpretation der Werte und Attribute nicht zu stereotyp und mechanistisch ist. Eine wertvolle Hilfe kann vor diesem Hintergrund die bewusste und detaillierte *Personifizierung der Marke* darstellen. Bleiben sie nicht bei abstrakten Werten und Attributen stehen, sondern beschreiben sie ihre Marke als Persönlichkeit, z. B. in Form einer »Persona« (vgl. Cooper et al. 2014, S. 81.) Ist die Marke ›als Mensch‹ greifbar geworden, gelingt die Ableitung der passenden Ausdrucksweise, des passenden Humors, der angemessenen Betonung von Charaktereigenschaften auf kleine Dienste verhältnismäßig einfach. Wenn die Marke als Mensch plastisch verstanden ist, fallen die Antworten auf Fragen wie »Was würde [Name] jetzt sagen? Was würde [Name] jetzt vorschlagen? Wie würde [Name] jetzt reagieren? Wie würde sich [Name] erkenntlich zeigen?« oder »Wie und in welcher Art würde [Name] in dieser Situation Humor einsetzen?« leichter. Abstrakte Markenwerte wie ›hochwertig‹ oder ›innovativ‹ sind hingegen deutlich schwieriger in Mikrodesign zu übersetzen, z. B. in den Mikrotext einer Bestellbestätigung, in die Bezeichnung eines Formularfeldes oder in eine Fehlermeldung.

Mikrodesign: Mikro sollte nicht zu Makro werden

Neben der Persönlichkeit der Marke sollte das »Mikro« im Namen bzw. der Charakter ›kleiner Gesten‹ bei der Ableitung eines Mikrodesigns ernst genommen werden. Kleine Gesten, ›small things‹, entwickeln ihre Kraft aus ihrem beiläufigen, selbstverständlich wirkenden Charakter. Startet eine Animation nicht direkt, dauert sie zu lange oder zieht sie durch starke Effekte zu viel Aufmerksamkeit auf sich, verliert sie ihren Bezug zur auslösenden Aktion und wird schnell als störend empfunden. Mikrotexte sollten immer Mikrotexte bleiben, das treffende Wort ist in der Regel aussagekräftiger als der passende Halbsatz. Sprache und visuelle Gestaltung sollten möglichst klar und einfach verständlich sein. Die mit ihnen ausgesandte Geste muss unmittelbar erkannt und verstanden werden, nicht Initiator einer intellektuellen Auseinandersetzung sein. Insofern sollte die Sprache bei den meisten Marken auch menschlich-lebendig und nicht zu formell wirken. Ein möglichst reduziertes und einfaches, dabei aber ausreichend funktionales Mikrodesign lässt Fehler verzeihen und lenkt den Menschen nicht ab. Und genauso wie in der menschlichen Konversation und Interaktion halten Abwechslung und vorsichtige Veränderung die Geste interessant und aktuell. So lange die Variation des Mikrodesigns nicht zum Bruch mit gelernten, erwarteten mentalen Modellen und somit zu Irritation und Konfusion führt, spricht nichts gegen ein wenig Varianz in der Ansprache des Menschen, im eigenen Auftritt oder Verhalten (vgl. in Kap. 4 den Beitrag von Breitschaft und Drömann). Varianz und Abwechslung können insbesondere dann wichtig sein, wenn Menschen gewisse ›kleine Gesten‹ wiederkehrend und sehr häufig wahrnehmen. Wirkt die Geste zu ›überladen‹, kann sie bei häufiger Wiederholung sehr störend wirken; wiederholt sich eine Geste vollends identisch immer wieder, verliert sie ihre emotionale, menschliche Kraft. Im

Zweifel sollte also auch hier dem guten, alten *KISS-Prinzip* (»Keep it short and simple«) gefolgt werden.

> Kleine Gesten entwickeln ihre Kraft aus ihrem beiläufigen, selbstverständlich wirkenden Charakter. Sie müssen unmittelbar erkannt und verstanden werden, nicht Initiator einer intellektuellen Auseinandersetzung sein.

Schluss

Marken sollten sich nicht länger nur auf die Umsetzung einer ›großen Idee‹ durch plakative Botschaften beschränken. Um dem Menschen das Gefühl zu geben, erkannt und anerkannt zu sein, braucht es die ›leiseren Töne‹ und ›kleinen Gesten‹. Diese können die Empathie der Marke für die Bedürfnisse des Menschen im Moment der Interaktion zum Ausdruck bringen und die Interaktion letztendlich menschlicher wirken lassen.

Lohnt der Fokus auf die kleinen Details? Rechnet sich Mikrodesign? Erfolgreiche Marken – insbesondere aus dem Tech- und Dienstleistungsbereich – illustrieren die Wirksamkeit einer ›detailversessenen‹ Gestaltung. Sie zeigen, wie die Grenzen zwischen dem Großen und der kleinen Geste verschmelzen und im Zusammenspiel zu einem prägenden Markenerlebnis werden. Vielleicht sind es aber es sogar die kleinen Details, die kleinen Gesten, die ›das Große‹ überhaupt erst strahlen lassen. Dann müsste man vielleicht einem der Größten im Bereich des Brand Design zustimmen – Dieter Rams: *»I consider details more important than the great draft. Nothing works without the details. Details are the essentials. The standard to measure quality by.«* (Saffer 2013, S. 20)

Über das Markenführen mit Google

Gerald Hensel

Designer, die das Erscheinungsbild einer Marke bislang durch dessen ästhetische Gestalt und feste Regeln definiert haben, müssen mit Konventionen und Gestaltungsvorstellungen brechen, damit das Setup der Marke zu Google passt. Mehr noch: Ein modernes Branding muss dem Gestaltungsprinzip von Google folgen. Es muss einfacher, mobiler und nutzenorientierter sein, damit eine Marke auf Google leicht gefunden wird bzw. in einer digitalen Welt erfolgreich existieren kann.

Markenführung und Google? Das klingt irgendwie nicht wie etwas, was zusammenpasst. Schließlich werden Marken für Menschen gemacht, die sich von einer Marke ein positives Vorurteil bilden sollen. Genau genommen haben beide Welten aber mehr miteinander zu tun als man denkt. Auch Google's Suchmaschinen-Rankings sind für Menschen gemacht. Wenn Sie in 0,8 Sekunden fast 50 Millionen Dokumente rund um Hotels in München ausgespuckt bekommen, steckt dahinter ein äußerst ausgeklügeltes System, das unendlich viele Inhalte für Sie vorsortiert. Starke Marken können aus dem Ökosystem von Google sehr viel mehr Nutzen ziehen als Unternehmen, bei denen Branding keine große Rolle spielt. Marken-Profis müssen aber auch verstehen, dass *Suchmaschinen* – und insbesondere Google – spezifische Anforderungen an ein modernes Branding stellen, die einzuhalten sind, wenn man auffindbar sein will. Und diese Anforderungen brechen durchaus mit althergebrachtem Wissen, wie man Marken brandet.

Auf den ersten Blick mag es seltsam erscheinen, dass Suchmaschinen als Teil eines Buches thematisiert werden, das sich mit Branding beschäftigt. Wer sich nicht regelmäßig mit Suchanforderungen befasst, wird das Metathema Search schnell als eher technisches Thema betrachten, das in erster Linie für digitale Mediaprofis relevant ist. Aber für Brand Design? Nicht wirklich, oder? Doch. Zumindest, wenn man Branding auch als Teil der praktischen Wertschöpfung einer Marke definiert. *Google* ist mittlerweile zum wesentlichen Verteilknoten für Traffic, Paid Media und Absatz im Internet geworden. Verglichen mit einem Durchschnittsbanner klicken Menschen etwa 300-mal so wahrscheinlich auf das erste Suchergebnis auf Google. Kein Wunder also, dass die Jagd nach guten Rankings für Marken entscheidend geworden ist. Und modernes Branding spielt hier durchaus eine zentrale Rolle.

Zugegeben: Gute Freunde waren Suchmaschinen und Marken lange Zeit nicht. Schuld daran ist eine ganze Branche von Suchmaschinen-Profis, die sich von Beginn an das Ziel gesetzt haben, die vielfältigen technischen und semantischen Schwachstellen von Search Engines zu finden und im Sinne ihrer Werbekunden auszunutzen. Viele Vorstellungen von einer organischen Suchmaschinen-Optimierung (SEO) stammen noch aus einer Zeit, in der ›Keyword Stuffing‹, also das Vollstopfen von Websites mit teils unsichtbaren Schlüsselwörtern und Links zu mehr als zweifelhaften Quellen, an der Tagesordnung war.

Abb. 1: Interessanterweise sah die erste Version von Google gar nicht so anders aus wie die Version, die Sie vor fünf Minuten benutzt haben (Quelle: siehe Bildnachweis, S. 401f.)

Doch die Zeiten ändern sich. Auch wenn Google, als weltweit wichtigste Suchmaschine, durch ihre Einfachheit und Omnipräsenz nicht wirklich wie ein technisches Wunderwerk aussieht, ist sie genau das: ein echter evolutionärer Quantensprung gegenüber den Tagen von Altavista, Fireball & Co. Google ist Vermittler und Fenster, Guide und Navigator für Milliarden von Usern weltweit. Google ist aber auch die Eingangstür für E-Commerce und Marken-Websites, unverzichtbarer Kurator von Content und B2B-Bindeglied zwischen Lieferanten und ihren Kunden. Google ist damit weit mehr als ›nur‹ eine Suchmaschine. Auch sollten sich Unternehmen immer ins Bewusstsein rufen, dass kein Google-Tool eine singuläre Lösung ist. Egal ob wir über Google Maps, das weltweit führende Mobile-Betriebssystem Android, YouTube oder Gmail nachdenken: Gemeinsam bilden sie für Google ein System, das User und Marke zusammenbringen kann und in dem alle Einzelkomponenten ineinandergreifen und jede eine Rolle spielt. Dafür hat Google eine Vielzahl von Lösungen im Angebot. Wir wollen uns im Folgenden vor allem auf den *organischen Markenaufbau* mithilfe von Google konzentrieren – in Abgrenzung zu Bezahlformaten.

SEO, SEM, SEA?

Sicherlich erinnern Sie sich noch an die Fantastischen Vier und ihren Hit *MfG*, in dem die sprachliche Funktion von Dreibuchstabenkürzeln verballhornt wurde. Sollten die Stuttgarter Hiphopper jemals einen Teil II schreiben wollen, dürften sie im Digitalmarketing und bei Google in Sachen Abkürzungen sicher fündig werden. Auch auf die Gefahr hin, dass einige Leser Abkürzungen wie SEO, SEM und SEA gut einordnen können, möchte ich sie dennoch hier nicht unerwähnt lassen, damit klar wird, worüber ich rede: über die Modellierung bzw. Optimierung organischer Reichweite mittels Suchmaschinen (SEO: *Search Engine Optimization*) und eben nicht so sehr über Bezahlformate in Suchmaschinen (SEA: Search Engine Advertising).

Als *organische Suchergebnisse* bezeichnen wir all die Suchergebnisse, die Google ohne Mediabuchung, nur auf Basis seines Algorithmus, in einer bestimmten Weise anordnet. Wer in Berlin ein Kino sucht, erhält aus dem Fundus des World Wide Web volle 20,8 Millionen Suchergebnisse unter einer Sekunde. Flüge von Paris nach New York werden in 864.000 digitalen Dokumenten erwähnt. Und selbst die Suche nach dem Autor dieses Artikels fördert 347.000 Ergebnisse zutage. Google versucht, in einem Dickicht an Informationen, durch das kein

Mensch mehr durchblicken kann, Ordnung zu schaffen. Im Kern geht es Google's Search Engine immer um eines: Relevanz für den User. Dies ist nicht nur eine große Aufgabe für ein Elektronengehirn, sondern auch für alle diejenigen, die sich der Kunst der Optimierung digitaler Inhalte verschrieben haben, um in Suchmaschinen besser auffindbar zu sein. Diese Kunst nennt man SEO (Search Engine Optimization).

> Im Kern geht es Google's Search Engine darum, Relevanz für den User zu schaffen.

Der Begriff SEO ist von zwei anderen Termini abzugrenzen, die allzu oft falsch synonym verwandt werden. SEA *(Search Engine Advertising)* beschreibt die Welt der Google-Werbebanner, die wir über Suchergebnisse, auf Blogs oder sogar in unseren Gmail Accounts finden. Diese reagieren üblicherweise auf Keywords wie Sucheingaben und suggerieren durch ihre enge Anbindung an die organischen Suchen, dass sie das Gleiche sind. Tatsächlich handelt es sich hier jedoch um bezahlte Anzeigen, deren Existenz auf den Ergebnisseiten von Google durch Mediaplanung und nicht zwangsweise durch relevante Inhalte begründet ist. Zusätzlich abzugrenzen ist der Begriff SEM *(Search Engine Marketing),* der als Rahmen für den konzertierten Einsatz von SEA und SEO gilt. Gut in Google aufgestellte Marken verfolgen üblicherweise eine Strategie, die gleichsam die bezahlte und unbezahlte Variante des Suchmaschinenmarketings virtuos einsetzt. Wir wollen uns hier, wie gesagt, auf die organische Suche konzentrieren, weil diese am meisten über die ›freiwillige‹ Akzeptanz des Users aussagt, sich mit einer Marke zu beschäftigen.

Von Pinguinen, Pandas und Kolibris

Google's Bestreben war es schon immer, eine Suchmaschine zu schaffen, die echten Nutzen für seine User bringt. Was simpel klingt, ist extrem komplex. Neben der Explosion an Inhalten im Netz, surfen User heute sehr viel anders als noch vor wenigen Jahren. So hat sich beispielsweise das Suchverhalten der Nutzer ganz klar in Richtung mobile Suche entwickelt, die neue Anforderungen an das Tool stellt. Schließlich können Smartphones Dinge, die Desktop-Computer lange nicht konnten. Ein Smartphone weiß durch sein eingebautes GPS, wo sich der User befindet. Es ist also naheliegend, diese Information in die Suchergebnisse einfließen zu lassen und beispielsweise dem User Kinos anzuzeigen, die ihm physisch nahe sind, wenn er danach sucht. Desktops und Laptops taten das lange nicht.

Um neue technische Möglichkeiten und User-Anforderungen zufriedenstellend zu bedienen, haben sich Suchmaschinen – und insbesondere Google – kontinuierlich neu erfunden. Auch wenn das bekannte Suchfenster fast noch genauso aussieht wie vor Jahren; der *Such-Algorithmus* dahinter wurde wesentlich weiterentwickelt. »Penguin«, »Panda« oder »Hummingbird« hießen die wesentlichen Algorithmus-Updates von Google, die für den Endverbraucher fast unsichtbar abliefen und großen Einfluss auf die Suchergebnisse hatten. Mal wurden unsauber arbeitende Content-Anbieter abgestraft. Mal wurden mobil optimierte Websites als Qualitätsfaktor definiert und damit in der Relevanz aufgewertet. Wie auch immer die nächsten Updates aussehen werden: Stillstand gibt es bei Google nicht, und kleine possierliche Tiere deuten meist große Änderungen an. Meistens sind diese Änderungen für Marken sehr undurchsichtig. Zwar formuliert Google selbst fortwährend Anforderungen an Marken, die gut auffindbar sein wollen. Allerdings sind diese Anforderungen sehr grob gehalten. Als Herzstück des Systems Google ist der Such-Algorithmus so geheim wie die Coca-Cola-Formel. Und auch Updates vermeldet das Unternehmen eher wie eine göttliche Entscheidung und nicht als technisches Update, an dem sich Marken mit einem klaren Anforderungskatalog ausrichten könnten. Google selbst weiß um seine Macht, experimentiert und lässt Markenmanager nach ein paar wohlwollenden Tipps selbst herausfinden, wie sich ein Update auf das Ranking auswirkt. Im Zweifel kann eine Marke ja immer noch Werbung kaufen.

> Als Herzstück des Systems ist der Such-Algorithmus von Google so geheim wie die Coca-Cola-Formel; Updates vermeldet das Unternehmen eher wie eine göttliche Entscheidung.

Richtiges Markendesign à la Google

Viele Faktoren haben Einfluss auf eine *Google-Platzierung*. Klar sollte uns Markenmanagern aber sein, dass Google's Hauptinteresse das Bedienen von User Suchanfragen ist. Dies kann bedeuten, dass Google vom Design einer Marke Klarheit und Strukturiertheit erwartet. Es kann aber auch bedeuten, dass Google ein Markendesign erwartet, das zur Lebensrealität von Google-Usern passt. Eine Airline oder ein Hotel, die keine für mobile Endgeräte optimierten Websites zur

Verfügung stellen, müssen zum Beispiel mit Abwertung rechnen, da Verbraucher insbesondere im Reisekontext eine reibungslose Nutzererfahrung erwarten, die gerade unterwegs gut funktioniert. Stark vereinfacht gesagt, orientieren sich Google's *Designanforderungen* eben an gestalterischen Grundprinzipien, die die Suchmaschine selbst schon groß gemacht haben: Einfachheit, ein hoher Nutzen, Mobilität und der konsequente Verzicht auf Unnötiges. In den alten Yahoo- und Fireball-Tagen waren diese Faktoren wichtige Gründe, warum Google vom Endverbraucher als etwas Neues im umkämpften Suchmaschinenmarkt wahrgenommen wurde. Google war ein einfaches weißes Fenster ohne viel Schnickschnack, das souveräner als jedes Angebot vorher das Tor zur Welt öffnete. Wer sich heute Google's Designempfehlungen an Marken durchliest, stellt schnell fest, dass es auch genau diese Themen sind, die Google von allen Marken erwartet, die zum Kampf um die vorderen Plätze antreten. Marken sollen leichter, mobiler und nutzenorientierter sein. Klingt einfach. Ist es aber nicht.

> Die Designanforderungen von Google orientieren sich an gestalterischen Grundprinzipien, die Google selbst groß gemacht haben: Einfachheit, ein hoher Nutzen, Mobilität und der konsequente Verzicht auf Unnötiges.

Es dürfte kaum eine Marke geben, der ihr Ranking auf Google egal sein kann. Vor allem Marken mit einem hohem Informations- und Recherchebedarf – beispielsweise E-Commerce-, Reise- und Automobilmarken – sind besonders abhängig von dem Unternehmen aus Mountain View. Beispielsweise beträgt der Suchanteil am Traffic von *nike.com* fast 40 Prozent. Bei Lufthansa.de liegt er leicht über 40 Prozent und bei der Hotelkette Hilton macht die Quote von Besuchern via Google sogar fast 60 Prozent aus. Mit anderen Worten: Für viele Unternehmen stellt Google einen deutlich wichtigeren Traffic-Lieferanten dar als jede Werbekampagne. Kein Wunder also, dass der Kampf um das beste Ranking und die vielen Kombinationsmöglichkeiten von transaktionsstarken Keywords direkten Einfluss auf die Zugänglichkeit einer Marke hat und in vielen Fällen direkt auf den Umsatz. Nur Marken, die ganz vorne auf Google platziert sind, können von den Wettbewerbern davon ziehen. Marken, denen dies nicht gelingt, müssen für Werbung bezahlen. Ein Brand Design, das den Kampf um die vorderen Plätze bei Google nicht zumindest ermöglicht, wenn nicht sogar stützt, muss sich künftig mehr und mehr fragen lassen, was sein Wertbeitrag ist. Denn wie heißt es so schön im weltweit einzigen mir bekannten SEO-Witz? *»Wissen Sie, wo man am besten eine Leiche verstecken kann? Ganz einfach: auf Seite 2 bei Google.«*

> **Ein Brand Design, das den Kampf um die vorderen Plätze bei Google nicht zumindest ermöglicht, wenn nicht sogar stützt, muss sich künftig mehr und mehr fragen lassen, was sein Wertbeitrag ist.**

Branding für Google oder mit Google?

Gestalter und Konzepter früherer Jahre waren es gewohnt, ein weitgehend medienneutrales Branding zu schaffen, das dann nur noch auf Touchpoints runtergebrochen werden musste. Marken, die auf Google gut präsent und auffindbar sein wollen, müssen sich von vorneherein und sehr grundsätzlich mit den Richtlinien und der ›Denke‹ hinter Google befassen, weil Branding sonst ins Leere läuft. *Branding,* verstanden als Gesamtheit aller Merkmale, die nachhaltigen Impact auf Wahrnehmung, Verständnis und Nutzung einer Marke haben, muss sich an Google ausrichten. Vorbei sind die Zeiten, in denen sich eine Marke primär aus Logo, Typo und der Bildwelt speiste und Kontext, Technologie oder Nutzungsrealität außer Acht lassen konnte.

> **Branding, verstanden als Gesamtheit aller Merkmale, die nachhaltigen Impact auf Wahrnehmung, Verständnis und Nutzung einer Marke haben, muss sich an Google ausrichten.**

Genauso wichtig wie ein Logo sind heute für das Branding einer Marke die User Experience, die Usability, der sinnhafte Einsatz von Plattformen, Content und User Generated Content. Diese primär *digitalen Markenattribute* sind wesentlich für das Branding im Zeitalter von Google, und sie bedeuten eine wesentliche Änderung der bisherigen Branding-Logik: Eine Marke muss eben nicht nur ikonisch scheinen, sie muss auch kontextuell nutzbar sein (vgl. Baetzgen 2015a). Ihr Design muss auf dem iPhone Screen unterstützen und auf einem 60-Zoll-Fernseher für 20 Sekunden begeistern. Wie schaffen Marken das? Ich möchte hierzu im Folgenden einige wichtige *Grundprinzipien für das Branding* für, mit und manchmal auch gegen Google aufzeigen. Eines vorweg: Es gibt keine ›Silver Bullet‹ für gutes Branding, das auf Google grundsätzlich besser aufgefunden wird. Aber ein Unternehmen, das ein gutes Verständnis davon entwickelt, wie eine Marke schnell beim Nutzer punkten kann, ist auf dem besten Weg dahin. Wer ein holistisches Markenverständnis an den Tag legt, gewinnt bei Google am ehesten.

> Eine Marke muss heute nicht nur ikonisch scheinen, sie muss auch kontextuell nutzbar sein.

Regel 1: Modernes Branding ist vor allem mobil erlebbar

Bestimmt kennen Sie die Situation: Sie suchen ein Kino und wollen nachschauen, welche Filme heute Abend gezeigt werden. Idealerweise zeigt Ihnen Google Maps auch noch die Anfahrt an und ab wann Sie bestellte Tickets abholen können. Bestimmt kennen Sie aber auch die Situation, wenn dieses Unterfangen schiefgeht. Möglicherweise kommen Sie auf eine Kino-Website, die immer noch nicht mobil optimiert ist. Sie werden gezwungen, zu zoomen und zu scrollen, und das Bestellen der Tickets ist eine Qual. Die Website ist nicht responsiv. Das Nutzererlebnis ist auf Desktops optimiert. Oder anders ausgedrückt: Das Kino hat keine Mühe darauf verschwendet, seine Website auf den bei der Kinosuche wahrscheinlichsten Use Case zu optimieren: den mobilen Sucher. Aber nehmen wir an, selbst das schreckt Sie noch nicht ab. Nach der Suche des Films suchen Sie das eigentliche Kino und die Öffnungszeiten. Wer hier als Marke einen guten Job gemacht hat, ist mit seinem Kino oder Ladengeschäft auf Google Maps Web Service (und diversen anderen Diensten) verewigt. Klingt nicht kompliziert, ist es auch nicht, muss aber aktiv gestaltet werden. Marken, die ihre Outlets nicht bei Google registrieren, werden auch nicht gefunden. So einfach ist das. Das sorgt nicht nur – wie in unserem Fall – für weniger verkaufte Kinotickets. Es sorgt auch für eine weniger zugängliche Marke. Modernes Branding muss eben auch über Owned-Kanäle hinausdenken. Marken müssen überall gefunden werden, wo sie gesucht werden. Das ist modernes Branding. Um all dies zu gewährleisten, müssen sich Marken digital neu aufstellen. Die Website selbst sollte auf leichtem, von Google gut lesbarem HTML basieren. Animationsorgien mit Flash sind passé. Und die Website selbst? Die sollte man heute als nur eine von vielen Möglichkeiten verstehen, mit der Marke zu interagieren. Teil des Branding ist es eben heute auch, dass eine Marke ihren Ladengeschäften eine digital leicht erreichbare und auffindbare Adresse auf Google Maps gibt. Dies wird umso wichtiger, weil eine mobile User Journey beileibe nicht nur für digitale Marken wie beispielsweise E-Commerce Stores gilt. Mit seiner These vom »Zero Moment of Truth« hat Google längst bewiesen, dass speziell die *mobile Erreichbarkeit von Marken* entscheidend für deren Branding und Konversion ist. Durch die Omnipräsenz von mobilen Endgeräten kommen Verbraucher heute informierter in den

Point of Sale (PoS). Es gibt kaum noch einen Kfz-Verkäufer, der einem Verbraucher noch etwas Neues im Showroom erklären kann. Der Verbraucher ist bereits vorinformiert. Diesen Moment des ersten magischen – allerdings heute primär mobilen – Produktkontakts nennt Google den *»Zero Moment of Truth«* (ZMOT).

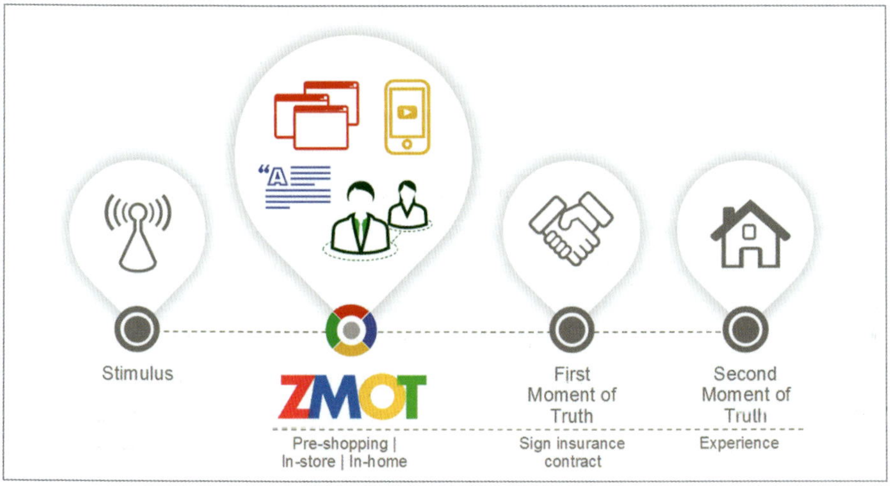

Abb. 2: Zero Moment of Truth (siehe Bildnachweis, S. 401f.)

Das Zero-Moment-of-Truth-Komzept geht davon aus, dass viele Wege nach Rom führen. Manche User Journeys sind rein digital. Andere Wege, die der User zur Marke nimmt, sind ganz analog. In beiden Fällen sind Smartphones das entscheidende Tor für eine moderne Markenführung geworden. Ein modernes Branding muss daher dringend eine ganz wichtige Grundregel lernen: Wenn eine Marke heute nicht überzeugend auf dem Screen eines iPhones oder Samsung-Smartphones funktioniert, kann sie sich auch den TV-Spot sparen. Schon längst haben die Nutzungsdauer und Interaktionsintensität digitaler Medien die TV-Werbung überholt. In Sachen Digital gilt: If you can't make it there, you can't make it anywhere.

> Wenn eine Marke heute nicht überzeugend auf dem Screen eines iPhones oder Samsung-Smartphones funktioniert, kann sie sich auch den TV-Spot sparen.

Regel 2: Brand Content ist gerade bei Google King

Während responsives Design mittlerweile zum Glück fast schon zum Normalzustand geworden ist, gehört eine *Content-Strategie* längst noch nicht zum selbstverständlichen Inventar einer Marke (vgl. Baetzgen/Tropp 2013). Es gibt ein paar klare *Regeln*, die sie beachten sollten, damit ihr Content konform mit Google ist:

- Der Content muss in Form von geschriebenem Text auf ihren Websites vorhanden sein.
- Texte sollten inhaltlich relevant sein, ›Blabla‹ vermeiden und einen strategischen Zweck haben. Texte müssen sinnhaft und gut lesbar mit relevanten Keywords bestückt sein, damit sie auffindbar sind. Gute Texte alleine sind nur eine Komponente für Relevanz. Ein technisches Verständnis von Textlängen, Keywords und einigen HTML-Ranking-Faktoren ist zwingend notwendig.
- Es ist definitiv von Vorteil, ein grundsätzliches Verständnis von SEO zu haben, um Texte für Suchmaschinen besser verständlich zu machen. So ist es nicht damit getan, Keywords in einen Text zu integrieren. Auch ihre Position am Anfang des Body-Texts, in Zwischenüberschriften oder Headlines ist zentral.
- Auch die Textlänge und die Wortanzahl haben Einfluss auf die Auffindbarkeit. Dies sollte ebenfalls bedacht werden. Texte sollten gut verständlich, aber dennoch von einer gewissen Tiefe sein. 2.000 Worte pro HTML-Seite sind ein guter Anhaltspunkt und damit auch ein gutes Argument für Blog- und News-Seiten auf Corporate-Seiten.

Regel 3: Branding muss das Interaktionsverhalten des Users unterstützen

Dank seines umfassenden digitalen ›Betriebssystems‹ hat Google umfassende Möglichkeiten, herauszufinden, ob der User mit dem Angebot einer Marke wirklich zufrieden ist. Dem Internetriesen stehen mit Google Chrome, Android, Search, Google Ads, Google Analytics viele Methoden zur Verfügung, um Klickströme, Durchklickraten und Abbrüche zu verfolgen. Dadurch wird die Qualität von Google-Suchergebnissen maßgeblich beeinflusst. Aus der Tatsache, dass wenige Nutzer auf einer Seite abbrechen, hohe Konversionsraten erzielt werden und diese sich generell lange mit dem Content auseinandersetzen, kann Google schließen, dass die Relevanz der Seite hoch ist. Google bewertet Seiten positiver, die bisher von Usern erfolgreich genutzt wurden. Das hat entscheidende Folgen für das Branding von Marken: Markenbildung mit Google ist keine Einbahnstraße. Google's digitales Ökosystem misst kontinuierlich, ob das, was die Marke anbietet, auch wirklich für den User funktioniert. Zurückgespielt wird das in Form von Suchmaschinen-Rankings und damit konkreten Geschäftschancen, die sich in Auffindbarkeit und in Umsätzen niederschlagen.

> Modernes Branding muss im Google-Umfeld funktionieren.

Regel 4: Google belohnt Marken mit guter User Experience

Die Vorstellung, was eine gute *User Experience* ausmacht, ist durchaus kontrovers. Google scheint jedenfalls Marken zu belohnen, deren Web-Präsenzen den User systematisch führen und ihm mehr bieten als Bleiwüsten. Websites und Apps sollten heute eben weit mehr als die digitale Version eines PDF's sein. Modernes Branding heißt, eine Marke durch alle verfügbaren Möglichkeiten sichtbar zu machen, die das Netz bzw. die User Experience bietet: Video Integration, gut lesbare Texte und die systematische Nutzung von Hyperlinks gehören dazu. Klingt einfach, aber Sie werden überrascht sein, wie sehr sich Websites immer noch lesen, als hätte man eine Broschüre 1:1 ins Internet gebracht.

Regel 5: Social-Media-Signale definieren die Beliebtheit der Marke

Google's Algorithmen versuchen zu verstehen, welchen Wert eine Marke für den User hat. Google nutzt hierfür eine Vielzahl an Metriken zur Bewertung. Marken, die dabei als besonders nützlich eingestuft werden, wandern im Ranking nach oben und haben so eine deutlich bessere Chance, sich zu inszenieren und Neukunden zu finden. Soziale Signale spielen bei dieser Bewertung eine wichtige Rolle. Dabei geht Google davon aus, dass Marken, die von Usern über Social Media stark geteilt werden und über die häufig gesprochen wird, auch interessanter für andere User sind. Praktisch heißt das: Je mehr Likes, Shares und Kommentare eine Marke öffentlich auf sich vereinen kann, desto besser ist dies für das Suchmaschinen-Ranking. Wie immer gilt auch hier, dass die genaue Wirkweise des Google-Algorithmus nicht exakt bekannt ist. Klar ist aber, dass Marken, über die in Social Media viel diskutiert wird und deren Inhalte User teilen, auch auf den vorderen Plätzen von Google zu finden sind, was wiederum positiv auf die Social-Media-Aktivierungen einer Marke wirkt. Ein erfolgreicher Twitter-Kanal kann also die Auffindbarkeit einer Marke auf Google erhöhen. Auch deshalb muss ein modernes Branding einen holistischen Blick einnehmen, um erfolgreich zu sein.

Regel 6: Technologie ist Partner im strategischen Branding-Prozess

Um die nützliche, leichte und mobile Gestalt zu haben, die Google heute präferiert, kommen Marken nicht umhin, endlich auch Technologien als Teil ihres Branding zu verstehen. Die Wahl des richtigen Content-Management-Systems gehört hier ebenso dazu wie die Rolle, die Entwickler im strategischen Designprozess heute einnehmen – nicht als Aufgabenempfänger, sondern als Partner. Für Google ist es entscheidend, ob eine Plattform sichere Verbindungen – https – ermöglicht, ob sie ›leicht‹ und damit gut mobil nutzbar ist und wie schnell Seiten laden. Auch wie Bilder benannt sind, spielt in der Auffindbarkeit einer Seite eine wichtige Rolle. Die frühe Einbindung von Technologie-Ressourcen in den Branding- und Umsetzungsprozess ist daher unerlässlich.

Regel 7: Moderne Marken müssen digital dauernd mit ihrer Umwelt interagieren

Backlinks – also Links von anderen Seiten auf ihre Webpräsenzen – waren früher der Hauptrohstoff, aus dem Marken auf Google sichtbar gemacht wurden. Das Kalkül: Je wertvoller die Inhalte einer Marke, desto mehr andere Webpräsenzen verlinken auf diese. *Links* waren also schon immer besonders wichtige Indikatoren für Google, um Wert zu messen. Eines hat sich allerdings geändert: Google ist deutlich weniger fehleranfällig als früher, was die Qualität der Links betrifft. Moderne digitale Marken müssen digitalen Content schaffen, der so spannend ist, dass er von *echten* Magazinen, Multiplikatoren und Marken jenseits des eigenen Ökosystems weiterempfohlen wird. Hierfür benötigen Marken relevanten Content, der deutlich mehr leistet, als nur die eigenen Produkte anzupreisen. Dieser muss so spannend sein, dass er morgen auch als Post auf Ihrem Lieblingsblog stehen könnte.

Google erwartet moderne, relevante, atmende Marken

Die digitale Welt war immer schon eine Herausforderung für etablierte Marken und deren Design. Die iterative Logik, das Ausprobieren und Bessermachen, bilden heute den Modus Operandi. Für Designer, die das Erscheinungsbild einer Marke bislang durch dessen ästhetische Gestalt und feste Regeln definiert haben, ist diese Arbeitsweise alles andere als selbstverständlich. Sie müssen mit

Konventionen und Gestaltungsvorstellungen brechen, damit das Setup der eigenen Marke zu Google passt.

Google will verstehen, welchen *Mehrwert* eine Marke in das Leben des Kunden bringt. Und dieser Wert liegt nicht in Werbespots, Claims oder Markenpyramiden, sondern ergibt sich durch den konkreten Nutzen, den eine Marke nachmittags beim Windeln kaufen, beim Navigieren oder im Austausch mit Freunden hat. Was auch immer Ihre Marke für Ihre Kunden tun kann: Google sieht diesen Mehrwert als die konkrete Leistung, auf die sich gut aufgestellte Marken rückbesinnen müssen. Mehr machen, weniger darüber reden – das ist die Devise.

> Das von Männern in schwarzen Rollkragenpullovern erdachte ›richtige‹ Design ist eine Sache der Vergangenheit.

Google's Macht zwingt uns eine iterative Sichtweise auf: Die statische Brand ist tot. Das von Männern in schwarzen Rollkragenpullovern erdachte ›richtige‹ Design ist eine Sache der Vergangenheit. Zwar sind die klassischen Gestaltungselemente einer Marke wie Typografie, Logo und Bildwelt immer noch wichtig. Sie müssen aber durch digitale Markenattribute wie Vernetztheit, Gesprächsvolumen und Ladegeschwindigkeit ergänzt werden. Wer heute diese Faktoren außer Acht lässt, läuft Gefahr, zum Branding-Dinosaurier zu werden. Moderne Marken experimentieren mit leichten, gut vernetzten Lösungen, die durch einen echten Mehrwert bestechen und so wirklich Sinn im Leben von Verbrauchern schaffen. Google mag echten Verbraucher-Mehrwert nicht erfunden haben. Aber Google hat sicher eines getan: Sichtbarkeit und Branding so eng mit einem konkreten Markennutzen verknüpft, dass dies den Fokus vieler Marken weltweit neu definiert hat.

Die alten Regeln sind nicht mehr: wie Social Media das Brand Design verändern

Nico Astfalk, Simon Umbreit und Eva Reitenbach

Social Media sind mehr als nur ein weiteres Medium der Markenführung. Sondern sie verändern das Management und Design einer Marke radikal. Facebook, Instagram, Snapchat usw. schaffen einen grundlegend neuen Kontext der Interaktion, der von Marken deutlich mehr Agilität, Freiheit und Mut in der Gestaltung verlangt und von seinem Live-Charakter lebt.

Das Aufkommen von Social Media hat nicht nur die Medienlandschaft erweitert, sondern Kommunikation im Kern verändert. Bestehende Kanäle werden perspektivisch durch neue ersetzt. Es entstehen in höchster Frequenz neue Kommunikationsformate, die oft auf einer Plattform ihren Ursprung haben und bei Erfolg zu Micro-Trends werden, die wiederum von anderen Kanälen adaptiert und weitergedacht werden. Die Story-Funktion von Snapchat, die schnell auch von Instagram übernommen wurde, ist hierfür ein Beispiel. Sie ist in sehr kurzer Zeit zu einem festen Interaktionsmuster und Stilmittel für die User geworden.

Sechs Gründe für neue mediale Handlungsmuster in der Kommunikation

Warum haben Social Media einen solchen Effekt auf Kommunikation, die, verglichen mit dem heutigen Wandel, jahrzehntelang nahezu unverändert geblieben ist? Es liegt an spezifischen Eigenschaften und Qualitäten, die diesen Medien eigen sind und aus denen grundlegend neue mediale Handlungsmuster resultieren. Wir wollen diese nachfolgend in sechs Punkten kurz skizzieren:

1. Social Media sind *dialogisch* und bieten Interaktionsmöglichkeiten in Echtzeit. Das lineare und einseitige Verhältnis zwischen Sender und Empfänger wird aufgehoben. Es entstehen parallele Kommunikationsstränge, die die Botschaften einer Marke in den Hintergrund drängen und sogar verändern können. Es wird eine gemeinsame, nicht immer antizipierte Schnittmenge zwischen Mensch und Marke gebildet, in der neue Inhalte entstehen, die wiederum sowohl die Marke als auch andere Menschen beeinflussen. Die Folge ist ein Teufelskreis, der es in sich hat und leicht außer Kontrolle geraten oder sogar zum Shitstorm werden kann. Ein Beispiel: 2016 hat der Schokoladenhersteller Ferrero seiner Kinderschokolade ein neues Gesicht verliehen – mit den Kinderfotos von nicht immer deutschstämmigen Fußball-Nationalspielern. Das rief Pegida-Anhänger auf den Plan, die munter in einer Facebook-Gruppe loshetzten. Die Gegenbewegung ließ mit zahlreichen Memes nicht auf sich warten, zum Beispiel die Kinderschokolade für Rassisten – mit einem Kinderbild von Adolf Hitler. Ein Reporter des Zeit-Magazins setzte dem entfachten Sturm die Krone auf, indem er das Netz mit süßen Kinderbildern flutete. Unter dem Hashtag #cutesolidarity postete er sein Kinderbild und Zehntausende folgten seinem Beispiel. Ob Ferrero wohl damit gerechnet hat, als irgendwer in den Meeting-Raum rief: »Ich hab's: Jérôme Boateng muss auf die Verpackung!«?
2. Social Media sind *schnell* – darin, wie Inhalte aufgenommen, aber auch, wie sie verbreitet werden. Von Kommunikation in Echtzeit, schnellen Reaktionszeiten bis hin zu automatisierten Reaktionen von Chatbots, das Netz wird immer schneller. Die hohe Frequenz bedingt häufig eine gewisse Oberflächlichkeit von Inhalten und Gestaltung. Diese Oberflächlichkeit, die sich gestalterisch nicht in Details verliert, wirkt oft authentischer und lebendiger (»user generated«) und hat so das Bild von Social Media mitgeformt.
3. Social Media sind *komplex*. Einhergehend mit der immer stärkeren Technologisierung unserer Gesellschaft entstehen fast täglich neue Kanäle und bestehende entwickeln sich weiter. Jeder Kanal hat eigene Potenziale und Kommunikationsmodalitäten. So wird beispielsweise YouTube zu großen Teilen zur gezielten Suche von Inhalten (›Pull‹) genutzt, Inhalte auf Facebook hingegen werden primär passiv konsumiert, je nachdem, wie sie im Newsfeed erscheinen (›Push‹). Je unterschiedlicher die Bedürfnisse, umso mehr unterscheidet sich auch die Gestaltung. Es reicht nicht nur, einzelne Kanäle und ihre Hero-Formate zu kennen, um dafür konzipieren und gestalten zu können. Vielmehr

muss man beobachten, welche Kanäle und Formate sich neu entwickeln – denn hier pocht das Herz der Zukunft.

4. Social Media schaffen *Nähe*. Zusätzlich zu der Tatsache, dass inzwischen jeder mindestens ein Smartphone besitzt, das in permanenter Nähe zu seinem Besitzer schlummert, ermöglichen Social-Media-Kanäle jedem die Erstellung und Verbreitung von Inhalten: authentisch, roh, ungeschminkt, vielfältig. Plötzlich nehmen wir am Leben anderer Menschen teil, sobald wir Facebook öffnen, ob wir nun wollen oder nicht. Auch Marken nutzen dieses Prinzip für sich, indem sie ihre Mitarbeiter die Social-Media-Kanäle befüllen lassen und damit Nähe suggerieren. Der Grad ist hier extrem schmal. Denn auch, wenn wir unseren Freunden ihre paradiesische Urlaubsbilderflut mit leichtem Neid abnehmen (obwohl die Erholung in Wahrheit nur aus schlechtem Essen und Spontan-Diarrhoe bestand), sind wir bei Marken kritischer und riechen den Braten sofort. Die Zukunft gehört den Authentischen, den Unperfekten, die sich nicht zu ernst nehmen (vgl. in Kap. 4 den Beitrag von Schmidhuber, Mehnert und Ness).
5. Social Media sind hochgradig *individuell.* Im Gegensatz zu klassischen Medien können über Social Media Nutzer individuell angesprochen werden. Dank technischer Segmentierungsmöglichkeiten wissen wir, wann und wo wir mit wem sprechen. Manchmal wissen wir sogar mehr über den Nutzer als er selbst (z. B. sein Suchverhalten der letzten Tage und daraus abgeleitete Interessen). Wir können gar so weit gehen, für eine Marke komplett unterschiedlich gestaltete Kommunikationsmittel zu erstellen – beispielsweise für Matthias, der bei schlechtem Wetter einen Kinoabend plant oder für Paula, die einen pädagogisch wertvollen Film für ihre 5-jährige Tochter sucht.
6. Social Media *demokratisieren* die Kommunikation und stellen eine nie dagewesene Transparenz her. Marken werden plötzlich gläsern – sowohl positive als auch kritische Themen kommen sofort auf den Tisch. Social Media sind ein Medium für alle. Diese Eigenschaft steht im scheinbaren Widerspruch zu der starken Individualität – jeder möchte eigentlich nur den für ihn relevanten Inhalt und keinen Einheitsbrei. Das stellt enorme Anforderungen an die Erstellung von Social-Media-Inhalten, die maximal auf die Interessen und Bedürfnisse des Users eingehen, aber trotzdem noch übergeordnet markenkonform sein sollten.

Social Media haben Rückkopplungseffekte auf die gesamte Kommunikation. Denn mit dem Medium verändert sich die Erwartungshaltung des Konsumenten an Marken bzw. deren Kommunikation. Ob Vegetarier, Vollzeitmütter, Regenhasser, Serienjunkies, sie alle haben jeweils andere Trigger, die eine Marke für die Ansprache nutzen kann. Neben den generellen Vorlieben eines Users muss auch der Moment des Kontaktes berücksichtigt werden. Besonders wichtig sind hier sogenannte *Micro-Momente*, in denen der User eine markenrelevante Entscheidung trifft: Ist er gerade auf der Suche nach Inspiration oder weiß ein User schon was genau er möchte? Suche ich Schuhe, weil ich abnehmen möchte oder weil meine alten durch sind? Will ich den schnellsten Weg zum nächsten Dönerstand oder suche ich nach Kochrezepten? Zeit und Ort spielen dabei eine wichtige Rolle: Morgens um sieben auf dem Weg zur Arbeit reagiere ich auf andere Impulse als beim entspannten Wochenendtrip an die Ostsee. Auf Snapchat erwarte ich verwackelte Home Videos, auf Instagram hochwertige Fotografie. Es ist somit der Kontext, der über die Erwartungshaltung des Nutzers an die Inhalte entscheidet (vgl. Baetzgen 2015a).

Was bleibt als Konstante zwischen Mensch und Marke, wenn alles individueller, schneller, demokratischer und kontextsensitiver wird? Die Antwort liegt in einem gemeinsamen Werteverständnis von Mensch und Marke. Konkret geht es um eine gemeinsam geteilte Vorstellung, eine Vision von der Zukunft, die man auch als Identitätsfit (»Die Marke passt zu mir«) begreifen könnte. Tesla ist beispielsweise gerade deswegen so erfolgreich, weil Menschen bereit sind, sehr viel Geld für ein Auto auszugeben, das für einen neuen Zukunftsentwurf von innovativer und nachhaltiger Mobilität steht, den sie teilen und sich mit Tesla aneignen möchten.

Zusammengefasst: Die gesamte Kommunikation ändert sich, denn wir bewegen uns aus dem effizienzgetriebenen Zeitalter der Industrialisierung hinein in das schöpfungsorientierte Zeitalter der Digitalisierung. Auch wenn es zunächst nicht so wirkt, potenzieren technische Individualisierungsmöglichkeiten und immer neue Kommunikationsmittel die Schöpfungsmöglichkeiten.

Die Vielfalt an Kanälen und Formaten fordert und fördert eine neue Art der Kreativität. Es wird nicht mehr in wenigen festen Formaten gestaltet, sondern für ständig neue Geräte und Plattformen mit jeweils anderen Anforderungen. Design wird damit agiler. Zudem wird es durch das Smartphone viel haptischer. Letztendlich rückt der Nutzer dabei noch stärker in den Vordergrund. Er entscheidet in Echtzeit, was ihm gefällt und was nicht. Für Designer bedeutet dies jedoch weniger eine Einschränkung der Gestaltungsfreiheit, sondern mehr Empathie im Design. »Form follows function« gilt heute mehr denn je.

> Form follows function gilt im Zeitalter von ›Mobile First‹ mehr denn je.

Survival of the Bravest

Für Marken entsteht eine neue und extreme Form der Freiheit, in der Mut und Schnelligkeit die zentralen Talente sind, mit denen Leuchttürme der Kommunikation entstehen. Denn was heute noch gilt, kann in unserer volatilen Welt innerhalb von Minuten nicht mehr gelten. Hier gewinnen Marken, die bereit sind, ihre Komfortzone zu verlassen und auf ihre Umgebung und den Nutzer schneller zu reagieren als andere. Sie müssen wandlungsfähiger sein und agiler geführt werden. Freilich ist dies eine Qualität, die nur schwer geplant werden kann. Nicht selten steht beispielsweise im Fokus einer Kampagne, einen ›viralen‹ Inhalt zu erstellen. Dieser wird von langer Hand geplant, verworfen, redigiert und durchläuft zig interne Geschmacksfilter. Dem Nutzer ist dies am Ende egal, weil entweder der Moment vorbei ist, der Inhalt zu gewollt wirkt oder weil er einfach nicht anders genug ist.

> **Für Marken entsteht eine neue und extreme Form der Freiheit, in der Mut und Schnelligkeit die zentralen Talente sind, mit denen Leuchttürme der Kommunikation entstehen.**

Auch wenn Planung für Social Media ein Showstopper ist, so kann man doch die Rahmenbedingungen für eine *erfolgreiche Markenführung* via Social Media schaffen.

Zahlreiche Markenberatungen halten seit Jahren die Fahne hoch, Markenstrategien agiler zu gestalten (vgl. Jacobs/Ordahl 2014; Aaker o. J.; Interbrand o. J.). Das *Brand Community Model* von Landor (2017) ist hierfür ein Beispiel. Immer mehr besteht Übereinstimmung in folgenden zwei Punkten:

1. Marken brauchen ein unumstößliches *strategisches Fundament* in Form eines »purpose« oder »why«, das die Daseinsberechtigung und Zielsetzung einer Marke bildet. Die Marke Airbnb beispielsweise hat es sich unter der Markenaussage *»Belong Anywhere«* zur Aufgabe gemacht, Menschen nicht nur Häuser und Räume zu vermitteln, sondern sie am Leben an anderen Orten teilhaben zu lassen. Umgesetzt wurde diese Markenstrategie u. a. durch lokale »Insider-Stories«, Guidelines, die zeigen, wie man seinen Gästen das Gefühl der Zugehörigkeit am besten vermittelt und massenhaft Storytelling-Content, der dieses für die Zielgruppe schnell nachvollziehbare Markenerlebnis global inszeniert und kommuniziert.
2. Weiterhin braucht eine Marke ein bestimmtes *Set an gestalterischen Basiselementen* (z. B. Logo, Farben, Sprache) zwecks Wiedererkennung, die auf

Basis der Positionierung – je nach Kontext – maximal flexibel und offen gestaltet sein können. Die Kampagne *»Weil wir dich lieben«* der Berliner Verkehrsbetriebe BVG (vgl. BVG 2017) ist hierfür ein gutes Beispiel. Die Kampagne verstößt gegen alle Regeln. Sie ist frech und rotzig, beleidigend und nimmt die eigene Service-Qualität auf die Schippe – eigentlich ein No-Go für einen Dienstleister. Trotzdem – oder gerade deswegen – funktioniert sie wunderbar in der digitalen Umgebung. Nutzer erwarten und belohnen Augenhöhe in der Kommunikation sowie auch Marken, die sich nicht zu ernst nehmen und mit ihrer eigenen Identität spielen. Schöne neue Welt.

In der Theorie klingen diese Ansätze logisch und nachvollziehbar. Ihre Umsetzung gleicht jedoch einer Herkulesaufgabe. Jeder Marketingentscheider, der schon einmal einen neuen Social-Media-Kanal wie z. B. Snapchat mit relevantem Content zu befeuern hatte, der gleichermaßen zu Marke und Zielgruppe passt, kennt die zahlreichen Herausforderungen. Fest steht, Beweglichkeit wird für Marken wichtiger sein, als auf Bestehendem zu beharren. Mit einem fokussierten Blick auf Social-Media-Kommunikation formulieren wir es noch extremer: Ob eine Marke in Zukunft überhaupt einen unantastbaren Bereich haben wird, ist nicht sicher.

> Ob eine Marke in Zukunft überhaupt einen unantastbaren Bereich haben wird, ist nicht sicher.

Der Konsument ist essenzieller Teil der Markenkommunikation

Wir sind längst weg vom Sender-Empfänger-Modell. Heute formen die User das Markenbild mit. Gängige Mechanismen, Kommunikation zu steuern, greifen nicht mehr. Der Nutzer wird teilweise sogar notwendig, um das Markenbild oder eine Kampagnenaussage zu verbreiten *(Word-of-Mouth-Marketing)*. Genau in diesem Punkt liegt enormes Kommunikationspotenzial: Menschen lieben Marken, die ihr Markenbild für sie öffnen (z. B. *»Meine Coke«*-Kampagne von Coca-Cola).

So entstehen neue, nicht antizipierte Markenerlebnisse, die durch den Nutzer geprägt werden. Oftmals starten Marken nur einen dialogischen Austausch, der zwischen Nutzern fortgeführt wird – die Marke ist dann nicht mehr Hauptakteur, sondern wird zum Moderator. Hierbei sollten Unternehmen Mechaniken nutzen, die die Nutzerinteraktion vordefinieren und begünstigen. Ein Beispiel, wie dies gelingen kann, ist eine Snapchat-Kampagne im Rahmen des Super Bowls 2016. Nutzer konnten eine virtuelle Gatorade-Dusche in der App erstellen und den Inhalt in ihrem Newsfeed teilen. Laut Gatorade wurden so über 165 Millionen Impressionen erzeugt.

Marken haben heute den Vorteil, dass sie sehr viel schneller und genauer wissen, mit wem sie tatsächlich kommunizieren. Im Zeichen der neuen Data-Ära erfahren sie, wo Menschen sind, wie sie sich verhalten, was sie interessiert und was sie von der Marke und ihrer Kommunikation halten.

Das Markenmanagement muss dabei Kreativität mit Daten verbinden. Teilweise kann Kreativität sogar automatisiert werden (z. B. mit *Programmatic Creation*). Ein erfolgreiches Beispiel ist die #WhereeverYouAre Kampagne von Zalando, bei der Supermodel Cara Delevigne Zielgruppen in kleinen Städten über Facebook Ads in Abhängigkeit von ihrem Wohnort direkt anspricht, um zu verkünden, dass das UK-Label Topshop mit Zalando z. B. jetzt auch nach Korschenbroich liefert. Automatisierte Verfahren können hilfreich und notwendig sein, um Inhalte personalisiert und in Echtzeit zu vermitteln. Kommunikation entfernt sich damit von prophetischen, retrospektiv begründeten Vorhersagen hin zu einer bedürfnisorientierten, hochindividualisierten und nutzerzentrierten Kreation.

> Kreativität und Daten verbinden sich. Teilweise kann und muss Kreativität sogar automatisiert werden.

Viralität verlockt

Ein Fehler, der oft in der Gestaltung von Social-Media-Inhalten begangen wird, ist das Aufspringen auf gut funktionierende Gestaltungselemente. Das Abkupfern erreicht Dimensionen, in denen die Marke verschwindet (»War das jetzt Rewe oder Edeka?«). Ein Beispiel: Irgendwann haben Marken begonnen, Handschriften in Social Media zu nutzen. Darin wird ein hohes Maß der geforderten Individualität und Authentizität gesehen (vgl. in Kap. 4 den Beitrag von Schmidhuber, Mehnert und Ness). Als Folge dieses Trends finden sich Handletterings und Illustrationen auch vermehrt in der analogen Gestaltung von Marken. Inzwischen findet man die individuellen Schriften im Newsfeed der meisten Marken. Ein Fehler? Nicht unbedingt, doch es wird in einem Wald von Handschriften und liebevollen Illustrationen schwerer, die Marke dahinter wahrzunehmen. Es gilt hier, nicht dogmatisch auf Elemente zu setzen, die im Social-Media-Umfeld funktionieren, sondern zu hinterfragen, was tatsächlich zur Marke passt und wie vor allem neue, ungesehene Elemente aus dem Markenkern heraus entwickelt werden können.

> Das Abkupfern von Gestaltungselementen erreicht in Social Media eine Dimension, in der die Marke verschwindet.

Branding ist gefährlich

Die Zeiten der einspurigen Kommunikation sind vorbei. Nutzer entscheiden innerhalb kürzester Zeit, ob sie sich auf einen Markeninhalt einlassen. Facebook (o. J.) propagiert 1,7 Sekunden als Zeitspanne, die Menschen einem Inhalt in ihrem mobilen Newsfeed schenken. Inhalte, die stark nach Werbung aussehen, fallen schneller durch das Aufmerksamkeitsraster. Ein zu starkes, nicht medienorientiertes Branding kann in diesem Zuge zum *Kommunikationskiller* werden. Authentizität und ein zum Medium passendes Auftreten werden höher gewertet als ein perfektes, Corporate-Identity-orientiertes Design. Damit dies gelingen kann, müssen sich Marken auf wenige Markenelemente limitieren, um als inhaltliche Kommunikation wahrgenommen zu werden – und erst auf den zweiten Blick als Markenkommunikation.

> Ein zu starkes, nicht medienorientiertes Branding kann zum Kommunikationskiller werden.

Social Media bieten die Möglichkeiten, bereits bei der Entwicklung des Designs, die Meinung des Nutzers einzubeziehen und nicht in die ›Branding-Falle‹ zu tappen. So können verschiedene Visualisierungsrouten in kleinen Umfängen getestet werden, um die am besten funktionierende Gestaltung zu identifizieren. Dies ist wichtig. Denn nichts ist absolut und schon gar nicht Social Media.

Gos und No-Gos für das Brand Design in Social Media

Wir haben ganz einfach unsere Designer nach den Gos und No-Gos in der Gestaltung für Social Media gefragt. Hier das Ergebnis:

Go!

- individuelle, perfekt auf die Marke bzw. das Produkt passende Designs

- eigens für Social Media erdachte inhaltliche und visuelle Konzepte mit Bezug zu anderen Kommunikationskanälen
- Gestaltung nah an der Zielgruppe, z. B. Nutzen von grafischen Codes, die in der Zielgruppe bekannt und relevant sind
- individuelle Designs für unterschiedliche Zielgruppen
- Überraschungseffekte (›Feed Stopper‹) erzeugen: mit dem Format spielen, Animationen, die scheinbar über das Format hinausragen, Ad-Formate mit durchgängigen Animationen über mehrere Bilder hinweg usw.
- plakative Gestaltung mit kurzen, prägnanten Texten
- mobile first: Layouts müssen für verhältnismäßig kleine Screens angelegt sein
- Bewegtbild-Formate einem statischen Design vorziehen
- maximale Sichtbarkeit erzeugen, indem die Kommunikationsmittel auf jeden Kanal bzw. jedes Medium angepasst werden (z. B. Hochkant-Formate für Facebook und Instagram, Querformate für YouTube)

No-Go!

- klassische Werbung, wie sie heute oft gedacht wird (Beispiel TV-Spots in Social Media)
- aggressives Branding
- ›verkopfte‹ und komplizierte Konzepte und Designs
- auf Musik bzw. auditive Effekte setzen: Inhalte müssen ohne Ton funktionieren
- blindes Aufspringen auf visuelle Trends, ohne den Mehrwert für die eigene Kommunikation zu hinterfragen
- zuviel Text, Text, Text

Corporate Branding erfindet sich neu

Von »social« in der Kommunikation zu sprechen, ist ein zweischneidiges Schwert. Einerseits haben Social Media Eigenheiten, die nur in diesem Umfeld zu finden sind, andererseits unterscheiden Nutzer kaum noch, an welchen Touchpoints sie Markenkommunikation wahrnehmen. Eingrenzungen wie ›digital‹, ›offline‹ oder ›social‹ werden obsolet, was zählt, ist das Markenbild, das sich durch unterschiedliche Eindrücke an verschiedenen Touchpoints formt. Wir sprechen heute auch nicht mehr von einer linearen *Customer Journey*, an der entlang Kommunikationsinhalte dekliniert werden können. Die Customer Journeys der Nutzer sind heute hochindividuell und deutlich schwerer zu antizipieren. Jeder Kanal hat seine Stärken, Potenziale und ungeschriebenen Gesetze – mitunter sind diese auch der Grund, warum sich die User in einer spezifischen Situation für einen bestimmten Kanal entscheiden. Sie dürfen daher nicht ignoriert, können aber kreativ und frei interpretiert werden.

Kanal	Potenzial	Mögliche Rolle im Kommunikationsmix	Go	No-Go
Facebook	für viele Nutzer ein passives Unterhaltungsmedium (»Ich schaue mal kurz auf Facebook, was gerade los ist«)	hohe Aufmerksamkeit in einer Zielgruppe erreichen	• Feed Stopper • individuelle Gestaltung • Aktualität gepaart mit Brand Benefits • kurze How-Tos	• Videos, die einen langsamen Spannungsbogen aufbauen • komplexe, kleinteilige Gestaltung
YouTube	Nutzer suchen gezielt nach Inhalten, d. h., sie sind interessiert und bereit, aufzunehmen	komplexe Sachverhalte erklären	• didaktische Inhalte passend zur Suche • Inhalte mit hohem Unterhaltungsfaktor	• unrelevante Inhalte • TV-Spots
Instagram	Nutzer erwarten Ästhetik und sind auf visuelle Inhalte fokussiert	Markenimage aufbauen	• durchgängige Bildsprache • verwenden von Filtern	• normale Schnappschüsse • Einsatz von Textblöcken
Snapchat	Nutzer verfallen in einen »Zapping-Modus«	starke Nähe zum Nutzer aufbauen	• spontan erstellte, handgefilmte Videos • Einsatz von Emojis	• vorgefertigte, orchestrierte Inhalte • aufdringliches Branding
Messenger	Nutzer erwarten Dialog und sind bereit, sich aktiv darauf einzulassen	in einen Dialog mit der Zielgruppe treten; schnelle, simplifizierte Conversion (z. B. Lieferservice)	• verspielte Inhalte wie GIFs • Real-time-Markeninhalte auf Basis von Nutzerinteraktion bzw. Nutzerfragen	• didaktische Inhalte

Abb. 1: Übersicht über Kanalpotenziale und deren gestalterische Gos und No-Gos (Beispiele; eigene Darstellung)

Mit wachsender Zahl an Endgeräten, Formaten und Anwendungen vervielfältigen sich auch die Berührungspunkte einer Marke mit der Zielgruppe. Deshalb müssen nicht nur deren Layouts responsiv und agil sein, sondern auch das Corporate Branding an sich. Für verschiedene Kanäle muss eine Sprache bzw. Visualität gefunden werden, die in diesen funktioniert, aber sich auch mit dem übergeordneten Markenbild vereinen lässt. Menschen dürfen beispielsweise nicht verwirrt werden, wenn sie auf einen Link in einem Social Post klicken und sich im nächsten Moment auf einer Landing Page wiederfinden, die eine völlig andere visuelle Sprache spricht oder nicht die erwarteten Inhalte zeigt. Die Lösung ist hier nicht ein Markenbild, das alles in sich vereint, sondern eine *konsistente Gestaltung* unterschiedlicher Journeys, die der User einschlägt.

Ein *zeitgemäßes Branding* sollte diese neuen Anforderungen von Anfang an im Kern berücksichtigen. Das beginnt bereits beim Logo-Entwurf (beispielsweise über ein responsives Design). Das *Corporate Design* von Unternehmen bzw. Marken wird sich dadurch komplett verändern und muss deutlich agiler werden. Gestaltung und Tonalität müssen kanalübergreifend ineinandergreifen und gleichzeitig auf unterschiedliche Erwartungshaltungen an den Touchpoints eingehen. So wird zum Beispiel auf Snapchat größtmögliche Authentizität erwartet, auf einer Website hingegen ein professionelles Auftreten (vgl. Abb. 1). Das Corporate Design der Zukunft ermöglicht beides. Ebenso müssen Inhalte spontan entstehen können, um beispielsweise auf tagesaktuelle Trends in Social Media einzugehen. Diese Agilität ist essenziell, um überhaupt in Social Media erfolgreich agieren zu können. Manche Unternehmen versuchen deshalb, einen Rahmen für ihre Social-Media-Kommunikation festzulegen – etwa durch Social Guidelines, in denen die Visualität und Tonalität der Ansprache zentral festgelegt ist. Das ist zwar ein guter Versuch, wir stellen aber in der Praxis fest, dass eine Überregelung in der Realität der lebendigen sozialen Medien versagt. Wichtiger als Richtlinien ist hier vor allem ein Redaktions- und Gestaltungsteam, das die einzelnen Kanäle kontinuierlich und authentisch betreut und das in ›kritischen‹ Situationen befähigt und schlagkräftig ist, im Sinne der Marke zu agieren. Eine ausreichende personelle Ausstattung und Aufmerksamkeit sind hierfür Grundvoraussetzungen. Es lebe die Freiheit!

Durch eine *intelligente Mediastrategie* bzw. *Targeting-Verfahren* lassen sich zumindest manche Kontakte mit einer Kampagne im Rahmen einer Customer Journey exakt festlegen und gestalten. So kann man den Nutzer über mehrere Stufen hinweg immer stärker mit der Marke in Berührung bringen, ausgehend von einem zurückgenommenen Branding, das sich von Kontakt zu Kontakt intensiviert. Dabei können auch eigene Visualisierungsrouten für unterschiedliche Zielgruppensegmente entwickelt werden, die auf die jeweiligen Bedürfnisse und Lebenswelten der User zugeschnitten sind. Durch eine geschickte Ausspielung bleiben Nutzer in der für sie bestimmten Visualität und Kontaktstrecke und kommen nicht mit anderen Varianten in Berührung.

Abb. 2: Facebook-Segmentierungskampagne im Rahmen von *Star Wars: Rogue One* mit individuellen Kontaktstrecken für drei unterschiedliche Zielgruppen (eigene Darstellung; Fotos: The Walt Disney Company Germany)

Neben einem übergreifenden, aber offenen Markenbild, ist ein Verständnis für den *Brand Benefit* der Marke in Social Media notwendig. Denn an jedem Touchpoint verändern sich das Nutzerbedürfnis und der Kommunikationskontext. Was bleibt, ist der Brand Benefit. So kann dm-drogerie markt als Marke mit Pflegeexpertise selbst in Social-Media-Kanälen völlig unterschiedlich auftreten, solange der beratende Aspekt im Vordergrund steht und die Grundelemente des Social Branding erhalten bleiben. Bei dm-drogerie markt sind das – neben dem Logo, das sowieso immer als Absender neben einem Post auftaucht – die pastellfarbenen Hintergründe, verspielte und feminin-weiche Zierschriften sowie ein Mix aus Realbild und Illustration usw.

Abb. 3: Social-Media-Visualität dm-drogerie markt (Quelle: dm-drogerie markt)

> Nutzerbedürfnis und Kommunikationskontext bestimmen die Visualität und Tonalität einer Marke, der Brand Benefit den Inhalt.

Aus mobile first wird mobile only

Längst ist klar, dass digitale Inhalte responsiv gestaltet werden müssen, um der steigenden Anzahl an Endgeräten gerecht zu werden und um möglichst auf jedem Gerät dieselbe, bedienbare Darstellung zu gewährleisten. Doch noch stärker als die Digitalisierung selbst, verändert aktuell der Erfolg des *Smartphones* die Anforderungen an das Design (vgl. in Kap. 5 den Beitrag von Ochsenhirt und Schmidt). Die meisten Social-Media-Inhalte werden mobil konsumiert. Für das Brand Design ist dies aus mehreren Gründen wichtig. Beispielsweise muss es großzügiger, minimalistischer gestaltet sein, um auch auf kleinen Displays bedienbar zu bleiben. Zudem müssen Videos ihre Botschaft auch ohne Ton vermitteln können. Die Gestaltung muss insgesamt viel schneller erfassbar und selbsterklärender sein. Zudem sollte die Gestaltung im Kontext von Social Media, angesichts der Nutzungszahlen, komplett mobil gedacht werden und nur wenn notwendig, auch auf andere Geräte weiterdekliniert werden. Ein Fehler, den Designer hier gerne begehen, ist, weiterhin durchgängig auf großen Monitoren zu gestalten, anstatt ihre Kreationen immer wieder auf anderen Endgeräten zu testen. Zu der eingeschränkten mobilen Gestaltung kommen allerdings auch neue Möglichkeiten hinzu. Was man schon von Apps kennt, wird auch für die Gestaltung von Social-Media-Inhalten wichtig: das Spielen mit Kontext und Haptik. Daraus resultieren interessante Fragen für die Gestaltung, beispielsweise, wie Design und Inhalte mit dem Rahmen der jeweiligen Plattform spielen können oder der Platz des Mediums optimal ausgenutzt werden kann (z. B. Vertical Videos). Auch die Tatsache, dass der Nutzer den Inhalt, den er betrachtet, in der Hand hält und berühren bzw. damit interagieren kann, bietet spannende Ansatzpunkte für das Design.

Tod dem Markenversprechen: Branding geht live

Abschließend stellt sich die Frage, was nach einem responsiven Design kommt. Wir gehen davon aus, dass mit zunehmender Digitalisierung und Individualisierung, das einheitliche Erscheinungsbild einer Marke immer mehr zerfasern und irgendwann in sich zusammenfallen wird. Das zentrale Markenversprechen verblasst zu einer leeren Hülle und verliert an Bedeutung. In einer sich stark verändernden Medienlandschaft wird es fast unmöglich werden, Botschaften mittels Werbedruck einfach nur nach außen zu ›drücken‹. Manipulative Aussagen werden in ihrer Lächerlichkeit entlarvt.

> Das zentrale Markenversprechen verblasst zu einer leeren Hülle und verliert an Bedeutung.

Außerdem: Branding geht live. Live-Kommunikation im Taschenformat, die auf Plattformen wie Snapchat, Facebook Live, WhatsApp und YouTube Live um sich greift, zeigt, dass der Reiz der neuen Kommunikation nicht nur in ihrer Vergänglichkeit liegt, sondern auch in einem gewissen Risiko. Was live ist, ist echt, lebendig und atmet. Und hier kann auch etwas schiefgehen oder auch etwas völlig Unerwartetes passieren. Immer mehr Live-Inhalte überschwemmen das Netz. Eine interessante Frage wird sein, wie Branding in diesen flüchtigen Medien in Zukunft stattfinden wird.

Sieben Regeln für das Brand Design in Social Media

Es gibt wenige Regeln, die im Umfeld von Social Media immer gelten:

1. **Mehrwerte sind das Zentrum der Kommunikation**
   Nirgends werden Scheinwahrheiten und gebrochene Markenversprechen so hart geächtet. Selbst negative Wahrheiten können mehr Zuspruch erfahren als nicht erfüllbare One-way-Werbebotschaften. Nur Marken, die es schaffen, ihren Ego-Trip zu beenden und den Blick auf ihr Gegenüber zu wenden, werden langfristig überleben. Sie müssen sich hierfür auf ihren echten Nutzen für die Menschen besinnen und die Welt so kommunikativ bereichern, dass aus dem Push-Effekt ein Sog wird.

2. **Ehre den Markenkern!**
   In einer digitalen Welt, sollte das Heiligtum der Marke – ihr Markenkern – nicht vergessen werden, sondern wieder bis auf das Wesentliche freigelegt und in die Gestaltung überführt werden. Jeder Tand, alles Blabla und Chichi muss dafür weg.

3. **Kanal und Kommunikationskontext geben den Rahmen für das Design vor**
   Das schönste Design nützt nichts, wenn es nicht zum Rahmen passt. Gestaltung muss den Raum bzw. Kontext mit einbeziehen.

4. **Die individuellen Nutzerbedürfnisse beeinflussen das Design maßgeblich**
   Statt eines zentralen Markenversprechens muss eine Marke ein echtes Verständnis für ihr Gegenüber entwickeln – für unterschiedliche Segmente und Individuen.

5. **Schön war gestern**
   Brand Design in Social Media ist weniger geschönt, sondern echt und glaubwürdig. Es ist ganz nah am Menschen. Wichtiger als eine restriktive Gestaltung sind für das Design aktuelle Themen und relevante Trends in der Zielgruppe. Unter einer Voraussetzung: Die kommunizierten Inhalte müssen in einem für den Nutzer nachvollziehbaren Kontext zum Markenversprechen stehen.

6. **No Risk, no Glory**
   Völlig neue Inhalte zu kommunizieren, etablierte Gestaltungselemente rigoros zu verändern, ein Logo einfach wegzulassen oder sogar eine Diskussion zu eröffnen, die Millionen von User scheinbar unkontrollierbar fortführen, erfordert Mut. Ohne diesen wird aber jede Erfolgschance im Keim ersticken.

7. **Testen ist das neue Gestalten!**
   Kaum ein Kommunikationskanal bietet so effektive und effiziente Testing-Verfahren und ermöglicht so zeitnahes Feedback wie Social Media. Der Nutzer entscheidet, was ihm am besten gefällt, und der Designer kann daraufhin live und agil weitergestalten.

Kapitel 7:
Dokumentation & Engagement

Die Kunst der Dokumentation im digitalen Zeitalter

Markus Bode und Christoph Weiss

Zwischen allmächtig und machtlos, von Selbstzweck bis Zwecklosigkeit, von Regelverstoß bis Prozessautomatisierung: Markus Bode und Christoph Weiss nehmen uns mit auf einen Streifzug durch Anspruch und Wirklichkeit von Markenmanagement und Markendokumentation.

Die Dokumentation des Markenauftritts – z. B. in Form von Brand Manuals oder Guidelines – ist wahrscheinlich das unwichtigste, gar langweiligste Thema im weiten Kosmos von Marke, Marketing und Corporate Design. Zu Unrecht, denn genau wie jede Idee ist eine Marke nur so gut, wie ihre Umsetzung. Und für diese braucht es eine zeitgemäße Dokumentationsform, die in Zeiten der Marketing-Automation das Potenzial hat, zu einem zentralen Management-Instrument der Marke zu werden.

Vor allem in einer digitalen Welt gilt: Die Umsetzung von Markenauftritten ist ein Prozess und kein Zustand. Häufig aber sind Dokumentationen Zustandsbeschreibungen einer Marke – der Idealzustand. Zwar ist die Annäherung an diesen durchaus prozesshaft, das Ziel aber ist festgeschrieben. Damit ist des Pudels Kern bereits benannt: Zeitgemäße Dokumentationen müssen einerseits den Status quo der Marke festhalten und andererseits eine Weiterentwicklung der Marke im Sinne der unternehmensstrategischen Zielsetzung ermöglichen und sogar fördern.

> Zeitgemäße Dokumentationen müssen einerseits den Status quo der Marke festhalten und andererseits eine Weiterentwicklung der Marke fördern.

Die digitale Welt erhöht die Anforderungen an eine dynamische Weiterentwicklung der Marke und wirkt gleichsam als Katalysator und Beschleuniger. Neue digitale Dienste bieten neue Kontaktpunkte zum Kunden, die vom Markenmanagement zu bespielen sind. Technische Veränderungen erfordern neue Formate oder Verhaltensweisen, auf die sich die Marke einzustellen hat. Marken, die in ihrer Dokumentation ausschließlich den Status quo definieren bzw. sagen, was erlaubt und nicht erlaubt ist, springen zu kurz. Sie laufen damit Gefahr, dass sie sich um sich selbst drehen, statt um ihr Umfeld und ihre Kunden. Die Dokumentation einer Marke ist also ein komplexes Thema in einem komplexen Geflecht von Beziehungen, Organisationsstruktur und Zielen und nicht weniger komplizierten Agenturbeziehungen.

Der folgende Artikel will deshalb nicht erklären, wie die ultimative Dokumentation auszusehen hat, sondern allenfalls Hinweise geben, welche Anforderungen sich an eine zeitgemäße Dokumentation stellen und in welche Richtung sich Manuals und Guidelines entwickeln sollten. Ich möchte in diesem Zusammengang auf einige teils einfache, teils komplexere Rahmenbedingungen der Markenführung aufmerksam machen, um den Leser zur Reflexion und zum Nachdenken darüber anzuregen, wie eine Marke in Zukunft gesteuert werden kann und muss. Die Dokumentation der Marke muss sich, so die grundlegende These, deutlich modernisieren und in digitale Brand-Management-Systeme integriert werden. Drei Aspekte scheinen geeignet, diesen Rahmen der Veränderung abzustecken:

1. *Menschen:* nicht verbieten, sondern zum Handeln ermuntern
2. *Marke:* Prozesse und Veränderung steuern, statt Status quo verwalten
3. *Digitalisierung*: die Möglichkeiten digitaler Plattformen aktiv nutzen

Menschen: nicht verbieten, sondern zum Handeln ermuntern

Da sich Dokumentationen an Menschen richten, liegt es nahe, sich dem Thema vonseiten des Anwenders zu nähern. Manager und Markenmacher in Unternehmen und Agenturen nehmen sich bisweilen sehr wichtig. Gleichzeitig nehmen sie das, was sie tun, mitnichten ernst genug. Dies gilt insbesondere für den Umgang mit Marken. Dabei sind diese nicht selten das größte Asset des Unternehmens. Dieses Asset gilt es zu bewahren – keine Frage. Mehr noch aber geht es um die Weiterentwicklung von Marken und das Freisetzen von Potenzialen im Sinne der unternehmensstrategischen Zielsetzung. Dokumentationen sollen das Management hierzu befähigen und ermuntern. Einfach ist das nicht.

Unternehmen: Politisierung der Ökonomie

Die Märkte (Absatzmärkte, Ländergesellschaften, Vertriebseinheiten etc.) rufen nach Regeln und Guidelines. Das zentrale Markenmanagement und seine Agenturen mühen sich redlich, dem nachzukommen und müssen dennoch häufig feststellen, dass die Guideline offensichtlich nur dazu diente, sie nicht anzuwenden bzw. wesentliche Dinge anders zu machen. Oder schlimmer: Manchmal scheint es, als würde die Guideline nur als Referenzpunkt für das ›anders machen‹ dienen. Denn jedes ›anders‹ braucht ein Gegenüber, einen Referenzpunkt. Jedes ›falsch‹ braucht ein richtiges Gegenüber.

> Manchmal scheint es, als würde die Guideline nur als Referenzpunkt für das ›anders machen‹ dienen.

Die Argumente gleichen sich: »Bei uns ist alles anders: der Kunde, der Wettbewerb, das Geschäft, der Vertrieb…« Oder: »Die in der Zentrale haben keine Ahnung – Bullshit-Castle.« Und wenn es hart auf hart kommt, heißt es: »Das hat der regionale Vorstand so entschieden. Wir erreichen ansonsten unsere Ergebnisziele nicht.« Politik begegnet einem in Konzernen an jeder Ecke. Die Sozialwissenschaften sprechen von einer *›Politisierung der Ökonomie‹*, bei der Unternehmer, Management und Mitarbeiter aller Hierarchiestufen mehr mit Politik als mit der eigentlichen Sache beschäftigt sind: Zentrale gegen Region, Pressechef gegen Marketingchef, Macher gegen Denker, Deutschland gegen England. Letzteres ist ein Klassiker, nicht nur im Fußball.

Hinzu kommt ein möglicherweise sehr deutsches Phänomen: die *Angst vor Veränderung.* Wenn ›Veränderer‹ auf ›Verweiler‹ treffen, sorgt das selbstverständlich für Zündstoff – alles Neue, und sei es nur ein neues Layout, wird zunächst kritisch gesehen. Unterm Strich verlangt die Umsetzung eines Markenauftritts eine gehörige Portion Durchsetzungsfähigkeit und damit das, was man neudeutsch Governance nennt. Denn zweifellos ist nicht alles in jedem Markt anders. Und eine Marke ist alles andere als ein demokratischer Willensbildungsprozess. Gleichwohl ist das Markenmanagement gut beraten, wenn es sich intensiv mit den Belangen, Nöten, Zielen, Strukturen und Befindlichkeiten der unterschiedlichen Märkte, Unternehmensbereiche und Kommunikatoren im Unternehmen auseinandersetzt.

Das lässt sich durch Checklisten, Abfragen in den Märkten und durch direkte Beteiligung in punktuellen Workshops oder in übergreifenden Kernteams leicht erreichen. Und schlussendlich: Markenmacher müssen für die Marke und deren Grundsätze werben und kontinuierlich um Zustimmung im Unternehmen ringen.

Wer glaubt, dass es mit der Definition des Corporate Design getan ist, wird sich mit dessen Durchsetzung und Umsetzung schwer tun. Hierfür müssen alle beteiligten Akteure des Unternehmens in den Prozess eingebunden und mitgenommen werden, auch wenn man es nie allen recht machen kann. Und natürlich kann man auch nicht wieder und wieder alles diskutieren. Schlussendlich braucht es auch Macht, um die strategischen Markenziele durchzusetzen.

> Die erfolgreiche Umsetzung eines Markenauftritts verlangt die Macht zur Durchsetzung der strategischen Markenziele.

Agenturen: wenn Kreation auf Beamtentum trifft

Neben den Befindlichkeiten von Unternehmen sind auch die Eitelkeiten von Agenturen bei der Umsetzung einer Marke zu berücksichtigen. Für Agenturen und deren Mitarbeiter, deren Herz für Kreativität und Design schlägt, gilt das Dokumentieren von kreativen und ideenreichen Markenauftritten als eher langweilig und steht am Ende des Prozesses. Nach Science (Fakten und Analyse) und Art (Idee und Kreation) kommt Craft (Handwerk und Struktur). Während in den ersten Phasen die großen Zusammenhänge und Ideen im Zentrum stehen, darf dieser Prozess nicht im Beamtentum enden. Als 1992 die historisch verfeindeten Ruhrgebietsgiganten Thyssen und Krupp zu ThyssenKrupp fusionierten, dominierten im Markenbildungsprozess weder Science noch Art. Es ging schlicht um das Sicherstellen von Handlungsfähigkeit des fusionierten Unternehmens zum vertraglich festgesetzten Tag. Vorstandsbeschluss, Aufsichtsrat, Pressekonferenz: Der Markenbildungsprozess wurde dominiert von rechtlichen Rahmenbedingungen des Mergers und damit von Juristen. Es ging um eine funktionsfähige Geschäftsausstattung – nicht um Markenerleben. Die Agentur sah sich – das Logo war kaum reingezeichnet – mir nichts dir nichts im Erstellungsprozess von Gestaltungsplänen für Briefbögen, Faxvorlagen, Vordrucken und anderen Formularen, die sich nur Konzerne dieser Größenordnung ausdenken können. Die Agentur verlor in diesem Zeitraum ein paar sehr gute und talentierte Kreative, die zwar mit den nächtlichen Reinigungskräften per du waren, aber nicht mehr für ThyssenKrupp Gestaltungspläne »schrubben« wollten.

Das war gestern. Heute sitzen Kommunikatoren und Markenverantwortliche selbstverständlich früher mit am Tisch und gestalten Prozesse von Beginn an mit. Die neue Positionierung und das Erscheinungsbild von ThyssenKrupp sind so entstanden. Auch innogy, die Abspaltung der erneuerbaren Energiedienstleistungen von RWE, ist ein gutes Beispiel für die frühzeitige Einbindung der Kommunikatoren. Nur so gelingt es, Prozesse aufeinander abzustimmen, ein gegenseitiges Verständnis für Inhalte und Zeitbedarfe (Kreation braucht Zeit, die Registrierung einer Marke ebenfalls.) zu entwickeln und die Marke als interdependenten Beitrag zur Unternehmensentwicklung zu etablieren.

Idealtypische Prozesse gibt es nur als Chart, nicht im wirklichen Leben. Darauf müssen sich die Agentur und der sie beauftragende Kunde einstellen. Es braucht Kompetenzen aus allen Bereichen von Science, Art und Craft, und die Kunst der Agenturführung liegt darin, diese auszubalancieren. Agenturen arbeiten entweder mit integrierten Teams oder haben spezialisierte Dokumentationsabteilungen. Das ist eine Geschmacksfrage. Wichtig für das Gelingen sind eine enge Zusammenarbeit mit dem Auftraggeber, die Integration aller Gewerke, viel Erfahrung und natürlich ein neues Denken. Hinter jedem Prozess liegt ein ausgeklügelter Plan. Wer jedoch dabei nicht improvisieren kann, sollte zumindest bei großen Markenentwicklungsprozessen zu Hause bleiben.

Die Agentur als Umsetzer: Ignoranz oder Verzweiflung

Fragt man die Kreativen einer Werbeagentur, wer schon einmal in das Brand-Management-System seines Auftraggebers geschaut hat, sieht nicht selten in fragende Gesichter. Gerne arbeiten Agenturen mit den Interims-Guidelines (»Die sind so schön kompakt.«) oder einem ausgedruckten Download des Manuals. Mit etwas Glück hat vielleicht ein Praktikant die Datenbanken (Logos, Schriften etc.) runtergeladen und auf den internen Agentur-Server gestellt. Das letzte Update hat niemand mitbekommen. Der Newsletter erreichte den Praktikanten nicht mehr; er studierte schon längst wieder oder war in einem anderen Job. Auch das ist leider allzu oft und immer wieder ein Teil der Realität.

Was also will die umsetzende Agentur? Als die damals zuständige Brand Managerin eines Stuttgarter Automobilkonzerns bei der Neuentwicklung des Corporate Design Jean-Remy von Matt fragte, ob das neue Corporate Design eher ein enges, klar definiertes Anzeigenlayout vorsehen oder mehr Flexibilität schaffen solle, war die Antwort knapp: *»Ersteres.«* Auf die Frage, warum, antwortete er: *»Damit wir uns auf die Idee konzentrieren können.«* Das war etwa im Jahr

2004. Deutlich früher beklagte sich dieselbe Agentur bei Jörg Zintzmeyer, der agenturseitig seit den 1970er-Jahren das Corporate Design von BMW verantwortete, immerfort über den »German Balken« und das rigide Layout, das wenig Möglichkeiten für kreative, ungesehene Bild- und Textideen zulasse. Die Agentur setzte sich damit auseinander und entwickelte für BMW ein System mit einer doppelten Absenderkachel, welche in den Grundzügen heute immer noch den Auftritt prägt. Diese Reduktion der Markenidentität auf einen minimalen, aber konstanten Markenraum, der darüber hinaus auf vollständige Freiheit für Schrift, Bild, Layout setzte, war schlicht revolutionär – heute würde man wohl von ›disruptiv‹ sprechen. Bild, Typografie, die Position von Headline und Copy: Alles war der Kreativität der Agentur und ihrem Auftraggeber freigestellt. Alles wurde einzig dem Zweck der werblichen Botschaft und Zielgruppenansprache untergeordnet. Die Absenderkachel selbst konnte frei am Formatrand platziert werden. Einfacher (bezogen auf die Regeln), flexibler (bezogen auf den Einsatz der Markenelemente) und freier (bezogen auf die Kreativität) geht es nicht. Ironischerweise war das dann wohl des Guten zu viel. Diese radikale Lösung überlebte nur wenige Kampagnenzyklen. Die Kacheln standen immer unten rechts, wo das Absenderlogo eigentlich immer steht. Die Typo war die BMW-Schrift und das Bild zeigte das zu bewerbende Fahrzeug. So viel Freiheit wollte dann doch keiner. Der »German Balken« erfuhr dennoch keine Renaissance, die Kachellösung im Zusammenspiel mit weiteren klar definierten Markenelementen wurde zur Blaupause für viele andere Markenauftritte. Heute stößt allerdings auch die Kachel in den digitalen Medien an ihre Grenzen. Das Beispiel zeigt: Miteinander reden, Bedarfe und Ideen auszutauschen, schadet nicht.

Was also will die Kommunikations-Agentur? Sie will ein Corporate Design, das funktioniert. Sie will sich auf die Idee konzentrieren, und sie will immer mal wieder etwas anders machen. Letzteres schafft Aufmerksamkeit, und darum geht es ja bei Werbung. Anderen Disziplinen geht es nicht anders: Sie wollen sich auf den Teil ihres Jobs konzentrieren, für den sie bezahlt werden. Auch in dieser Frage gibt es also keinen Königsweg. Binden Sie ihre Lead-Agenturen frühzeitig in den Entwicklungsprozess ein und schaffen sie Möglichkeiten der Rückkopplung. Möglicherweise bringt Sie das inhaltlich nicht weiter – in jedem Fall erhöht es aber die Akzeptanz eines Brand Design.

Brand Management: Markenpolizei, Jedi-Ritter oder interner Dienstleister?

»Das ist verboten!« »Das ist nicht erlaubt!« »Das ist falsch!« Oder vorsichtiger: »Das ist so nicht vorgesehen!« – Ja, das ist immer noch ein Thema und wird es immer bleiben. Es geht um die Rolle, die sich das Brand Management selbst gibt. Nicht selten legt das Brand Management seine Guidelines so streng aus wie die Kirche im Mittelalter das Alte Testament. Ja, auch heute noch. Das ist schlicht falsch, man mag es kaum sagen. Konsistenz wird dabei zum Fetisch.

> Nicht selten legt das Brand Management seine Guidelines so streng aus wie die Kirche im Mittelalter das Alte Testament.

Ein Corporate Design will und soll Kommunikation beflügeln – keinesfalls verhindern. Es muss folglich so gedacht und dokumentiert werden, dass es Kreativen hilft, sich auf das Wesentliche zu konzentrieren. Wenn jedoch ein Kreativer auf über 100 Seiten nachlesen kann, was er nicht machen darf, was verboten ist, was alles nicht geht und sein kann, wird Kreativität im Keim erstickt. Das Gegenteil wird erreicht. Der formale Regelwahnsinn verhindert die inhaltliche Auseinandersetzung mit der Marke, statt diese zu beflügeln.

> Ein Corporate Design muss so gedacht und dokumentiert werden, dass es Kreativen hilft, sich auf das Wesentliche zu konzentrieren.

Eine Dokumentation muss also zugänglich, einfach und unterstützend sein. Moderne Brand-Management-Systeme bieten digitale Tools, wie Templates und Media-Datenbanken mit diversen Assets, die der alltäglichen Markenarbeit helfend zur Hand gehen und die nicht jeden Tag neu erfunden werden müssen. Wer sich nicht mit dem Aufbau der InDesign-Datei beschäftigen muss, sondern gleich loslegen kann, konzentriert sich leichter und schneller auf die eigentliche Aufgabe: mit Bild und Text eine Botschaft an die Zielgruppe zu bringen.

Gute Dokumentationen sorgen dafür, dass sich Kreative auf die Erreichung der Kommunikationsziele konzentrieren können. Richtig gute beflügeln sogar. Marke muss Freude machen. Zu viele Regeln, Verbote und komplexe Regelsysteme stehen dem im Wege. Das Brand Management hat es selbst in der Hand, welche Rolle es spielen will. Markenpolizisten braucht es nicht. Auch der Glaube, auf der ›guten Seite der Macht‹ zu stehen, ist einer schöner, aber wenig hilfreicher Ansatz. Und eine reine Serviceorientierung wird dem Steuerungsaspekt von Marke ebenso wenig gerecht.

> Gute Dokumentationen sorgen dafür, dass sich Kreative auf die Umsetzung von Ideen und die Erreichung der Kommunikationsziele konzentrieren können. Richtig gute beflügeln sogar.

Takeout 1: An wen sich eine Dokumentation richtet

Eine Dokumentation lässt sich als Instrument zur strategischen Ausrichtung, effizienten Steuerung und konsistenten Umsetzung der Marke verstehen. Die Anforderungen, Ziele und Ergebnisse sind je nach Zielgruppe unterschiedlich:

Entscheider

- Anforderung: Erfolg der Marke verantworten
- Ziel: *Markenidee* und Kernelemente der visuellen Markenidentität auf der ›Metaebene‹ verinnerlichen und vertreten
- Ergebnis: Dokumentation als *strategisches Instrument* – kurz, leicht verständlich, schnell abrufbar

Fachebene

- Anforderung: umsetzende Agenturen briefen, Ergebnisse aus Markensicht beurteilen und nachsteuern
- Ziel: Markenidee und Kernelemente verstehen, *Gestaltungsprinzipien* kennen und durchsetzen
- Ergebnis: Dokumentation als *Steuerungsinstrument* – nachvollziehbare Darstellung von Markenidee, übergreifenden Gestaltungsprinzipien und medienspezifischen Besonderheiten

Umsetzer

- Anforderung: Entwicklung der Kreation im Auftrag der Fachebene
- Ziel: Markenidee verstehen, übergreifende Gestaltungsprinzipien und spezifische *Gestaltungsrichtlinien und Vorlagen* anwenden
- Ergebnis: Dokumentation als Unterstützung und *Arbeitsinstrument* – verbindliche Vorgaben in Form von medienspezifischen Gestaltungsrichtlinien und Vorlagen

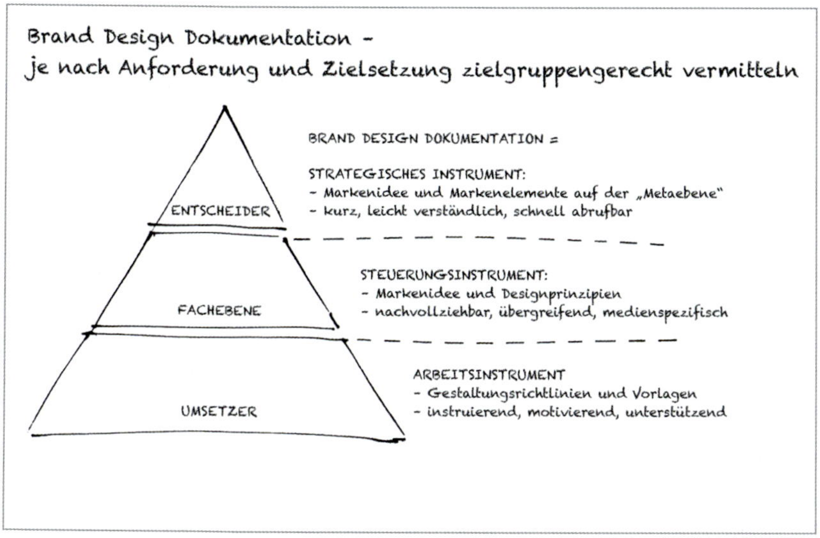

Abb. 1: Brand-Design-Dokumentation – je nach Anforderung und Zielsetzung zielgruppengerecht vermitteln (eigene Darstellung)

Marke: Prozesse und Veränderung steuern statt Status quo verwalten

Marken haben ein visuelles Erscheinungsbild. Sie spielen eine Rolle im Leben der Menschen und sind in deren Alltag präsent. Sie erzählen Geschichten. Sie helfen. Und manchmal wollen sie auch einfach nur gekauft werden, machen ›Reklame‹ für sich und wollen verführen. Und wie immer gibt es auch unter Marken Gewinner und Verlierer. *Gewinner* sind Marken, die wie echte Freunde sind: Man weiß, wofür sie stehen. Man weiß, warum man sie hat. Und man kann sich immer auf sie verlassen. Sie sind also eine Konstante im Leben des Menschen. Und um als Konstante wahrgenommen zu werden, muss eine Marke konsistent, also selbstähnlich auftreten. Das schafft Vertrauen, Glaubwürdigkeit und Nachvollziehbarkeit. Deshalb gilt für Marken: *Konsistenz* ist der Schlüssel zum Erfolg. Sie herzustellen, ist heute schwieriger denn je. Dies hat formale, technische Gründe: Die Kanäle und Kontaktpunkte der Marke zum Konsumenten nehmen zu. Zudem werden die Umfelder komplexer und entziehen sich regelmäßig der Steuerung. Apple definiert deshalb gewissermaßen pixelgenau, wie ein App Icon auszusehen hat. Wer sich nicht an die Regeln hält, fliegt aus dem virtuellen Kaufhaus raus. Das war zunächst durchaus ungewöhnlich. Andere Warenhausketten räumten starken Marken zur gleichen Zeit große Flächen frei und gleichzeitig Freiräume ein, damit sie sich im Rahmen von Shop-in-Shop-Konzepten attraktiv und selbstähnlich darstellen konnten; zum Vorteil und zur Erhöhung der Attraktivität des Kaufhauses. Bei den anderen GAFAs (*G*oogle, *A*pple, *F*acebook, *A*mazon) ist es nicht anders: Google reduziert Suchergebnisse – und damit die Kernleistung der Marke – auf wenige Textzeilen, Facebook definiert genau die Platzierung von Logo und Format und Amazon reduziert alles auf ein Foto und presst Inhalte in Templates – auf die Produktdarstellung und das Umfeld der eigenen Produktpräsentation hat die Marke kaum Einfluss. Im Ergebnis haben Digital Natives folglich eine völlig andere Erlebniskette (aufeinanderfolgende Berührungspunkte) mit derselben Marke, als Street-Shopper in der Hamburger Mönckebergstraße. Das muss noch nicht zur Inkonsistenz führen. Nur weil die Erlebnispunkte so unterschiedlich sind, heißt das nicht, dass die Erlebnisse nicht Hand in Hand gehen können. Allerdings wird es immer schwieriger, diese Unterschiede einheitlich zu branden.

Viele Branding-Projekte haben heute ein Ziel: Sie sollen die Marke konsequent aus der digitalen Perspektive entwickeln. »*Mobile first*« nannte TUI ein Projekt, bei dem der Markenauftritt konsequent anhand der Anforderungen eines Mobile-Displays weiterentwickelt wurde. Bei TUI wurde der Einsatz der Schriften überarbeitet, das Farbspektrum reduziert, der Einsatz des Logos optimiert und schlussendlich ein neues, medienübergreifendes Layout entwickelt. »Mobile first« heißt: Die wesentlichen Markenelemente werden auf der kleinstmöglichen Anwenderfläche definiert und im Zusammenspiel geregelt (vgl. in Kap. 5 den Beitrag von Rädeker). Diese Prinzipien werden dann auf die gesamte Erlebniskette übertragen. Aus der Branding-Perspektive darf man von Glück reden, dass sich die Smart-Watch noch nicht durchgesetzt hat.

Dabei geht es heute nicht mehr um das eine Layout für alle Kanäle und Kontaktpunkte. Es geht heute vielmehr um *wenige, einfache Prinzipien* für die Gestaltung, Kommunikation und das Nutzungsverhalten *(Usability)*, die geeignet sind, übergreifend erlebt zu werden. Es muss und kann also nicht mehr alles gleich aussehen. Aber die Marke sollte immer und überall selbstähnlich erfahrbar sein. Eigentlich ist dies eine schöne Entwicklung und mittelfristig das Ende der Gleichmacher. Es gibt aber auch – und das ist die andere Seite der Medaille – eine inhaltliche Dimension der Gleichmacherei. Konsistenz ist irgendwie langweilig, erst recht in einer schnelllebigen, pluralen westlichen Welt. Je nach Blickwinkel, kann Konsistenz in einer derart überdrehten Welt aber auch wohltuend beständig sein.

Die meisten Dokumentationen zielen im Kern auf Konsistenz. Mitunter wird Konsistenz sogar zum Fetisch. Die einstige Sechs-Zeilen-Regel im Corporate Design einer großen Automobilmarke ist hierfür ein Beispiel. Diese war gut gemeint, keine Frage: Eine Headline bestand demnach aus maximal zwei Zeilen – Typo, Punktgröße und Zeilenabstand formatgerecht definiert. Darunter durften dann noch vier Zeilen Subheadline und Copytext stehen. Punkt. Verstehen Sie mich nicht falsch: Das macht schon Sinn. Headlines sind Headlines und sollten sich vom Fließtext erst recht in einer Anzeige durch Prägnanz und Länge unterscheiden. Eine weltweite Analyse der Printanzeigen dieser Marke führte zu einer Fehlerquote in der Corporate-Design-Umsetzung von über 80 Prozent und infolgedessen zu hektischer Betriebsamkeit im Markenmanagement. Agenturen können davon durchaus betroffen sein, wenn sie ein Bonussystem haben, bei dem die Einhaltung des Corporate Design ein relevantes Kriterium ist. Die Abteilung ›Corporate-Design-Polizei‹ plante einen Großeinsatz, mahnte die Agenturen und Märkte ab und beauftragte die Entwicklung von Schulungsmodulen und die Konzeption internationaler Corporate Design Workshops. Bei näherer Betrachtung stellte sich heraus, dass die Marke aus taktischen oder strategischen Gründen sehr stark auf die Kommunikation und Betonung von ›Product Features‹ setzte. Offensichtlich waren sechs Zeilen dann doch zu wenig, um ein Allradsystem, ein automatisches Abbiegelicht sowie das neue Navigationssystem inhaltlich einigermaßen korrekt zu erklären; erst recht, wenn die französische Sprache bis zu 30 Prozent längere Texte benötigt.

Wie viele Inhalte haben in einer Anzeige Platz? Hätten sich die Agenturen gegen die Sechs-Zeilen-Regel wehren müssen? Weiß ein Designer besser als ein Werber wie Anzeigen funktionieren? Warum brieft die Fachabteilung so viele Features ein? Komplexe Dinge einfach und mit wenigen Worten zu erklären, damit sie mit sechs Zeilen erledigt sind, ist eine große Kunst, die nicht jedem gegeben ist. Die Welt ist komplex. Wer jetzt noch glaubt, ein Corporate Design kann wie ein Gesetzbuch verfasst werden, sollte nicht weiterlesen. Dennoch braucht ein Corporate Design Regeln. Konsistenz und Selbstähnlichkeit sind wichtige, aber nicht die einzigen Faktoren einer erfolgreichen Markenführung. Wie also kommt man raus aus der Konsistenzfalle? Wie besiegt man den Scheinriesen Konsistenz? Wie bei Jim Knopf, indem man näher rantritt? Die Antwort liegt darin, die Idee einer Marke in den Mittelpunkt zu stellen.

> Wenn sich Markenauftritte der Markenidee verpflichten, dann werden formale Kriterien weniger bedeutsam.

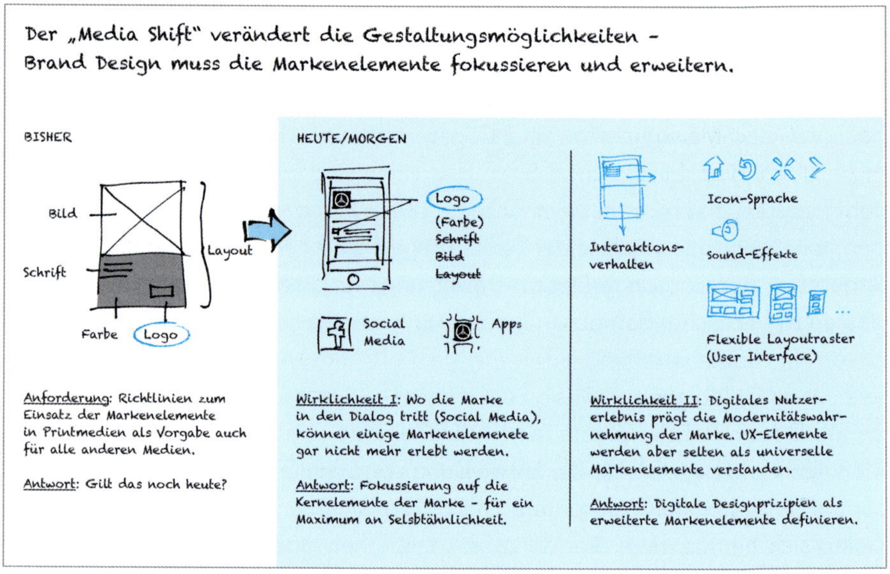

Abb. 2: Der Media-Shift verändert die Gestaltungsmöglichkeiten – Brand Design muss die Markenelemente fokussieren und erweitern (eigene Darstellung)

Die Idee der Marke sollte an jedem Kontaktpunkt spür- und erfahrbar werden. Wenn sich Markenauftritte der Markenidee verpflichten, dann werden formale Kriterien weniger bedeutsam und das Erlebnis der Marke wird zum Dreh- und Angelpunkt. Für Anwender, die die Marke verstehen, werden ausufernde Regelwerke obsolet. Bei einer Marke, die sich durch gestalterische Prinzipien definieren lässt, können sich alle mehr der inhaltlichen Arbeit widmen. Markentechnisch bedeutet dies, dass Marken schon bei der Entwicklung prinzipieller gedacht werden müssen. Prinzipieller heißt hier auch digitaler. Unterm Strich brauchen wir weniger Schutz- und mehr Erlebnisräume.

> Eine moderne Marke braucht weniger Markenschutzräume, sondern vielmehr Markenerlebnisräume.

Was bedeuten mehr Gestaltungsprinzipien und weniger Vermaßung für eine Marke? Zum Beispiel, dass das Logo bei Printanzeigen rechts unten und bei digitalen Medien oben links steht. Es kann aber auch zum Prinzip werden, dass ein Logo immer ›mitten‹ im Bild steht, an geeigneter Stelle, im Zentrum des Erlebens, der Emotion, die durch das Medium beim Rezipienten geweckt werden soll. Prinzipielle Gestaltungsregeln haben jedoch einen Nachteil, der nicht verschwiegen werden sollte: Sie setzen eine gewisse Professionalität und Kompetenz im Brand Management und der umsetzenden Dienstleister voraus. Die Dokumentation von Markenauftritten hat auch hier die Funktion, die Qualität der Umsetzung auf ein der Marke adäquates Niveau zu bringen – dienstleisterunabhängig. Designprinzipien verlangen von allen ein Mitdenken. Dadurch wird die Arbeit für alle anspruchsvoller, aber eben auch spannender. Und das ist gut. Das Arbeiten mit Marken darf ruhig einen Hauch von Abenteuer erhalten. Die Herausforderung für Marken und Markenmanagement heute und morgen heißt *Flexibilität* – ohne Beliebigkeit. Keine einfache Formel, fürwahr.

> Die Dokumentation von Markenauftritten hat die Funktion, die Qualität der Umsetzung auf ein der Marke adäquates Niveau zu bringen – dienstleisterunabhängig.

Noch nie haben sich die Anforderungen an Dokumentationen so schnell verändert wie heute. Neuentwicklungen, ständiges Testen und Optimieren, neue Kanäle und Anwendungen und dynamisches Nutzerverhalten sowie neue Kommunikations- und Kampagnenformen und Interaktionslogiken haben zur Folge, dass es eigentlich keinen finalen Zustand mehr gibt. Nach dem Launch ist vor dem Launch. Marken müssen auf diese Anforderungen reagieren und sich für ein derart dynamisches Umfeld flexibel aufstellen. Dazu gehören neue Dateiformate, wiederkehrende Bestandteile sowie ein aktuelles Brand-Management-System mit den neuesten Updates.

> Die Marke im digitalen Zeitalter ist mehr denn je kein Zustand, sondern ein Prozess der permanenten Weiterentwicklung.

Takeout 2: Was eine Dokumentation leisten kann

Inhalte beschreiben und darstellen:

- klassische Richtlinien mit Bildern und Texten zu Markenpositionierung, Markenstrategie, Markenarchitektur, Basiselementen und Anwendungen
- ggf. Gestaltungspläne mit Vermaßungen und Spezifikationen

Zusammenhänge erklären und nachvollziehbar machen:

- Benchmark-Analysen, Zielgruppendefinitionen, Markentonalitäten
- Dos und Don'ts, Best-Practice-Beispiele
- Animationen, Tutorials, Moodfilme

konkret Hilfestellung geben, Nutzen erweitern:

- Datenbanken zu Logos, Schriften, Bildern, Piktogrammen, Digital Assets
- Templates, Snippets
- Web-to-publish-Funktionalitäten
- Verknüpfung mit Content/Marketingautomatisierung

Angebote zum Erfahrungsaustausch und zur Ko-Kreation schaffen:

- Chat-Funktionen
- Brand Communities
- Performance Dashboards
- Inspirationsräume
- Best-Practice-Galerien

Takeout 3: Was eine Dokumentation beinhaltet

1. Lang- und mittelfristig gültige Definitionen der Markenidentität, d. h. Beantwortung der Frage: Wofür steht die Marke? Wie will sie wahrgenommen werden – mit allen Sinnen und über alle Kanäle hinweg?
2. Quelle aller Richtlinien und Tools für eine selbstähnliche Umsetzung der Markenerlebnisse
3. Darüber hinaus kann die Dokumentation Angebote für dialogische Formen des Austauschs zu Markenthemen machen oder durch die Erweiterungen mit Inhaltsbausteinen zu einem prozessorientierten Steuerungsinstrument der Markenführung ausgebaut werden.

Mögliche Inhalte einer Dokumentation:

Markenstrategie
- Markenidee
- Markenpositionierung
- Markenprinzipien
- Markenarchitektur
- Markentonalität

Markenelemente und -prinzipien
- Logo
- Farben
- Schrift
- Bilder
- Illustration
- Grafiken, Tabellen
- Piktogramme, Web Icons
- markentypische Gestaltungselemente
- übergreifende Gestaltungsprinzipien
- Interaktionsverhalten
- Sound
- Corporate Language
- Co-Branding

Markenauftritt (Touchpoints)

digital
- Interaktionsprinzipien
- Internet, Intranet, Desktop/mobile
- Animation, Film, Video
- Onlinebanner
- Social Media
- Präsentationen

Print
- Anzeigen
- Poster, OOH
- Literatur
- Geschäftsausstattung
- Formulare

3D
- Architektur
- Kennzeichnung, Fahnen
- Messe, Veranstaltungen
- haptische Produkte
- Bekleidung
- ...

Downloads (zentral oder dezentral)
- Logovorlagen
- Farbbibliotheken
- Schriften
- digitale Vorlagen (Icons, Bilder)
- UI Elemente
- Templates (digital, Print)

Sub-Brands
- Vorgaben auf Basis der Markenelemente und -prinzipien
- eigenständige Vorgaben

Erweiterungen (optional)
- Mediendatenbanken
- Newsletter-Funktion
- Nutzerdatenbank
- Projektplattform für Ko-Kreation oder Freigabeprozesse,
- dialogische Angebote: Blogs, Votings
- Marketingplattform (Content)
- E-Learning

Digitalisierung: die Möglichkeiten digitaler Plattformen nutzen

Wie alle Disziplinen im Marketing wird auch das Brand Management von den Veränderungen durch die digitale Transformation beeinflusst. Eine Herausforderung besteht dabei in der Diversifikation der digitalen Kanäle und Kommunikationsmittel, die bespielt und auch überwacht werden müssen. Es müssen also immer mehr Inhalte immer schneller erstellt, abgestimmt und schlussendlich verteilt werden. Diese müssen dabei nicht nur zielgruppengerecht, sondern auch kanalspezifisch aufbereitet werden. Dies betrifft nicht ausschließlich formale Aspekte, sondern hat zusätzlich eine inhaltliche, kanalspezifische Ausprägung, die vom Nutzungsverhalten der jeweiligen Kanäle abhängt.

Marken- und zielgruppenspezifischer Content sollte deshalb zunächst medien- und kanalneutral definiert und dann kanalspezifisch ausgespielt werden. Dies muss selbstverständlich intern abgestimmt und zielgerichtet erfolgen. In Prozessen dieser Art sind häufig viele Bereiche sowohl auf Unternehmensseite als auch auf Agenturseite beteiligt. Zudem sind die Themen meist zeitkritisch. Aus diesem Grund hat die Zahl spezialisierter Marketing-Systeme in den letzten Jahren drastisch zugenommen und wird zunehmend integraler Bestandteil der Infrastruktur einer modernen Marketingabteilung. Idealerweise zentralisieren und unterstützen *Brand-Management-Systeme* den gesamten Prozess der Markenbildung – die Erstellung von Medien und Kommunikationsmitteln, den Prozess der Abnahme mit entsprechenden Workflows und die Steuerung der Kontaktpunkte. Diese Systeme schaffen erstaunliche Synergien und beschleunigen Prozesse, wenn auf Medienbrüche mit Kommentaren in Word und Excel, die dann wieder per Mail versendet werden, verzichtet werden kann. Ablagefunktionen und Volltextsuche erleichtern zusätzlich das Auffinden von Inhalten und Vorlagen. Ein einfaches Beispiel ist die Erstellung von Visitenkarten. Freigegebene Inhalte, wie z. B. die neu gestaltete Visitenkarte, können – die passenden Rechte vorausgesetzt – heruntergeladen oder im Browser editiert werden. Damit sind Abweichungen von Typografie, Farben oder die Verwendung eines falschen Logos nicht mehr möglich. Über Web2Print werden die fertigen Daten als Druckauftrag weitergeleitet.

Andere, komplexere Systeme unterstützen die Erstellung von Kampagnen oder die Bespielung unterschiedlicher Social-Media-Kanäle. Über entsprechende Schnittstellen wird ein Brand-Management-System zum Ausgangspunkt einer weitergehenden Marketing-Automation. Vorgefertigte Templates können aus einer Datenbank mit Inhalten gefüllt werden *(Template-based Publishing)*. Zudem können Personalisierungen, spezifische Produktinformationen oder Kampagnenmodule automatisiert in Kommunikationsmittel übernommen oder in digitalen Kanälen ausgespielt werden. Für globale Marken ergeben sich so erhebliche Einsparungspotenziale, z. B. auch bei der Übersetzung und Adaption von Inhalten in andere Landessprachen. Doch ohne Prozesse und Change Management nutzt auch das beste Brand-Management-System wenig. Die Organisation muss in die Lage versetzt werden, diese Systeme zu nutzen. Regelmäßig müssen Governance-Themen beleuchtet und hinterfragt werden, Schnittstellen zu anderen System und Datenbanken überarbeitet oder neu erstellt werden. Auch Agenturbeziehungen gehören auf den Prüfstein und Workflows müssen an die Systeme angepasst werden. Daher sollten im Vorfeld der Implementierung eines Brand-Management-Systems immer zunächst die Prozesse beleuchtet werden, mit denen aktuell Markeninhalte erstellt werden. So muss z. B. sichergestellt sein, dass eine webbasierte Plattform auch für alle Nutzer zugänglich ist und bedient werden kann. Rollen und Rechte der Nutzer müssen vorab definiert sein. Und es müssen Personen benannt sein, die sich um die Pflege und Aktualisierung der Inhalte kümmern.

Takeout 4: Was Dokumentationen im digitalen Zeitalter leisten sollten

1. Grundelemente für digitale Formate erweitern und dokumentieren

- Marken agieren und kommunizieren auf den unterschiedlichsten und auf immer mehr Kanälen. Auch die Grundelemente für digitale Anwendungen müssen dem standhalten. Nicht nur der altbekannte RGB-Wert für Farben sollte sich in Guidelines finden, sondern auch die entsprechenden HEX-Werte sowie Formate wie SVG für Logos und Icons. SVG ist ein vektor- und codebasiertes Format, das neben der freien Skalierbarkeit auch die dynamische Zuordnung von Farben zulässt und die Grundlage für Animationen der einzelnen Elemente ermöglicht.
- In der digitalen Welt empfiehlt es sich zudem, Originaldateien nicht streng zu hüten, sondern weiterzugeben. Dadurch gibt man vermeintlich Steuerungsmacht aus der Hand. Gleichzeitig werden individuelle und schnelle Lösungsansätze möglich. Denn nur so können Entwicklerteams permanent und angemessen auf neueste Anforderungen reagieren und ohne fehleranfällige Workarounds reagieren.

2. Code Snippets und Pattern Libraries als effizienter Handshake

- Erweiterung des Baukastens: Bei der Umsetzung von digitalen Produkten gibt es immer wiederkehrende Elemente und Bausteine. Farben, Elemente, Animationen, Roll-over-Zustände und Navigationsprinzipien wiederholen sich und definieren so einen wesentlichen Teil des medienübergreifenden digitalen Markenerlebnisses.
- Die Dokumentation dieser Markenelemente endet idealerweise also nicht mit der formalen und visuellen Beschreibung von Elementen, sondern legt bereits den Grundstein für die Entwickler. Diese grundlegenden Kleinsteinheiten sorgen zwar für deutlichen Mehraufwand und fordern weitere Kompetenzen auf Agentur- und Unternehmensseite, haben aber langfristig viele Vorteile.
- Wenn Bausteine und Codes nicht jedes Mal grundlegend neu geschrieben werden müssen, spart das erhebliche Kosten. Dadurch ergibt sich für alle Anwender, von internen Abteilungen bis externen Agenturen, eine deutliche Effizienzsteigerung und ein stringenteres Markenerlebnis.
- Idealerweise werden Neu- bzw. Weiterentwicklungen solcher Bausteine auf der digitalen Plattform des Brand-Management-Systems geteilt – selbstverständlich nach Prüfung und Freigabe des verantwortlichen Branding-Teams.

3. Aktualität durch ein digitales Brand-Management-Portal

- Eine Herausforderung für Entwickler, Programmierer und digitale Denker sind die sich ständig verändernden und neuen Technologien. Hier Schritt zu halten, fällt schon den Spezialisten nicht leicht. Marken müssen darauf zeitnah reagieren, und zwar bevor sich die Technologie endgültig durchgesetzt hat.
- Deshalb erhöhen sich auch die Anforderungen an das Dokumentationssystem. Eine digitale Plattform, die immer aktuell ist, Downloads und Demos bereitstellt und auf Entwicklungen schnell reagieren kann, ist die einzige sinnvolle Grundlage zur Steuerung einer Marke. Nur so können die unterschiedlichen Zielgruppen (Designer, Entwickler, Redakteure, interne und externe Anwender) zentral und effizient gesteuert werden.

Takeout 5: Marketing-Automation

1. Anforderungen definieren
Welche Bedürfnisse hat das Unternehmen und welche Funktionen werden benötigt? Je genauer man sich hier ein Bild verschafft, desto besser kann man ein System evaluieren und die verschiedenen Angebote vergleichen. Gleichzeitig schafft man im Unternehmen Klarheit darüber, welche Ziele zu erreichen sind und reduziert falsche Erwartungen.

2. Lösung evaluieren
Anhand der definierten Anforderungen wird eine passende (System-)Lösung gesucht und anhand wichtiger Use Cases auf ihre Tauglichkeit überprüft.

3. Prozesse definieren
Das A und O: Wer wird mit dem System wie arbeiten? Welche Prozessverbesserungen erhofft sich ein Unternehmen von einer solchen technischen Unterstützung?

4. Templates erstellen
Guidelines werden in entsprechende Dokumente überführt und alle relevanten Vorlagen erstellt. Das kann von Word und PowerPoint bis zu Newslettern und Websites oder Apps reichen.

5. DAM (Digital Asset Management)
Einrichten einer webbasierten Lösung zur zentralen Ablage von verschiedensten Assets. Beispielsweise können so abgelegte Templates an einer zentralen Stelle editiert werden und Änderungen auf diese Weise schnell in neue Kommunikationsmittel einfließen.

6. Template-based Publishing
Vorlagen sind mit variablen Inhalten bzw. Platzhaltern erstellt und können aus einer Datenquelle dynamisch gefüllt werden. Ein erstelltes Dokument entspricht daher automatisch den Gestaltungsrichtlinien.

7. laufende Pflege
Inhalte ändern sich, und ein Brand-Management-System muss als *die* zentrale Quelle für Markeninhalte immer up to date sein.

Brand Engagement – organisatorische Implementierung von Brand-Design-Prozessen

Arne Brekenfeld und Lisa Krick

Wie informiert und involviert man Mitarbeiter und Management für ein neues Brand Design? Die erfolgreiche interne Implementierung eines neuen Brand Design ist die Voraussetzung, dass dieses erfolgreich nach außen wirken kann. Arne Brekenfeld und Lisa Krick zeigen, dass der Rollout einer Marke ebenso viel Planung und Kreativität verlangt wie der Prozess der Markenentwicklung.

Nach der Marken- und Designentwicklung und der Dokumentation des neuen Brand Design scheint der vermeintlich größte Teil der Arbeit getan. Doch die eigentliche Herausforderung steht noch bevor: die Menschen innerhalb des Unternehmens mitzunehmen. Sie sollen die Bedeutung der Marke verstehen und das neue Design nutzen. Eine visuelle Veränderung braucht Überzeugungskraft, denn Marken haben über ihre visuellen Codes oft jahrelang positive Assoziationen aufgebaut, von denen sich Management und Mitarbeiter ungern lösen. Deshalb ist es umso wichtiger, dass die Veränderung, der ›neue Look‹, auch verstanden wird, d. h., dass die Mitarbeiter von der Notwendigkeit der Veränderung überzeugt werden. Dabei kann die gestalterische Qualität des Brand Design helfen. Mindestens genauso wichtig ist aber, dass im Design die Botschaften visualisiert sind, die die Veränderung ausmachen. Auch die Bedeutung des Themas Marke ist oft nicht in allen Bereichen des Unternehmens bekannt und verankert. Mitarbeiter verschiedener Disziplinen und mit unterschiedlichen Zugängen zur Marke sollen deren Relevanz erkennen und sie in ihren Arbeitsalltag sinnvoll integrieren. Gerade weil dem Designprozess häufig ein größerer strategischer Vorlauf der Neupositionierung oder sogar ein ganzheitlicher Transformationsprozess vorausgeht, ist ein neues Design meist nicht nur eine visuelle Veränderung. Die Mitarbeiter müssen deshalb auch inhaltlich an eine Neuausrichtung herangeführt werden, um diese überzeugt mitzutragen. Denn Marke wird nur dann glaubwürdig nach außen getragen, wenn sie nach innen gelebte Realität ist. Die Mitarbeiter zu begeistern und zu gewinnen, ist also der Schlüssel zu einem erfolgreichen Branding- oder Re-branding-Prozess. Hier gilt es, aus Betroffenen Beteiligte zu machen.

> Marke wird nur dann glaubwürdig nach außen getragen, wenn sie nach innen gelebte Realität ist. Die Mitarbeiter zu begeistern und zu gewinnen, ist der Schlüssel zu einem erfolgreichen Branding- oder Re-branding-Prozess.

Erfolgsfaktoren für die organisatorische Implementierung von Brand Designs

Menschen von etwas zu überzeugen, gegen ihre Vorlieben, Gewohnheiten, ihr ›aber‹ und vorgefasste Meinungen anzukommen, sie zu öffnen und zu begeistern, sollte in diesem entscheidenden Projektschritt gelingen. Dazu sollte vor allem möglichst empathisch mit den Interessengruppen umgegangen werden, sollten ihre Bedürfnisse und Kommunikationswege verstanden und zugrunde gelegt werden. Die Beantwortung folgender Fragen kann hierbei helfen:

1. Wer sind die internen Stakeholder?
2. Was müssen/wollen diese Stakeholder über das Branding und die Strategie wissen?
3. Welche Bedenken könnte er/sie haben?
4. Was motiviert sie/ihn, das Brand Design mitzutragen?
5. Wann sollte er/sie es wie erfahren?
6. Wie sind die Kommunikations- und Entscheidungswege im Unternehmen?
7. Wer sind die wesentlichen Multiplikatoren?
8. Wie kann man sicherstellen, dass der ›Flurfunk‹ nicht schneller ist als die geplante Informationskaskade?
9. Welche Mitarbeiter haben Zugang zu welchen Medien?

Der *Rollout* eines Brand Design bedarf einer individuellen Strategie, die im Vorfeld die Rahmenbedingungen genau erfasst und festlegt, wem was wann und wie im Unternehmen kommuniziert wird. Wir haben in der Vergangenheit einige Erfahrungen mit einer Vielzahl unterschiedlicher Organisationen sammeln dürfen und unsere wichtigsten Learnings für eine erfolgreiche Implementierung von Rebranding-Prozessen hier zusammengefasst:

1. Branding-Prozesse brauchen Teamarbeit zwischen Auftraggeber und Agentur

Eine starke Marke, die ihren Ausdruck in einem stimmigen Brand Design findet, entspringt dem Herzen der Unternehmung bzw. spiegelt diese glaubwürdig wider. D. h., die *Teamarbeit* zwischen Agentur und Auftraggeber beginnt mit dem ersten Tag der Zusammenarbeit. Unerlässlich wird sie, wenn es darum geht, die Marke in die Organisation zu tragen. Denn nur ›Insider‹ kennen die eigenen Strukturen, wissen, wer wann involviert werden muss, wo in der Vergangenheit Fallstricke waren und welche organisatorischen Bedingungen sonst noch zu beachten sind. Um das alles berücksichtigen zu können, müssen die beratende Agentur und die Verantwortlichen im Unternehmen den Prozess Hand in Hand begleiten. Beide Partner sind aufeinander angewiesen: Die Agentur bringt die nötige Expertise und Professionalität sowie den neutralen Blick von außen ein, das interne Team schafft die Anschlussfähigkeit und Glaubwürdigkeit nach innen und räumt Hürden aus dem Weg. Zum Schluss sollten alle Verantwortlichen – und insbesondere auch die Unternehmensführung – hinter dem Ergebnis stehen und sich für dessen Gelingen und Umsetzung gleichermaßen verantwortlich fühlen. Die Arbeit der Agentur sollte also nicht mit der Übergabe der Guidelines enden.

Wenn der Auftraggeber kein Vertrauen in seine Agentur hat und ihr nur wenig Einsicht in die tatsächliche Unternehmensstruktur, Hintergründe und Prozesse gewährt, kann eine erfolgreiche Etablierung nur schwer gelingen. Gleiches gilt für die Agentur. Wenn sie ein schlechter Zuhörer ist und eine Überzeugung verkaufen möchte, die an der Realität des Unternehmens vorbeigeht und nicht zu diesem passt, dann wird das Projekt an fehlender Glaubwürdigkeit im Markt und fehlender Akzeptanz der Mitarbeiter scheitern.

Praxisbeispiel: Rollout der neuen Employer Brand von Lidl

Im Rahmen eines großen internationalen Rollouts für die neue Employer Brand von Lidl haben wir ein solches Team aufstellen können: Gemeinsam mit der internen Personalmarketing-Abteilung von Lidl haben wir die Marke entwickelt und ausgerollt. Seite an Seite haben wir das Konzept in einer Roadshow den internationalen Führungsteams präsentiert und sie inspiriert und motiviert, damit sie es wiederum ihren Mitarbeiterinnen und Mitarbeitern näherbringen konnten. Es war so, als hätten wir einen Marathon aus Bewerbungsgesprächen zu bestehen. Das integrierte Team aus Auftraggeber und Agentur hat sich gegenseitig motiviert, das Vorgehen abgestimmt und sich gleichermaßen ›reingehängt‹. Unser Team-Spirit und die vereinte Überzeugung haben es möglich gemacht. Wir haben die Marke ins Unternehmen getragen und viele begeisterte Fürsprecher gewinnen können.

> Fazit: Die interne Implementierung von Branding-Prozessen braucht Vertrauen, Commitment und Verantwortlichkeit. Nur ein integriertes Team aus Auftraggeber und Agentur kann gemeinsam die Marke zur gelebten Realität werden lassen.

2. Involvement der Mitarbeiter von Beginn an

Die meisten Menschen werden ungern vor vollendete Tatsachen gestellt. Deshalb sollten die Mitarbeiter auch nicht erst am Ende, wenn die Arbeit getan ist und ein verabschiedetes Ergebnis vorliegt, in den Branding-Prozess involviert werden. Die wichtigsten Markenbotschafter und Multiplikatoren sollten von Beginn an involviert werden. Dabei sollte die ›Wichtigkeit‹ von Personen nicht nur nach ihrer Entscheidungskompetenz, sondern auch nach ihrer Bedeutung als externer Kontaktpunkt mit dem Konsumenten und Multiplikator im Unternehmen bewertet werden. So sitzen die wichtigsten Markenbotschafter nicht nur im Vorstand, sondern sind diejenigen, die täglich das Bild der Marke prägen, wie z. B. die Empfangsfrau, die für jeden Besucher ein freundliches Wort hat und über den Flurfunk immer bestens informiert ist. Wichtig sind auch der Vertriebler, der die Marke überzeugend verkaufen soll, der Entwickler, der ihre Glaubwürdigkeit durch neue Produkte untermauert, die Call-Center-Mitarbeiterin, die die Serviceerfahrung mit der Marke entscheidend prägt usw. Man sollte also hierarchieübergreifend und interdisziplinär die *frühzeitige Einbeziehung relevanter Mitarbeiter* sicherstellen. Ein guter Start dafür ist immer das Gespräch: Wir fragen Mitarbeiter im Rahmen von Interviews und Gruppendiskussionen, was ihnen an der Marke wichtig ist, was ihnen fehlt und was sie glauben, was die Marke zukunftsfähig macht. Auch Hemmschwellen und Rahmenbedingungen für den Rollout lassen sich so herausfinden. Wichtig dabei ist, dass es nicht zu ›offiziell‹ wird. Die Mitarbeiter sollten sich wohlfühlen, locker und ungezwungen befragt und begleitet werden, ohne Hidden Agenda oder vorgefertigte Absichten. Nicht selten fragen sich Mitarbeiter, was durch den Einsatz solcher externer ›Unternehmensberater‹ von der Unternehmensleitung intendiert ist. Daher macht es Sinn, auf große Befragungsabläufe mit geschlossenen Fragen und festen Stichproben zu verzichten und eher das offene, *spontane Gespräch* zu suchen. Da sich das Unbewusste häufig nicht erfragen, wohl aber beobachten lässt, eignen sich z. B. auch *explorative Methoden* gut, um wichtige Erkenntnisse zu gewinnen. So kann man viel über die Marke lernen, wenn man mal einen Tag im Verkaufsraum, in der Kantine oder neben der Telefonistin verbringt. Möglich ist es auch, die Mitarbeiter ein *Tagebuch* führen zu lassen, das Einsichten in ihren Alltag und ihre Erfahrungen im Kontakt mit der Marke dokumentiert. Gerade in dezentralen und internationalen Organisationen kann eine *Mitarbeiter-Online-Community*, die sich zentral moderieren lässt, den Entwicklungs- und Implementierungsprozess begleiten. Dort lassen sich Fragen stellen und Diskussionen anstoßen, aber auch Zwischenergebnisse vorstellen und besprechen und zum Schluss digitale Trainings und Hilfe-Tools bereitstellen. Auch dabei sollte eine spielerische, leichte und offene Atmosphäre herrschen. Ein Beispiel: Anstatt zu fragen, wie die Mitarbeiter die Marke wahrnehmen, könnte man sie Gegenstände fotografieren und kommentieren lassen, die aus ihrer Sicht für das Unternehmen stehen. Oder man bittet sie, mit verschiedenen Einrichtungsgegenständen – von modern bis klassisch, von wohnlich bis funktional – einen Raum einzurichten, der für das Gefühl im Unternehmen steht (Wenn die Marke ein Wohnzimmer wäre, wie wäre es eingerichtet?) Mithilfe solcher *assoziativer Techniken* kann das Vorstellungsvermögen der Beteiligten für ein abstraktes Thema (denn sie alle beschäftigen sich im täglichen Leben ja nicht mit der Marke) und damit die Qualität ihres Inputs maßgeblich erhöht werden. Auch das Vorstellen und Kommentieren von Zwischenergebnissen und Previews kann helfen, um sich mit einem Stimmungsbild für den Rollout zu wappnen und eventuell entstehende Fragen zu antizipieren. Durch eine solche ›interne Meinungsforschung‹ lassen sich auch internationale oder kulturspezifische Gemeinsamkeiten und Unterschiede feststellen, die wichtig sind, um eine international tragfähige Implementierung gewährleisten zu können.

> Fazit: Wenn Mitarbeiter und wichtige interne Multiplikatoren von Anfang an mitgenommen werden und Gehör finden, tragen sie einen Re-branding-Prozess mit und führen ihn zum Erfolg.

3. Ausrichtung des Prozesses an der Unternehmensstruktur

Es gibt kein Standardvorgehen für eine organisatorische Implementierung. Vielmehr ist ein optimaler Prozess an der individuellen Unternehmenskultur und -struktur auszurichten. Meist lassen sich zwei Grundtypen von Organisationen identifizieren: eher hierarchisch oder eher demokratisch geführte Organisationen. Viele Organisationen sind sehr linear aufgebaut – mit einer oder wenigen Spitzen, die funktionale oder divisionale Verantwortung tragen. Wird ein Unternehmen z. B. stark *linear hierarchisch* geprägt und von einem machtvollen Entscheidungsgremium oder einer charismatischen Führungspersönlichkeit mit alleinigem Entscheidungsanspruch geleitet, so macht ein Bottom-up-Prozess, der das gesamte Unternehmen in den Entwicklungs- und Implementierungsprozess involviert, wenig Sinn. Denn was würde es wohl für die Akzeptanz des Branding bedeuten, wenn es mühsam mit der Basis entwickelt und am Schluss von der Führung gekippt wird? Ebenso beeinflusst die Unternehmensstruktur die Art und Weise, wie die Marke ausgerollt wird: In einer hierarchischen Struktur kann eine schlüssig hergeleitete, kraftvolle Entscheidung und Anweisung schnell für den konsequenten Einsatz innerhalb der Organisation sorgen. Damit jedoch alle mit dem Herzen dabei sind, bedarf es einer überzeugenden und begeisternden Einführung, idealerweise begleitet durch die – hoffentlich – charismatische Führungspersönlichkeit selbst. Es geht darum, die Menschen zu Mitstreitern einer großen Idee und Bewegung zu machen und auf das Momentum zu setzen. In einem solchen Fall kann z. B. ein großes und unterhaltsames *Kick-off-Event*, das den Implementierungsprozess einläutet, für die nötige Begeisterung sorgen. Zur Einführung der neuen Marke Ergo haben wir gemeinsam ein riesiges Mitarbeiter-Launch-Event umgesetzt, das prominent moderiert wurde und im Rahmen einer großen Markenausstellung die Marke erfahrbar machte: Wie sieht sie aus, wie fühlt sie sich an, wie spricht sie? Das gesamte Material zur Marke wurde im Anschluss an die Veranstaltung distribuiert, später auch durch digitale Trainings und mithilfe von Gamification-Tools gefestigt.

In einer eher *demokratisch geführten Organisation* mit oft langwierigen und ausgewogenen Entscheidungsprozessen dauert die Implementierung demgegenüber häufig länger und setzt eine Menge Abstimmungs-, Gremien- und Lobbyarbeit voraus, um die Gesamtorganisation zu gewinnen. Unternehmen mit dieser Organisationsform präferieren oft Bottom-up-Prozesse, weil über diese bereits im Prozess der Entwicklung der Nährboden für Veränderung gelegt wird. Beteiligte werden zu Förderern. Sie treiben die Veränderung von innen heraus. Als Instrument eignen sich hier standardisierte *Workshop-Formate,* die eine große Anzahl von Beteiligten ermöglichen. Erste konzeptionelle Ausarbeitungen werden z. B. in einer *Roadshow* vorgestellt. Mitarbeiter können Feedback geben und werden zur Mitarbeit bei der Implementierung motiviert. Parallel muss Lobbyarbeit geleistet und müssen viele *One-on-one-Gespräche* geführt werden. Man sollte für diese Prozesse auf jeden Fall einen langen Atem mitbringen und mehr Zeit einplanen, um eine breite Akzeptanz zu erzielen oder gar ein Scheitern zu vermeiden. In unserer Zusammenarbeit mit dem Deutschen Sparkassenverlag galt es, die sehr dezentral organisierten Sparkassen hinter einer neuen Markenpositionierung zu vereinen. Auch hier machte sich eine enge Zusammenarbeit mit dem Auftraggeber bezahlt, und es gelang uns, mit vielen Gremienpräsentationen und Einzelgesprächen sowie mithilfe eines Implementierungs-Toolkits zum selbstbestimmten Erleben der Marke, die Marke in die Sparkassen-Welt zu tragen. Hier gab es also nicht einen motivatorischen Großauftakt, sondern eine *Vielzahl von Veranstaltungen,* die nach einer genauen Infokaskade geplant und koordiniert worden sind. Damit konnte sichergestellt werden, dass alle rechtzeitig informiert wurden und alle Stakeholder auch wirklich ›Stakes‹ im neuen Konzept hatten.

Aber auch *Mischformen* sind möglich: Dies wäre etwa der Fall, wenn das mittlere Management – beispielsweise die Marketingabteilung – ein neues Branding lanciert und sowohl die Unternehmensführung ›oben‹ als auch die Mitarbeiter ›unten‹ überzeugen muss. Für einen solchen Fall sind die Verkaufsargumente oft sehr unterschiedlich zu wählen. Die Mitarbeiter wollen verstehen, was passiert, sich als ein Teil des Ganzen fühlen und glaubwürdig mitgenommen und überzeugt werden. Zwar möchte auch die Unternehmensführung durchaus begeistert werden, sie lässt sich aber eher von einer überzeugenden Kosten-Nutzen-Betrachtung überzeugen. In diesem Fall sollte sicher zuerst die Führung gewonnen und dann der Rest mitgenommen werden. Oft sind dabei divisionale Reaktanzen zu überwinden und idealerweise frühzeitig einzufangen, bevor das Branding nur unter starkem Gegenwind eingeführt werden kann. So kann z. B. der Vertrieb mit Unverständnis auf die Kosten aus dem Marketing reagieren und die Sinnhaftigkeit und Relevanz eines Re-branding infrage stellen (»Verkaufen wir dadurch ein Produkt mehr?«). Dann ist es besonders wichtig, die richtigen Argumente zu finden und die Wichtigkeit eines neuen Branding herauszustellen, um auch in Zukunft marktrelevant zu bleiben.

Für die Markenimplementierung mitunter ebenso differenziert zu betrachten sind *zentral und dezentral geführte Organisationen.* Während Unternehmen mit einer starken zentralen Ausrichtung häufiger Top-down agieren, besitzen bei dezentral organisierten Unternehmen die Bereichs- oder Regionalfürsten oft ein hohes Maß an Autonomie. Immer noch recht häufig können wir beobachten, dass in der Zentrale entwickelte Marken- und Branding-Prozesse in den Divisionen und Ländern nicht oder nur halbherzig angenommen oder schlicht gar nicht implementiert werden, weil der Prozess zentralistisch aufgesetzt wurde, ohne Bereiche und Regionen zu involvieren.

Gerade bei global operierenden Großkonzernen oder auch Mittelständlern mit Konzernstrukturen kommt es vor, dass Strukturen und Machtverhältnisse über Dekaden von zentral auf dezentral wechseln und umgekehrt – abhängig von Geschäftslage, Profilierungsbestrebungen und Vorstandsphilosophie. Es ist also in jedem Fall gut, diese sich verändernden Strömungen und Formen zu kennen, bevor man sich für einen Entwicklungs- und Implementierungsprozess entscheidet.

> Fazit: Ein optimaler Prozess wird an der individuellen Unternehmenskultur ausgerichtet, ob Top-down oder Bottom-up vorgegangen werden muss, entscheidet dabei die Organisationsform.

4. Interne Zielgruppen verstehen und Inhalte zielgruppenadäquat aussteuern

Interne Zielgruppen müssen sehr differenziert und bedarfsgerecht angesprochen werden, um sie für die Marke oder das Unternehmen zu begeistern. Mit wem haben wir es zu tun? Welches Wissen benötigt die Person/Personengruppe? Welche Motivatoren und Reaktanzen sollten bedacht und adressiert werden? Bei der Beantwortung dieser Fragen, können zwei Tools helfen, die man auf die wichtigsten Zielgruppen im Unternehmen anwenden sollte: (1) die Erstellung von *Personas,* die eine Art Steckbrief der Zielgruppe darstellen und (2) eine *Empathy Map* (vgl. Abb. 1), die hilft, sich in die Zielgruppe hineinzuversetzen. Mithilfe einer

Empathy Map lassen sich Personas systematischer und umfänglicher darstellen. Das Tool hilft uns somit, einen Menschen noch besser zu verstehen. Beide Tools skizzieren anschaulich, mit wem man es im Unternehmen zu tun hat und helfen dabei, die Informationstiefe, den optimalen Zeitpunkt und passende Implementierungshilfen und -maßnahmen zu definieren. Wir wollen dies an einem konkreten Anwendungsbeispiel aufzeigen.

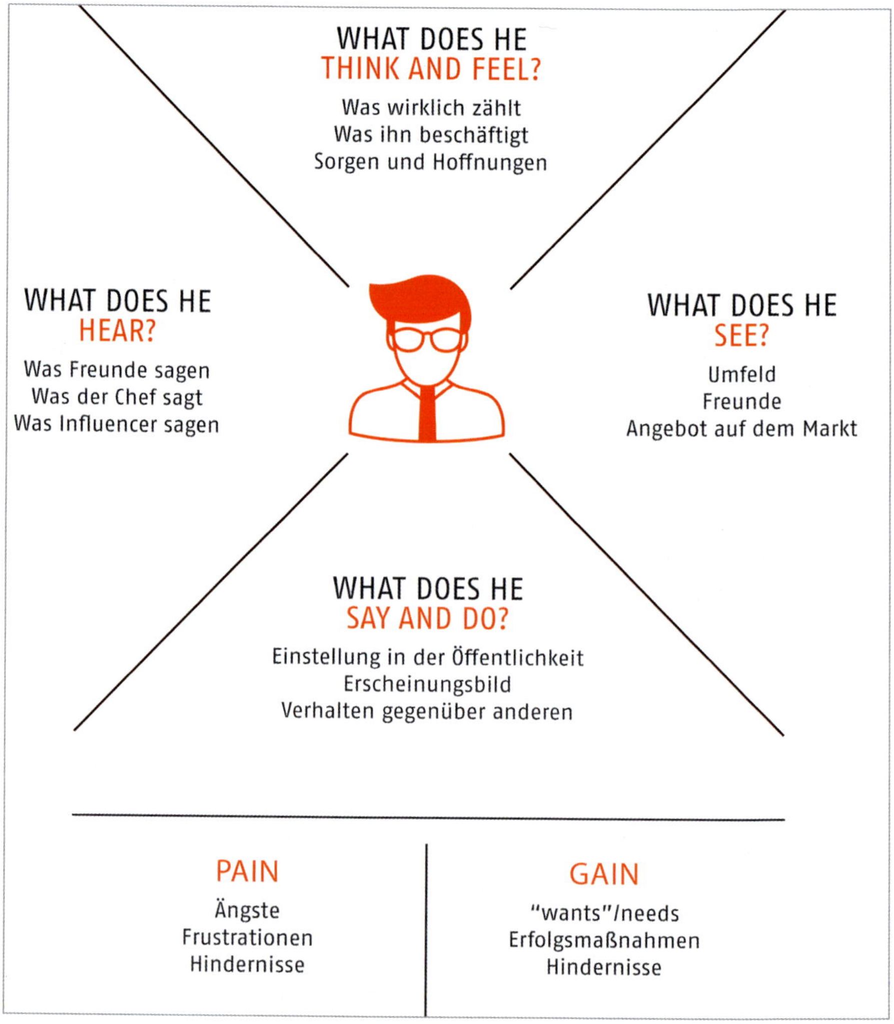

Abb. 1: Empathy Map (eigene Darstellung)

Anwendungsbeispiel einer Empathy Map

Stellen wir uns zum Beispiel Frank Müller aus dem Versicherungsvertrieb vor.

Was denkt und fühlt er?

- Frank will unbedingt die Abschlüsse seines Kollegen toppen, um zu beweisen, wie gut er ist.
- Er spürt einen enormen Druck – von der Führung und innerhalb der Kollegen.
- Seine Kollegen sind für ihn vor allem Konkurrenten um Abschlüsse.
- …

Was sieht er?

- Frank merkt, dass sich der Markt stark wandelt: Die Kunden schließen immer mehr online ab.
- Gleichzeitig sind sie durch Vergleichsportale viel aufgeklärter und hinterfragen seine Angebote.
- …

Was tut er?

- Frank tritt selbstbewusst auf – auch wenn er sich nicht immer so fühlt: Er versucht, gegenüber Kunden Sicherheit und gegenüber konkurrierenden Kollegen Überlegenheit auszustrahlen.
- Er arbeitet hart und viel, um seine Ziele zu erreichen.
- …

Was hört er?

- Die zunehmenden Online-Abschlüsse kosten immer mehr Vertreter den Job.
- Versicherungsvertreter haben einen schlechten Ruf, weil sie als aufdringlich und unehrlich gelten.
- …

Nun haben wir schon ein sehr konkretes Bild von Frank und davon, was ihn beschäftigt. Wir können nun den konkreten Themenbezug herstellen und uns fragen, wie er auf ein neues Branding reagieren würde. Welches wären seine Schmerzpunkte und Motivatoren?

Schmerzpunkte:

- Ein neues Branding ist teuer – Kosten, die er mit Abschlüssen tragen muss.
- ›Bunte Bilder‹ haben aus seiner Sicht wenig Einfluss auf den Abschlusserfolg.
- Er muss sich umgewöhnen und neue Markenbotschaften lernen – obwohl er eh kaum Zeit hat und viel arbeitet.
- ...

Motivatoren:

- sinnvolle Unterstützung beim Abschlussprozess
- Steigerung der Nachfrage
- Abgrenzung vom Online-Angebot oder Hilfestellung, um von Online-Abschlüssen zu profitieren
- Erschließung neuer Kundenpotenziale
- ...

Wir können uns also langsam vorstellen, welche Punkte eines neuen Branding für Frank – und das gesamte Vertriebsteam – von Bedeutung sein könnten. Damit haben wir eine erste Hilfestellung, um passende Vorteile des neuen Branding herauszustellen und eine entsprechende Argumentation zu wählen.

Um entsprechende Implementierungsmaßnahmen – z. B. ein Event oder digitales Informationsmaterial – für die Zielgruppe zu gestalten, sollte man sich auch fragen, was diesen Menschen Spaß macht. Zudem stellt sich die Frage, welche Teile des Branding für die Zielgruppe relevant sein könnten. Müssen Mitarbeiter des Vertriebs beispielsweise Logoschutzzonen kennen oder reicht es aus, wenn sie den Claim und das neue Logo kennen und wissen, welche Farben zur Marke gehören? Aus der Beantwortung dieser Fragen und der Erstellung unterschiedlicher Personas und Empathy Maps lässt sich am Ende eine Informationsmatrix erstellen, die genau festlegt, wer was erfahren soll und welche Argumente für die jeweilige Zielgruppe relevant sind. So kann man – insbesondere Online-Inhalte – fokussiert aussteuern und Stakeholder gezielt für die eigene Sache gewinnen.

> Fazit: Es braucht relevante Botschaften für die internen Zielgruppen, um Menschen zu überzeugen. Interne Implementierungsprozesse unterscheiden sich in diesem Punkt nicht von der Kommunikation mit Kunden.

5. Komplexität reduzieren

In vorangegangenen Beiträgen (vgl. in Kap. 5 den Beitrag von Rädeker) wurde bereits die Frage aufgeworfen, wie flexibel Designsysteme heute aufgebaut sein müssen, um der gewachsenen Medienvielfalt und vor allem den sich ständig wandelnden digitalen Ausprägungsformen und Anforderungen gerecht zu werden. Wie viele Guidelines braucht es eigentlich noch? Und welche Anwendungsvereinfachungen und -flexibilität muss ein modernes Branding-System besitzen, um sich im Spannungsfeld zwischen Anpassungsfähigkeit und Selbstähnlichkeit in der digitalen Welt zu bewähren? Diese Fragestellungen sind auch für die Implementierung wichtig. In zweifacher Hinsicht: Zum einen sorgen einfache Regeln für eine unkomplizierte und schnelle Anwendbarkeit sowie eine übersichtliche Darstellung und eine bessere Durchsetzung und Nutzung des neuen Brand Design. Zum anderen bieten die digitalen Kanäle neue Möglichkeiten der personalisierten Distribution von Informationen bei unterschiedlicher Informationstiefe. Bei der Vermittlung von Informationen zur Marke gilt: Weniger ist mehr. Zur Vereinfachung der Vermittlung der Brand Assets (z. B. Umgang mit Logo, Farben, Bildern) sind heute sogenannte *digitale Brand-Management-Portale* gängig (vgl. in Kap. 7 den Beitrag von Bode und Weiss). Man kann hier für die verschiedenen Interessengruppen spezifische Nutzerprofile anlegen, die genau die Informationstiefe anbieten, die der Nutzer aufgrund seiner Rolle und Funktion braucht. So kann ein Overload an Informationen vermieden werden und die Wahrscheinlichkeit ist größer, dass die Nutzer die Inhalte auch lesen und verstehen, anstatt von ihnen überfordert zu werden. Digitale Brand-Management-Portale, z. B. der *Brand Expert™*, sind häufig so aufgebaut, dass verschiedene Zugangstiefen nach Nutzerprofilen vordefiniert sind. So bekommen beispielsweise Marketing und Agenturen Zugang zu umfangreichen Markeninformationen wie Markenmodelle, Bild- und Videodatenbanken und detaillierten Richtlinien, während Global Procurement die Marke eher emotional (z. B. filmisch) erklärt wird und Designgrundlagen in reduzierter und vereinfachter Form vermittelt werden.

> Fazit: Weniger ist mehr: Genau festlegen, wer was sehen und erfahren muss – und nur wirklich relevante Inhalte aussteuern.

Leitfaden zur organisatorischen Implementierung von Brand-Design-Prozessen

Steht die Implementierung eines Brand Design an, so soll der nachstehende *Leitfaden* eine Hilfestellung geben, um diese erfolgreich und durchdacht umzusetzen. Dabei wird empfohlen, die entsprechenden Maßnahmen nicht erst nach Abschluss der Branding-Entwicklung, sondern bereits zu Beginn des Gesamtprozesses durchzuführen, um die internen Zielgruppen schon von Beginn an sinnvoll zu involvieren.

Planungsschritte	Maßnahmen/Tools	Mögliche Fragestellungen
1. Kick-off -Workshop *Das integrierte Team tauscht sich über die Chancen und Herausforderungen des Prozesses aus und versucht, ein erstes gemeinsames Verständnis für die internen Zielgruppen zu gewinnen.*	Erstellung eines ersten Infogramms *Erstellung einer groben Planungsskizze (ähnlich Organigramm)*	• Welche Informationsgruppen lassen sich sinnvoll definieren und zusammenfassen? • Wie sind die hierarchischen Strukturen im Unternehmen? • Wie läuft der übliche Informationsfluss? • Welche Gruppen sind besonders wichtig und sollten früh involviert werden/welche nachgelagert? • Gibt es erste Vorgaben für eine Infokaskade/-reihenfolge? • ...
	Erstellung Persona (Info-Zielgruppen) *Erstellung eines stereotypen Personensteckbriefes*	• Wie lässt sich die Infogruppe charakterisieren und nachvollziehbar beschreiben? • Wie muss man sich diese Person privat und beruflich vorstellen? • ...
	Durchführung erstes Empathy Mapping *Erstellung von Empathy Maps nach Personas*	• Was denkt und fühlt/sieht/hört/tut die Person? • Welche Schmerzpunkte und Motivatoren sind zu berücksichtigen?

Planungsschritte	Maßnahmen/Tools	Mögliche Fragestellungen
2. Internal Research *Gewinnung eines besseren Verständnisses von den definierten Zielgruppen und internen Strukturen/Ermittlung von Treibern und Barrieren für den Implementierungsprozess*	Je nach Unternehmensgröße, Timing und Budget sind verschiedene Umfänge, Tiefen und Methoden sinnvoll. Einige Beispiele: • Mitarbeiterinterviews • interne Fokusgruppen • Mitarbeitertagebücher • Mitarbeiter-Community • Mitarbeiter-Shadowing • …	• Verifizierung, Vertiefung und Erweiterung der Empathy Map • An welchen Stellen spielt die Marke eine Rolle im Unternehmen und für die verschiedenen Zielgruppen bzw. sollte sie eine Rolle spielen? • Welche Anforderungen und Wünsche haben die Zielgruppen an die neue Marke? • Welche Rahmenbedingungen sind für die Implementierung noch zu berücksichtigen? • …
3. Entwicklung einer Implementierungsstrategie *Erstellung eines strategischen Fahrplans, wie das neue Brand Design ins Unternehmen getragen und sichergestellt werden kann, dass es zur überzeugten und konsequenten Umsetzung kommt*	Erstellung Infogramm *Übersicht über die geplante Informationsarchitektur (Aufbau analog Organigramm)*	• Wer ist zu informieren? • In welcher Reihenfolge wird informiert? • Welche Zielgruppen sind wie zu priorisieren? • …
	Informationsmatrix *Festlegung der erforderlichen Informationsbedarfe und relevanten Argumentationen nach Zielgruppen*	• Welche Informationen werden in welcher Tiefe benötigt? • Welche Argumentationen sind herauszustellen/zu vernachlässigen, um die Zielgruppe vom Brand Design zu überzeugen? • Welche Zielgruppen lassen sich hinsichtlich Informationstiefe und/oder Argumentation sinnvoll gemeinsam oder mit einheitlichen Maßnahmen bespielen? • …

Planungsschritte	Maßnahmen/Tools	Mögliche Fragestellungen
4. Maßnahmenplanung *Definition von geeigneten Maßnahmen (nach Zielgruppen), um das neue Brand Design zielgruppen-adäquat auszurollen*	Implementierungs-Roadmap *Konkrete Maßnahmenplanung zur Implementierung des Branding innerhalb der Zielgruppen*	• Welche bestehende Infrastruktur kann genutzt werden, um Informationen zu distribuieren (z. B. Intranet, Asset- oder Brand-Management-Portal, Newsletter, Mitarbeiterzeitung, Veranstaltungsformate)? • Welche budgetären und zeitlichen Rahmenbedingungen gilt es zu berücksichtigen? • Welche Maßnahme bietet einen geeigneten Rahmen, um Informationen in der benötigten Tiefe zu vermitteln? • Wie kann ich – neben der Informationsvermittlung – auch einen begeisternden Rahmen schaffen, der die Mitarbeiter gewinnt und mitreißt? …

Abb. 2: Leitfaden zur Designimplementierung (eigene Darstellung)

Tools und Methoden zur Implementierung von Brand Designs

Markenbotschafter einsetzen

Wie bereits erläutert, sind Teamarbeit zwischen Auftraggeber und Agentur und ein starkes Commitment innerhalb des Unternehmens erfolgsentscheidend für die Implementierung eines Re-branding. Dementsprechend lässt sich ein Re-branding sehr gut über unternehmensinterne *Markenbotschafter* vermitteln. Markenbotschafter sind Personen, die innerhalb des Unternehmens für alle Markenfragen bereitstehen und auch lange nach dem Re-branding-Prozess für dessen Umsetzung einstehen. Dafür werden gezielt Schlüsselpersonen innerhalb der Unternehmensbereiche ausgewählt, geschult und zu unternehmensinternen Multiplikatoren gemacht. Besonders wichtig in diesem Schritt ist, dass die ausgewählten Personen Überzeugungstäter sind und glaubwürdig für die Marke einstehen. Dementsprechend sollte eine Schulungsmaßnahme nicht rein frontal-informativ sein, sondern begeisternde, interaktive Parts beinhalten, bei denen die Teilnehmenden selbst aktiv werden und die Marke in ihren Arbeitsalltag übersetzen können. Denn am besten lassen sich Inhalte mitnehmen und verinnerlichen, wenn man sie für sich selbst beispielhaft erarbeitet und reflektiert hat. Gleichzeitig sollten sich die Personen ihrer Rolle als Botschafter bewusst werden und der Marke dauerhaft Zeit und Überzeugungskraft widmen wollen. Dementsprechend sollten ihnen langfristig Kapazitäten dafür zur Verfügung gestellt werden, damit sie ihre zusätzliche Rolle in ihrem sicher vollgepackten Arbeitsalltag auch erfüllen können. Markenbotschafter sollen den Wert der Marke kennen und fürs Unternehmen nutzbar machen – d. h., sie sind auch selbst von großem Wert für das Unternehmen. Markenbotschafter werden tief in die Marke eingeweiht, damit sie aufkommenden Fragen begegnen können. Dementsprechend sind die Schulungen möglichst mehrstufig aufgebaut und sehen eine regelmäßige Vertiefung der Informationen, aber auch einen inhaltlichen Austausch zwischen den Botschaftern vor. Insbesondere bei dezentralen und/oder internationalen Organisationen lassen sich regelmäßige Information und ein Dialog zwischen den Botschaftern über digitale Plattformen etablieren. Dazu eignen sich zum Beispiel MOOC-Formate (Massive Open Online Course), die ähnlich wie Online-Hochschulkurse Wissen über Videobeiträge und Testfragen vermitteln.

Abb. 3: Markenbotschafter gewinnen (eigene Darstellung)

Die Deutsche Telekom beispielsweise nutzt ihr *Magenta MOOC*, um die Marke dauerhaft zu stärken, indem sie das Unternehmen gezielt zu relevanten Themen weiterentwickelt. Sie schult ihre weltweiten Mitarbeiter u. a. unter dem Motto *»Go digital«* mithilfe von Online-Kursen und bereitet sie auf aktuelle und kommende Herausforderungen vor, damit die Marke auch morgen noch *»erlebbar macht, was verbindet«*. Dabei ist der MOOC gleichermaßen eine Plattform der Wissensvermittlung und der Ideengenerierung. Denn Mitarbeiterinnen und Mitarbeiter können selbst Ideen beisteuern, um die Marke weiterzuentwickeln und die Produkte auf Anforderungen von morgen auszurichten.

Schulungen/Trainings

Schulungen und Trainings sind ein Format zur interaktiven und spielerischen Vermittlung von Markenwissen. In den meist ein- oder mehrtägigen Schulungsformaten werden neben frontalen Vortragseinheiten, die – möglichst beispielhaft – die Bedeutung der Marke erklären, vor allem interaktive Parts eingestreut, um die Inhalte spielerisch zu vermitteln. Viele Unternehmen betten diese Markenschulungen in themenübergreifende Fort- und Weiterbildungsinitiativen oder -programme ein oder sie schaffen eigene Formate wie z. B. das sogenannte *Brand College* oder die *Brand Academy.* Diese Formate sind meist so aufgebaut, dass sie sich von allgemeinem Markenwissen zu praktischem Anwendungswissen zur eigenen Marke vorarbeiten. Je nach Reifegrad einer Organisation oder auch Ausbaustufe des Programms werden auch inhaltliche, vertiefende Schwerpunkte zu Spezialthemen gesetzt, wie z. B. die Bedeutung der Marke für den Verkaufserfolg im Vertrieb.

Trainingsformate zur Marke können folgende Schwerpunkte haben:

- die Bedeutung der Marke (allgemein)
- Status quo und Bedeutung der eigenen Marke
- die eigene Marke besser kennenlernen
- gelerntes Markenwissen anwenden

Je nach Ziel der Trainingsmaßnahme, z. B. wenige Mitarbeiter als Markenbotschafter intensiv schulen oder die breite Mitarbeiterschaft grob informieren und Relevanz für die Marke schaffen und begeistern, variieren die Teilnehmerzahlen für die Trainingsformate stark. Von der Größe der Gruppe hängt auch maßgeblich die Aufbereitung der Inhalte ab. Je größer die Gruppen, desto schwieriger

Abb. 4: Der (Mehr-)Wert der Marke, durchschlagendes Argument für den Vertrieb (eigene Darstellung)

sind die Integration von interaktiven Einheiten und das selbstständige Erarbeiten von Inhalten. Besonders bei großen Konzernen mit dezentralen Strukturen sollten Trainingsformate ›schneeballartig‹ aufgesetzt werden: Das Kernteam schult mehrere Gruppen und stellt dann Material für mobile Trainingseinheiten bereit, mithilfe derer die ›wissenden‹ Gruppen wiederum weitere Gruppen schulen *(Train the Trainer)*. Alternativ oder zusätzlich werden heute immer mehr digitale *E-Learning-Plattformen* genutzt, um das Markenwissen in die Breite und Tiefe der Konzernstrukturen zu tragen.

Abbildung 5 zeigt auf spielerische Weise den Wert einer Marke bzw. eines starken Brand Design. Als Wissensstrukturen bzw. Vorstellungsbilder sind Marken in unseren Köpfen verankert. Bereits wenige Zeichen können diese Vorstellungsbilder in uns aktivieren, selbst dann, wenn unser Blick diese Zeichen nur flüchtig oder beiläufig streift.

Abb. 5: Marke spielerisch begreifen/»Erkenne die Marke« (eigene Darstellung unter Zuhilfenahme der Markencodes; c) und d) siehe Bildnachweis, S. 401f.)
a) Mercedes, b) Twitter, c) Coca-Cola, d) Krombacher

Die *Historie der eigenen Marke* kann – wie die einer Person – mit all ihren Höhen und Tiefen vorgestellt werden. Woher kommt die Marke? Wo steht sie heute? Wo soll sie in Zukunft stehen? Aktives Auffordern, die Marke weiterzudenken und in den eigenen Arbeitsalltag zu integrieren, hilft, um das Gehörte zu festigen. So kann beispielsweise danach gefragt werden, wie sich die Markenwerte mit Leben füllen lassen. Ein Beispiel: Eine Marke bezeichnet sich in ihrer Positionierung als ›nahbar‹. Ein Vorschlag, um das mit Leben zu füllen, könnte z. B. das ›Duzen‹ im Kundenkontakt sein oder der Verzicht auf Verkaufstresen, um dem Kunden direkt gegenüberzutreten. Spielerische Methoden können helfen, die Marke auch emotional erfahrbar zu machen bzw. zu verdeutlichen, auf welchen Ebenen die Marke funktionieren kann. Gemeinsam mit Volkswagen haben wir das Brand College als Format für das globale Markentraining bei Volkswagen entwickelt. Nach einer intensiven und interaktiven Wissensvermittlung kreieren die Teilnehmer am Ende ein aus ihrer Sicht ›typisches‹ Speisemenü für Volkswagen. Mit viel Spaß und kreativem Stimulusmaterial entstehen die tollsten Menüideen, die den Teilnehmern intuitiv klarmachen, welche Besonderheiten ihre Marke hat und wie sie sich anfühlt bzw. schmeckt.

E-Learning und Gamification-Tools

Gerade die digitalen Kanäle bieten vielfältige Möglichkeiten, um Mitarbeiter nicht nur informativ, sondern interaktiv an die neue Marke heranzuführen. So lassen sich *E-Learning-Formate* entwickeln, die Inhalte unterhaltsam und nachvollziehbar inszenieren und vermitteln. Dabei können auch Mechaniken aus Videospielen zum Einsatz kommen, die den Spieltrieb des Anwenders aktivieren und für das Gelernte belohnen. Mitarbeiter können sich so durch Informationen hindurchspielen und die gelernten Inhalte direkt anwenden. Dabei lässt sich die Anwendungskomplexität und Informationstiefe gezielt nach Zielgruppen und deren Informationsbedarf aussteuern.

So kann man z. B. verschiedene Levels in einem ›*Brand Game*‹ festlegen, die nur für bestimmte Zielgruppen freigeschaltet sind. Personen, die nicht allzu tiefes Anwendungswissen benötigen, erspielen sich nur die Basics, während beispielsweise Markenverantwortliche und Agenturen sich in die Tiefen des Markenwissens vorspielen müssen. Auch eine zielgruppengerechte Ansprache wird so möglich: Der Vertrieb kann sein Markenwissen auf die für ihn relevanten Felder anwenden, wie z. B. die Ansprache des Kunden im Beratungsgespräch. Dabei sollten die Inhalte möglichst nicht didaktisch abgearbeitet, sondern in eine tatsächliche Erzähl- und Spielwelt eingebunden werden. Der Vertriebsmitarbeiter könnte also – anstatt ein Beratungsgespräch zu simulieren – sich einem Schwertkampfsprüche-Duell à la Monkey Island stellen oder die richtigen Zutaten für einen Zaubertrank ermitteln, der aus einem Frosch einen Prinzen macht. Natürlich muss das Spiel zur Marke passen: Ein Pharmakonzern, in dessen Marke vor allem seine Innovationskraft Betonung findet, sollte nicht unbedingt eine Piratengeschichte erzählen, aber vielleicht die eines Entdeckers und ein futuristisches Setting wählen. Spielend lassen sich auch komplexe Inhalte vermitteln und merken.

So bleiben die Primär- und Sekundärfarben eines Unternehmens sicher besser im Kopf, wenn man eine virtuelle Wand mit ihnen streichen und sie dafür vorher selbst richtig zusammenmischen musste. Auch das Erspielen von Punkten und Boni sowie der Wettbewerb mit anderen Mitarbeitern (z. B. in Form von Rankings) können zur Lernmotivation beitragen. Gemeinsam mit Siemens haben wir ein Point-and-Click-Spiel entwickelt, bei dem die Spieler sich die Elemente des Corporate Design erspielen mussten. Eingebunden in ein Sechziger-Jahre-Inspektor-Clouseau-/Pink-Panther-Setting, erspielten die Mitarbeiter so alle wichtigen Designvorgaben.

Literaturverzeichnis

Aaker, D. A. (1996): Building Strong Brands. New York: Simon Schuster Inc.

Aaker, J. (1997): Dimensions of Brand Personality. In: Journal of Marketing Research, 34. Jg., H. 3, S. 347–356.

Aaker, D. (o. J.): Strategic Brand Agility. https://www.prophet.com/thinking/2016/01/254-strategic-brand-agility/ (zuletzt am 24.07.2017).

Aicher, O. (1991): Die Welt als Entwurf. Berlin: Ernst & Sohn.

Alba, J. W./Hutchinson, J. W./Lynch, J. G. (1991): Memory and Decision Making. In: Robertson, T. S./Kassarjian, H. H. (Hrsg.): Handbook of Consumer Behavior. Englewood Cliffs (NJ): Prentice Hall, S. 1–49.

Arla Foods Deutschland GmbH (2014): Pressemitteilung: Hansano® präsentiert sich im neuen Design. https://www.arlafoods.de/ubersicht/presse/2014/pressrelease/hansano-r-praesentiert-sich-im-neuen-design-1043617/ (zuletzt am 26.07.2017).

Audi AG (2017): Solid Work. Digital first. http://www.audi.com/ci/en/renewed-brand.html (zuletzt am 10.07.2017).

Baetzgen, A. (2011a): Drachen, Donuts, Diamanten. In: Baetzgen, A. (Hrsg.): Brand Planning. Starke Strategien für Marken und Kampagnen. Stuttgart: Schäffer-Poeschel, S. 101–117.

Baetzgen, A. (Hrsg.) (2011b): Brand Planning. Starke Strategien für Marken und Kampagnen. Stuttgart: Schäffer-Poeschel.

Baetzgen, A. (2015a): Vom Kontext zur Experience. Der Weg zu einem ganzheitlichen Touchpoint Management. In: Baetzgen, A. (Hrsg.) (2015): Brand Experience. An jedem Touchpoint auf den Punkt begeistern. Stuttgart: Schäffer-Poeschel, S. 122–138.

Baetzgen, A. (Hrsg.) (2015b): Brand Experience. An jedem Touchpoint auf den Punkt begeistern. Stuttgart: Schäffer-Poeschel.

Baetzgen, A./Tropp, J. (Hrsg.) (2013): Brand Content. Die Marke als Medienereignis. Stuttgart: Schäffer-Poeschel.

Balmer, J.M.T. (2013): Corporate Brand Orientation. What is it? What of it? In: Journal of Brand Managament, 20. Jg., H. 9, S. 723–741.

Baumann, S. (2011): Consumer Insights. Der Stoff, aus dem Konsumträume sind. In: Baetzgen, A. (Hrsg.) (2011): Brand Planning. Starke Strategien für Marken und Kampagnen. Stuttgart: Schäffer-Poeschel, S. 27–45.

Berry, L. L. (2000): Cultivating Service Brand Equity. In: Journal of the Academy of Marketing Science, 28. Jg., H. 1, S. 128–137.

Blinda, L. (2007). Markenführungskompetenzen eines identitätsbasierten Markenmanagements. Wiesbaden: Deutscher Universitätsverlag.

Bornschein, C. (2013): Authentizität im Content-Marketing. Wie echt müssen Marken sein? In: Baetzgen, A./Tropp, J. (Hrsg.): Brand Content. Die Marke als Medienereignis. Stuttgart: Schäffer-Poeschel, S. 173–182.

Brakus, J. J./Schmitt, B. H./Zarantonello, L. (2009): Brand Experience: What is it? How is it Measured? Does it Affect Loyalty?. In: Journal of Marketing, 73. Jg., H. 3, S. 52–68.

Brandmeyer, K./Schmidt, M. (2000): Der »Genetische Code der Marke« als Management-Werkzeug. In: Brandmeyer, K./Deichsel. A. (Hrsg.): Jahrbuch der Markentechnik 2000/2001. Frankfurt am Main: Deutscher Fachverlag, S. 271–289.

Bruce, A./Jeromin, C. (2016): Agile Markenführung – Wie Sie Ihre Marke stark machen für dynamische Märkte. Wiesbaden: Springer Gabler.

Burmann, C./Halaszovich, T./Schade, M./Herrmann, F. (2015): Identitätsbasierte Markenführung: Grundlagen – Strategie – Umsetzung – Controlling. 2. Aufl., Wiesbaden: Springer Gabler.

Burow, P. (2016): Neuropower. Leading with Neurointelligence. Blackburn North: Copernicus Publishing.

BVG (2017): Weil wir dich lieben. http://www.bvg.de/de/weilwirdichlieben (zuletzt am 17.07.2017).

CEB Marketing Leadership Council (Hrsg.) (2013): From Promotion to Emotion: Connecting B2B Customers to Brands. https://www.cebglobal.com/content/dam/cebglobal/us/EN/best-practices-decision-support/marketing-communications/pdfs/promotion-emotion-whitepaper-full.pdf (zuletzt am 26.07.2017).

Cooper, A./Reimann, R./Cronin, D./Noessel, C. (2014): About Face. The Essentials of Interaction Design. 4. Aufl., Indianapolis (IN): John Wiley & Sons.

Design Tagebuch (2015a): Das neue Parteilogo der FDP. Blog vom 6. Januar 2015. http://www.designtagebuch.de/das-neue-parteilogo-der-fdp/ (Zuletzt am 18.07.2017).

Design Tagebuch (2015b): Eine MERCK-würdige Gestaltung – Pharmakonzern Merck erhält neuen Markenauftritt. Blog vom 15. Oktober 2015. http://www.designtagebuch.de/eine-merck-wuerdige-gestaltung-pharmakonzern-merck-erhaelt-neuen-markenauftritt/ (zuletzt am18.07.2017).

Domizlaff, H. (1939): Die Gewinnung des öffentlichen Vertrauens: Ein Lehrbuch der Markentechnik. Hamburg: Hanseatische Verlagsanstalt.

DPMA – Deutsches Patent- und Markenamt (2016): Neue Rekordzahlen bei deutschen Marken und Patenten. Pressemitteilung vom 2. März 2016. https://presse.dpma.de/presseservice/pressemitteilungen/aktuellepressemitteilungen/02032016/index.html (zuletzt am 07.07.2017).

Dribbble (2017): Boards Microinteractions. https://dribbble.com/search?q=microinteractions (zuletzt am 24.07.2017).

Enso (Hrsg.) (2017): World Value Index. How People Perceive Brands' Purpose. https://drive.google.com/file/d/0B7C2NElCouipYzc5OFBYUW5sbW8/view (zuletzt am 26.07.2017).

Esch, F.-R. (2014): Strategie und Technik der Markenführung. 8. Aufl., München: Franz Vahlen.

Esch, F.-R. (2016): Identität: Das Rückgrat starker Marken. Frankfurt: Campus.

Esch, F.-R./Langner, T./Tomczak, T./Kernstock, J./Strödter, K. (2005): Aufbau und Führung von Corporate Brands. In: Esch, F.-R. (Hrsg.): Moderne Markenführung. Grundlagen – Innovative Ansätze – Praktische Umsetzungen. Wiesbaden: Gabler, S. 403–426.

Esch, F.-R./Tomczak, T./Kernstock, J./Langner, T. Redler, J. (Hrsg.) (2014): Corporate Brand Management. Marken als Anker strategischer Führung von Unternehmen. 3. Aufl., Wiesbaden: Gabler.

European Commission (Hrsg.) (2015): Innovation Union Scoreboard 2015. https://www.kowi.de/Portaldata/2/Resources/fp/2015-Innovation-Union-Scoreboard-Report.pdf (zuletzt am 26.07.2017).

European Commission (Hrsg.) (2016): European Innovation Scoreboard. http://www.knowledgetransferireland.com/About_KTI/Reports-Publications/European-Innovation-Scoreboard-2016.pdf (zuletzt am 26.07.2017).

European Commission (Hrsg.) (2017): European Innovation Scoreboard 2017. http://ec.europa.eu/DocsRoom/documents/24163 (zuletzt am 26.06.2017).
Eurostat (2017): Innovationsstatistik. http://ec.europa.eu/eurostat/statistics-explained/index.php/Innovation_statistics/de (zuletzt am 26.07.2017).

Facebook (Hrsg.) (o. J.): Lachen, staunen, kaufen: Mobile Videos auf Facebook. https://allfacebook.de/wp-content/uploads/2017/02/guide-mobile-video-facebook.pdf (zuletzt am 26.07.2017).
Förster, K./Meyer-Janzek, L. (2014): Über das Unbewusste in der Werbewirkung: Zum Wesen impliziter Werbewirkungen, ihrer Bedeutung und Messung. In: Schierl, T./Tropp, J. (Hrsg.): Wert und Werte der Marketingkommunikation. Köln: Halem, S. 211–230.
Fournier, S. (1998): Consumers and Their Brands – Developing Relationship Theory in Consumer Research. In: Journal of Consumer Research, 24. Jg., H. 4, S. 343–373.
Fromowitz, M. (2013). Cultural Blunders: Brands Gone Wrong. In: Campaign, 07.10.2013. http://www.campaignasia.com/article/cultural-blunders-brands-gone-wrong/426043 ((zuletzt am 26.07.2017).
Fünfwerken Design (Hrsg.) (2016): Gold. Wiesbaden: Dreizeichen.

Gardner, J. (2014): Entrepreneur's Guide to the Lean Brand: How Brand Innovation Builds Passion, Transforms Organizations and Creates Value. San Diego: Market by Numbers.
Geldmacher, E.H. (1983): Gedanken zur Markenführung. In: Markenartikel, Heft 11/1983, S. 538–540, 542.
Goodyear, M. (1996): Divided by a Common Language. In: Journal of Market Research Society, 38. Jg., H. 2, S. 110–122.
Google (2015): Evolving the Google Identity. A New Brand Identity Makes Google more Accessible and Useful to Our Users. https://design.google/library/evolving-google-identity/ (zuletzt 10.07.2017).

Hasso-Plattner-Institut (2017): Design Thinking. Neu denken, anders arbeiten. https://hpi.de/school-of-design-thinking/design-thinking.html (zuletzt am 26.07.2017).
Haußer, K. (1995): Identitätspsychologie. Berlin: Springer.
Heinrich, L. (2015): Identitätskrise: Die Marke hinter dem Bildschirm. In: Baetzgen, A. (Hrsg.): Brand Experience. Stuttgart: Schäffer-Poeschel, S. 319–331.
Hemme Milch (o. J.): Unsere Produkte: Unser Milchbeutel. http://www.hemme-milch.de/unsere-produkte/ (zuletzt am 26.07.2017).
Henseler, W. (2011): Social Media Branding. Markenbildung im Zeitalter von Web 2.0 und App-Computing. In: E. Theobald/P. T. Haisch (Hrsg.): Brand Evolution. Wiesbaden: Gabler.
Hogg, M. K./Cox, A. J./Keeling, K. (2000): The Impact of Self-monitoring on Image Congruence and Product/Brand Evaluation. In: European Journal of Marketing, 34. Jg., H. 5/6, S. 641–667.
Holt, D. B. (2004): How Brands Become Icons. The Principles of Cultural Branding. Boston (MA): Harvard Business Press.
Horizont Online (2008): Aspirin mit neuer Verpackung. http://www.horizont.net/marketing/nachrichten/-Aspirin-mit-neuer-Verpackung-78537 (zuletzt am 26.07.2017).

Hugo Boss (2016): Geschäftsbericht 2015. https://group.hugoboss.com/files/user_upload/Investor_Relations/Finanzberichte/2016/Geschaeftsbericht_2015.pdf (zuletzt am 10.07.2017).

Industrieverband Garten (IVG) e. V. / IFH Retail Consultants (2012): Die Top-Marken in Fachhandel und B+H-Märkten 2011. Köln.

Interbrand (o. J): Activation: Structuring Brands for the Speed of Life. http://interbrand.com/views/activation-structuring-brands-for-the-speed-of-life/ (zuletzt am 26.07.2017).

Interbrand (2017): Best Brands 2017. Interbrand Breakthrough Brands. http://interbrand.com/best-brands/ (zuletzt am 10.07.2017).

Jacobs, L./Ordahl, T. (2014): The Agile Brand. Landor, 07. Oktober 2014. https://landor.com/thinking/the-agile-brand (zuletzt am 26.07.2017).

Jones, R. (2012): Five Ways Branding is Changing. In: Journal of Brand Management, 20. Jg., H. 2, S. 77–79.

Jowitt, H./Lury, G. (2012): Is it Time to Reposition Positioning? In: Journal of Brand Management, 20. Jg., H. 2, S. 96–103.

Jungholt, T. (2015): Die FDP, ein Hoffnungswert in Magenta. In: Die Welt vom 6.1.2015. https://www.welt.de/politik/deutschland/article136061851/Die-FDP-ein-Hoffnungswert-in-Magenta.html (zuletzt am 26.07.2017).

Kahnemann, D. (2012): Thinking, Fast and Slow. London: Penguin.

Kapferer, J.-N. (2012): The New Strategic Brand Management: Advanced Insights and Strategic Thinking. 5. Aufl., London: Kogan Page.

Kernstock, J./Esch, F.-R./Tomczak, T./Redler, J./Langner, T. (2014): Bedeutung des Corporate Brand Management erkennen und Denkschulen verstehen. In: Esch, F.-R./Tomczak, T./Kernstock, J./Langner, T. Redler, J. (Hrsg.): Corporate Brand Management. Marken als Anker strategischer Führung von Unternehmen. 3. Aufl., Wiesbaden: Gabler, S. 3–26.

Kervyn, N./Fiske, S. T./Malone, C. (2012): Brands as Intentional Agents Framework: How Perceived Intentions and Ability Can Map Brand Perception, In: Journal of Consumer Psychology, 22. Jg., H. 2, doi: 10.1016/j.jcps.2011.09.006. https://www.ncbi.nlm.nih.gov/pmc/articles/PMC3882007/ (zuletzt am 26.07.2017).

Klein, N. (2001): No Logo! Der Kampf der Global Players um Marktmacht. Ein Spiel mit vielen Verlierern und wenigen Gewinnern. München: Riemann.

Kotler, P./Keller, K. L./Oprensik, M. O. (2015): Marketing-Management: Konzepte – Instrumente – Unternehmensfallstudien. Hallbergmoos: Pearson.

Kroeber-Riel, W./Esch, F.-R. (2011): Strategie und Technik der Werbung. Stuttgart: Kohlhammer.

Kroeber-Riel, W./Weinberg, P. (1999): Konsumentenverhalten. München: Vahlen.

Landor (Hrsg.) (2017): Revolutionizing the way we manage brands: The Brand Community Model. 08. Februar 2017. https://landor.com/thinking/revolutionizing-way-manage-brands-brand-community-model (zuletzt am 26.07.2017).

Lee Yohn, D. (2013): The Death of the Tagline. In: Adweek vom 09. September 2013. http://www.adweek.com/brand-marketing/death-tagline-152255/ (zuletzt am 26.07.2017).

Ludes, G./Schmidhuber, H. (2005): Beep – Musikalische Strukturen und Systematisches Design. Wiesbaden: Fachhochschule.

Markant (2011): Die Zukunft der Marke – die Marke der Zukunft. ://www.markant.com/mm/mm003/Markant-Markenstudie.pdf (zuletzt am 27.04.2017).
McCracken, G. (2012): The Logic Breathing Life into Oreo's New Branding. In: Harvard Business Review vom 30.08.2012. https://hbr.org/2012/08/the-logic-breathing-life-into-oreos-new-branding (zuletzt am 26.07.2017).
Meffert, H./Burrmann, C./Koers, M. (Hrsg.) (2005): Markenmanagement. Identitätsorientierte Markenführung und praktische Umsetzung. 2. Aufl., Wiesbaden: Gabler.
Microsoft (Hrsg.) (2015): Attention Spans. Consumer Insights, Microsoft Canada. Spring 2015.
MillwardBrown (2016): BrandZ Top 100 Most Valuable Global Brands 2016 Report. http://brandz.com/admin/uploads/files/BZ_Global_2016_Report.pdf (zuletzt am 26.07.2017).
Möller, N. (2015): Eine einzige Provokation für Designer-Bashing. In: w&v, 16.10.2015. https://www.wuv.de/marketing/merck_logo_eine_provokation_fuer_designer_bashing (zuletzt am 24.07.2017).
Morgenstern & Kaes (o. J.): EY: Kampagne »Building a better working world«. https://mo-ka.net/portfolio/ey-kampagne-building-a-better-working-world/ (zuletzt am 18.07.2017).
Müller, W. R. (1987): Identität und Führung. In: A. Kieser/G. Reber/R. Wunderer (Hrsg.): Handwörterbuch der Führung. Stuttgart: Schäffer-Poeschel.
Muñiz, A. M. Jr./O'Guinn, T. C. (2001): Brand Community. In: Journal of Consumer Research, 27. Jg., H. 4, S. 412–431.

Niedenthal, H. (2014): Corporate Brand Endorsement in German Television Commercials. A Comparative Analysis of 2003 and 2013. Stuttgart: Hochschule der Medien.
Nitschke, D. (2011): »Ich war Tarzan«. Plädoyer für die Marke als lernendes System und eine kreative, interaktive und empathische Markenarbeit. In: Baetzgen, A. (Hrsg.): Brand Planning. Starke Strategien für Marken und Kampagnen. Stuttgart: Schäffer-Poeschel., S. 65–78.
Norton, D. P./Kaplan, R. S. (2004): Grünes Licht für Ihre Strategie. In: Harvard Business Review, Mai 2004. http://www.harvardbusinessmanager.de/heft/d-30547092.html (zuletzt am 24.07.2017).

Ogilvy & Mather (2016): The Velocity 12 Markets. http://www.campaignbriefasia.com/2016/06/17/V12%20Executive%20Summary.pdf (zuletzt am 24.07.2017).
Osman, Y. (2017): Deutsche Bank löst »Leistung aus Leidenschaft« ab. In: Handelsblatt vom 08.05.2017. http://www.handelsblatt.com/finanzen/banken-versicherungen/neuer-slogan-positiverbeitrag-deutsche-bank-loest-leistung-aus-leidenschaft-ab/19769814.html (zuletzt am 24.07.2017).

Peter Schmidt Group (2017): Ein neues Corporate Design als Ausdruck der Repositionierung. https://www.peter-schmidt-group.de/marken/cases/heidelberger-druckmaschinen (zuletzt am 26.07.2017).
Pillkahn, U. (2013): Die Weisheit der Roulettekugel: Innovation durch Irritation. München: Publicis Publishing.
Pilot (Hrsg.) (2015): Markentracking Weber Mai/Juli 2015. Studie im Auftrag von Weber-Stephen, Hamburg.

Pinterest (o. J.): Boards Microinteractions. https://www.pinterest.de/search/boards/?q=microinteractions (zuletzt am 24.07.2017).
Prophet (Hrsg.) (2016): Brand Relevance Index 2016. https://www.prophet.com/relevantbrands-2016/ (zuletzt am 24.07.2017).
PWC (Hrsg.) (2015): Innovation – Deutsche Wege zum Erfolg. Januar 2015. https://www.pwc.de/de/publikationen/paid_pubs/pwc_innovation_-_deutsche_wege_zum_erfolg_2015.pdf (zuletzt am 26.06.2017).

Quito, A. (2016): »Design has nothing to do with art«: Design Legend Milton Glaser Dispels a Universal Misunderstanding. In: Quartz, 31.10.2016. https://qz.com/823204/graphic-design-legend-milton-glaser-dispels-a-universal-misunderstanding-of-design-and-art/ (zuletzt am 26.07.2017).

Radtke, B. (2014). Markenidentitätsmodelle: Analyse und Bewertung von Ansätzen zur Erfassung der Markenidentität. Wiesbaden: Springer Gabler.
Rawson, A./Duncan, E./Jones, C. (2013): The Truth About Customer Experience. In: Harvard Business Review, September 2013.
Reichheld, F. F./Sasser, W. E. (1990): Zero Defections: Quality Comes to Services. In: Harvard Business Review, 68. Jg., H. 5, September/Oktober 1990, S. 105–111.
Richter, H.J. (1997): Global denken, lokal erleben. In: Wippermann, P. (Hrsg.): Anzeigentrends. Was bleibt, was geht, was kommt? Mainz: Hermann Schmidt.

Saffer, D. (2013): Microinteractions – Designing with Details. Sebastopol: O'Reilly Media.
Salmeron, J. M. (2013): If You Love Your Brand, Set it Free. In: Smashing Magazine, 08. Februar 2013. https://www.smashingmagazine.com/2013/02/if-you-love-your-brand-set-it-free/ (zuletzt am 24.07.2017).
Schobelt, F. (2017): Traditionelle Marken verlieren weltweit an Relevanz. In: w&v Online, 25. Januar 2017, https://www.wuv.de/marketing/traditionelle_marken_verlieren_weltweit_an_relevanz (zuletzt am 24.07.2017).
Schmidlin, V. (2011). Modelle zur Entwicklung erfolgreicher Positionierungen. In: Baetzgen, A. (Hrsg.) (2011): Brand Planning. Starke Strategien für Marken und Kampagnen. Stuttgart: Schäffer-Poeschel, S. 79–100.
Schmitt, B. H. (2009): The Concept of Brand Experience. In: Journal of Brand Management, 16(7), S. 417–419.
Schneider, J./Scarabis, M. (2011): Implizite Konsumentenentscheidungen. Verborgene Verhaltenstreiber verstehen und für Marken und Kommunikation nutzen. In: Baetzgen, A. (Hrsg.) (2011): Brand Planning. Starke Strategien für Marken und Kampagnen. Stuttgart: Schäffer-Poeschel, S. 46–61.
Schrage, M. (2004): Michael Schrage on Innovation. In: Ubiquity, Dezember 2004. http://ubiquity.acm.org/article.cfm?id=1040565 (zuletzt am 24.07.2017).
Schütz, V. (2014): Procter & Gamble: 90 Marken sollen verkauft oder zusammengelegt werden. In: Horizont.net, 04. August 2014, http://www.horizont.net/marketing/nachrichten/Procter--Gamble-90-Marken-sollen-verkauft-oder-zusammengelegt-werden-121637 (zuletzt am 24.07.2017).
Schweiger, G. (1985). Nonverbale Imagemessung. In: Transfer- Werbeforschung & Praxis, Heft 4, S. 126–134.
Schweppenhäuser, G. (2016): Designtheorie. Wiesbaden: Springer VS.

Spies, M. (2012): Branded Interactions. Digitale Markenerlebnisse planen und gestalten. Mainz: Hermann Schmidt.
Spies, M. (2015): No Brand is an Island. Das Markenerlebnis ist eine Reise mit vielen Stationen. In: Baetzgen, A. (Hrsg.): Brand Experience. An jedem Touchpoint auf den Punkt begeistern. Stuttgart: Schäffer-Poeschel. S. 174–189.
Stark, W./Dell, C./Vossebrecher, D./Schmidhuber, H. (2017): Improvisation und Organisation. Bielefeld: transcript.
Stehr, N. (2007): Die Moralisierung der Märkte. Eine Gesellschaftstheorie. Frankfurt am Main: Suhrkamp.
Steiner, W./Braun, P. (2015): Die Bedeutung von ganzheitlichen Marken-Ökosystemen. In: Baetzgen, A. (Hrsg.) (2015): Brand Experience. An jedem Touchpoint auf den Punkt begeistern. Stuttgart: Schäffer-Poeschel, S. 190–203.
Stöckle, F. (2015): Connecting the Dots. Die komplexen Beziehungen zwischen Customer Journeys, Touchpoints und Business Ecosystem verstehen. In: Baetzgen, A. (Hrsg.) (2015): Brand Experience. An jedem Touchpoint auf den Punkt begeistern. Stuttgart: Schäffer-Poeschel, S. 159–173.
Strerath, T./Pohl, L. (2011): Das Ende der 360-Grad-Kommunikation. Was ist die Zukunft? In: Baetzgen, A. (Hrsg.) (2011): Brand Planning. Starke Strategien für Marken und Kampagnen. Stuttgart: Schäffer-Poeschel, S. 319–331.
Subapriya, K. (2009): The Importance of Non-Verbal Cues. In: The Icfai University Journal of Soft Skills, 3 (2), S. 37–42.
Süss, W./Zerfaß, A./Dühring, L. (2011): Corporate Branding im Spannungsfeld von Unternehmens- und Marketingkommunikation. Wiesbaden: Springer Gabler.

The Coca-Cola Company (2016): Coca-Cola Reveals New One Brand Packaging. 18.04.2016. http://www.coca-colacompany.com/press-center/press-releases/coca-cola-reveals-new-one-brand-packaging (zuletzt am 24.02.2017).
Theobald, E. (2011): Die Herausforderung Internet für Markenführung und Markenkommunikation. In: Theobald, E./Haisch, P. T. (Hrsg.): Brand Evolution. Wiesbaden: Springer Gabler, S. 95–110.
Totz, C. (2005): Interaktionsorientierte Markenführung. Bedeutung internetbasierter Formen der Kundeninteraktion für die Markenführung. Göttingen: Cuvillier.
Totz, C./Werg. F.-U. (2014): Interaktionen machen Marken – wie die Digitalisierung Interaktionen zum Kern der Markenführung macht. In: Dänzler, S./Heun. T. (Hrsg.): Marke und digitale Medien. Der Wandel des Markenkonzeptes im 21. Jahrhundert. Wiesbaden: Springer Gabler, S. 113–131.

Uber (2017): Our Brand Redesigned. Looking Toward the Future. https://www.uber.design/case-studies/rebrand (zuletzt am 06.07.14).

Veken, D. (2011): Auf der Suche nach den großen Gedanken. Eine Philosophie des Planning. In: Baetzgen, A. (Hrsg.): Brand Planning. Starke Strategien für Marken und Kampagnen. Stuttgart: Schäffer-Poeschel, S. 13–23.

Watzlawick, P./Beavin, J. H./Jackson, D. D. (2016): Menschliche Kommunikation – Formen, Störungen, Paradoxien. 13. unveränderte Auflage, Göttingen: Hogrefe.
Welling, M. (2003): Bausteine einer integrierten image- und identitätsorientierten Markenführung als Beitrag zur Markentheorie. Band 47 von Schriften zum Marketing. Bochum: Ruhr-Universität.

Welsch, W. (1995): Ästhetisches Denken. Stuttgart: Reclam.
Werner, J./Birkhölzer, N./Peters, K. (2015): Purpose erlebbar machen, statt Marke konstruieren. Die Schlüsselrolle von Service-Ökosystemen. In: Baetzgen, A. (Hrsg.): Brand Experience. An jedem Touchpoint auf den Punkt begeistern. Stuttgart: Schäffer-Poeschel, S. 288–301.
Westcott, M./Sato, S./Mrazek, D./Wallace, R./Vanka, S./Bilson, C./Hardin, D. (2013): The DMI Design Value Scorecard: A New Design Measurement and Management Model. Feature DMI, Winter 2013.
w&v Redaktion (Hrsg.) (2017): Keine Frauen: Der Ikea-Katalog für Strengreligiöse. 16.2.2017 https://www.wuv.de/marketing/keine_frauen_der_ikea_katalog_fuer_strengreligioese (zuletzt am 24.07.2017).

Young, I. (2008): Mental Models. Aligning Design Strategy with Human Behavior. New York: Rosenfeld Media.

Stichwortverzeichnis

5K-Regel guter Gestaltung 215
- Klarheit 216
- Kompatibilität 218
- Konsistenz 217
- Kraft 215
- Kreativität 216

Aligned Brand 202
App Icon
- Markenzeichen 236
Assoziationen 86
- Deskriptoren 87
Atomic Design 223
Authentizität 132

Belohnungsdimensionen 87
Bildbeschaffung 286
Bilder
- Wirkungsweise 280
Bildwelt 269
- Beispiel Claas 278
- Beispiel Northmen 284
- Beispiel O_2 272
- Bildinhalt 274
- Bildstil 274
- Definition 271
- Einflussfaktoren 282
- formalistische Definition 274
- kontinuierliche Implementierung 287
- Konzept 287
- Konzeption 282
- Markenbotschaft 270
- Markenstory 274
- textliche Definition 275
Brand Assets 101
Brand Benefit
- Social Media 329
Brand Codes 94
Brand Community Model 322
Brand Design
- additives Prinzip 48
- Definition 6
- Dimensionen 293
- Erfolgsfaktoren 219
- gesellschaftlicher Entwurf 12
- Gestaltungsprinzip der Mutation 49
- Gos 325
- Herausforderungen 40
- integratives Prinzip 49
- interne Implementierung 357, 368
- Kommunikationsdesign 6
- Mikrodesign 295
- Mikrointeraktionen 296
- monetärer Wert 52
- Nachhaltigkeit 53
- organisationaler Prozess 16
- Qualität 4
- Regeln für Social Media 332
- responsives 330
- Return on Investment 54
- Rollout 358
- Smartphone 330
- strategisches Leitbild 13
- verbale Konstanten 43
- visuelle Konstanten 43
- Wertschöpfung 42, 219
Brand Equity 69
Brand Fit 300
Brand-Holosphere-Modell 128
Brand Identity Card 68
Branding 4
- 5P-Regel 214
- Anforderungen 194
- Content-Strategie 314
- Definition 311
- digitale Markenattribute 311, 317
- digitales 231, 245
- Google 311
- Grundprinzipien 311
- Grundregel 313
- iterative Sichtweise 317
- Links 316
- Live-Kommunikation 331
- mobile Erreichbarkeit 312
- mobile Suche 312
- Social Media 328
- Social-Media-Signale 315
- Suchmaschinen 305
- Technologie-Einbindung 316
- User Experience 315

– Wertschöpfung 306
Branding-Prozess
– Beispiel Lidl 359
– demokratische Struktur 362
– Einbeziehung d. Mitarbeiter 359
– Empathy Map 363
– hierarchische Struktur 361
– interne Zielgruppen 363
– Personas 363
– Teamarbeit 358
Brand Management
– Digitalisierung 352
Brand-Management-Portal 354, 367
Brand-Management-Systeme 343, 352
Brand Narrative 263
Brand Navigator 73
Brand Value Growth Matrix 152
Business Ecosystem 203

Category Code Card 70
Category Codes 70
Claim 251
– Identitätsanker 260
– Leitfragen 262
– Management Tool 253
– Orientierungsfunktion 252
– Verhaltensmaxime 252
Consumer Insights 66, 71
Content-Strategie 314
Corporate Brand 194, 200
– Definition 171
– Dokumentation 186
– Entwicklungsprozess 180
– Funktionen 172
– Grundsätze erfolgreicher Implementierung 183
– Hemmnisse der Implementierung 184
– Implementierung 182
– Implementierungsprozess 184
– Typen 172
Corporate Brand Report 186
Corporate Design
– Animation 244
– Beispiel Audi 224, 227
– Beispiel Deutscher Fußball-Bund 220
– Beispiel Google 226
– Beispiel NOLS 241
– Footer 243
– Guidelines 343
– Interfaces 226
– Kugelfisch-Effekt 241
– Kugelfisch-Prinzip 243
– Mikrointeraktion 244
– mobiles Design 241
– Social Media 245, 328
– Tipps für mobiles Design 247
Corporate Design Manual 212
Corporate Social Responsibility 177
Creative Idea 62
Customer Journey
– Mediastrategie 328
– Targeting-Verfahren 328
Customer Journey Map 36

DAM. Siehe Digital Assessment Management
Design
– 5K-Regel 215
– Bedeutung 21
– Definition 21
– Wahrnehmung 60
– Wertschöpfung 27
Design-Implementierung
– E-Learning 375
– Gamification Tools 375
– Leitfaden 368
– Markenbotschafter 370
– Schulungen 372
– Trainingsformate 372
Design-Prozess 62
– Category Code Card 70
– Entscheidungsbaum 78
– Form 76
– Konsumentenanalyse 63
– Kreation 74
– Map of Meaning 63
– Markenanalyse 67
– Marktanalyse 70
– Ordnungsstruktur 78
– Schematic 78
– Style Plot 63
– Typografie 77
– Wahrnehmungspsychologie 59
– Zeichen 77
Designstrategie 73
Design Thinking 16, 32
Design Value Scorecard 30
Deskriptoren 87

– One-per-Market-Approach 87
Digital Assessment Management 355
Digital Asset Management Tool 168
digitale Markenplattform 168
digitale Medien
– Bildwelten 269
digitales Branding 231
– Corporate Design 231
Digitalisierung
– Markenführung 45
Dokumentation
– Anforderungen 349
– Brand-Management-Systeme 343
– Digitalisierung 353
– Inhalte 350
– Leistungsspektrum 350
– Zielgruppen 344

Empathy Map 363
– Beispiel 365
Employer Brand 176
Eye Tracking 78

Farbcodes 75

Geschäftsfeldmarke 195
Google
– Designanforderungen 309
– Markenaufbau 307
– Ranking 310
– Social-Media-Signale 315
– Suchmaschinenmarketing 307
– Traffic-Lieferant 310
– Zero Moment of Thruth 312
Group-Marke 195
Guidelines 339, 343

harte Werte 52

Iconic Brands 69
immaterielle Werte 52
Implicit Brand Mapping 91
Implicit Value Mapping 90
implizite Analysemethoden 98
Innovation
– Bedeutung 22
– Definition 24
– Tools 29
Innovation Framework 36
Innovationsgrad 27
Innovationskultur 28
Innovationsleistung 23
Interaktionsdesign 291
Interface Design 231
interne Implementierung
– Brand Design 357
– Teamarbeit 358

Logos
– Gestaltung 237
– Vintage-Logos 239

Map of Meaning 63
Marke
– Akzeptanz 45
– Aligned Brand 202
– Ästhetisierung 14
– Authentizität 132, 144
– Bedeutungsaufladung 44
– Belohnungsdimensionen 87
– Bildwelt 265
– Brand Assets 101
– Brand Codes 94
– Claim 251
– Content-Strategie 314
– Definition 103
– digitale 258
– digitale Kontaktpunkte 292
– Diversität 157
– Dokumentation 337, 338
– Erfolgskriterien 80, 345
– Erkennbarkeit 43
– Erlebnisqualität 44
– Evolutionsstufen 200
– Führungs-Tool 134
– Gehalt 81, 101
– Gestalt 81
– Gestaltungsprinzipien 349
– globale Konsistenz 157
– globales Branding 151
– Guidelines 339
– Haltung 82
– Identität 120
– Image 291, 293
– Imagebildung 163
– integrierte 202
– kennzeichnende Elemente 4
– Kompatibilität 122

- Konsistenz 123, 345
- kulturelle Bedeutung 85
- Leitbild 82
- lokale 154, 155
- Markenleitbild 159
- Marktsituation 163
- Mehrwert 317
- monolitische 203
- Packaging Design 81
- Positionierung 14, 82
- responsive 259
- Schlüsselbild 6
- Seamless Experience 102
- Selbstähnlichkeit 346
- Selbstreferentialität 7
- starke Marken 156
- strategische Positionierung 104
- Suggestionskraft 9
- Uniqueness 69
- Wahrnehmung 91, 92, 94, 292
- Zielgruppen 127

Markenarchitektur 188
- Aligned Brand 202
- assoziierte Markenbeziehung 199
- autonome Markenbeziehung 199
- Beziehungsgrade 197
- Corporate Brand 194, 200
- Definition 190
- Endorsement 199
- Fragen zur Orientierung 205
- Geschäftsfeldmarke 195
- Inkonsistenzen 192
- Markenstrategie 195
- monolitische Marke 203
- Produktmarke 195
- strategische Entwicklung 206
- wirtschaftliche Nachteile 193

Markenauftritt 339
- Beispiel COS 267
- Beispiel Movistar 158
- Brand Events 145
- Checkbox Bildwelt 281
- Dokumentation 340, 349
- Lifestyle-Kommunikation 142
- Markenidee 348
- Mixed Reality 133
- Mobile first 346
- Patchmark 142
- visueller Platzhalter 265

Markenbildung 340
- Agenturen 340

Markenbotschafter 370

Markendehnung 204

Markendesign 103
- Akzeptanz 116
- digitale Interfaces 113
- Digitalisierung 213
- gestalterische Prinzipien 108
- Gestaltungsspielraum 114
- globale Steuerung 164
- Google 309
- Implementierung 116
- Markenleitbild 165
- musikbasierte Methode 135
- Regionalisierung 160
- Strategie 104
- zentrale Gestaltungsidee 108

Markenentwicklung 132
- 360-Grad-Kommunikation 145
- Beispiel Weber-Grill 137
- Empathy Map 141
- Erfolgsfaktoren 134
- Ethnografie 141
- Personas 141
- User Experience 133

Markenerlebnis 107, 348
- in sozialen Netzwerken 50

Markenführung 4, 42, 105, 124
- adaptive 151
- als Prozess 129
- Brand Community Model 322
- Brand-Holosphere-Modell 128
- Digitalisierung 45, 352
- Erfolgsfaktoren 127
- flexible 260
- Google 305
- Interaktionsdesign 291
- internationale Märkte 150
- Kompatibilität 120
- Konsistenz 120
- Mikrointeraktionen 295
- neurowissenschaftliche Methoden 85
- Social Media 322

Markenidee 106, 348

Markenidentität 105, 121, 124, 157
- Beispiel Airbnb 257
- Bilder 269
- Convenience 257

– Gütekriterien 106
– Übersetzung in Design 107
– Usability 258
Markenkern 124
Markenkommunikation
– durch die Nutzer 323
Markenleitbild 82, 159, 165
– Brand Story 165
Markenmanagement 82
– internationale Koordination 165
– Personal 165
Markenmodell
– Dynamisierung 128
Markenpräferenz
– Einlfussfaktoren 89
Markenrechte 169
Markenrichtlinien 165
Markenstil 49, 50
– in sozialen Netzwerken 51
– integrierter 50
– Nachhaltigkeit 53
Markenstory 263
Markenstrategie 162
– adaptive 162
– internationaler Kontext 169
– lokal vs. global 156
Markenwahrnehmung
– inoffizielle Bildwelten 269
– soziale Medien 163
Markenwert 154, 158
– Erfolgsfaktoren 152
Markenzeichen 50
– App Icon 236
Marketing
– Automation 355
Mental Convenience 174
Mikrodesign
– Analyse der Kontaktpunkte 298
– Beispiel MailChimp 300
– Brand Fit 300
– Grundlagen 298
– Instrumentarium 299
– Personifizierung der Marke 302
– Planung 299
Mikrointeraktionen 295
Mixed Reality 133
mobiles Design
– Footer 243
– Offcanvas-Menü 242
Modell der 5 Handlungsräume 138
Moment of Purchase 60
Moodboard 112
Motive Matrix 66

Offcanvas-Menü 242

Packaging Design 81
Patchmark 142
Point of Sale 60
POS. Siehe Point of Sale
Prescriptive Value Net 36
Produktmarke 195
Produktportfolio
– Branding 188
Programmatic Creation 324
Prosument 123

Re-branding 208
Re-branding-Prozess
– Beispiel Weber-Grill 137
– Learnings 358
Responsive Design 232
– Logos 234
Return on Investment 54
Rollout
– hierarchische Struktur 361

SEA. Siehe Search Engine Advertising
Search Engine Advertising 308
Search Engine Marketing 308
Search Engine Optimization 307
SEM. Siehe Search Engine Marketing
SEO. Siehe Search Engine Optimization
Social Media
– Markenführung 322
strategische Positionierung 104
Style Plot 63

Template-based Publishing 352

Uniqueness 69
Unternehmensmarke 194
Usability 232
User Experience 133, 315

Wahrnehmung
– Merkmale 61
weiche Werte 52

Werbung
– sinkende Aufmerksamkeitsspanne 256
– Targeting-Methoden 255
Wertschöpfung 27
– Brand Design 42
Word-of-Mouth-Marketing 323

Autorenverzeichnis

Armin Angerer ist Managing Partner der *Peter Schmidt Group* und gilt als einer der profiliertesten Markenmacher und Packaging Designer Deutschlands. Unter seiner Leitung entwickelte sich die Peter Schmidt Group zu Deutschlands aktuell umsatzstärkster Marken- und Designagentur, die Unternehmen bis zur Markenimplementierung und dem globalen Brand Management betreut. Nach dem Abschluss in Möbel- und Raumgestaltung in Innsbruck ging Angerer 1991 als Designer zu den damaligen Peter Schmidt Studios nach Hamburg. 1995 wurde er Creative Director, zwei Jahre später übernahm er die Leitung aller Packaging Teams. In dieser Zeit arbeitete er eng mit Peter Schmidt zusammen an Ikonen wie Jil Sander, Triumph, Apollinaris, Jacobs und Beck's. Seit 1999 ist Armin Angerer Partner und seit 2004 auch Geschäftsführer der Peter Schmidt Group. Er betreut Unternehmen wie Henkel, Imperial Tobacco, Coca-Cola, Gerolsteiner, Guhl, de Beukelaer, Weleda, Hugo Boss und Rewe. Seine jahrelange Zusammenarbeit mit Unternehmen des japanischen Markts macht ihn zudem zu einem fundierten Kenner deutsch-asiatischer Geschäftsbeziehungen.

Nico Astfalk ist als Managing Director der Digitalagentur *oddity* in Stuttgart tätig. Seit zehn Jahren berät er Marken bei der strategischen und operativen Ausrichtung ihrer Kommunikation. Dabei fasziniert ihn an den von ihm betreuten nationalen und internationalen Projekten das Aufeinandertreffen der Themengebiete Markenstrategie und digitale Transformation. Die damit verbundene Fragestellung, wie die Umsetzung von digitalen Lösungen markengerecht interpretiert werden kann und wie im Gegenzug die Markenwahrnehmung durch diese beeinflusst wird, gehört für ihn zu den spannendsten Herausforderungen. Vor seinem Engagement bei oddity arbeitete Nico Astfalk in verschiedenen Funktionen, u. a. als Brand Consultant und Associate Strategy Director bei kleinundpläcking (Berlin), Werbewelt (Stuttgart) und Interbrand (Köln/Berlin).

Andreas Baetzgen, lehrt als Professor für Strategische Kommunikation und Branding an der Hochschule der Medien in Stuttgart. Zuvor war er als Markenstratege tätig, u. a. bei Scholz & Friends und MetaDesign. Andreas Baetzgen studierte Gesellschafts- und Wirtschaftskommunikation an der Universität der Künste (UdK) Berlin und promovierte in Potsdam. Vor seinem Ruf nach Stuttgart lehrte er an der UdK Berlin, Technischen Universität Berlin, der Kunsthochschule Berlin Weißensee und an der Steinbeis School of Management and Innovation. Er berät Unternehmen und Agenturen in allen Fragen der strategischen Markenführung.

Simon Betsch, Jahrgang 1979, studierte integriertes Produktdesign mit den Schwerpunkten Methodik und Service Innovation an der Hochschule Coburg. 2005 startete er als Berater bei der Münchner Markenagentur *KMS TEAM*. Heute leitet er als Managing Partner den Kompetenzbereich Markenstrategie und berät nationale und internationale Kunden bei Fragestellungen der strategischen Markenführung und Markenentwicklung.

Markus Bode gründete 2004 die *Jung von Matt/Brand Identity GmbH* in Hamburg. Als Managing Director verantwortet er die Bereiche Brand Strategy und Brand Management sowie die Entwicklung und Umsetzung von innovativen Markenauftritten. Markus Bode ist studierter Politologe und verfügt über mehr als 21 Jahre Berufserfahrung, in denen er u. a. für das Brand Management Team bei Interbrand Zinzmeyer&Lux in Köln verantwortlich war. Mit seiner Mannschaft entstand 2016 u. a. innogy, die neue Tochtergesellschaft der RWE AG, die von Anfang an aus den digitalen Medien heraus gedacht wurde und für ein modernes Branding 4.0 steht. Zu den anderen Kundenmandaten zählen: TUI, Sparkasse, Mercedes-Benz und Die Techniker.

Matthias Breitschaft arbeitete bereits während seines Studiums der Kulturwissenschaften und Medienwirtschaft als freier Texter und lernte das Planning bei J. Walter Thomson in Frankfurt und bei Ogilvy in New York. Nach dem beruflichen Einstieg bei Publicis Sasserath Brand Consultancy in Frankfurt, wo er maßgeblich für den Aufbau eines neuen Standorts in Hamburg verantwortlich war, wechselte er 2006 zu Jung von Matt in Hamburg, wo er als strategischer Planer u. a. für die Bild-Zeitung, Ferrero, Mercedes Benz und OBI zuständig war. Ab 2009 betreute er bei Scholz & Friends Strategy Group in Hamburg, zunächst als Strategy Director, dann als Executive Strategy Director, u. a. die Commerzbank, Vodafone, TUI, Henkel Automotive, Xing und Zeit Online. Zudem hält er regelmäßig Vorträge und Seminare, u. a. an der Miami Ad School, der Texterschmiede, der Kunsthochschule Wandsbek, der Hochschule Fresenius und der BTK Hochschule für Gestaltung. 2014 ist Matthias Breitschaft als Stratege bei der Hirschen Group eingestiegen. Zusammen mit Vincent Schmidlin gründete er 2015 *VORN Strategy Consulting*. Hier betreut er als Geschäftsführer nationale und internationale Kunden sowohl in Fragen des Planning, der Markenführung und Innovation als auch rund um das Thema der digitalen Transformation und ihrer Auswirkungen auf Menschen, Marken und die Kommunikation.

Arne Brekenfeld verantwortet seit 2003 als Vorstand und seit 2010 als CEO die inhaltliche und strategische Ausrichtung von *MetaDesign*. Seine Schwerpunkte liegen auf der Weiterentwicklung von Methoden für moderne Markenführung, der fortschreitenden Internationalisierung der Agenturgruppe sowie der Verantwortung für ausgewählte Kunden im Bereich Automobil und Kommunikation. In seiner nunmehr 14-jährigen Tätigkeit für MetaDesign entwickelte sich die Agentur von einer primär national ausgerichteten Designagentur zu einer global operierenden Markenberatung. Arne Brekenfeld studierte BWL in Berlin und Düsseldorf. Nach seiner ersten beruflichen Station im Marketing der Lufthansa wirkte er neun Jahre als Berater und strategischer Planer in Werbe- und Strategieagenturen – u. a. bei Springer & Jacoby, BBDO Consulting – sowie als Vorstand bei der .start AG, München/Berlin.

Uli Drömann studierte Kommunikationsdesign an der Hamburger Technischen Kunstschule und Brand Management an der Brand Academy in Hamburg. Er gründete noch während des Abiturs eine Designagentur in der Nähe Hamburgs, welche über sechs Jahre hinweg insbesondere kleine und mittelständische Unternehmen in Norddeutschland betreute. Bereits während des Studiums tauchte er begleitend bei der Hirschen Group in die Welt der Kommunikationsstrategie ein, bevor er bei der Gründung von *VORN Strategy Consulting* in 2015 in das Team von Matthias Breitschaft und Vincent Schmidlin wechselte.

Norbert Gabrysch ist Mitgründer, Partner und CEO von *wirDesign*. Er verantwortet die Bereiche Beratung, Strategie, Kommunikationsdesign und Annual Reporting. Er betreute und betreut u. a. Kunden wie Adveniat, Commerzbank, Continental, Gruppe Deutsche Börse, Deutsche Rückversicherung, Nordzucker, Technische Universität Braunschweig, Pelikan und Volkswagen. Von 2004 bis 2006 lehrte er als Vertretungsprofessor Corporate Design an der Hochschule für Kunst und Design, Burg Giebichenstein, Halle, und 2016 an der Kunsthochschule Hangzhou, China. 2008–2012 war Norbert Gabrysch Präsident des Marketing-Club Braunschweig und seit 2009 ist er Mitglied des Hochschulrates der HBK, Hochschule für Kunst und Design, Braunschweig. Norbert Gabrysch ist nicht nur in verschiedenen hochschulnahen Gremien tätig, sondern auch Vorstandsvorsitzender des Selbständigen Design-Studios e. V. Zusätzlich verantwortet er u. a. die Continental AG, Pelikan AG und GEFA Bank GmbH.

Karel J. Golta. Eine Innovation muss menschzentriert sein, und das schafft nur Design – darüber lässt sich mit Karel J. Golta nicht streiten. Über vieles andere schon, denn der Gründer und Geschäftsführer von *Indeed Innovation* liebt es zu diskutieren, zu provozieren und den Finger in Wunden zu legen, von denen vorher keiner geahnt hat, dass es sie gibt. Als Redner auf internationalen Veranstaltungen, als Dozent an der Berliner Steinbeis-Universität sowie als Kolumnist oder als Mitinitiator erfolgreicher Konferenzformate provoziert und inspiriert er Führungskräfte ebenso wie Studenten zu neuem Denken.

Gerald Hensel (@ghensel) ist Partner bei *Plot,* Hamburg, einer Beratung für strategisches Führen. Schwerpunkte seiner Arbeit sind digitale Transformationsprozesse für Marken. Hensel ist studierter Politologe und hat mehr als zwanzig Jahre bei Werbe- und Digitalagenturen wie Neue Digitale, Razorfish, Blast Radius und Scholz & Friends in Deutschland, den USA und den Niederlanden gearbeitet. Hensel hat die Disziplin Digitalstrategie maßgeblich mitgeprägt. Er ist Co-Founder der Account Planning Group Netherlands und er war als Vorstandsmitglied in der APG Germany maßgeblich für die Umpositionierung als Berufsverband verantwortlich. Neben seiner Tätigkeit als Stratege hat Hensel den NGO *Fearless Democracy e.V.* gegründet, in dem es unter anderem um die Rolle von Marken in digitalen Willensbildungsprozessen geht. Hensel lebt in Berlin und Hamburg.

Lisa Krick (geborene Penquitt) ist seit 2013 bei *MetaDesign* tätig und begleitet als Executive Director Brand Innovation Marken bei ihren Erneuerungsprozessen. Als Expertin für Service Design und Innovationen leitet sie den bei MetaDesign dafür zuständigen Bereich und entwickelt und erweitert das Service- und Leistungsangebot sowohl von MetaDesign Kunden als auch seinen Kunden. Sie startete 2001 mit einer werbekaufmännischen Ausbildung bei Grey und machte nach einem anschließenden betriebswirtschaftlichen Studium an der Universität Duisburg-Essen als Markenberaterin und -strategin bei MetaDesign, der Grey-Design-Tochter KW43 Branddesign und Butter., der inhabergeführten Kommunikationsagentur, Station. Dabei arbeitete sie für Marken wie Aktion Mensch, Allianz, Sparkasse, Deutsche Post DHL, Ergo, Karstadt, Marbert Cosmetics, Merck, Merz u. v. a.

Stefanie Kuhnhen verantwortet als Geschäftsführerin das strategische Produkt von *Grabarz & Partner,* einer der führenden, kreativen Markenagenturen Deutschlands. Ihre Kernexpertise liegt im Communication Planning und in der Markenführung. Mit über 20 Jahren Praxiserfahrung hat sie umfangreiches Fachwissen im Aufbau von Marken wie Edeka, Ikea, Volkswagen oder Burger King durch visionäres Denken, Branding-Strategien, Kommunikationsstrategien und ganzheitliche Markenimplementierung in Unternehmen. Stefanie Kuhnhens Arbeiten wurden mehrfach mit deutschen und internationalen Strategiepreisen ausgezeichnet. Bis zum Sommer 2017 war sie Vorstandsvorsitzende der Account Planning Group Deutschland. Sie hat BWL studiert sowie einen Master of International Business in Sydney erworben. Nach ihrem Studium war sie zunächst bei der Planning-Agentur &Equity, dann bei der Kreativ-Agentur weigertpirouzwolf und hatte Leitungs- und Neugeschäftspositionen bei reinhards, Integrated Branding sowie der Pharma-Agentur Unterweger & Partner inne.

Bastian Lindberg ist bei der internationalen Markenagentur *Lambie-Nairn* als Joint Regional Director für die Führung des Deutschlandgeschäfts verantwortlich, wo er seine Expertise für die strategische Entwicklung der Marken von regionalen und globalen Kunden einsetzt. Durch seine Arbeit auf Agentur- und Unternehmensseite etablierte sich Bastian Lindberg in den letzten zehn Jahren als Branding- und Kommunikationsexperte. In seiner Karriere leitete er zahlreiche nationale und internationale Strategie- und Implementierungsprojekte im Bereich Markenzusammenführung, Markenarchitektur, Markenpositionierung und Markendesign. Bevor er zu Lambie-Nairn kam, war Bastian Lindberg bei Telefónica in Deutschland zuletzt für die Entwicklung und Implementierung der Marken– und Kommunikationsstrategie, u. a. für die Marke O_2, verantwortlich.

Christine Lischka gründete Ende 2014 zusammen mit Martina Kunert *Serviceplan Design* in Hamburg. Zunächst als Geschäftsführerin und mittlerweile als Partnerin ist sie der kreative Kopf und Taktgeber der Agentur. Die Agentur der Serviceplan-Gruppe ist auf Markenführung und Packaging Design spezialisiert. Als ausgewiesene Expertin mit rund 25 Jahren Berufserfahrung ist Christine Lischka seit Jahren gefragte Referentin und Gastautorin. Mit ihrer Erfahrung, sowohl nationale Marken als auch internationale Marken zu führen und weiterzuentwickeln und dabei die Insights der unterschiedlichen Kulturen zu berücksichtigen, inspiriert sie ihr Team stets zu einem kreativen Output auf internationalem Top-Level. Innovationen werden im Packaging Design immer zentraler, entweder Produktinnovationen, die kommuniziert werden müssen oder technische Packungsinnovationen, die durch Sustainability Aspekte getrieben sind. Bevor Christine Lischka Serviceplan Design Hamburg gründete, steuerte sie 18 Jahre als Partner den Creative Output und die Internationalisierung der Designagentur Lothar Böhm Associates. Ihre Laufbahn startete sie bei Brand Union.

Patrick Märki, geboren 1973 in Basel, Schweiz, studierte von 1990 bis 1994 an der Musikakademie/Konservatorium in Basel und von 1995 bis 2000 an der Schule für Gestaltung Basel in der Grafikfachklasse Kommunikationsdesign. Nach freiberuflicher Tätigkeit als Grafikdesigner arbeitet er seit 2000 bei *KMS TEAM* und ist als Managing Partner und Creative Director in den Bereichen Corporate Design und Typografie tätig. In dieser Funktion berät er unter anderem Canyon Bicycles, Credit Suisse, JINS, MAN, die MVV, Porsche Motorsport, ŠKODA, die Universität Heidelberg und die Villa Stuck München zu ihrem Markenauftritt. Er ist Mitglied im Deutschen Designer Club (DDC).

Rolf Mehnert ist Managing Partner/CMO bei der *Fuenfwerken Design AG.* Er ist Experte für Trends und Business-Design. Er hat seinen Kompetenzbereich von der Pike auf gelernt: Mit einer Ausbildung zum Schriftsetzer, Studium des Kommunikationsdesigns und einem MBA Business Design. Als Mitgründer der Fuenfwerken Design AG konnte Rolf Mehnert Erfahrungen in den unterschiedlichsten Bereichen sammeln. In den Jahren als Creative Director und Berater für Markenentwicklung und Umsetzungen in den Bereichen Print-, Online- und Kommunikation im Raum hat er für Kunden aus den unterschiedlichsten Branchen wie Genussmittel, Pharma und Automotive gearbeitet. Zusätzlich ist er als Dozent mit dem Schwerpunkt Brand Experience an verschiedenen Hochschulen tätig.

Helmut Ness hat in Wiesbaden Kommunikationsdesign studiert und weiterführend in Büros in Berlin im Bereich Type, Informations- und Corporate Design seine ersten Erfahrungen im Markt gesammelt. Er ist Mitgründer der *Fuenfwerken Design AG* und verantwortet heute am Berliner Standort die Themenfelder Brand Strategy, Design und Experience sowie Service Design und Innovation. Er entwickelte gemeinsam mit Werner Schneider die Schriftfamilie Vialog (Monotype) für die Münchner U-Bahn, die heute u. a. in eigenen Versionen die englische Auszeichnungsschrift der japanischen Autobahnen ist. Er begleitet mit dem Fuenfwerken-Team eine Vielzahl von Health- und Mobilitätsprojekten. Helmut Ness ist internationaler Sprecher und Mitglied in Beiräten des IDZ, des IIID und Jurymitglied des UX Design Award. Aktuell treibt ihn das Thema »Zukunft gestalten«. Im Rahmen der Fuenfwerken-Initiative *gestaltBildung* initiiert er in Kooperation mit der BEST-Sabel Designschule Berlin das Ausbildungsprogramm *BEST-BrandDesigner.* Er begleitet darüber hinaus ab Sommer das Praxisprogramm *Schülerfirmen* an der Freien Montessori Schule Berlin.

Julia Ochsenhirt studierte Kommunikationsdesign in Essen und Zürich, war Head of Design bei Strichpunkt und ist seit 2013 Mitglied im Art Directors Club (ADC) für Deutschland. Heute lebt und arbeitet sie als freie Art Direktorin und Illustratorin in Berlin.

Jochen Rädeker ist Mitgründer und geschäftsführender Gesellschafter von *Strichpunkt Design* mit Sitz in Stuttgart und Berlin, einem der größten und erfolgreichsten deutschen Designbüros. Seine Arbeit wurde mit über 800 internationalen Kreativ-Awards ausgezeichnet. Nach acht Jahren im Vorstand des Art Directors Club Deutschland (ADC), davon drei Jahre als Präsident, lehrt Rädeker seit 2012 als Professor für Corporate Identity an der Hochschule Konstanz. Er ist gefragter Juror und Redner im In- und Ausland und hat zahlreiche Fachbücher zum Thema Design und Unternehmenskommunikation verfasst.

Eva Reitenbach ist seit zwei Jahren Managing Director bei *oddity* Berlin, einer Kommunikationsagentur für Social Media und Digital Marketing im Herzen von Neukölln. Zuvor war sie als Creative Director verantwortlich für die Konzeption bei oddity, mit dem Schwerpunkt auf digitale, bedürfnisorientierte Kommunikation u. a. für dm-drogerie markt, The Walt Disney Company, Tchibo und Weleda. Sie hinterfragt alles, seit sie denken kann und liebt smarte Strategien, schöne Texte und kluge Konzepte. Weitere Stationen ihrer Laufbahn waren Jung von Matt/Neckar und Werbewelt, Stuttgart. Hier konzipierte sie u. a. für Coty Inc., Procter & Gamble und Mercedes Benz.

Doris Schlieper ist selbstständige Design- und Markenstrategin. Nach ihrem Design-Studium an der FH Bielefeld und der Köln International School of Design (KISD) war sie zunächst als Strategin im Produktdesign der Volkswagen AG verantwortlich für die interdisziplinäre Entwicklung von Fahrzeugkonzepten und die Entwicklung von konzernweiten Produktdesign-Leitlinien. Heute setzt Sie seit über 15 Jahren ihre Expertise für Bildwelten, Markenarchitektur und -positionierung bei führenden Agenturen wie MetaDesign, Stan Hema oder Graft u. a. für Kunden wie Dr. Hauschka, Deutsche Post DHL, Voestalpine, Jungheinrich und Commerzbank ein.

Holger Schmidhuber hat Malerei und Kommunikationsdesign in Wiesbaden und New York studiert. Er ist Mitbegründer und Vorstandsvorsitzender der *Fuenfwerken Design AG*. Seine Kernkompetenz liegt in der strategischen Markenberatung und der Entwicklung systemischer Konzepte im Bereich Gestaltungssprache und

Identität. Er ist Mitglied im Type Directors Club NY, im Internationalen Designzentrum Berlin sowie im Art Directors Club New York und hält Vorträge an Hochschulen, in Unternehmen und auf Konferenzen. Seit 2003 ist Holger Schmidhuber in der Lehre an verschiedenen Hochschulen aktiv. Von 2008–2009 hatte er eine Vertragsprofessur für Visuelle Kommunikation an der Freien Universität Bozen, Italien, inne und seit 2010 ist er Professor an der Hochschule Mainz im Studiengang Zeitbasierte Medien. Darüber hinaus ist er als Bildender Künstler mit internationalen Ausstellungen tätig.

Jens Schmidt studierte Kommunikationsdesign in Kiel, Norwich und Mailand. Von 2000 bis 2014 war er Partner und Kreativdirektor der Digitalagentur Moccu. Seit 2002 ist er Mitglied im Art Directors Club (ADC). Innerhalb des ADC war er von 2010 bis 2014 als Fachvorstand für Digitale Medien tätig. Seit 2004 lehrt er an der Dualen Hochschule in Baden-Württemberg als Dozent. Heute arbeitet er als freier Kreativdirektor, Seminarleiter und Illustrator in Berlin.

Carsten Totz hat an der Hochschule für Technik und Wirtschaft Berlin eine Professur für Digitale Kommunikation inne. In dieser Funktion lehrt und forscht er zu Aspekten der Interaktion zwischen Menschen und Marken in digitalen Medien. Er hat an der Universität Münster BWL studiert und zu den Implikationen Web-basierter Interaktionen für die Markenführung promoviert. Am Institut für Wirtschaftsinformatik der Universität Münster und für Agenturen wie The Brand Union, DDB Tribal, MetaDesign, think moto und Henkelhiedl hat er dann über fünfzehn Jahre nationale und internationale Kunden in Fragen der Digitalisierung und digitalen Transformation, der Markenführung und Kommunikation sowie des User Experience Design beraten.

Simon Umbreit ist Mitgründer und Managing Partner der Agentur *oddity* in Stuttgart. Seit ihrer Gründung im Jahr 2000 verantwortet er die Ausrichtung sowie den strategischen und kreativen Output. oddity ist von Beginn an auf digitale Kommunikationsformate spezialisiert und mit ca. 120 Mitarbeitern an den Standorten Berlin und Stuttgart vertreten. Simon Umbreit berät u. a. seit über acht Jahren dm-drogerie markt in Fragen und Ausrichtung bezüglich des digitalen Wandels. Zu den weiteren Kunden von oddity zählen u. a. Weleda, Trumpf, The Walt Disney Company, Mercedes Benz und Tchibo. Ihn bewegen insbesondere die Transformation von Markenführung, Kommunikation und Vertrieb im Übergang in das digitale Zeitalter. Zu diesen Themen spricht Umbreit neben der Beratung von oddity-Kunden auch regelmäßig an Hochschulen und auf Konferenzen.

Frank Wagner ist Inhaber der 1995 gegründeten Agentur häfelinger + wagner design, die seit 2011 unter *hw.design gmbh* – kurz *hw.d* – firmiert. Als eine international vielfach mit Kreativpreisen ausgezeichnete Marken-, Kommunikations- und Designagentur berät *hw.d* Unternehmen verschiedenster Branchen. Unsere Vision: Wir glauben an die Korrelation von Marken und ihrer Kommunikation. Nur eine strategisch und visuell klar definierte Marke wird auch eine markenspezifische Kommunikation betreiben können und zu einem Erlebnis führen, welches die Marke bestätigt und ihre Zielgruppen erreicht. Aus dieser Überzeugung heraus denken und arbeiten wir ganzheitlich – von der Strategie über das Design bis zum Content. Anspruchsvoll, überraschend, empathisch. Das Team von *hw.d* ist mit rund 30 Personen interdisziplinär besetzt. Es werden Konzeptionen entwickelt und medienübergreifend realisiert für BMW Group, Deutsche Bank, Deutsche Post DHL Group, Fresenius Medical Care, The Linde Group, Munksjö, Siemens und WACKER. Frank Wagner ist Mitglied in der Typografischen Gesellschaft München, beim Deutschen Designer Club sowie dem Type Directors Club of New York.

Oliver Waldmann arbeitet als Senior-Stratege bei *Grabarz & Partner* in Hamburg, einer der führenden Kreativagenturen Deutschlands. Dort entwickelt er Marken- und Kommunikationsstrategien für internationale Kunden wie Volkswagen und Gore-Tex. Seine Leidenschaft für Marken und Markenkommunikation entdeckte er während seines Studiums der Medienwissenschaften an der Hochschule der Medien (HdM) in Stuttgart. Nach Aufenthalten in New York und Berlin zog es ihn in die Werbestadt Hamburg, wo er bisher für fischerAppelt und Jung von Matt tätig war. Neben seiner Berufung als strategischer Planer befasst er sich mit Transformationsthemen und entwickelt u. a. neue Arbeitsweisen für kreative Organisationen.

Christoph Weiss ist Geschäftsführer und Partner der *7Seas marketing process GmbH* in München. Er verfügt über mehr als 17 Jahre Erfahrung im Marketing auf Agentur- und Kundenseite. Dabei hat er sich auf die Bereiche Online Marketing, Content Management und Marketing-Systeme spezialisiert. Zu seinen Stationen gehörten BBDO, DDB und Volkswagen, wo er für die digitale Kommunikation der Marke Volkswagen PKW verantwortlich war. Seit 2011 ist er in der *Jung von Matt AG* für 7Seas tätig. Zusammen mit seinem Team hat er sich auf digitale Transformationsprozesse spezialisiert und passt Prozesse und Organisationsstrukturen in Unternehmen an Herausforderungen an, die digitale Produkte und Services stellen. 7Seas ist die Beratung der Jung von Matt AG für Digitale Transformation und

Marketing Automation, und zu den Kunden gehören unter anderem BMW, Volkswagen, IWC Schaffhausen und Gebr. Heinemann.

Jörg Zimmermann entwickelt seit mehr als 25 Jahren Marken, Kommunikation und Design. Nach dem Designstudium an der Köln International School of Design (KISD) hat er Möbel für internationale Hersteller entworfen und Interior-Designprojekte realisiert. Er war Chefredakteur der Stylepark AG und Executive Editor des Magazins DAMN. Als freier Autor schreibt Jörg Zimmermann für Fach- und Publikumszeitschriften (Architektur & Wohnen, md), Zeitungen (Frankfurter Allgemeine Sonntagszeitung) und Online-Magazine (Designlines) über Design und Architektur. Seit 2007 hat er Lehraufträge an verschiedenen Hochschulen.

Bildnachweis

Kapitel 1.1 **#Brand #Design #Neudenken – eine Einführung – Andreas Baetzgen**

Abb. 1: Milka: ndr.de, https://www.pinterest.de/pin/490540584382833738/ (Abruf: 13.8.2017); Marlboro: Picture-Alliance, http://www.faz.net/aktuell/gesellschaft/menschen/darrell-winfield-der-marlboro-mann-ist-tot-13372792.html (Abruf: 13.8.2017); Krombacher: krombacher.de, https://www.krombacher.de/-img/fullscreen_standard.jpg (Abruf: 13.8.2017); Jever: http://www.marketing-blog.biz/blog/uploads/Jever-Pilsener.jpg (Abruf: 13.8.2017); Weißer Riese: Henkel, https://www.henkel-lifetimes.de/i/uploads/2773_de_weisser_riese_social.jpg (Abruf: 13.8.2017); Raffaelo: https://www.youtube.com/watch?v=HPYNqmLyV_g (Abruf: 13.8.2017)

Abb. 2: -Links oben: Picture Alliance, http://www.faz.net/aktuell/gesellschaft/menschen/darrell-winfield-der-marlboro-mann-ist-tot-13372792.html (Abruf: 13.8.2017); Rechts oben: Horizont, http://www.horizont.net/marketing/kommentare/Spiesser-Alfons-Zigaretten-Werbung-steht-auf-der-Kippe-139465 (Abruf: 13.8.2017); Links unten: picture-alliance / Maurizio Gamb/gam sv, https://www.welt.de/img/motor/boote-yachten/mobile125150222/0982504707-ci102l-w1024/Die-Alexander-von-Humboldt-unter-Segeln.jpg (Abruf am 5.9.2017); ; Rechts unten: Beck's, https://www.wuv.de/marketing/weshalb_beck_s_das_schiff_nicht_mehr_braucht (Abruf: 13.8.2017)

Kapitel 3.1 **Brand Design zwischen Intuition und Strategie – Christine Lischka**

Abb. 7: Collage Coca-Cola: Einzelbilder (jeweils Abruf am 6.9.2017): Coca Cola Flasche: http://www.coca-colacompany.com/content/dam/journey/us/en/private/2015/02/chronology10-1280-900-bfb7f27c.jpg; Coca Cola Logo: http://www.coca-cola.co.uk/content/dam/journey/gb/en/hidden/History/Heritage/596x334/the_logo_story_01122014_596x334.jpg; Coca Cola Welle: http://mealsgivehappiness.com/wp-content/uploads/sites/9/2016/08/cocacolaholiday-bottom-wave-1024x192.jpg; Anzeigen-Motive: http://www.coca-colacompany.com/_taste-the-feeling-out-of-home-ads#

Kapitel 4.5 **Mit System: Das Brand Design komplexer Produktportfolios – Andreas Baetzgen**

Abb. 3: Von links nach rechts: 1. TUI, http://www.tui.com/fileadmin/Kataloge/TUI-ItalienNord-S17-F-WEB.jpg (Abruf: 13.8.2017); 2. TUI, http://www.marketing-blog.biz/archives/249-Freiraum-an-Deck.html (Abruf: 13.8.2017); 3. Oscar van der Beek/Robinson, http://www.redbox.de/sites/default/files/artikel/1352/motivhaengematte.jpg (Abruf: 13.8.2017);4. L'Tur, http://www.ltur.com/presse/media/img/galleries/gallery_316404/weblication/wThumbnails/A1-Plakat_Grund1_DACH-f6e663cb11b2ca5g35652c493fea8a80.jpg (Abruf: 13.8.2017)

Kapitel 5.2 **Corporate Design, der Kugelfisch im digitalen Raum – Julia Ochsenhirt und Jens Schmidt**

Abb. 15: Von oben nach unten: by Will Frohn, Visual Designer on Android: https://design.google/library/making-motion-meaningful/ (Abruf: 23.8.2017); Jens Schmidt: Ladeanimation RBB Mauerfall Website (https://www.berlin-mauer.de/); Jens Schmidt : Ladeanimation Ringe; Aynu logo animation by Fede Cook: https://dribbble.com/shots/3453961-Aynu-logo-animation (Abruf: 23.8.2017); Jens Schmidt : Animierter Button; für Ginetta. A design studio from Zürich: https://ginetta.net/, https://dribbble.com/shots/2580066-We-Simplify, Animator Jeroen Krielaars.

Kapitel 6.2 **Professionelle Bildwelten profilieren die Marke – Doris Schlieper und Jörg Zimmermann**

Abb. 1: Von links nach rechts http://home.dieenergiechecker.de/, http://hamburg-finance.de/, http://www.cebule.de/contact-ger.html (alle Abruf: 13.8.2017)

Kapitel 6.4 **Über das Markenführen mit Google – Gerald Hensel**

Abb. 1: Links: http://web.archive.org/web/19981202230410/http://www.google.com/; rechts: + https://www.google.de/ (Abruf am 10.08.2017)

Abb. 2: Google (Hrsg.) (2011): The Zero Moment of Truth Study – Consumer Electronics. Google/Shopper Sciences, U.S., April 2011. https://www.thinkwithgoogle.com/consumer-insights/zmot-consumer-electronics/ (Abruf: 14.07.2017).

Kapitel 7.2 **Brand Engagement – organisatorische Implementierung von Brand-Design-Prozessen – Arne Brekenfeld und Lisa Krick**

Abb. 5: a. (Mercedes-Benz:) eigene Darstellung; b. (Twitter) eigene Darstellung; c. (Coke): Quelle: Coca-Cola Deutschland, http://www.coca-cola-deutschland.de/content/dam/journey/de/de/private/2016/07/coca-cola-freundeskreis-package-mitglied-werden-teaser-desktop-624-270-ebeab21a.jpg, (Abruf: 28.8.2017); d. (Krombacher): Quelle: Krombacher, https://www.krombacher.de/-img/fullscreen_standard.jpg (Abruf: 28.8.2017)